바이오사이언스의 이해

바이오사이언스의 이해

신약개발 개념입증(PoC)을 중심으로

2023년 10월 20일 초판 1쇄 찍음
2024년 5월 13일 초판 3쇄 펴냄

지은이 김성민, 신창민
일러스트 김성민
책임편집 다돌책방
디자인 프라이빗엘리펀트
본문조판 아바 프레이즈
마케팅 서일

펴낸이 이기형
펴낸곳 바이오스펙테이터
등록번호 제25100-2016-000062호
전화 02-2088-3456
팩스 02-2088-8756
주소 서울 영등포구 여의대방로69길 23, 한국금융아이티빌딩 6층
이메일 book@bios.co.kr

ISBN 979-11-91768-06-0 03470

바이오사이언스의 이해

신약개발 개념입증(PoC)을 중심으로

Understanding Bioscience:
FOCUSING ON PROOF OF CONCEPT (PoC) IN DRUG DEVELOPMENT
SECOND EDITION

김성민 신창민 지음

2판

BIOSPECTATOR

들어가는 말

바이오제약 산업은 높은 밸류(value)를 인정받는다. 전 세계가 하나의 거대한 시장이며, 밸류는 특허로 보호받는다. 신약으로 출시한다면 막대한 부까지 얻을 수 있다. 따라서 국적을 나누는 일은 불필요하고 의미도 없다. 남는 것은 환자를 살리는 약인지 아닌지이며, 그것만이 밸류를 결정한다. 사람을 살려내는 밸류다.

어느 나라, 누구라도 환자는 치료받아야 한다. 그러나 신약개발은 최고 수준의 전문적 지식에 운까지 따라야 성공할 수 있다. 이런 이유로 전 세계적 규모의 제약기업과 바이오테크들은, 전 세계를 무대로 기술과 물질을 사들이고, 이를 개발해 다시 전 세계를 대상으로 판매한다. 덕분에 바이오제약 산업은 전체가 엄청난 경쟁의 소용돌이 속에 있으면서도 동시에 거대한 협업구조를 이루게 된다. 이를 이해하지 못하면 기술 수출로 신약개발 파트너십을 맺는 것을 국부 유출이라 비난하기도 한다. 반대의 경우도 있다. 코로나19 팬데믹 과정에서 전 세계적 협업 구조는 코로나19 백신이라는 엄청난 도약을 이루었다. 그럼에도 '독자적'이라는 말에 휩싸여 국내에서 개발한 철 지난 백신을 막대한 예산으로 사들이는 오류를 범하기도 한다. 전 인류의 자산인 과학, 기술, 신약은 어느 누군가의 것이 아니다. 시간이 지나고 특허가 풀리면 다시 다음 단계 과학, 기술, 신약을 위해 공유된다. 우리가 주변에서 만나는 많은 약들이 이런 길을 거쳤다.

바이오제약 산업은 서로 개방하고, 공유하고, 함께하는 것이 특징이다. 사람을 살리려는 간절함, 과학이라는 지식을 바탕으로 하기에 가능한 일이다. 지금 이 순간에도 수많은 저널에 논문이 실리고, 학회에 모여 발표하고 질문하며 함께 답을 찾는다. 어느 주말 새벽, 전 세계 곳곳에서 모여든 많은 임상의와 개발자들이 학회의 자리를 빼곡히 채우는 모습이 이 산업의 본질이다. 한국의 바이오제약 산업도 이제 그 자리를 채워가기 시작했다. 전에 볼 수 없었던 커다란 진전이다.

어떤 산업을 지키고 발전시키는 것이 규제를 만들고, 과학자와 기업을 규제에 가두고, 벗어나는 이들을 징계하고 처벌하는 것이 아니다. 산업의 발전은 전반적인 수준을 높여내는 일이다. 아무 곳에나 '과학'이라는 수식어를 붙이는 현란한 말 잔치에 휘둘리지 않게, 지식을 쌓고 산업에 대한 이해를 갖게 만드는 일이다. 바이오제약 산업도 마찬가지다. 바이오스펙테이터는 우리의 수준을 높이기 위한 적극적이고 전문적인 관중(Spectator)이 늘어나기를 바라며, 이를 위해 분투하고자 한다. 좋은 관중이 좋은 경기를 만들 듯이, 바이오스펙테이터는 좋은 신약개발에 기여하기 위해서 끊임없이 우리를 돌아보고 담금질한다.

이번 책 『바이오사이언스의 이해-신약개발 개념입증(PoC)을 중심으로』는 2017년 창간 1주년을 맞아 펴낸 『바이오사이언스의 이해-한국의 바이오테크를 중심으로』 이후 6년 만의 개정판이다. 1판은 한국 바이오테크들이 어떤 기술로 어떤 약을 개발하고 있는지를 소개하는 초기 입문서 성격이었다면, 이번 개정판은 우여곡절 속에서도 실질적인 발전을 거듭해 온 한국 바이오제약 산업이 이제 다음으로 나아가야 할 방향을 함께 찾아보려는 노력과 시도다. 전 세계가 시장이라는 관점과, 신약개발 개념입증(PoC)을 중심으로 차례를 잡았다. 또한 최근 동향과 주요 트렌드까지 놓치지 않으려 마지막까지 애를 썼다.

모두 7부 17장으로 이루어진 이 책의 내용을 간략하게 소개해 본다. '1부 인공지능(AI)'에서는 바이오제약 산업 전 분야에서 거대한 흐름의 시작점이 될 것으로 보이는 AI가 의료진단 분야에서 어떻게 적용되고, AI 신약개발이 가야 할 방향과 현주소에 대해 짚어봤다. 인공지능이 사람보다 잘할 수 있는 부분이 있다면, 서둘러 사람을 살리는 일에 써야 할 것이다. 한국의 의료 AI 기업인 루닛은 사람보다 인공지능이 잘할 수 있는 곳이 의료라고 생각했고, 지난 10년 동안 성과를 냈다. 이 과정을 살펴보면서 다소 주춤거리는 신약개발 분야에 AI가 혁신의 에너지로 다시 활력을 불어넣을 수 있다는 가능성에 주목했다.

'2부 항체 치료제'에서는 전 세계적으로 바이오 의약품 시장에서 주류가 된 항체 치료제의 최신 트렌드인 이중항체와 항체-약물 접합체(ADC)가 진화해온 길을 살펴보았다. 또한 한국이 개척한 바이오시밀러 분야가 그동안 쌓은 실력을 바탕으로 다음 도약을 준비하는 현장을 포착했다. 이 분야에서 도전하고 있는 한국의 바이오테크 에이비엘바이오, 레고켐바이오사이언스, 인투셀 등의 기술과 임상개발 현황, 바이오시밀러 부문에서 빼놓을 수 없는 셀트리온, 삼성바이오로직스, 알테오젠 등의 도전을 조망했다. 특히 J&J의 이중항체와 유한양행의 레이저티닙 병용투여는 한국이 구체적인 신약개발에 한 발 가까워지고 있는 모습을 보여준다.

'3부 면역항암제'에서는 항암제의 프레임을 바꿔, 전 세계 1위 의약품으로 자리를 잡아가고 있는 면역관문억제제, 혈액암을 대상으로 한 기적의 항암제라 불리는 CAR-T 세포치료제를 살펴봤다. 면역관문억제제는 가장 첨단의 영역이며, 가장 많은 바이오테크가 도전하고 있는 분야이다. 선두그룹의 치열한 경쟁은 그저 멀리 떨어져서 볼 일이 아니다. 경쟁은 새로운 메커니즘을 찾아내고 적용하고 정교화할 수 있는 기회다. 즉 초기 암을 비롯해 한국 바이오테크가 도전할 수 있는 다른 영역의 기회를 제공한다. CAR-T 세포치료제 또한 기존 항암제가 손을 쓰지 못하던 혈액암 환자의 암을 없앨 수 있다는 것을 입증했다. CAR-T 세포치료제라는 아이디어에서 시작한 연구자들의 노력을 살펴보고, 개발과 제조라는 현장에서 이제 풀어야 할 숙제들을 점검했다. CAR-T 세포치료제의 불모지였던 한국에서 임상개발을 개척하고 있는 바이오테크인 큐로셀, 앱클론 등의 연구개발 현황 또한 다루었다.

'4부 RNA 치료제'는 전 세계를 고통으로 몰아넣었던 코로나19 팬데믹으로부터 탈출을 도운 mRNA 기술, 병리 단백질 타깃을 넘어 RNA를 조절하는 RNAi와 ASO 치료제에 대해 살펴보았다. 팬데믹 이전까지는 의심받던 mRNA 기술이 겪은 여러 좌절과 성공, RNA 치료제라는 개념이 신약개발에서 어떤 변화를 이끌어낼 수 있는지에 대해 메커니즘을 위주로 살펴보았다.

'5부 유전자 치료제'에서는 바이러스가 인간의 질병을 고치는 데 어떻게 혁신이 될 수 있는지 살펴보았다. 단 한 번의 투여로 희귀질환을 치료하는 기적은 바이러스의 도움을 받는 유전자 치료제의 성과다. 아데노연관바이러스(adeno-associated virus, AAV)와 렌티바이러스를 활용하는 치료제가 가지는 혁신성, 의약품으로 적용되는 원리를 따라가면서, 불가능의 영역이라고 여겨졌던 유전자 변이로 인한 질환의 근본적 치료를 가능하게 할 유전자 편집 분야도 살펴보았다. SK(주)는 CDMO 영역에서 유전자 치료제라는 키워드에 집중해 생산시설을 확대하고 있다.

'6부 가능해진 개념'에서는 '어쩔 수 없는 영역'이었던 비만, 비알코올성지방간염(NASH), 알츠하이머병 분야에서 이루어낸 혁신에 주목했다. 『바이오사이언스의 이해』 1판을 출간할 때까지만 해도 치료할 수 없었던 영역이었기에, 질병에 대해 이해를 돕는 설명과 실패 사례까지 살펴보았다. 그리고 이제 막 혁신의 걸음을 걷고 있는 새로운 개념의 메커니즘과 임상 결과를 보며 앞으로의 방향에 대해서도 전망해 보았다. 한국에서 도전을 펼치고 있는 한미약품, 바이오테크인 펩트론, 지투지바이오 등의 도전도 살펴보았다.

'7부 그리고 탐색'에서는 도전의 영역으로 첫걸음을 뗀 표적단백질 분해(TPD)와 마이크로바이옴(microbiome), 디지털 치료제가 등장한다. 아직 초기 단계인 만큼 각 분야의 메커니즘, 치료제에 적용할 수 있는 개념, 먼저 발걸음을 뗀 선두그룹의 움직임을 살펴보았다. 지금은 미지의 영역이지만, 이전에 없었던 혁신이 나올 수 있을 것이다.

2023년 한국의 바이오테크들은 전 세계적인 경기 침체의 한가운데에서, 지난 2~3년 동안 한겨울의 혹독한 추위를 견디고 있다. 바이오스펙테이터는 한국의 바이오테크들 바로 옆에서 이들의 고민과 좌절, 어려운 결단의 순간을 바라보아 왔다. 그리고 이 추운 겨울을 버텨낼 응원이 될 수 있기를 바라며, 이 책을 만들었다. 혁신적인 아이디어, 개념, 기술이 환자를 살리는 신약으로 탄생하기까지, 모두 하나같이 고난과 좌절의 시간, 죽을 고비를 넘기면서 개념입증을 이뤄냈다. 신약개발이라는 것이 그 누구에게도 결코 쉬운 사명이 아니라는 이야기를 이 책을 통해 전하는 것으로 응원을 대신하고 싶다. 물론 바이오스펙테이터도 그 옆에서 묵묵하게 함께 걷기를 자청할 것이다. 지금 바로 이 자리에서, 바이오테크들의 크고 작은 노력과 힘겨운 발걸음을 애정을 가지고 바라보고, 정확하고 객관적으로 분석하고 해석하고 해설할 수 있는 실력을 키워나갈 것이다. 10년이 지나고 20년이 지난 후 되돌아봤을 때 바이오스펙테이터에 실린 기사들이, 한국의 바이오제약 산업 현장의 살아 있는 그리고 부끄럽지 않은 기록이 되기를 소망한다.

끝으로 내게 '악덕 고용주'라는 핀잔을 주면서도, 인쇄에 들어갈 때까지 집념의 고삐를 놓치 않고 한 글자 한 글자 지독하게 글을 쓰고 고쳐준 김성민, 신창민 두 저자에게 감사의 말을 전한다. 그리고 '책이 세상에 나올 때까지 회의실에서 나올 수 없다!'는 지난 다섯 달 동안의 감금 명령을, 가을 하늘처럼 행복한 마음으로 풀었다. 이 지독함이 독자들에게 한없는 즐거움과 감동, 꼭 필요한 도움으로 이어지기를 기원한다.

최근 2~3년 동안 쓴 기사들을 모두 출력하고, 분야별로 모아 토론을 시작했던 것이 2022년 10월부터였다. 1년을 꽉 채운 대장정 동안 함께 뜨겁게 토론하며, 감금된 두 기자의 빈자리를 완벽하게 채워준 서일 부장과 서윤석, 노신영 기자에게 고마움을 전한다. 가슴 뿌듯한 책이 나오도록 애써준 다돌책방에도 감사하다. 늦은 밤까지 사무실 방범 셔터를 열고 닫느라 고생하신 건물 관리자분들께도 감사의 말씀을 올린다.

2023년 10월 17일

바이오스펙테이터

대표이사 이기형

CONTENTS

그림 차례

표 차례

1부

인공지능(AI)

01

의료 AI

Artificial Intelligence in Medical Diagnosis

의사가 부족하다

'신약'은 모두에게 같은 의미로 다가오지 않는다. 과학자에게 신약은 명예일 것이고, 제약기업에 신약은 부(富)를 뜻할 것이다. 그리고 환자와 그 가족에게 신약은 희망일 것이다. 질병으로 인한 고통, 삶을 잃을 것이라는 공포, 그럼에도 할 수 있는 것이 없다는 무기력은 절망이다. 이 절망에서 벗어날 수 있는 유일한 길은 신약이기에, 환자와 그 가족에게 신약은 희망이다.

절망의 모습이 여럿이듯이, 희망의 모습도 여러 가지다. 질병으로 인한 고통을 없애거나 줄여줄 수 있다는 희망은 신약이 될 수 있다. 생명을 잃어버리지 않게 해주거나, 살아갈 수 있는 시간을 연장시켜준다는 희망도 신약이다. 치료를 위해 무엇인가 해볼 수 있는 기회를 마련해준다면 그 또한 신약이라는 이름을 얻을 자격이 있고, 그래서 희망이 된다. 따라서 의료 분야에 도입되고 있는 인공지능(artificial intelligence, AI)은 신약이라는 이름을 얻기에 충분하다. '질병을 찾기 어렵고, 질병을 찾았지만 최적화된 치료제를 처방할 수 없고, 질병을 치료할 약이 없다'는 무기력한 답을 하나씩 기각해가고 있기 때문이다.

우리를 무기력하게 만들었던 대표적인 말로 '조금만 일찍 발견했다면…'이 있다. 이 말은 특히 암(cancer) 앞에서 자주 듣게 된다. 암은 진행이 빠른 질병이며, 늦은 발견은 높은 사망률로 이어진다. 예를 들어 폐암의 치료 후 5년 생존율은 18.6% 정도다. 폐암 환자

5년 생존율은 말기로 갈수록 떨어지는데, 다른 장기로 전이된 경우 5년 생존율은 5% 남짓이다. 폐암 가운데 병기 진행이 빠른 소세포 폐암(small cell lung cancer, SCLC)의 5년 생존율은 7%다.[1] 종합해서 보면 폐암으로 진단된 환자의 절반 이상은 1년 내에 사망하고 있으며,[2] 전체 폐암 환자 가운데 16%만이 초기에 진단된다. 췌장암의 5년 생존율은 12% 정도다. 췌장암이 전이되기 이전, 즉 초기에 발견하면 5년 생존율이 44%까지도 올라가지만, 전이된 환자의 5년 생존율은 3% 수준이다.[3] 췌장암은 CT, MRI 등 영상 진단으로 잘 발견되지 않는다.

한국은 전 국민을 대상으로 하는 건강검진 제도에 암 진단 과목을 포함시켰다. 또한 일반인들의 암에 대한 경각심도 높아졌다. 덕분에 전보다 암을 더 빨리, 더 많이 찾아내고 있다. 그럼에도 여전히 '조금만 일찍'이라는 말이 없어지지 않았다. 암은 사람이 진단할 때까지는 몸속 어딘가에 잘 숨어 있다. 그리고 진단할 수 있을 만큼 커진 다음부터는 빠르게 진행된다. 결국 빠르게 진행하는 암을 일찍 찾으려면 더 자주 진단해야 한다. 1년에 한 번 하던 진단을 두 번 또는 세 번 한다면, 즉 같은 기간에 진단하는 횟수가 늘어나면 암이 진행되는 속도를 이길 수 있을 것이다. 문제는 인구가 고령화되면서 암 진단을 받아야 하는 대상자는 늘어나는데, 진단하고 치료할 의료진은 그만큼 늘어나지 않는다는 점이다.

미국 의과대학협회(AAMC)에 따르면 2034년까지 미국에서 적게는 약 4만 명, 많게는 12만 명 이상의 의사가 부족할 것으로 예상된다.[4] 그리고 의사 수 부족의 주요 원인으로 인구가 고령화되는 속도를 의료진의 증가 속도가 따라잡지 못하는 것을 꼽았다. 한국은 이미 심각하다. 2020년 기준 경제협력개발기구(OECD) 통계에 따르면, OECD 국가들의 경우 인구 1,000명당 의사가 평균 3.7명, 간호 인력은 평균 9.7명이 있다.[5] 그런데 한국은 한의사를 포함하더라도 인구 1,000명당 의사가 2.5명, 간호 인력은 8.4명으로 OECD 국가 가운데 하위권에 속한다. 지금도 미래에도 의료진의 숫자가 충분하지 않다.

암의 시계는, 진단 기술과 보건 제도의 시계보다 훨씬 빠르게 흐른다. 암의 진행 속도를 따라잡을 만큼 더 자주 진단을 하기는커녕, 인구가 고령화되는 속도를 따라가기에도 벅찰 지경으로 의료진이 부족하다. 그리고 이 대목에서 의료 AI가 희망을 보여주고 있다.

1% 정확성의 밸류(value)

AI 이야기에는 '개와 고양이를 구분하는 게임'이 빠지지 않는다. AI의 목표는 인간의 지능과 구분하기 어려운 단계의 지능에 이르는 것이다. 인간의 지능으로 개와 고양이를 구분할 수 있다면, AI도 주어지는 이미지를 보고 개인지 고양이인지 판단할 수 있어야 할 것이다. 그리고 보통 사람의 지능이 개와 고양이를 판단하는 것이라면, 영상의학과 의료진의 지능은 엑스레이(X-ray)와 컴퓨터 단층촬영(computed tomography, CT) 사진을 보고 암인지 정상인지를 판단하는 것이어야 한다. 그리고 영상의학과 의료진의 지능을 인공적으로 구현하는 의료 AI가 가능해진다면, 암의 시계가 달려가는 속도를 따라잡을 수 있을 것이다.

카이스트(KAIST)에서 딥러닝으로 AI 이미지 인식을 연구하던 6명의 대학원생들이 2013년에 클디(Cldi)라는 스타트업을 시작했다. 클디는 옷, 모자, 신발 사진을 찍어서 올리면 온라인 쇼핑몰에서 해당 이미지의 상품을 찾아주는 서비스였다. 클디의 AI는 성능이 좋았고, 2014년 이미지 인식 AI 분야에서 권위를 인정받는 국제 대회인 ILSVRC(ImageNet Large Scale Visual Recognition Challenge)에 한국 최초로 출전해 7위라는 좋은 성적도 거두었다.

클디의 AI는 성능이 좋았지만, 서비스는 그만큼의 성공을 거두지 못했다. 사진으로 패션 아이템의 브랜드와 판매처를 정확히 찾아내는 기술에서 핵심은 '정확성'이었다. 그러나 정확하게 옷과 신발을 찾아내는 일의 가치는 높지 않았다. 클디는 자신들이 개발한 AI가 사람의 눈만큼 또는 사람의 눈보다 정확하게 무엇인가를 구분하고 찾아낼 수 있다면, 그 1%의 작은 차이로 패션 아이템을 찾아내는 것보다는 좀더 절박한 문제를 해결하는 쪽에 가치가 있을 것이라 판단했다.

패션 아이템을 찾아주던 AI 기반 스타트업 클디는, 이미지로 암을 찾아내는 AI 개발 바이오테크 루닛(Lunit)으로 바뀌었다. 2016년 루닛은 TUPAC(tumor proliferation assessment challenge)에서 1위를 차지한다. 제시된 유방암 병리 슬라이드 이미지로 암의 진행 정도를 예측하는 대회인 TUPAC에서 루닛은 800장의 병리 슬라이드를 AI로 분석해 유사분열 세포 검출, 유전자 발현, 유방암 진행 예측 부문에서 모두 1등을 했다. 같은 대회에 마이크로소프트와 IBM도 출전했지만 루닛보다 정확하지 못했다.

루닛 인사이트

루닛 인사이트(Lunit INSIGHT)는 유방암, 폐암 환자의 진단 이미지를 학습해가고 있는 의료 AI 솔루션으로, 영상의학과 의료진이 암을 진단하는 작업을 돕는다. 암의 진단은 이미지 판독으로 시작하는 경우가 많다. 유방암 진단에는 유방촬영술(mammography)이 가장 기본적이면서도 필수적인 검사이며, 크기 5mm 안팎의 작은 종양 덩어리를 찾아낸다. 그러나 10~30%의 유방암 환자가 '정상'인 것으로 잘못된 진단(false negative)을 받는다. 암을 찾지 못하는 것이다. 반대 경우도 있다. 유방촬영술에서 유방암으로 의심되어 조직검사를 받은 환자 가운데 약 29%만이 실제 유방암 환자로 확진 받는다는 통계도 있다(2017년 미국 기준).

이는 유방촬영술로 얻게 되는 이미지 해독이 까다롭기 때문이다. 예를 들어 치밀유방 조직(dense parenchyma)이 병변을 가리거나 인식과 판독 과정에서 오류가 발생할 수 있다. 숙련된 영상의학과 의사라고 해도 사람의 눈에는 한계가 있을 수밖에 없으며, 판독자마다 유방암을 찾아내는 정확도도 차이가 난다. 따라서 이는 AI가 환자의 유방촬영 이미지를 정확하게 판독해 영상의학과 의사를 도울 수 있는 기회다.

루닛은 유방촬영술로 얻은 이미지를 AI로 분석하고, 유방암 여부에 대한 데이터를 영상의학과 의사에게 제공하는 연구를 했다. 유방암 검출 정확도 부문에서 루닛 인사이트 MMG(Lunit INSIGHT MMG)는 88.8%의 민감도(sensitivity)를 보여주었고, 영상의학 전문의는 75.3%의 민감도를 보여주었다. 그러나 점수가 좋다고 해서 최종 판독을 AI에만 맡길 수는 없다. AI와 인간이 협업을 펼치자, 즉 AI의 판독 데이터를 영상의학과 의사가 보고 유방암 환자를 찾아내자 민감도는 84.8%로 올라갔다. 또한 암이 없는 정상인이 불필요한 재검사를 받는 경우(false-positive recall)를 늘리지 않게 도울 수 있었다. 불필요한 검사를 줄이니, 그 시간과 노력을 더 많은 유방암 환자를 찾는 데 쓸 수 있다는 말이기도 했다. AI를 이용하면 영상의학과 의사가 판독하기 어려웠던 유방암 형태뿐만 아니라 조기 유방암을 더 높은 확률로 찾을 수 있다는 결과도 얻었다. 이 연구 결과는 2020년 3월 『란셋 디지털 헬스(*The Lancet Digital Health*)』에 실렸다.[6]

폐암 진단에서도 AI의 활용은 충분한 도움이 된다. 폐암 진단에는 흉부 엑스레이 촬영법을 이용한다. 흉부 엑스레이 이미지는 폐암으로 의심될 때 가장 먼저 활용되며, 질환의 전체적인 범위를 파악하거나 변화를 볼 때 유용하다고 알려져 있다. 루닛은 에든버러 대학과 공동연구를 진행했다. 폐렴, 폐섬유화, 기흉 등 10가지 주요 폐 질환이 관찰되는 총 1,960건의 흉부 엑스레이 데이터를 활용해, 영상 이미지로 폐암을 찾아내는 연구였다. 루닛의 AI 솔루션인 루닛 인사이트 CXR(Lunit INSIGHT CXR) 판독 결과와 영상의학과 전문의의 판독 결과를 비교했는데, 루닛 인사이트 CXR의 판독 수준은 연구에 참여한 경력 20년 이상의 영상의학과 전문의의 판독 정확도와 비슷한 것으로 나타났다.[7]

그럼에도 최종 판단을 내리는 주체는 사람이다. 그리고 진단 AI 솔루션이 임상 현장에서 도움이 될 것인지 결정하는 것도 사람이 판단할 몫이다. 영상의학과 의료진은 이미 판단을 마친 것처럼 보인다. 2023년 4월을 기준으로 보면, 루닛의 유방촬영술 영상분석 솔루션 '루닛 인사이트 MMG', 흉부 엑스레이 영상분석 솔루션 '루닛 인사이트 CXR' 등의 도움을 받아 암 진단을 하고 있는 의료기관은 전 세계적으로 2,000곳을 넘었다. 이는 의료 AI 솔루션과 관련해 루닛과 협업하는 기업들도 전 세계적 수준이기에 가능해진 일이다. GE헬스케어(GE Healthcare), 필립스(Philips), 후지필름(Fujifilm), 홀로직(Hologic) 등이 루닛 인사이트 솔루션의 전 세계 유통과 판매를 진행하고 있다.

〔그림 01_01〕 의료 AI의 가치

의료 AI의 비전은 더 많은 암 환자를 살릴 수 있는 기회를 만들어준다는 것이다. 엑스레이의 도움을 받는 의사는 그렇지 않은 의사보다 많은 암 환자를 찾아낼 수 있다. 마찬가지로 AI의 도움을 받는 의사는 엑스레이의 도움을 받는 의사보다 많은 암 환자를 찾아낼 수 있다. 게다가 AI는 사용하면 사용할수록 정확해지고, 쉬지 않고 일한다. 의료 AI의 도움을 받으면 더 많은 환자를 더 빨리 찾아 치료할 수 있다.

의사를 돕는 눈

암 진단 분야에서 AI를 활용하는 이유는, 늘어나는 진단 수요를 소화하기 위함이다. 폐암, 유방암 진단을 기다리는 환자가 쏟아지고 있지만, 이를 소화할 충분한 영상의학과 의료진은 부족하다. 예를 들어 유럽에서는 유방암 검진을 할 때 영상의학과 전문의 2명이 참여하는 이중판독(double reading)을 진행해야 한다. 그런데 루닛 인사이트를 이용하면 암 판정에 투입되는 2명의 영상의학과 의료진을 1명으로 줄일 수 있다. 스웨덴의 카피오 세인트거란(Capio Saint Göran's) 병원은 유방촬영술 AI인 루닛 인사이트 MMG를 공급받는 라이선스 계약을 맺었다. 카피오 세인트거란 병원은 루닛 인사이트 MMG를 활용해 환자들의 유방촬영술 이미지를 분석한다. 원래 영상의학과 의사 2명이 판독했던 것을, 루닛 인사이트 MMG의 도움을 받는 영상의학과 의사 1명으로 대체하는 방식이다.[8] 이는 AI를 독립적인 판독자로 인정한 첫 사례다.

AI가 독립적인 판독자로 인정받은 과정은 이렇다. 스웨덴의 프레드릭 스트랜드(Fredrik Strand) 의과대학 왕립 카롤린스카 연구소(Karolinska Institutet)의 주도로 세인트거란 병원에서 전향적인 의료 AI(prospective medical AI) 임상연구가 진행되었다. 루닛은 카롤린스카 연구소와 협력해 세인트거란 병원에서 1년 2개월 동안 유방암 검진을 받는 스웨덴 여성 5만 5,579명을 대상으로 루닛 인사이트 MMG를 평가했다(NCT04778670). 연구팀은 영상의학과 전문의가 AI 솔루션을 이용해 유방촬영술 이미지를 분석할 경우 암 발견율(cancer detection rate)이 높아진 것을 확인했다. 또한 재검사를 위해 환자가 재방문하는 비율(recall rate)도 줄어든다는 것도 확인할 수 있었다. 이 내용을 바탕으로 루닛은 AI가 이중 판독을 진행하는 영상의학과 의사 2명 가운데 1명을 대체할 수 있다는 논문을 2023년 『란셋 디지털 헬스(*Lancet Digital Health*)』에 실었다.

루닛은 2023년부터 3년 동안 세인트거란 병원에 루닛 인사이트 MMG를 제공하며, 세인트거란 병원으로부터 1년 단위로 분석 결과를 공유받는다. 연간 18만 건 이상 진행되는 스웨덴 국가 유방암 검진 프로그램에도 루닛 AI 솔루션이 활용될 예정이다. 다시 학습이 진행될 것이고, 좀더 정확한 의료 AI 솔루션으로 진화할 것이다. 나아가 5년에서 10년, 장기간 축적된 데이터가 쌓이면 유방암 유무를 진단하는 단계를 넘어, 앞으로 몇 년 안에 유방암에 걸릴 위험이 있는 환자까지 찾아내는 단계로 발전할 것이다. 예방 영역으로의 확대다. 루닛은 의료 AI가 고위험과 저위험 환자를 구분할 수 있을 것이라는 가능성도 입증해가고 있다.

의사를 포함한 의료진 부족 문제는 한국도 예외가 아니다. 그리고 이를 AI로 풀어보려는 노력 또한 한국이 예외일 수 없다. 한국 국방부는 루닛의 AI 솔루션 도입을 확대해가고 있다. 한국 내에 있는 군 병원, 외국에 배치된 군 병원 등에 전문 의료진을 충분히 배치하기란 어려운 일이다. 외국에 파병된 부대, 특히 해군 선박 등에 기본적인 의료 인프라를 갖추는 것도 마찬가지로 어렵다. 역시 AI가 도움을 줄 수 있는 대목이며, 휴대용 엑스레이 촬영 장비와 연동하는 진단 AI 솔루션이 나설 수 있다. 루닛 인사이트 CXR은 국군의 무사령부, 국군수도병원 등 육·해·공군 의료기관에 시범도입되어 평가를 받았고, 이를 바탕으로 2023년부터는 실제 운용될 예정이다.[9] 또한 국립경찰병원에도 도입되어 경찰과 소방 공무원을 비롯한 내원 환자들의 폐 질환 진단을 돕는다.

의료 AI가 의사를 실제로 도울 수 있는지에 대한 판단은 의료진만 내리지 않는다. 의료 AI의 효과는, 의료비를 부담하는 보험의 판단 또한 기다려야 한다. 폐암을 진단하는 루닛 인사이트 CXR을 기반으로 일본 후지필름이 개발·판매하는 CXR-AID는 일본에서 건강보험 급여 대상으로 인증받았다. 2019년 루닛은 후지필름과 파트너십을 맺고, 일본 내 루닛 인사이트 독점 판매 계약을 맺었다. 후지필름은 일본 내 2만 5,000여 곳 이상의 병원 및 클리닉에 의료 장비 및 솔루션을 공급하고 있는데, 해당 의료기관을 대상으로 한 CXR-AID 공급이 가능해진 것이다. 그리고 2021년 일본 후생노동성 산하 식약청(PMDA)은 CXR-AID를, 흉부 엑스레이 이미지 데이터로 비정상 소견을 검출해 의료진의 진단을 보조하는 AI 영상 분석 솔루션으로 허가했다. 일정한 시설 요건을 갖춘 일본 병원에서 CXR-AID를 포함한 17개의 AI 솔루션을 활용할 경우, 기존 수가 300점에 AI 솔루션 사용에 따른 40점을 더해 총 340점(3,400엔 상당)에 해당하는 급여를 적용받을 수 있게 되었다.[10]

루닛은 중동으로도 진출하고 있다. 중동 지역은 국가 규모에 비해 제약 산업이 잘 발달하지 않았으며 의료 인력도 부족하다. 2023년 7월 루닛은 사우디아라비아 가상병원 프로젝트에 참여하게 되었다. 가상병원 프로젝트는 사우디아라비아의 공공 의료기관에서 의료AI 등 디지털 기술을 활용하는 사업이다. 루닛은 사우디아라비아 보건부 산하 공공의료 가상병원에 루닛 인사이트 CXR과 루닛 인사이트 MMG를 설치했다. 루닛 AI 솔루션에 대한 성능평가가 마무리되면 사우디아라비아 전역 170개 국공립 가상병원에서 활용될 예정이다.

사우디아라비아 민간 의료기관도 루닛 AI 솔루션을 공급받는다. 2023년 7월 말 루닛은 중동 민간 의료기관인 술라이만 알-하빕 메디컬 그룹(Dr. Sulaiman Al-Habib Medical Group)이 운영하는 모든 병원에 향후 3년 동안 루닛 인사이트 MMG를 제공하기로 했다. 여기에 더해 루닛 인사이트 CXR과 유방단층촬영술 영상 분석 솔루션인 루닛 인사이트 DBT(Lunit INSIGHT DBT)도 공급할 예정이다.

정확도가 높은 AI 솔루션을 사용했을 때만 판독자의 검출 능력이 올라간다. 2015년 12월부터 2021년 2월까지 서울대학교 병원에서 흉부 엑스레이를 촬영한 120명의 환자를 대상으로 연구가 진행되었다. 연구에는 영상 판독자로 흉부 영상의학과 전문의 20명과 영상의학과 레지던트 10명이 참여했다.

폐암으로 진단된 흉부 엑스레이 이미지 60장과 암이 없는 정상소견 이미지 60장의 이미지를, AI의 도움 없이 사람 판독자가 1차 판독했다. 이후 판독자를 15명씩 A, B 두 그룹으로 나눠 A그룹은 정확도가 높은 AI(루닛 인사이트 CXR 고성능 알고리즘)의 도움을 받고, B그룹은 정확도가 낮은 AI(전체 학습 데이터의 10%만 학습한 저성능 알고리즘)의 도움을 받아 각각 2차 판독을 했다.

AI 모델의 성능평가 지표인 AUROC(Area Under the Receiver Operating Characteristic) 분석 결과 A그룹 판독자가 1차 판독 후 루닛 인사이트 CXR의 도움을 받아 2차 판독한 경우 AUROC 수치가 0.77에서 0.82로 올랐다. 반면 B그룹 판독자들은 1, 2차 판독 모두 0.75로 변화가 없었다.

또한 판독자의 1차 단독 판독 결과와 AI의 도움을 받은 2차 판독 결과가 서로 엇갈리는 경우, AI가 제안한 결과에 따라 사람이 판독 결과를 수정하는 비율을 측정하는 연구도 진행되었다. 연구 결과, 사람의 1차 판독 결과와 엇갈리는 AI 판독값이 2차에서 나오면, AI의 제안을 받아들여 판독을 뒤집은 비율이 A그룹은 67%, B그룹은 59%였다. 즉 고성능 알고리즘을 사용한 집단에서 AI에 대한 수용성(susceptibility)이 더 높았다. 적당한 수준의 AI는 실질적인 도움을 주지 못하며, 고성능 AI만이 의료진에게 실질적인 도움을 줄 수 있다는 이 연구 결과는, 미국 영상의학회가 발간하는 『래디올로지(*Radiology*)』에 실렸다.[11]

동반진단과 AI

'질병을 찾았지만 최적화된 치료제를 처방할 수 없다'라며 무기력하게 대답하기 않기 위해, 연구자들은 동반진단(companion diagnosis)이라는 개념을 생각해냈다. 동반진단은 의사가 치료제를 선택하는 과정에서 치료 혜택을 얻을 환자를 찾아낼 수 있다는 개념이다.[12] 여기서 핵심은 '과정'이다. 오랫동안 환자에게 처방할 의약품을 선택하는 기준은 '실패한 순서'였기 때문이다. 암을 치료하는 의료진은 환자에게 우선 A 치료제를 처방한다. 치료제 투여에도 불구하고 병기가 진행된다면 B 치료제를 처방한다. 안타깝게 B 치료제도 효과를 보지 못하면 C 치료제로 넘어간다. 'A → B → C'라는 순서는 의료진의 오랜 경험, 치료 효과 데이터, 질병과 치료제에 대한 연구가 결합한 결과다. 또한 환자의 복지, 적당한 치료 비용 등에 대한 고려까지도 포함되어 있다.

예를 들어 암에 걸린 환자에게 투여하는 첫 번째 치료제는 대부분 화학 항암제다. 화학 항암제는 상대적으로 값이 싸고, 치료 효과가 입증된 의약품이다. 이런 이유로 암 환자에게 화학 항암제가 먼저 투여된다. 그런데 화학 항암제가 듣지 않는다면 의료진은 표적 항암제 처방을 고려한다. 표적 항암제는 치료 효과를 볼 수 있는 환자가 제한적이고, 값도 비싸다. 따라서 화학 항암제보다 신중하게 처방이 결정된다. 그런데 표적 항암제도 효과가 없다면 의료진은 면역 항암제 처방을 고려한다. 면역 항암제도 치료 효과가 높지만 치료 효과를 볼 수 있는 환자가 더 제한적이고, 가격은 세 가지 항암제 가운데 가장 비싸다.

의료진이 '화학 항암제 → 표적 항암제 → 면역 항암제'라는 순서를 고민하는 것은 합리적이다. 다만 이 합리성에는 빈 구석이 있다. 표적 항암제나 면역 항암제는 치료 효과가 높지만, 치료 효과를 볼 수 있는 환자가 제한적이다. 이를 뒤집어 생각해보면 치료 효과를 볼 수 있는 환자를 정확하게 찾아낼 수 있다면, 표적 항암제나 면역 항암제를 화학 항암제보다 먼저 처방할 수 있을 것이다. 다른 항암제도 기본적인 부작용과 독성이 있지만, 독성이 있는 화학 물질로 암세포를 비롯한 전신의 모든 세포에 영향을 주는 화학 항암제만큼은 아니다. 만약 치료 효과를 볼 수 있는 환자를 정확하게 찾아낼 수 있다면, 꼭 필요한 환자에게 덜 고통을 주면서 암을 치료할 수 있을 것이다.

첨단 신약이 나오지만

엔허투(ENHERTU®, 성분명: Trastuzumab deruxtecan)는 HER2 양성인 유방암 환자에게 처방하는 항체 트라스투주맙(Trastuzumab)에 캄토테신(Camptothecin) 계열 화학 항암제(DXd)를 결합한 항체-약물 접합체(antibody-drug conjugate, ADC)다. HER2 수용체는 암세포와 정상세포 모두가 갖고 있는 수용체로, 세포의 성장과 증식에 관여한다. 어떤 암세포에는 정상세포보다 HER2 수용체가 100배까지 많이 발현되는데, 이로 인해 암세포는 정상세포보다 빠르게 많이 증식한다. 공격적으로 증식하는 암세포는 정상세포가 사용해야 할 영양분과 산소를 빼앗고, 혈관과 림프절를 이동경로로 삼아 온몸으로 퍼져나가며, 환자는 결국 사망에 이른다. 트라스투주맙은 HER2 수용체에 결합해 HER2 수용체가 기능하는 것을 막는다. 즉 HER2 수용체가 유독 많이 발현한 암세포를 가진 암 환자에게 트라스투주맙을 투여하면, 암세포는 성장과 증식을 일단 멈춘다.

트라스투주맙을 성분으로 하는 항체 의약품으로 허셉틴(HERCEPTIN®, 성분명: Trastuzumab)이 있다. 허셉틴의 처방은 HER2 발현 정도를 보고 결정한다. 즉 허셉틴은 HER2 수용체를 타깃하는 표적 항암제다. 유방암 조직을 구성하는 암세포에서 HER2 발현이 10% 이상이면 허셉틴을 처방하게 된다. 문제는 모든 유방암 환자의 암세포에 HER2가 이 정도로 발현하지는 않는다는 점이다. 최종적으로 병리학과 의사가 판단하는 HER2 양성 환자는, 전체 유방암 환자의 10~15% 수준이다.

그런데 트라스투주맙에 화학 항암제에 쓰이는 약물을 결합한 ADC라면 이야기가 달라질 수 있다. 유방암 조직에서 HER2를 발현하는 암세포 숫자가 적더라도, 트라스투주맙에 결합시킨 약물의 독성으로 암세포를 죽일 수 있기 때문이다. 게다가 트라스투주맙에 결합해 있는 화학 항암제 DXd는 암세포를 사멸시킨 이후에도 세포막을 통과해 옆에 있는 다른 암세포로 옮겨갈 수 있다. 화학 항암물질 가운데 대부분은 암세포를 없애면서 분해되어 사라지는 경우가 많지만, DXd는 암세포를 없애고 난 다음에도 이웃의 암세포를 없앤다.

엔허투의 이런 특징은 높은 치료 효과로 나타났고, 기존 기준에 따른 HER2 양성 환자를 포함해 HER2 발현이 낮은 환자(HER2 low)에게까지 처방할 수 있을 것이라는 기대를 불러일으켰다. 기존 HER2 치료제는 유방암을 진단받은 환자 가운데 10~15%에게만 제한적으로 쓸 수 있었다면, HER2 발현이 낮은 환자까지 엔허투를 처방할 수 있게 되면서 그 범위는 60~75%로 확대됐다. 다만 HER2 발현이 어느 정도까지 낮아도 되는지 결정할 필요가 생겼다. 트라스투주맙만으로 항암 효과를 일으킬 때는 HER2 발현이 많으면 많을수록 좋았지만, 엔허투에서는 어느 이상만 발현하면 된다. 바로 그 '어느 이상'이라는 기준선을 어떻게 찾을 것인가? 2023년 현재 기준으로 답은 동반진단이며, AI를 바탕으로 판독하는 동반진단이 답에 가장 가깝게 다가갔다.

루닛 스코프

암세포에서 HER2 발현의 정도를 판독하는 역할은 '병리학과 의사의 눈'에 기대고 있다. 암 환자의 조직검사를 진행하는 판독실로 가

보자. 의료진은 환자에게서 암으로 의심되는 조직을 떼어낸다. 이렇게 떼어낸 조직을 3~5마이크로미터(㎛) 정도 두께로 얇게 저며서 검체를 만든다. 이 검체를 유리로 된 슬라이드에 올린 다음, 헤마톡실린(hematoxylin)과 에오신(eosin)이라는 약물로 염색한다(H&E[hematoxylin and eosin] 염색법). 헤마톡실린은 세포핵과 염색체를 어두운 파란색 또는 보라색으로 염색하며, 에오신은 세포질(cytoplasm)과 외부에서 세포를 지탱해주는 결합조직(connective tissue) 등을 핑크색으로 염색한다. 헤마톡실린은 핵을, 에오신은 세포질을 다른 색으로 염색하기 때문에 색깔로 핵과 세포질을 구분할 수 있다. 이런 염색법을 이용하면 세포와 조직의 모양, 패턴 등을 알 수 있다. 이를 40배에서 최대 400배 정도 확대하는데, 이렇게 되면 정상세포와 암세포가 어떤 구조와 어떤 비율로 있는지 확인할 수 있다. 그리고 이 슬라이드 영상을 1명의 병리학과 의사가 판독해 의견을 낸다.

HER2 판독도 일반적인 암 조직검사와 마찬가지로 검체를 염색해 1명의 병리학과 의사가 판독한다. 다만 일반적인 조직검사와는 달리, HER2의 발현 정도를 확인하기 위해 면역조직화학법(immunohistochemistry, IHC)과 가시적 분자 결합화(in situ hybridization, ISH)를 사용한다. IHC는 세포나 조직에 있는 특정 항원을 염색해 눈으로 볼 수 있는 방법이다. 의료진은 관찰하려는 항원에 특정 항체를 결합시킨다. 이 항체에는 표지(label)가 붙어 있으며, 의료진은 이 표지를 보고 항원을 확인할 수 있다.

유방암에서 HER2 발현을 확인하는 과정을 보자. 유방암으로 의심되는 환자로부터 떼어낸 조직을 3~5마이크로미터(㎛) 두께로 얇게 저민 후에 유리 슬라이드에 올린다. 이후 HER2에 결합하는 1차 항체(primary antibody)를 검체에 처리하고, 해당 1차 항체에 결합하는 2차 항체(secondary antibody)를 처리한다. 2차 항체에는 HRP(horseradish peroxidase)라는 산화효소가 매달려 있는데, 이후 DAB(diaminobenzidine)이라는 물질을 처리하게 되면 HRP가 DAB을 산화시켜 갈색을 띤다. 이렇게 HER2가 갈색으로 염색된 것을 병리학자가 현미경으로 보며 HER2 발현 정도를 판독한다.[13]

병리학과 의사는 유방암 환자의 조직을 염색한 검체에서 암세포의 비율과 염색 강도(intensity)에 따라 0에서 3+점까지 총 4단계로 점수를 매긴다. 이때 병리학과 의사가 눈으로 보기에 염색 강도가 약하거나 중간 정도면 IHC 2+로 판단한다. 이후 HER2 발현 정도가 높은지 낮은지 판별하기 위해 추가적으로 ISH(in situ hybridization) 테스트를 진행한다. ISH는 암세포의 HER2 유전자 수가 증폭됐는지(amplification) 확인하는 검사법으로, HER2 유전자에 특이적으로 결합하는 DNA 등의 핵산(nucleic acid) 물질을 이용한다. 해당 핵산에는 형광 물질 등의 표지가 붙어 있어 눈으로 HER2 유전자의 발현 수준을 확인할 수 있다. 이렇게 ISH를 통해 HER2 유전자가 증폭된 것으로 확인되면 HER2 양성으로 판별되며, 증폭되지 않은 검체는 HER2 음성으로 분류된다.[14]

문제는 이 모든 판독의 과정이 병리학과 의사의 눈에 기댄다는 점이며, 결과적으로 사람이 내리는 동반진단 판독값에서 큰 차이가 나타난다는 점이다. 예를 들어 여러 환자의 HER2 발현 유무를 판독할 때, 1개의 중앙 임상기관(central lab)에서 일괄적으로 판독하는 것과, 여러 개별 임상기관(local lab)에서 각각 판독한 결과 사이에 차이가 생긴다. 독일 라이프치히 대학교(University of Leipzig)가 2014년부터 2018년까지, 374명의 전이성 위암(metastatic gastric cancer, mGC) 환자를 대상으로 중앙 임상기관과 개별 임상기관에서 HER2 양성 여부를 판독한 결과를 비교했다. 그런데 개별 임상기관에서 판독한 샘플 가운데 22.7%(83명)가 중앙 임상기관 검사 결과와 일치하지 않았다. 83명의 샘플 가운데 74명의 샘플은 중앙 임상기관에서 HER2 음성으로 판독했지만, 개별 임상기관은 HER2 양성으로 판독했다. 나머지 9명의 샘플은 중앙 임상기관에선 HER2 양성, 개별 임상기관에서는 HER2 음성이었다.[15] HER2 양성에 대한 불일치율은 25% 정도로 알려져 있으며, HER2 low의 불일치율은 더 높아질 수 있다.

판독값이 다르면, 즉 동반진단 값이 다르면 처방받을 수 있는 치료제의 종류가 달라진다. 유방암 환자 입장에서 보면 허셉틴이나 엔허투를 처방받을 수 있는 기회를 놓칠 수 있다는 뜻이다. 결국 새로운 처방 기준인 HER2 low 판독 문제를 놓고 논의하는 자리까지 열렸다.[16] 유럽 임상종양학회(European Society for Medical Oncology, ESMO)는 2022년과 2023년에 걸쳐 9개국 32명의 전문가로 구성된 패널을 만들어 HER2 low 유방암의 정의와 생물학적 의미, 병리학적 진단, 관리, HER2 low 임상설계를 주요 내용으로 의견을 구했다. 2023년 현재까지 논의가 진행되고 있으며, 합의점을 찾아가는 중이다.

핵심은 HER2 low 환자에게 발현 비율을 정량화하는 일이다. HER2 발현이 많은 경우에는 불일치가 큰 문제가 아닐 수 있다. 누가 봐도 HER2 발현이 많다면, HER2 항체 치료제를 바탕으로 한 치료제를 처방하면 된다. 그런데 엔허투를 처방하기 위한 기준선은 병리학과 의사마다 판독이 다를 수 있다. 분명 HER2 발현이 낮아도 치료 효과를 볼 수 있는데, 어디부터 효과가 있는지 의견이 서로 다른 상황이다. 그리고 AI가 도움을 줄 수 있는 기회다.

'루닛 스코프 HER2(Lunit SCOPE HER2)'는 HER2 발현율을 정량화해서 의료진을 돕는 AI다. 이제 엔허투 처방 대상이 될 수 있는 HER2 low는, 이전까지는 HER2 음성이라고 판독되었던 환자들이었다. 루닛 스코프 HER2는, 암 환자의 조직 검체 이미지를 학습해 HER2 발현 정도를 1.7, 1.03과 같은 구체적인 숫자로 정량화하는 것이 목표다. 이렇게 되면 HER2 음성이라고 판독되었던 유방암 환자 가운데 엔허투로 치료가 가능한 환자를 정밀하게 골라낼 수 있다.

2023년 미국 임상종양학회(American Society of Clinical Oncology, ASCO)에서 루닛은, 병리학과 의사가 유방암 조직에서 HER2 IHC 결과를 판독할 때 AI 모델을 이용할 경우, 병리학자

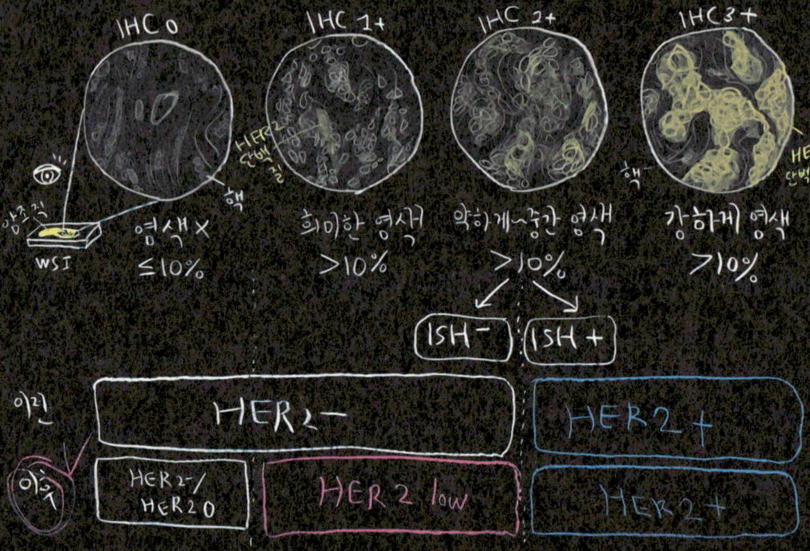

〔그림 01_02〕 HER2 타깃 항체 치료제 처방의 확대(엔허투 기준)

그동안 HER2 발현 정도는 병리학과 의사가 염색한 암 조직 검체를 보고 판단했다. 그리고 이 판단에 따라 HER2 타깃 항체 치료제를 처방했다. 그런데 발현이 아주 적지도 아주 많지도 않은 애매한 영역에서 판단은 엇갈렸다. AI가 이 애매한 영역에서 도움을 준다면, 이전까지 HER2 타깃 항체 치료제를 처방받지 못했던 환자들에게도 기회가 열릴 것이다.

〔표 01_01〕 HER2 발현 정도에 따른 엔허투의 효능[17]

그룹	ORR(CR) (단위: %)	mPFS (단위: 개월)
HER2 과발현	70.6(7.4)	11.1
HER2 저발현	37.5(2.8)	6.7
HER2 미발현	29.7(0)	4.2

* 전체반응률(ORR): 암 크기가 30% 이상 줄어든 환자 비율

** 완전관해(CR): 암이 완전히 제거된 환자 비율

*** 무진행 생존기간 중간값(mPFS): 병기 진행이 멈춘 기간

들 사이의 판독 일치율을 높일 수 있다는 내용의 연구 결과를 발표했다. 루닛 스코프 HER2를 사용하면 엔허투와 같은 표적 항암제로 치료 가능한 기준선(cut-off)을 찾아, 치료 가능한 환자를 확장해나갈 수 있는 것이다.

가능성은 더 열려 있다. 다양한 수준으로 HER2를 발현하는 전이성 유방암 환자에게 엔허투를 투여한 임상2상에서, 기존에 'HER2를 발현하지 않는' 유형으로 분류된 HER2 IHC0 환자에게서도 암이 줄어드는 효과가 확인됐다. HER2가 없거나 거의 보이지 않는 환자에게서 약물이 효능을 보인 것이니, 더 많은 유방암 환자에게서 엔허투의 치료 효과를 기대해볼 수 있다. 이는 엔허투를 처방하는 기준점인 HER2 발현 기준이 더 낮아질 수 있다는 뜻이며, 실제 이런 환자를 HER2 ultra-low로 구분하는 작업을 시작하고 있다. AI가 판독하는 HER2 발현 0과 0.001, 0.3, 0.7로 더 정교하게 환자를 구분하고 달라진 HER2 발현 기준을 대입한다면, 더 많은 환자에게 새로운 치료 대안을 적용할 수 있을지도 모른다.

AI와 면역관문억제제

동반진단과 AI는 여기서 멈추지 않는다. 루닛 스코프 IO(Lunit SCOPE IO)를 보자. 환자의 엑스레이, CT, 초음파 영상으로 암을 진단해내고, HER2 발현 정도를 정량화해서 표적 항암제의 효과를 더욱 높일 수 있다면, 면역 항암제와 관련해서도 동반진단 AI를 도입할 수 있을 것이다. 이미 면역 항암제에서는 동반진단이 변화를 일으켰다.

암세포 표면에 발현되는 PD-L1 단백질은 T세포 표면의 PD-1 단백질과 결합해 T세포의 면역 활동, 즉 T세포가 암세포를 없애는 활동을 막는다. 이로 인해 암세포는 T세포의 공격을 피해 증식할 수 있다. 면역관문억제제(immune checkpoint inhibitor, ICI)는 T세포 표면의 PD-1에 결합하는 항체를 환자에게 투여해, T세포의 PD-1과 암세포의 PD-L1이 결합하는 것을 막는다. 이렇게 되면 T세포는 암세포를 없앨 수 있다.

미국 머크(Merck & Co.)의 면역관문억제제 키트루다(KEYTRUDA®, 성분명: Pembrolizumab)는 비소세포폐암(non-small cell lung cancer, NSCLC)의 표준 치료제가 되었다. 삼중음성유방암, 신장암 등에서도 키트루다는 표준 치료제로 자리를 잡아가고 있다. 사실 키트루다는 면역관문억제제로는 후발주자였다. 면역관문억제제 분야의 선발주자였던 옵디보(OPDIVO®, 성분명: Nivolumab)는 암세포 표면의 PD-L1 발현율이 5% 이상이면 치료 효과를 볼 것으로 기대했다. 조금이라도 PD-L1이 발현되면 처방할 수 있는 조건이었고, 극단적으로 이야기하면 동반진단 개념을 도입하지 않는 것이 목표처럼 보이기도 했다. 반대로 후발주자였던 키트루다는 PD-L1 발현율 50% 이상일 때 투여하는 동반진단 개념을 도입했다. 전체 비소세포폐암 환자 가운데 PD-L1 발현율 50%

이상인 환자는 20% 정도다. 즉 치료제를 처방받을 수 있는 환자의 규모를 80% 정도 줄이는 결정이었지만, 동반진단이라는 개념으로 보면 맞는 접근이었다. 결과적으로 동반진단을 도입한 키트루다의 판단이 옳았다.

PD-L1 발현율 확인도 기본적으로는 병리학과 의사의 눈에 기댄다. 암세포의 PD-L1 발현 정도에 대한 판독 절차도 HER2 발현 검사법과 비슷하다. 환자에게 암 조직을 떼어낸 후 얇은 두께로 저민 후에 유리 슬라이드에 올린다. 이후 면역조직화학법을 수행하는데, 암세포 수가 100개 이상이 있는 검체를 대상으로 PD-L1에 특이적으로 결합하는 1차 항체를 처리한다. 이어서 HRP가 표지된 2차 항체와 DAB을 처리한 후 갈색으로 발색된 부분을 현미경을 보고 판독한다.[18]

병리학과 의사는 PD-L1 발현 판독에 TPS(tumor proportion score)와 CPS(combined positive score)라는 두 가지 측정법을 이용한다. TPS는 PD-L1을 발현하는 암세포의 개수를 PD-L1 발현 유무와 상관없이 전체 암세포의 개수로 나눈 뒤 100을 곱해 백분율로 나타낸다. CPS는 TPS 계산법에서 분자에 들어가는 값만 바꾼다. CPS는 암세포를 포함해 면역세포 등 PD-L1을 발현하는 전체 세포의 수를 전체 암세포의 개수로 나누고 100을 곱한 값이다. 이렇게 계산된 TPS와 CPS에 기반해 면역관문억제제 처방으로 효과를 볼 수 있는 환자를 찾는다.[19] 그런데 여기서도 병리학과 의사마다 판독값이 다르며, 정량화되어 있지 않다.

루닛은 3명의 병리학과 전문의가 비소세포폐암 환자 479명의 PD-L1 발현 정도를 AI 없이 판독한 경우와 AI의 도움을 받아 판독한 경우를 비교했다. AI 없이 판독한 경우 병리학과 의사 3명의 PD-L1 판독 결과 일치율은 81.4%였는데, AI를 활용한 경우는 90.2%로 일치도가 올랐다. 면역관문억제제의 치료 반응 여부를 예측하는 기준점인 PD-L1 TPS 1% 미만에 따른 치료 반응의 차이에 대한 검증 연구도 진행되었다. TPS가 1% 미만인 경우 기존에는 면역관문억제제의 치료 효과가 없을 것이라고 예측했다. 그러나 AI의 도움을 받지 않고 병리학과 의사가 판독했을 때 TPS가 1% 미만이었던 환자, 즉 면역관문억제제를 처방받을 수 없던 환자에 대한 판독값이 달라진 것이다. AI의 도움을 받자 기존 TPS 1% 미만이었던 환자가 TPS 1% 이상인 것으로 판독값이 바뀌었다. 이는 AI로 PD-L1 발현을 정량화하고 면역관문억제제를 처방할 수 있는 환자를 좀 더 정교하게, 그리고 많이 찾아낼 수 있다는 뜻이다. 물론 PD-1 약물을 투여받을 수 있는 환자의 범위가 늘어난다. 이는 『유럽암학회지(*European journal of Cancer*)』에 실렸고,[20] 루닛 스코프 PD-L1(Lunit SCOPE PD-L1)은 임상 현장에서 병리학과 의사를 도와, 면역관문억제제를 투여받을 수 있는 환자를 더 찾아내고 있다.

루닛 스코프 PD-L1은 미국의 바이오테크 가던트헬스(Guardant Health)와 함께 AI 기반 병리 분석 솔루션 '가던트360 티슈넥스트(Guardant360 TissueNext)'를 내놓았다. 가던트360 티슈넥스트는 가던트헬스의 종합 암 검진 프로젝트인 '가던트 갤럭시

(Guardant Galaxy)'의 첫 번째 포트폴리오로, 루닛 스코프 PD-L1 기술을 적용했다. 비소세포폐암 환자 대상으로 가던트360 티슈넥스트를 테스트하자, 환자의 PD-L1 검출률이 20% 이상 향상되었다. PD-L1 발현 정도를 더 정확하고 객관적으로 분석해 면역관문억제제의 치료 반응을 보일 수 있는 환자를 더 찾아낸 결과다.

TIL

AI 동반진단은 계속 이어진다. 예를 들면 종양침투림프구(tumor infiltrating lymphocytes, TIL)다. 종양 조직은 복잡한 형태로 이루어져 있다. 돌연변이를 일으켜 무한히 증식하는 암세포, 종양 조직을 지탱하고 있는 기질(stroma), 암세포가 영양소와 산소를 공급받기 위해 새롭게 만든 혈관이 뒤엉켜 있다. 그리고 종양 조직에는 암세포를 없애기 위해 혈액에서 암 조직으로 몰려든 면역세포들도 모여 있다.

일반적으로 종양 조직으로 몰려든 세포독성 T세포를 포함하는 TIL은 특정 암 항원을 인지해 공격할 수 있다고 여겨진다. 그러나 실제 종양 조직 안을 들여다보면 상황이 복잡하다. 암세포가 교묘하게 만들어 놓은 종양미세환경이 면역 활성을 어렵게 만들기 때문이다. 종양미세환경은 암을 공격할 수 있는 T세포에 여러 가지 브레이크를 건다. 키트루다와 같은 PD-1 항체 치료제는 이렇게 브

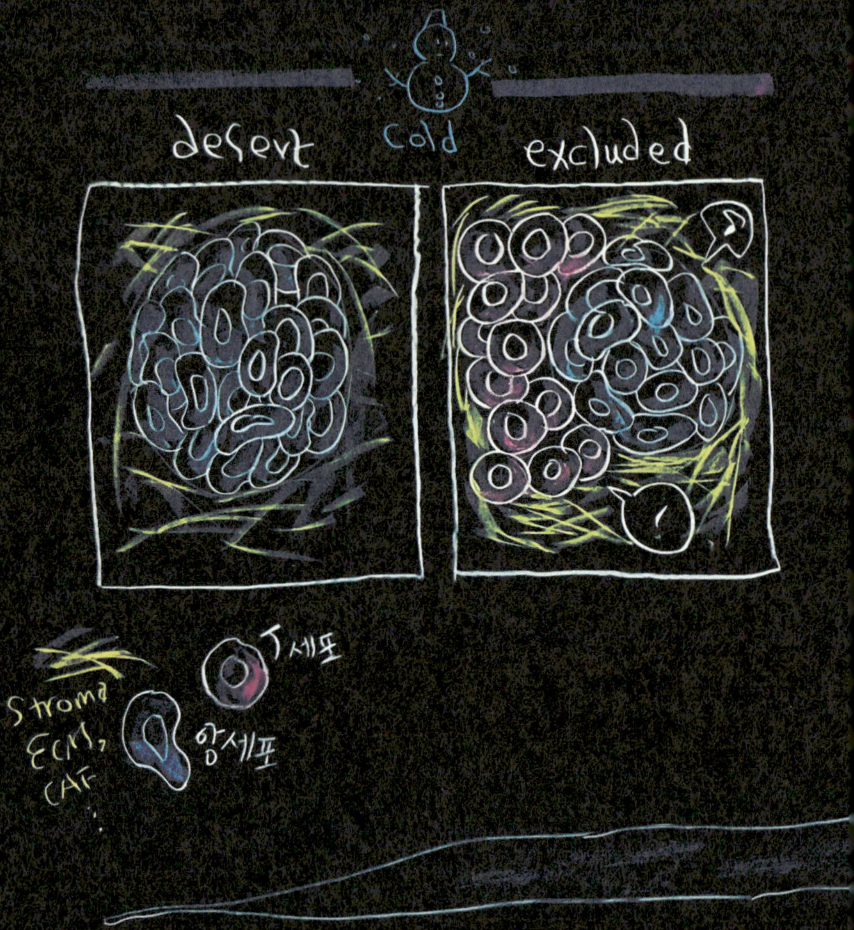

〔그림 01_03〕 종양미세환경과 면역관문억제제

면역관문억제제는 암세포에 T세포 활성화를 막는 PD-L1 발현이 많았을 때, PD-1 항체를 투여해 PD-L1의 영향을 떨어뜨려 다시 T세포를 활성화시킨다. 따라서 PD-L1 발현이 얼마나 높은지가 면역관문억제제 치료 효과와 직접적으로 연결되는 바이오마커가 된다.

그런데 PD-L1 발현이 높은 경우에도 면역관문억제제의 치료 효과가 낮은 경우가 있다. 이는 종양 조직이 갖고 있는 복잡성 때문이다. 이런 이유로 종양 조직에 침투해 있는 면역세포들인 TIL이 어떤

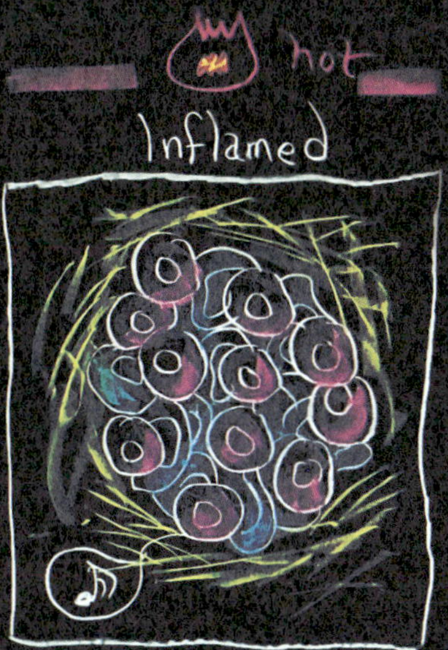

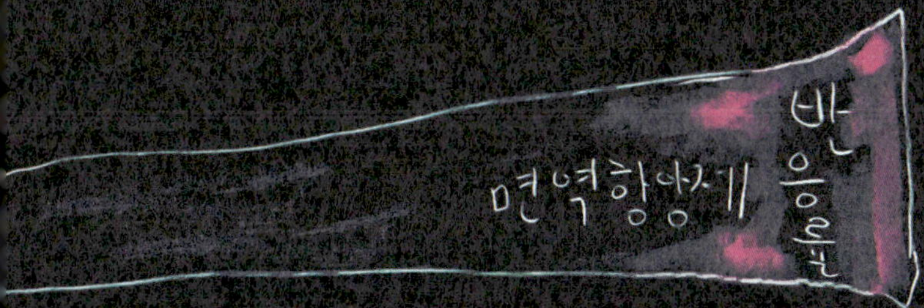

싱힘에 놓여 있는지 이미지 데이터를 촬영하고, 다시 이를 AI로 학습시켜 면역관문억제제가 어느 정도 치료 효과를 보일지 예측해보는 개념이 루닛 인사이트 IO다. 예를 들어 암세포에 PD-L1 발현이 많지만, TIL이 기질에 막혀 암세포까지 갈 수 없는 면역 제외(excluded) 상태에서는 면역관문억제제의 치료 효과가 낮을 수 있다. AI로 이를 예측할 수 있다면 치료제 처방은 좀더 효율적이 될 것이다.

레이크가 걸려 있는 T세포를 다시 활성화시키는 대표적인 방법이다. 그리고 암 환자에게 PD-1 항체 치료제를 투여하기 전에 조직 내 PD-L1 발현을 측정하는 것처럼, 종양미세환경을 타깃하는 면역 항암제를 투여하기 전에 조직 내 TIL 발현 정도를 측정한다. TIL이 얼마나 있고 또 어떻게 분포하고 있는지 보는 것이다. 그리고 면역 관문억제제를 포함한 면역 항암제의 치료 효과를 올리기 위한 동반 진단 영역에서도 TIL을 이용한 접근을 시도하고 있다.

루닛 스코프 IO는 면역관문억제제를 처방했을 때 치료 효과가 있을 환자들을 더 찾아내는 것이 목표다. 예를 들어 TIL 앞에 놓인 물리적인 기질을 AI로 분석해 면역관문억제제 처방 효과를 정교하게 판단한다. 기질은 암세포 주변을 이루는 딱딱한 조직이다. 즉 면역세포는 기질을 뚫고 암세포에 도달하기가 어렵다. 예를 들어 췌장암 같은 경우 기질이 특히 발달해 있어, 면역세포가 침투하기 어렵다. 결국 췌장암에서는 기질로 인해 면역관문억제제의 효과도 떨어질 수 있다. 이런 이유로 기질을 분해하는 약물을 투여하는 방식의 치료법을 쓴다. 암세포에서 PD-L1, T세포에서 PD-1이 많이 발현되어 있어도, 즉 생물학적 연관성이 높더라도 물리적으로 기질이 가로막고 있으면 면역 시스템이 제대로 돌아가지 않으며, 면역세포는 암세포를 없애기 어렵다.

면역관문억제제 투여를 위한 TPS 판독에서 50% 이상이라는 결과가 나오면, 면역관문억제제가 치료 효과를 낼 것이라는 예측은 잘 맞아들어간다. 그런데 TPS 1~49% 그룹에서는 면역관문억제제의 효과가 얼마나 있을지 예측하기가 어려웠다. 암세포의 PD-L1 발현이 어중간한데, 과연 물리적 장벽인 기질을 극복하고 치료 효과를 낼 수 있을지에 대한 판단이 어려웠던 것이다. 판단이 어렵다면 AI가 도입될 수 있는 기회다.

우선 암 조직 슬라이드(H&E WSI) 이미지를 분석할 때 암세포와 면역세포의 구조를 데이터 값으로 지정하는(annotation) 작업, 암 조직과 기질 영역의 구조를 데이터 값으로 나누는(segmentation) 작업을 함께 진행한다. 종양미세환경의 공간 분석을 정확하게 확정하는 방식이다. 이를 위해 AI가 학습하는 데이터는 암 조직 이미지, 투여한 치료제, 그리고 약물 반응 결과다.

그리고 AI로 판독값을 내기 위해 TIL의 상태를 3가지로 정리한다. 면역 활성(immune inflamed) 상태는 암 조직에 전체적으로 면역세포가 많은 상태다. 면역 제외(immune excluded) 상태는 종양 조직에는 면역세포가 많지 않은데, 기질에 막혀 있는 면역세포가 많은 환경이다. 면역 결핍(immune desert) 상태는 종양 조직에도 면역세포가 부족하고, 기질에 막혀 있는 면역세포도 많지 않은 환경이다.

루닛 스코프 IO는 이미지 학습을 TIL 분석과 연동한다. 지금까지는 암 세포에 PD-L1의 발현이 많으면 면역관문억제제가 치료 효과를 잘 낼 것이라고 예측했지만, TIL을 이미지로 분석해서 면역 결핍이나 면역 제외로 분류되는 경우 면역관문억제제 효과 예측 값은 달라질 수 있다. 종양 조직에서 TIL을 공간적으로 분석해 PD-L1

과 상관없이 면역관문억제제의 치료 효과를 좀더 정확하게 예측할 수 있으며, 이는 여러 암에서 적절한 예측을 하는 동반진단 바이오마커가 될 수 있다. 여기에 더불어 약물 반응 예측 정확도를 높일 수 있도록 여러 데이터를 접목하는 작업도 가능하다. 루닛 스코프 IO와 폐 CT 사진 데이터를 함께 넣어 분석하고 학습시키는 방식이다.

상식적인 AI

진단에서 AI의 도움을 받겠다는 생각은 직관적이고, 설득력이 있다. AI는 사람의 눈보다 정확하게 이미지를 판독할 수 있다. 물론 마지막 결정은 의료진, 즉 사람의 몫이고 AI는 정확한 데이터를 도출해 사람의 판단을 돕는다. 그 과정에서 AI는 꾸준히 학습량을 늘려갈 것이고, 어제보다는 오늘, 오늘보다는 내일 더 정확해질 것이다. 점점 부족해지는 의료진의 공백을 메우고, 값비싼 신약 처방은 좀더 효과적으로 이루어질 것이다. AI가 새롭게 진단을 내려준 덕분에 첨단 신약을 처방 받을 수 없던 환자가 처방 받을 수 있을 것이며, 생명을 구할 것이다.

그러나 여전히 핵심은 학습할 수 있는 충분한 데이터와 정확하게 판독할 수 있는 알고리즘이다. 데이터의 양을 보자. 루닛의 AI 솔루션 가운데 루닛 스코프 IO 개발에는 이미지 슬라이드가 약 1만 6,000장 정도 사용되었다. 일반적으로 진단 AI 개발에 수백 장

정도의 이미지 슬라이드를 학습시키는 것과는 비교하기 어렵다. 알고리즘도 마찬가지다. 루닛 스코프 HER2 개발 과정을 보자. 3명의 병리학자가 한 팀을 이룬다. 각 팀은 같은 검체 슬라이드 이미지를 보고 HER2 발현에 대한 판독을 진행한다. 3명이 각자 판독한 값을 가지고 의견을 취합해 데이터로 만든다. 이렇게 AI, 즉 인공지능을 학습시키기 위해 국내외 100여 명의 병리학자의 지능이 참여한다. 그리고 이렇게 쌓인 데이터를 AI에게 학습시킨다. 이 과정에 다시 40~50명 규모로 AI 엔지니어가 투입된다.

상식적인 AI 개발이 가능할 수 있었던 데는 한국의 독특한 의료 환경도 한몫을 했다. 지금까지 문제로 지적되어온 소수 대형병원 중심의 중앙집권적 암 치료 환경이, 'AI 학습에 최적화된 영상자료 확보'라는 측면에서는 반대로 긍정적인 환경으로 작용했다. 환자의 암을 진단하고 치료할 때마다 생성된 데이터가 한곳에 모여 있는 한국의 환경은 의료 AI 개발에 최적화되어 있다. 루닛 인사이트 CXR의 경우 흉부 엑스레이 사진과 암을 확진하는 CT 이미지, 인사이트 MMG의 경우 유방촬영술 데이터와 환자의 조직(biopsy) 결과를 같이 학습시켰다. 각 모델을 개발하기 위해 학습한 데이터는 CXR은 (허가 기준) 25만 장, MMG는 18만 장에 달하는 규모다.

지금까지는 틈을 만드는 기획
지금부터는 격차를 벌리는 도약

한국에서 신약개발, 그것도 생명과학을 바탕으로 하는 바이오 신약을 개발한다는 것은, 꽤 무모해 보이는 것이 사실이다. 한국은 바이오 신약을 포함해 신약개발의 기본이라고 할 수 있는 '과학'에 대한 경험이 짧다. 기초과학 연구, 이를 활용한 구체적인 개발, 의료 현장에 적용하려면 필수적으로 거쳐야 하는 임상시험 분야에서 선발주자를 추격하고 있는 입장이다. 물론 따라잡기 위한 노력이 꾸준히 이루어지고 있다. 다만 선발주자들도 가만히 멈춰 있지 않다. 아킬레우스의 달리기 실력으로도 거북이를 앞지르지 못할 것인데, 앞서서 뛰고 있는 상대가 아킬레우스보다 빠른 속도라면 격차를 유지하는 것도 벅차다.

그러나 틈이 없는 벽은 없고, 거대한 벽을 무너뜨리는 균열의 시작은 언제나 바로 그 틈이다. 한국의 짧은 바이오 신약개발 경험 가운데 전 세계적으로 인정을 받은 분야는 바이오시밀러(Biosimilar)다. 오리지널 항체 의약품과 동등한 수준의 효과를 내는 항체 의약품을 생산해낸다는 발상은, 전 세계적 규모의 제약기업들이 쳐다보지 않았던 틈이었다. 오리지널 항체 의약품을 직접 개발한 기업조차 생산이 어려운데, 개발의 경험조차 없는 신약개발의 변방에서 상용화가 가능한 수준으로 생산하겠다는 말을 주의 깊게 듣는 곳은 많지 않았다.

그러나 한국은 틈에서 기회를 찾아내고 균열을 기획했다. 매일 발전하는 기술, 가장 효율적인 생산을 설계하고 운용할 수 있는 인력, 뛰어난 치료 효과에도 불구하고 비싼 가격으로 각 나라의 규제기관과 의료보험 시스템이 고민하게 만드는 가격 정책은 모두 틈이었다. 한국은 틈을 놓치지 않고 2013년 셀트리온의 램시마(REMSIMA®, Infliximab 바이오시밀러) 유럽 시판허가를 시작으로 연이어 바이오시밀러를 성공시켰다. 그리고 2023년 현재 기준, 전 세계적으로 바이오시밀러는 보편적이고 상식적인 바이오 의약품이 되었다. 한때 바이오시밀러를 부정적으로 바라봤던 외국 제약기업들이 이제는 앞다투어 바이오시밀러에 뛰어들고 있다. 그 사이 한국은 바이오시밀러 분야 선발주자가 되었다.

바이오시밀러가 거대한 벽에서 틈을 찾아 자리를 잡는 기획이었다면, 의료 AI는 선발주자가 되어 글로벌 후발주자들과 격차를 내는 다른 차원의 기획이 될 수 있다. 한국은 IT 개발 분야에 좋은 인재가 많다. 그리고 대형 종합병원에는 방대한 암 치료 관련 영상 데이터들이 암 치료 데이터와 함께 관리되고 있다. 이 둘의 결합으로 '현실 가능한 의료 AI 솔루션'을 구성할 수 있다. 점점 더 늘어날 암 환자와 부족해질 의료진, 더 좋은 치료 효과와 더 효율적인 처방을 기대하는 규제기관과 보험이라는 환경은 의료 AI 솔루션이 빠르게 후발주자들과 격차를 낼 수 있는 환경을 마련해줄 것이다. 그리고 의료 AI 연구자와 개발자에게는 명예를, 의료 AI 기업에는 부(富)를 가져다 줄 것이다. 궁극적으로는 질병으로 절망에 빠져 있는 환자와 환자 가족들에게 희망을 가져다 줄 것이다. 의료 AI를 둘러싸고, 다시 한 번 주목할 가치가 있는 시간이 펼쳐지고 있다.

> "인공지능으로 암을 정복한다고 이야기하면 밖에서 만난 전문가들이 냉소적인 반응을 보이고는 합니다. 그러나 우리 안에서는 진지한 이야기입니다. 서로 공유하는 목표죠. 인공지능으로 암을 정복한다고 했을 때 실제로 해낼 수 있다고 믿는 사람들이 루닛에 모여 있다고 생각합니다."[21] _백승욱(루닛 이사회 의장)

민감도와 특이도

진단에서 핵심은 정확도다. 진단이 도달하려는 마지막 목표는 암을 놓치지 않고 정확하게 잡아내는 것이다. 그러나 조건이 붙는다. 암이 나타나서 생명을 위협할 것이라고 예측했다면 진짜로 나타나야 한다. 예측이 틀린다면 불필요한 치료를 받게 될 것이다. 반대도 마찬가지다. 암에 걸리지 않을 것이라고 예측을 했다면 진짜로 나타나지 않아야 한다. 진단 결과만 믿고 마음을 놓고 있었는데 암이 발병했다면, 준비 없이 뒤통수를 제대로 맞는 셈이다. 그래서 진단은 정확도가 중요하다. 진단에서 정확도는 [표 01_02]과 같이 정리할 수 있다.

[표 01_02] 진단 용어의 개념

	환자	정상
검사 결과 양성 반응	진양성	위양성
검사 결과 음성 반응	위음성	진양성

[표 01_02]에서 중요하게 봐야 할 곳은 검사를 해서 실제 암이 발병한 환자에게 암에 걸렸다고 진단하는 '진양성'이다. 이 부분의 정확도를 민감도(Sensitivity)라고 부른다.

민감도는 $\frac{\text{진양성}}{\text{진양성} + \text{위음성}} \times 100$ 으로 백분율(%)을 계산한다.

중요한 곳은 한 곳 더 있다. '진음성'이다. 암에 걸리지 않은 사람을 검사했을 때, 암에 걸리지 않았다고 진단한 경우다. 이 부분의 정확도는 특이도(Specificity)라고 부른다.

특이도는 $\frac{\text{진음성}}{\text{진음성} + \text{위양성}} \times 100$ 으로 백분율(%)을 매길 수 있다.

만약 민감도와 특이도가 100%에 가까워진다면 정확도가 높다고 말할 수 있다. 민감도와 특이도의 %가 낮아지면 진단으로서 의미가 없어지고, 오진에 따른 문제만 늘어난다. 민감도가 높은 검사에서 음성이 나왔다면 신뢰할 만하다. 민감도에서는 분모와 분자에 진양성이 모두 들어간다. 즉 음성을 잘못 판단하는 위음성이 낮다는 뜻이다. 반대로 특이도에서는 양성이 나오면 신뢰도가 높아진다. 특이도가 높으면 위양성이 낮고 진음성은 높을 것이다.

주

1 American Cancer Society (2023 updated) Lung Cancer Survival Rates. https://www.cancer.org/cancer/types/lung-cancer/detection-diagnosis-staging/survival-rates.html (검색일: 2023.07.17.)

2 American Lung Association (2022 updated) Lung Cancer Fact Sheet. https://www.lung.org/lung-health-diseases/lung-disease-lookup/lung-cancer/resource-library/lung-cancer-fact-sheet (검색일: 2023.07.17.)

3 American Cancer Society (2023 updated) Survival Rates for Pancreatic Cancer. https://www.cancer.org/cancer/types/pancreatic-cancer/detection-diagnosis-staging/survival-rates.html (검색일: 2023.07.17.)

4 미국의과대학협회(AAMC) (2021) The Complexities of Physician Supply and Demand: Projections From 2019 to 2034. https://www.aamc.org/media/54681/download (검색일: 2023.07.20.)

5 보건복지부 (2022) 『OECD 보건통계 2022』로 보는 우리나라 보건의료 현황. http://www.mohw.go.kr/react/al/sal0301vw.jsp?PAR_MENU_ID=04&MENU_ID=0403&CONT_SEQ=372297 (검색일: 2023.07.20.)

6 Kim H.E. et al. (2020) Changes in cancer detection and false-positive recall in mammography using artificial intelligence: a retrospective, multireader study. *Lancet Digit Health*. 2, e138-e148.

7 김성민 (2022) '루닛 인사이트 CXR, "20년경력 영상의학과 전문의 유사". *BioSpectator*. http://www.biospectator.com/view/news_view.php?varAtcId=17428 (작성일: 2022.10.17.)

8 루닛 (2023) Lunit and Capio S:t Göran Hospital Collaborate to Address Radiologist Shortage with AI-Powered Mammography Analysis. https://www.prnewswire.com/news-releases/lunit-and-capio-st-goran-hospital-collaborate-to-address-radiologist-shortage-with-ai-powered-mammography-analysis-301842062.html (검색일: 2023.07.20.); 김성

민 (2023) 루닛, 유방암 이중판독 'AI 도입' "유럽서 첫 사례". *BioSpectator.* http://www.biospectator.com/view/news_view.php?varAtcId=19315 (작성일: 2023.06.29.)

9 김성민 (2023) 루닛, 해외 군병원 '의료 AI 솔루션' "시범도입 확대". *BioSpectator.* http://www.biospectator.com/view/news_view.php?varAtcId=18994 (작성일: 2023.05.15.)

10 김성민 (2023) 루닛, 'AI 솔루션' 日보험급여 공식인증 "첫 사례". *BioSpectator.* http://www.biospectator.com/view/news_view.php?varAtcId=19297 (작성일: 2023.06.26.)

11 Lee J.H. et al. (2023) Effect of Human-AI Interaction on Detection of Malignant Lung Nodules on Chest Radiographs. *Radiology.* 307, e222976.

12 미국 식품의약국(FDA) (2023 updated) Companion Diagnostics. https://www.fda.gov/medical-devices/in-vitro-diagnostics/companion-diagnostics (검색일: 2023.07.21.)

13 Kim S.W. et al. (2016) Immunohistochemistry for Pathologists: Protocols, Pitfalls, and Tips. *J Pathol Transl Med.* 50, 411 – 418.

14 Dako. HER2 IQFISH pharmDx interpretation guide. https://www.agilent.com/cs/library/usermanuals/public/29039_01dec11_iqfish_pharmdx_interpretation_guide-11935.pdf (검색일: 2023.07.20.)

15 Haffner I. et al. (2021) HER2 Expression, Test Deviations, and Their Impact on Survival in Metastatic Gastric Cancer: Results From the Prospective Multicenter VARIANZ Study. *J Clin Oncol.* 39, 1468 – 1478.

16 Tarantino P. et al. (2023) ESMO expert consensus statements (ECS) on the definition, diagnosis, and management of HER2-low breast cancer. *Ann Oncol.* 34, 645-659.

17 Mosele F. et al. (2023) Trastuzumab deruxtecan in metastatic breast cancer with variable HER2 expression: the phase 2 DAISY trial. *Nat Med.* 29, 2110 – 2120.

18 Agilent. PD-L1 IHC 22C3 pharmDx Interpretation Manual – NSCLC.

https://www.agilent.com/cs/library/usermanuals/public/29158_pd-l1-ihc-22C3-pharmdx-nsclc-interpretation-manual.pdf (검색일: 2023.07.21.)

19 김성민 (2020) 『진단이라는 신약-조기진단, 동반진단, 전이암진단, 이미징마커』. pp 120~123. 바이오스펙테이터, 서울, 여의도.; Kulangara K. et al. (2019) Clinical Utility of the Combined Positive Score for Programmed Death Ligand-1 Expression and the Approval of Pembrolizumab for Treatment of Gastric Cancer. *Arch Pathol Lab Med.* 143, 330-337.

20 Choi S. et al. (2022) Artificial intelligence – powered programmed death ligand 1 analyser reduces interobserver variation in tumour proportion score for non – small cell lung cancer with better prediction of immunotherapy response. *Eur J Cancer.* 170, 17-26.

21 김성민 (2023) 백승욱 루닛 10년 "지켜온 기본 2가지..이끈 질문 2개". *BioSpectator.* http://www.biospectator.com/view/news_view.php?varAtcId=19724 (작성일: 2023.08.31.)

02

AI 신약개발

Artificial Intelligence Drug Discovery

가능 or 불가능

신약개발은 무수히 많은 경우의 수 가운데 답을 골라내는 과정의 연속이다. 저분자 화합물 신약개발의 구체적인 첫 단계는 질병과 관련된 단백질 등 생물학적인 타깃을 찾는 것이다. 이렇게 찾은 타깃이 질병을 효과적으로 조절할 수 있는지 검증(validation)한다. 이를 검증하려면 질병에 걸린 상태에서 타깃 단백질이 어떻게 발현되는지, 질병과 관련해서 타깃 단백질이 어떤 역할을 하는지, 타깃 단백질을 조절했을 때 질병이 치료되는 것과 무관하게 얼마나 위험해질 수 있는지 등을 확인해야 한다.

생물학적 타깃 검증이 끝나면, 해당 타깃에 효과적으로 작용하는 초기 물질을 찾는 작업이 기다리고 있다. 보통 스크리닝(screening)이라고 부르는 과정이다. 20만~100만 개 정도의 화합물 가운데 타깃과 반응하고, 원하는 치료 효과를 내면서, 최소한의 부작용만 일으킬 것으로 예상되는 물질을 찾는다.[1]

스크리닝으로 초기 물질을 찾았다고 하더라도 아직 경우의 수는 많이 남아 있다. 찾아낸 초기 물질이 정말로 타깃에 작용하는지 입증해야 하는데, 화학 구조적인 부분을 확인하게 된다. 이 과정을 거친 물질을 히트(hit) 물질이라고 한다. 히트 물질 가운데 다시 타깃과 반응하는 활성이 좋은 선도물질(lead)을 찾는다. 선도물질은 다시 원하는 수준의 결합력(affinity), 선택성(selectivity)을 띠면서 독성이 낮은 물질로 변형하는 최적화(lead optimization) 과정을 거친다. 생물학적 타깃을 골라내는 것부터 선도물질을 최적화하기까지 4~5년의 기간이 걸리는 것이 보통이지만, 이 과정을 거친다고 선도물질 최적화에 이른다고 장담할 수는 없다.[2]

그동안 신약개발에 나섰던 이들은 모두, 이렇게 무수히 많은 경우의 수를 하나씩 확인하고 검증해가는 과정을 거쳐야만 했다. 특히 저분자 화합물을 바탕으로 하는 케미컬 의약품 개발은, 수없이 많은 경우의 수와 싸움을 벌여야 하는 대표적인 싸움터였다. 그런데 인공지능(artificial intelligence, AI)이 가능해질 수 있다는 기대는, 경우의 수와의 싸움에서 좀더 나은 고지를 차지할 수 있을 것이라는 희망을 갖게 해준다.

인공지능은 '인공'이 아니라 '지능'에서 시작한다

AI는 인공지능이다. 즉 사람의 지능을 인공적으로 구현해내는 것이 목표다. AI 이야기에서 빠지지 않는 소재인 튜링 테스트(Turing Test)도 커튼 뒤에 있는 기계를 사람처럼 느껴지도록 속일 수 있느냐의 문제다. 따라서 AI를 이야기하려면 먼저 '지능'에 대한 이야기로 시작해야 한다. 그리고 신약개발에서 AI 이야기를 시작하려면 '신약을 개발하는 지능'에 대한 이야기가 빠질 수 없다.

'저분자 화합물 신약을 개발하는 지능'을 정의하기란 어렵다.

타깃 단백질의 활성을 저해하는 저분자 화합물을 찾아내고, 이를 다시 환자에게 투여해 안전하게 치료할 수 있는지 여부를 확인하는 과정은, 높은 수준으로 훈련받은 연구자들이 수행한다. 고도로 지능화된 작업이지만, 일반적으로 구현하기는 어려운 지능이다. 예를 들어 말을 배워 대화를 나누는 지능은 대부분 사람에게서 구현되지만, 대부분의 연구자가 신약개발에 성공하는 것은 아니다. 따라서 일반적으로 신약을 개발하는 지능이라는 것의 정체를 확인하기가 어렵다.

신약개발이 좀더 복잡한 지능이기 때문에 발생하는 현상은 아닐까? 그러나 좀더 복잡한 지능이라고 했을 때도 마찬가지다. 대부분의 사람이 말을 하지만 유독 말을 잘하는 사람이 있고, 특별히 체스나 바둑을 잘 두는 사람이 있다. 그런데 말을 잘하는 사람은 계속 말을 잘하고, 체스나 바둑을 잘 두는 사람은 꾸준하게 체스나 바둑을 잘 둔다. 따라서 말을 잘하고 체스와 바둑을 잘 두는 지능이라는 것의 정체가 있다고 할 수 있고, 이에 대한 AI를 구현할 수도 있다. 문제는 꾸준하게 신약을 잘 개발해내는 사람이 없다는 점이다. 만약 어떤 사람이 꾸준히 신약을 개발해내고 있다면 그 사람의 지능은 신약을 개발하는 지능일 것이고, 이에 대한 AI를 구현할 방법을 찾을 수 있을 것이다. 그러나 안타깝게도 그런 연구자가 없으니, 구체적으로 재현하거나 구현할 AI에 대한 개념을 잡기 어렵다.

따라서 저분자 화합물 신약개발에 AI를 활용한다고 했을 때, 구체적으로 신약개발 과정에서 어떤 단계에 어떻게 적용할 것인지

고르는 것이 우선이다. 물론 해당 작업을 담당할 AI가 구현해낼 지능이 구체적으로 어떤 것인지 특정하는 것이 중요하다. 미국 바이오테크 슈뢰딩거(Schrödinger)를 살펴보자.

슈뢰딩거는 1990년에 설립된 계산화학(computational chemistry) 기반의 신약개발 바이오테크다. 계산화학 전문가인 윌리엄 고다드(William A. Goddard III) 캘리포니아 공대(California Institute of Technology, Caltech) 교수와 리차드 프리즈너(Richard A. Friesner) 컬럼비아 대학(Columbia University) 교수가 함께 세웠다. 계산화학은 분자 구조가 어떤 특징을 가지는지 분석하고 예측하는 학문 분야다. 그런데 질병과 치료제도 분자 수준에서 일어나는 일이다. 따라서 신약개발에 계산화학을 적용해 분석하고 예측할 수 있다면 큰 효과를 기대할 수 있을 것이다.

슈뢰딩거는 계산화학 기반 신약개발 소프트웨어 프로그램을 개발해왔다. 슈뢰딩거의 약물 개발 관련 소프트웨어는 전 세계적으로 1,700여 개 연구기관에서 사용되고 있다. 2021년 기준 전 세계에서 가장 큰 제약기업 20여 곳에서 슈뢰딩거의 소프트웨어를 쓰고 있다. 원래 슈뢰딩거는 자체적인 신약개발 프로그램을 진행하지 않았다. 소프트웨어를 공급하거나 제약기업, 바이오테크와 파트너십을 맺고 약물을 공동 개발해왔다. 그런데 이제 슈뢰딩거는 신약개발 사업에 적극적으로 뛰어들고 있다. 2018년부터 자체 신약개발 파이프라인을 구축했고, 더 많은 자금이 필요해지자 2020년 2월에 예상 규모보다 2배 이상인 2억 3,200만 달러의 공모자금을

유치하며 나스닥에 기업공개(IPO)를 했다.[3]

슈뢰딩거는 2020년 BMS(Bristol Myers Squibb)와 계약금 5,500만 달러 포함, 총 27억 5,500만 달러 규모의 신약개발 파트너십으로 암, 신경질환, 면역질환 치료제를 개발하고 있다. 일라이 릴리(Eli Lilly)와는 비공개 계약금과 총 4억 2,500만 달러 규모의 마일스톤이 포함된 신약 개발 파트너십을 체결했다. 이외에도 다케다(Takeda), 사노피(Sanofi) 등과 함께 신약개발을 하며, 2022년 12월 기준 총 15개의 파트너십 프로그램을 진행하고 있다. 2023년 기준 슈뢰딩거는 리드 프로젝트로 혈액암을 대상으로 임상1상을 자체적으로 진행하고 있다. 여전히 대부분의 임상개발 프로젝트는 파트너십으로 이루어지고 있지만, 영역을 넓혀가고 있는 것도 사실이다.

메커니즘

슈뢰딩거는 분자모델링에 활용할 AI 개발에 집중한다. 분자모델링은 물리학을 바탕으로 단백질과 저분자 화합물의 구조, 움직임, 결합 정도를 계산하는 모델이다. 저분자 화합물을 바탕으로 하는 케미컬 의약품은 주로 질병을 일으키는 단백질의 활성을 저해하는 물질이다. 따라서 타깃하는 단백질과 어떤 저분자 화합물이 결합하며, 얼마나 잘 결합하고, 또한 얼마나 강력하게 결합하는지, 혹 다른 단백질에 결합해 엉뚱한 문제를 일으키는 것(독성과 부작용)은 아닌지 등을 확인하는 것이 중요하다.

문제는 이 과정에 너무 많은 시간과 비용이 들어간다는 점이다. 분자모델링의 비전은 양자역학(quantum mechanics, QM) 계산으로 이 과정을 컴퓨터 시뮬레이션화하는 것이다. 이렇게 분자모델링으로 단백질과 리간드 간의 결합 정도를 알아내는 것이 가능하지만, 이를 신약개발에 100% 적용하려면 좀더 연구가 필요하다. 단백질처럼 어느 정도 이상의 크기를 가진 분자의 성질을 계산하는 것은 복잡하고 시간이 오래 걸리기 때문이다. 따라서 현장에서는 양자역학의 근사치 개념인 분자동역학(molecular dynamics, MD)을 주로 사용한다.[4]

그런데 슈뢰딩거는 분자모델링으로 직접 뛰어들었다. 슈뢰딩거의 워터맵(WaterMap)은 선도물질을 최적화하는 단계에 적용하는 분자모델링 프로그램으로, 선도물질과 타깃이 결합하는 부위에서 물 분자가 어떻게 작동하는지 예측한다. 워터맵은 선도물질이 단백질 타깃 자리에 결합하기 적합한 구조인지, 혹은 최적화하고자 하는 물질의 어느 부분을 변형해야 하는지 등을 컴퓨터로 계산해 시각적으로 알 수 있게 해주는 기술이다.

약물이 목표로 하는 단백질을 강력하게 억제하는 것이 중요한데,[5] 이때 단백질과 약물이 결합된 상태에서 물 분자가 어떻게 분포하는지 봐야 한다. 예를 들어 단백질과 약물이 결합된 상태에서, 해당 단백질이 물 분자와 약하게 결합된 부위를 찾는다. 이 부위를 약물이 들어갈 수 있는 '틈'으로 볼 수도 있다. 약하게 결합된 부위를 약물이 추가로 억제할 수 있다면, 결합력이 더 세지고 효과도 커질 것이기 때문이다. 슈뢰딩거의 워터맵은 약물이 결합하는 자리에서 물 분자가 얼마나 강하게 또는 약하게 붙어 있는지 계산하고, 컴퓨터 시뮬레이션으로 단백질에 약물, 물 분자가 결합된 모습을 시각화한다. 신약개발 연구자는 시각화 자료를 바탕으로 약물을 어떻게 고치면 될지 아이디어를 얻을 수 있다.

슈뢰딩거는 FEP+ 소프트웨어도 개발했다. 타깃 단백질과 후보물질 사이의 결합 자유에너지(binding free energy)를 계산해주는 기술이다. 자유에너지 계산은 두 분자가 서로 잘 결합하는지 그렇지 않은지를 수치적으로 계산하는 방법이다.[6] 워터맵이 약물 결합력에 대한 대략적인 값을 제시한다면, FEP+는 훨씬 상세한 값을 제시한다. 따라서 계산이 더 복잡하고, 더 많은 시간이 필요하다. 이 때문에 약물을 최적화해나가는 과정에서 워터맵을 먼저 이용하고, 이후 FEP+를 이용해 최적의 값을 얻는다.

슈뢰딩거는 히트물질 발굴부터 선도물질 최적화까지 4~6년 걸리던 것을 2~3년으로 줄일 수 있을 것으로 보고 있다. 또한 개발 초기에 몇십억 개의 물질을 컴퓨터에서 테스트해서 유력한 1,000여 개 정도의 초기 물질 합성 데이터까지 만들 수 있을 것으로 본다. 슈뢰딩거의 계산화학 솔루션으로 개발한 약물은 표적 선택성이 높은 것으로 알려져 있다.

슈뢰딩거가 설립한 계산화학 기반 신약개발 바이오테크도 있다. 2009년 슈뢰딩거는 바이오테크 전문 벤처캐피탈(VC)인 아틀라스벤처(Atlas Venture)와 함께 님버스 테라퓨틱스(Nimbus Therapeutics)를 설립했다. 이후 슈뢰딩거는 님버스 테라퓨틱스와 전략적 파트너십을 맺고 워터맵 프로그램을 포함한 계산화학 솔루션을 이용할 수 있는 권리를 님버스 테라퓨틱스에 제공하는 방식으로 신약개발에 나서고 있다.[7]

슈뢰딩거와 님버스 테라퓨틱스는 티로신 키나아제 2(tyrosine kinase 2, TYK2) 저해제 NDI-034858(TAK-279)을 함께 개발했다. TYK2는 야누스 키나아제(janus kinase, JAK) 패밀리에 속하는 효소다. 포유동물의 JAK 패밀리에는 TYK2 외에 JAK1, JAK2, JAK3의 3가지 단백질이 포함되는데, 이들은 신호 변환 및 전사 활성화(signal transducer and activator of transcription, STAT) 단백질의 활성화를 유도해 면역 반응을 활성화시키는 기능을 한다. 따라서 잘못된 면역반응이 일어나 환자를 공격하는 자가면역질환 치료를 위해 JAK 억제제를 처방해 면역 기능을 떨어뜨리기도 한다.

그런데 JAK 저해제들은 심혈관계 질환, 혈전증 등의 부작용과 암을 일으킬 위험이 있다. 이런 이유로 다른 JAK 단백질을 피해 TYK2에 특이적으로 결합해 저해하는 약물 개발이 시도된다. 슈뢰딩거와 님버스 테라퓨틱스의 TYK2 저해제인 TAK-279는 JAK1보다 TYK2에 150만 배 높은 선택성을 가지고 결합하는 것으로 나타났다.[8] 2022년 TYK2 저해제로 미국 FDA의 첫 승인을 받아 판상건선(plaque psoriasis) 환자에게 처방이 허가된, BMS의 소틱투

(SOTYKTU®, 성분명: Deucravacitinib)의 TYK2에 대한 선택성이 JAK1보다 109배 높은 수준인 것과 비교하면 매우 높은 정도다.[9] 2022년 다케다는 이런 점에 주목해 TAK-279를 계약금만 40억 달러, 정식 판매 허가까지 완료되면 총 60억 달러를 지불하는 규모로 인수했다.[10]

슈뢰딩거의 TAK-279는 분자모델링 개념으로 '선택성' 구현을 인정받은 첫 사례다. 이는 계약금 규모로 그 가치를 가늠해볼 수 있다. 보통 계약금이 수억 달러에 이르면 물질을 확보하기 위해 큰돈을 지급했다고 평가한다. 그런데 하나의 물질을 사들이기 위해 수십억 달러까지 썼다면 얘기가 달라진다. 다케다가 님버스에 지급한 계약금 40억 달러는 단일 약물로는 2019년 암젠(Amgen)의 오테즐라(OTEZLA®, 성분명: Apremilast) 인수 이후 최대 규모의 금액이다. 2019년 암젠은 셀진(Celgene)으로부터 경구용 자가면역질환 치료제 오테즐라를 인수하기 위해 134억 달러를 지급했다. 오테즐라는 2014년부터 팔리기 시작해 20억 달러가 넘는 매출액을 낸 제품이었다(2022년 기준).

2023년 3월 슈뢰딩거가 찾은 TYK2 저해제의 임상 결과가 공개됐다. 다케다는 건선 환자에게서 TAK-279가 환자의 증상을 유의미하게 개선된 결과를 발표했다.[11] 건선 환자를 대상으로 피부병변이 75% 이상 나아진 비율을 봤더니, 고용량의 TAK-279를 투여하자 개선 비율이 67% 수준이었고 위약은 6%였다. 심각한 부작용은 없어 일단 약물 안전성이라는 기준을 통과했다. 다케다는 건선 환자를 대상으로 임상3상을 진행하면서, BMS의 TYK2 저해제 소틱투와 직접비교하는 임상3상을 진행하겠다고 밝혔다.

아직 초기 단계

2010년 초중반부터 AI 신약 발굴의 범위는 점점 더 광범위해지고 있다. 기존의 분자모델링 수준을 넘어 유전체, 단백질체, 전사체, 임상 데이터 등 여러 수준의 데이터를 통합해 새로운 타깃이나 물질을 찾는 '플랫폼 개념'으로까지 확대되고 있다. 다만 놓치지 말아야 할 것은 AI 신약 발굴도 일단 임상개발에 들어간 이후에는, 기존의 약물 개발과 같은 과정을 거쳐 입증된다는 점이다. 특정 기술이나 플랫폼을 입증했다는 것은, 환자에게서 효능을 입증했다는 것이다. 그리고 AI 신약개발의 개념입증에도 같은 공식이 적용된다. AI 신약발굴이 가능하다는 것은 결국 AI로 발굴한 약물이 임상에서 효능을 나타내야 한다는 뜻이다. 2023년 전 세계적으로 가장 앞서가던 영국의 AI 신약개발 바이오테크 베네볼런트AI(BenevolentAI)가 AI 약물발굴 플랫폼으로 발굴한 아토피피부염 치료제의 실패 사례를 살펴보자.

베네볼런트AI는 아스트라제네카 파트너사로 이름이 알려졌다. 2019년 만성 신장질환(chronic kidney disease, CKD)과 특발성폐섬유증(idiopathic pulmonary fibrosis, IPF) 질환에서 최대 5

개 후보물질에 대한 AI 신약발굴 파트너십을 아스트라제네카와 맺었다. 이후 3년 만에 다른 질환인 심부전과 루푸스까지 파트너십을 확장했다. 아스트라제네카가 가진 유전체학, 화학, 임상 데이터를 베네볼런트AI 플랫폼에 적용해 새로운 타깃을 발굴하는 방식이었다. 여기에 추가로 베네볼런트AI는 자체적으로 실험실에서 유전자가위(CRISPR), 유전자 발현(RNA-seq), 줄기세포(iPSC) 모델을 이용해 얻은 데이터와, 공개된 논문, 특허, 임상시험 데이터까지 수집해 플랫폼화했다. 2022년 아스트라제네카는 베네볼런트AI와 협력의 결과로 CKD와 IPF에서 신규 약물 타깃을 1개씩 확보했고, 약물을 개발할 예정이라고 밝혔다.

그런데 예상치 못한 결과가 나왔다. 베네볼런트AI는 2023년 자체 개발하고 있던, 피부에 바르는 pan-TRK 저해제 BEN-2293의 임상2상에서 아토피피부염 증상을 개선하지 못한 결과를 발표하면서 임상 실패를 알렸다. 이는 베네볼런트AI가 가장 먼저 임상에 진입한 프로그램이었다.

TRK(tropomyosin receptor kinase) 수용체는 사람의 표피, 진피와 같은 피부 조직에서 피부 염증을 악화하는 뉴트로핀(neurotrophin)과 결합한다. 베네볼런트AI는 특히 아토피피부염 환자에게서 TRK 수용체가 가려움증과 염증을 일으키는 인자라고 여겼다. 구체적으로 TRK 수용체 가운데 TRKA는 신경을 민감하게 해 가려움증을 일으키며, TRKB와 TRKC는 도움 T세포(Th1, Th2)로 매개되는 피부 염증을 매개한다. 이에 저분자 화합물로 TRK 수용체인 TRKA, TRKB, TRKC를 모두 효과적으로 막을 수 있다면 증상이 개선될 것이라는 가정이었다.

베네볼런트AI는 TRK 치료 타깃에 대한 정보부터 적절한 질환, 약물 디자인까지 모두 AI 플랫폼을 이용해 BEN-2293을 찾았다고 설명했다. 베네볼런트AI는 2020년 경증 내지 중등도 아토피 피부염 환자 130명 환자를 대상으로 BEN-2293의 증상 개선 효과를 평가하는 임상2상에 들어갔다. 그러나 pan-TRK 저해제는 아토피피부염 환자의 가려움증과 염증을 치료하지 못했다. 부작용이 나타나지는 않았지만 치료 효과가 없으니, 베네볼런트AI가 제시한 신약개발 AI 플랫폼의 개념은 입증에 실패했다.

임상 실패 발표 한 달 후 베네볼런트AI는 BEN-2293의 개발을 아예 중단하기로 결정한다. 투자 침체로 인한 재무적 어려움을 극복하기 위해 인력 180명을 해고하는 구조조정 또한 진행했다. 물론 베네볼런트AI의 실패가 'AI로 신약이 될 수 있는 물질을 찾는다는 컨셉이 성립하지 않는다'는 뜻은 아니다. 아이디어가 제시되고, 이를 구현해볼 수 있는 기술이 개발되고, 임상개발에 적용할 수 있는 개념입증까지 시간이 걸린다. 따라서 AI 신약개발이 마법의 단어라기보다는 이제 시작하는 단계라는 것이 분명해 보인다. 베네볼런트AI와 아스트라제네카의 파트너십은 오는 2025년까지 이어질 예정이다.

당장의 가능성
약물 재창출

약물 재창출(drug repositioning)이란 임상에서 실패한 약물이나 현재 시판되고 있는 약물을 다른 적응증에서 평가해 새로운 치료 효과를 찾아내는 방법을 말한다. 약물 재창출에 이용되는 약물 가운데 이미 전임상과 임상에서 안전성 평가를 거친 약물은 기존의 신약 개발에 비해 상대적으로 적은 비용으로도 빠르게 개발할 수 있다는 이점이 있다.[12]

약물 재창출은 우연한 기회를 통해서도 발견된다. 대표적인 사례로 탈리도마이드(Thalidomide)가 있다. 탈리도마이드는 1950년대 중후반 전 세계 46개 나라에서 임산부 입덧 치료제로 처방되던 약물이지만, 탈리도마이드를 복용한 임산부들이 기형아를 출산하는 부작용이 발견되면서 1961년 퇴출됐다. 그런데 1964년 병원에 남아 있던 탈리도마이드를 한센병 환자에게 수면제 용도로 처방했더니 치료 효과를 일으킨다는 것이 발견됐다. 이를 바탕으로 세계보건기구(WHO)가 탈리도마이드의 임상 연구를 수행한 결과 한센병의 증상을 치료하는 효과가 있다는 사실이 확인됐다.[13] 임산부에게는 부작용을 일으켰지만 한센병 환자에게는 치료 효과를 나타내면서, 탈리도마이드는 약물 재창출 이야기를 하면 빠지지 않고 등장한다.

이런 약물 재창출에 AI가 활용될 수 있다. 기존 약물에 대한 정보와 질병, 유전자, 단백질에 대한 정보를 AI에 학습시켜 새로운 적응증을 찾아내는 것이다.[14] 신약 재창출은, 과학적인 근거가 있다면 계속해서 기회가 열려 있는 분야이기도 하다. 2023년 9월 미국의 퍼스트웨이브 바이오파마(First Wave BioPharma)는 약물 재창출 목적으로 사노피로부터 5-HT4 작용제(agonist)인 카페세로드(Capeserod)를 인수했다. 카페세로드는 사노피가 2000년대 초반까지 알츠하이머병, 요실금 치료제 등으로 임상개발을 진행하다가 중단한 약물이었다. 퍼스트웨이브 바이오파마는 위장관(gastrointestinal, GI) 치료제를 개발하는 바이오테크로 설립됐다. 따라서 퍼스트웨이브 바이오파마 입장에서는 위장관 치료제로 임상개발할 수 있는 여지가 있다면, 사노피가 이미 600여 명을 대상으로 임상시험을 진행해 안전성과 내약성을 확인한 물질을 활용하는 것이 유리할 수 있다. 퍼스트웨이브 바이오파마는 2024년 위장관 질환을 적응증으로 카페세로드의 임상2상을 시작할 계획이다.[15]

AI 신약개발 기업인 리커전 파마슈티컬스(Recursion Pharmaceuticals)도 약물 재창출 전략으로 AI 신약개발 개념을 테스트하고 있다. 리커전 파마슈티컬스는 2023년 기준, 약물 재창출 방식으로 찾은 임상개발 프로그램 4개를 진행하고 있다. 같은 개념으로 전임상 혹은 임상개발이 진행됐으나 시판되지 않은 약물을 새로운 적응증 치료제로 개발하고 있다. 특히 경쟁 AI 신약개발 기업과 비교해 중후기 단계의 여러 프로그램을 개발하고 있다는 것을 차별점으로 내세운다. 이는 리커전 파마슈티컬스가 AI 신약 플랫폼을 임상개발에서 입증하는 데 집중하고 있다는 뜻이기도 하다. 리커전 파마슈티컬스는 암, 희귀질환을 대상으로 자체 약물 개발에 집중하면서 동시에 제넨텍(Genentech)과는 신경질환, 바이엘(Bayer)과는 섬유화 질환 치료제 개발에 도전한다.

리커전 파마슈티컬스가 가장 앞세우는 임상 프로그램은 REC-994로, 대뇌해면상기형(cerebral cavernous malformation, CCM) 치료제 개발 프로그램이다. 뇌혈관 구조가 망가지는 질병인 CCM은 아직 발병 원인을 정확하게 모른다. 다만 뇌혈관 구조가 망가지는 부위의 기능 이상으로 뇌 국소 부위에 신경병증이 나타나며, 뇌 미세출혈 위험에 노출돼 '똑딱거리는 시한폭탄'이라는 별명을 가지고 있다. 그럼에도 아직까지 수술 이외에는 치료 옵션이 없다. 리커전 파마슈티컬스는 CCM 모델에서 2,100개 약물을 테스트해 세포의 모습 변화(phenotype)를 기준으로 39개 약물을 추렸고, 이후 더 복잡한 어세이와 유전적 요인으로 CCM에 걸린 동물모델 테스트로 REC-994를 찾았다. 리커전 파마슈티컬스는 REC-994가 활성산소(ROS)를 없애는 것을 포함한 항산화 메커니즘으로 CCM을 치료할 수 있을 것으로 기대하며 2022년 임상2상을 시작했다. 그 밖에도 HDAC 저해제로 유전적으로 걸리는 뇌종양인 2형 신경섬유종(neurofibromatosis type 2, NF2) 임상2/3상, MEK 저해제로 대장에 몇백 개에서 몇만 개의 용종이 생기는 가족성 선종성 용종증(familial adenomatous polyposis, FAP) 대상 임상 2상 등을 진행하고 있다.

리커전 파마슈티컬스는 신규 타깃을 찾는 AI 플랫폼도 구축하고 있다. 세포 이미지 데이터를 AI에 학습시켜 타깃을 찾는 플랫폼이다. 리커전 파마슈티컬스의 아이디어는 이렇다. 신약을 개발하는 연구실에서는 형광 현미경으로 세포의 형태 이미지를 찍는다. 이때 핵, 소포체, 액틴, 핵소체(nucleoli), 미토콘드리아, 골지 등에 형광 표지를 하는데, 이 이미지 데이터를 모은다. 예를 들어 정상세포와 다양한 질병 모델에서 화합물(antagonist, agonist 등), 사이토카인과 같은 용해성 인자(soluble factor)를 처리하거나, 특정 유전자 발현(CRISPR, virus 등)을 조절하는 등 특정한 환경을 구성한 다음 세포의 이미지를 얻는 것이다.

2017년부터 2023년까지 리커전 파마슈티컬스가 이런 방식으로 모은 이미지 데이터는 약 21페타바이트(petabyte, 10^{15}) 분량이다. 그리고 이미지 데이터에 머신러닝(machine learning) 기술을 적용해, 유사한 패턴을 보이는 세포 이미지를 분류한다. 이를 바탕으로 정상세포와 질병 모델에서 약물 처리나 유전자 조작에 따른 패턴화를 분석해 치료 타깃을 스크리닝한다. 리커전 파마슈티컬스는 AI가 이점을 가질 수 있는 곳에 AI를 적용하기 위한 대규모 데이터를 구축해가고 있다.

리커전 파마슈티컬스의 아이디어는 파트너십으로 이어졌다. 2021년 제넨텍은 머신러닝 기반의 표현형 약물발굴(phenotype drug discovery) 플랫폼을 가진 리커전 파마슈티컬스와 10년 동안 프로젝트를 진행하는 파트너십(계약금 1억 5,000만 달러 규모)을 맺었다.[16] 제넨텍은 리커전 파마슈티컬스의 플랫폼을 기반으로 최대 40개 프로그램을 진행할 수 있으며, 각 프로그램 개발, 상업화, 매출 마일스톤, 로열티 등을 포함해 리커전 파마슈티컬스가 3억 달러 이상을 지급받을 수 있다.

리커전 파마슈티컬스의 AI 기술에 대한 투자도 탄력을 얻고 있다. 리커전 파마슈티컬스는 2023년 7월, 전 세계 그래픽 처리 장치(GPU) 시장의 80% 이상을 차지하고 있는 엔비디아(NVIDIA)로부터 5,000만 달러 규모의 투자를 받았다. 리커전 파마슈티티컬스와 엔비디아는 AI로 신약 물질을 찾는 개발을 함께 진행한다. 엔비디아는 리커전 파마슈티컬스와 계약을 기점으로 AI 신약개발 기업인 제네시스 테라퓨틱스(Genesis Therapeutics), 슈퍼루미날 메디슨즈(Superluminal Medicines), 제너레이트 바이오메디슨즈(Generate:Biomedicines)에도 잇따라 투자하고 있다.

AI를 위한 AI
신약개발을 위한 AI

신약개발 AI는 신약이 될 수 있는 물질을 마법처럼 찾아주지 못한다. 그러나 신약을 개발하는 데 들어갔던 시간, 노력, 비용 그리고 그 이외의 모든 것들 가운데 구체적으로 무엇인가를 줄여줄 수 있다면 가치는 충분할 것이다. 문제는 데이터다. 흥부 엑스레이(X-ray) 이미지를 학습해 폐암, 폐결절, 폐결핵, 폐렴 등 10가지 주요 흉부 질환 여부를 판단하는 루닛(Lunit)의 루닛 인사이트 CXR(Lunit INSIGHT CXR)은, 흉부 엑스레이 이미지 약 25만 장을 학습한 결과였다고 한다. 유방암을 진단하는 루닛 인사이트 MMG(Lunit INSIGHT MMG)는 유방 촬영 엑스레이 18만 장을 학습했다. 이는 허가받을 당시 기준이며, 2023년 현재는 수백만 장에 이른다. 루닛은 이 숫자를 억 단위로까지 늘릴 예정이다. 그런데 신약을 개발하는 지능이 학습할 수 있는 처방 의약품 개수는 2만여 개 정도다. AI가 되기 위해 학습할 자료가 너무 적다. 또한 데이터의 숫자뿐만 아니라 더 정확한 예측을 위해서는 데이터의 다양성이 요구된다는 점도 생각해봐야 할 점이다.

그러나 AI가 학습할 데이터가 너무 적다는 문제는 안전성 데이터라면 달라진다. 안전성 데이터는 신약개발 과정은 물론이고 약물 출시 이후에도 계속해서 쌓인다. 따라서 어떤 분자 구조의 약물이 심장 독성, 간 독성, 신장 독성, 피부 독성, 발암 위험과 같은 부작용을 일으키는지 AI가 학습할 수 있는 데이터는 충분하다. 따라서 초기에 물질을 발견했을 때, 나중에 독성을 나타낼지 어떨지에 대한 예측 정보를 얻을 수 있을 것으로 기대된다. 물론 신약개발의 속도를 줄일 수 있다.

AI라는 프레임에 반드시 갇혀 있을 필요도 없다. 중요한 것은 좀더 빨리 좀더 쉽게 신약을 개발하는 것이지, AI로 신약을 개발하는 것이 아니기 때문이다. 슈뢰딩거의 AI 개발은 주로 분자모델링

소프트웨어를 보조하는 역할로 적용하는 데 활용하기 위함이다. 슈뢰딩거는 FEP+에 머신러닝을 덧붙여 계산 속도를 빠르게 만들었다. 10억 개의 분자들 가운데 무작위로 1,000개를 골라내어 FEP+로 자유에너지를 계산한 데이터(타깃과의 결합력)를 머신러닝으로 학습시킨다. 그리고 학습된 AI는 10억 개 정도의 분자들의 타깃 결합력을 예측한다. 즉 머신러닝 솔루션이 결합하면 분자모델링 솔루션인 FEP+만 단독으로 가동되었을 때보다 처리 속도가 빨라진다. 머신러닝 솔루션으로 타깃과의 결합력 순서대로 분자 10억 개를 나열하는 예측 과정에 하루가 걸리는데, 이후 상위 5,000여 개 분자를 FEP+로 자유에너지를 정확하게 계산한다.[17] 결국 시간을 얼마나 어떻게 줄일 것이냐의 문제다.

제약 산업에서의 꺼지지 않는 화두는 '혁신'이다. 신약개발 기업은 약물발굴 단계에서 혁신 동력이 떨어지는 위기를 늘 마주하고 있다. 이러한 두려움은 대형 인수 계약과 약물 라이선스인과 같은 행동으로 이어진다. 2021년 기준 글로벌 블록버스터 상위 10개 의약품 가운데 빅파마가 자체적으로 발굴한 것은 2개다. 1위를 차지한 화이자(Pfizer)의 코로나 백신은 바이오엔텍(BioNTech)과의 파트너십을 통해 도입한 것이었으며, 2위를 차지한 애브비(AbbVie)의 휴미라(HUMIRA®, 성분명: Adalimumab)도 연구기관인 BASF와 CAT(Cambridge Antibody Technologies)와의 협력으로 얻은 결과물이었다. 같은 해 빅파마의 매출액의 70%는 외부에서 온 것으로 추정된다(딜로이드 자료 기준). 그런데 지난 10년 사

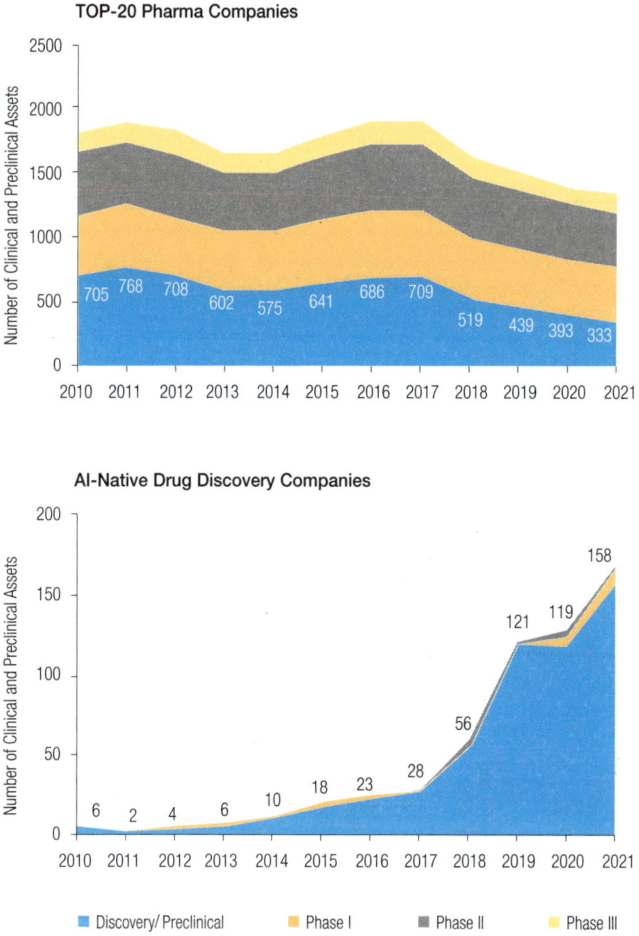

〔그림 02_01〕 AI 신약개발 기업의 약물 발굴과 전임상시험 증가 경향

지난 10년 동안 상위 20개 빅파마의 초기/전임상 단계 약물의 개수는 절반 수준으로 줄어들었다. 반면 최근 5년 동안 인공지능(AI)으로부터 발굴한 초기/전임상 단계의 약물 개수는 증가하고 있다.

이 상위 20개 빅파마의 약물발굴과 전임상 후보물질은 700개 수준에서 절반으로 줄어들고 있다. 희망적인 것은 2021년 기준 AI 약물발굴 기업이 찾은 초기 약물발굴, 전임상 단계 후보물질은 100여개 수준으로 올라갔다.[18] 어쩌면 '혁신'과 '임상개발' 사이 공백을 AI가 채울 수 있을지도 모른다.

주

1 Hughes J.P. et al. (2011) Principles of early drug discovery. *Br J Pharmacol.* 162, 1239 – 1249.; Stocks M. (2013) Chapter 3 - The small molecule drug discovery process – from target selection to candidate selection. *Introduction to Biological and Small Molecule Drug Research and Development.* 81-126. Elsevier.

2 Stocks M. (2013) Chapter 3 - The small molecule drug discovery process – from target selection to candidate selection. *Introduction to Biological and Small Molecule Drug Research and Development.* 81-126. Elsevier.

3 Ben Adams (2020) Big Pharma partner Schrödinger wants a $100M IPO. *Fierce Biotech.* https://www.fiercebiotech.com/cro/big-pharma-partner-schrodinger-wants-a-100-million-ipo (검색일: 2023.05.31.)

4 Durrant J.D. and McCammon J.A. (2011) Molecular dynamics simulations and drug discovery. *BMC Biol.* 9, 71.; Lanjan A. et al. (2023) A computational framework for evaluating molecular dynamics potential parameters employing quantum mechanics. *Mol Syst Des Eng.* 8, 632-646.

5 Yang Y. et al. (2013) Approaches to efficiently estimate solvation and explicit water energetics in ligand binding: the use of WaterMap. *Expert Opin Drug Discov.* 8, 277-287.

6 Hu Y. et al. (2016) The importance of protonation and tautomerization in relative binding affinity prediction: a comparison of AMBER TI and Schrödinger FEP. *J Comput Aided Mol Des.* 30, 533 – 539.; Cappel D. et al. (2017) Calculating Water Thermodynamics in the Binding Site of Proteins - Applications of WaterMap to Drug Discovery. *Curr Top Med Chem.* 17, 2586-2598.; 신창민 (2023) 인세리브로, 'AI+분자모델링' 신약개발

"남다른 이유". *BioSpectator*. http://www.biospectator.com/view/news_view.php?varAtcId=18187 (작성일: 2023.02.03.)

7 Nimbus Discovery (2011) Nimbus Discovery Unveils First of Its Kind Drug Discovery Paradigm; Announces Seed Round Co-Led By Bill Gates. https://www.nimbustx.com/2011/03/10/nimbus-discovery-unveils-first-of-its-kind-drug-discovery-paradigm-announces-seed-round-co-led-by-bill-gates/ (검색일: 2023.05.25.)

8 Gangolli E.A. et al. (May 19, 2022) Characterization of pharmacokinetics, pharmacodynamics, tolerability and clinical activity in Phase 1 studies of the novel allosteric tyrosine kinase 2 (TYK2) inhibitor NDI-034858. *Society for Investigative Dermatology (SID)* 2022, Portland, OR, May 18-21.

9 서윤석 (2022) 다케다, 님버스 'TYK2 저해제' "계약금 40억弗 베팅". *BioSpectator*. http://www.biospectator.com/view/news_view.php?varAtcId=17877 (작성일: 2022.12.15.)

10 Nimbus Therapeutics (2022) Takeda to Acquire Nimbus Therapeutics' Highly Selective, Allosteric TYK2 Inhibitor to Address Multiple Immune-Mediated Diseases. https://www.nimbustx.com/2022/12/13/takeda-to-acquire-nimbus-therapeutics-highly-selective-allosteric-tyk2-inhibitor-to-address-multiple-immune-mediated-diseases/ (검색일: 2023.05.25.)

11 Takeda (2023) Takeda Announces Positive Topline Results from Phase 2b Study Evaluating TAK-279, a Highly Selective Oral TYK2 Inhibitor, for the Treatment of Active Psoriatic Arthritis. https://www.takeda.com/newsroom/newsreleases/2023/Takeda-Announces-Positive-Topline-Results-from-Phase-2b-Study-Evaluating-TAK-279-a-Highly-Selective-Oral-TYK2-Inhibitor-for-the-Treatment-of-Active-Psoriatic-Arthritis/ (검색일: 2023.09.26.)

12 Zhou Y. et al. (2020) Artificial intelligence in COVID-19 drug repurposing. *Lancet Digit Health*. 2, e667-e676.

13 Teo S.K. et al. (2002) Thalidomide in the treatment of leprosy. *Microbes Infect.* 4, 1193-1202.

14 Yang F. et al. (2022) Machine Learning Applications in Drug Repurposing. *Interdiscip Sci.* 14, 15 – 21.

15 First Wave BioPharma (2023) First Wave BioPharma Announces Exclusive Global License Agreement for Capeserod from Sanofi. https://www.firstwavebio.com/firstwavebio-news/59-2023-news/431-irstaveioharmannouncesxclusivelobalicensegre20230914100503 (검색일: 2023.09.19.)

16 김성민 (2021) '단일세포 베팅' 로슈, 'AI 신약' 리커전과 10년 파트너십. *BioSpectator.* http://m.biospectator.com/view/news_view.php?varAtcId=14948 (작성일: 2021.12.13.)

17 슈뢰딩거, 미국 증권거래위원회(SEC) 제출 2022년 사업 보고서 https://ir.schrodinger.com/static-files/394229ff-3d19-4237-9a0b-e064144add73 (검색일: 2023.05.31.)

18 Jayatunga M.K.P. et al. (2022) AI in small-molecule drug discovery: a coming wave?. *Nat Rev Drug Discov.* 21, 175-176.

2부

항체 치료제

03

이중항체

Bispecific Antibody

한 번에 여러 개를 잡자

항체는 사람이 하늘로 두 팔을 뻗고 있는 모양을 하고 있는데, 항체의 두 팔이 항원과 결합한다. 사람의 면역 시스템에서 만들어지는 항체의 두 팔은 중요하다. 바이러스나 암세포 같은 항원에 항체가 결합해 반응이 일어나면 질병이 치료될 수 있다. 그리고 항체에서 항원과 결합하는 부위가 바로 이 두 팔이다.

항체 의약품은 사람의 면역 시스템의 항원 항체 반응을 바탕으로 개발한다. 질병을 치료할 수 있는 항원(타깃)을 찾고, 해당 항원에 결합해 반응을 일으킬 항체를 만들면 항체 의약품이 된다. 암 환자에게 처방하는 대표적인 항체 의약품인 허셉틴(HERCEPTIN®, 성분명: Trastuzumab)을 보자. 허셉틴을 구성하는 항체는 트라스투주맙이다. 트라스투주맙도 팔이 두 개인데, 두 팔 모두 암세포 표면에 발현한 인간 상피증식인자 수용체 2(human epidermal growth factor receptor 2, HER2)에 결합한다. HER2 수용체는 세포증식과 관계가 있다. 정상적인 세포라면 정상적인 증식 활동을 해야 하므로, 정상세포 표면에는 HER2 수용체가 적절한 수준으로 발현된다.

암세포는 정상세포가 변이를 일으킨 것이기 때문에 정상세포가 가지고 있는 것들을 대부분 가지고 있다. 암세포 표면에도 정상세포처럼 HER2 수용체가 있는데, 어떤 경우에는 암세포 표면에 HER2 수용체가 지나치게 많이 발현하기도 한다. 많은 경우 정상세포보다 100배 정도 많은 HER2 수용체가 발현하기도 한다. 그리고 이 때문에 암세포가 빠르게 증식한다. 이때 트라스투주맙을 암 환자에게 투여하면 항체가 HER2 수용체와 결합해 HER2 수용체의 기능을 억제하고, 암세포 증식에 브레이크가 걸린다. 암세포가 늘어나지 않으니 환자와 의료진은 일단 한숨을 돌릴 수 있다.

그러나 문제가 다 풀린 것은 아니다. 트라스투주맙을 암 환자에게 투여해 HER2를 억제하면 암이 일시적으로 멈춘 것처럼 보이지만, 암세포는 끊임없이 변이를 일으키며 다른 방법을 찾아낸다. 예를 들어 HER2만 세포증식에 관여하는 것은 아니다. HER3 수용체 또한 세포증식인자로 기능하는데, HER2라는 경로가 막힌 암세포는 HER3를 많이 발현하는 쪽으로 변이를 일으킬 수 있다. 그런데 트라스투주맙의 두 팔은 모두 HER2에만 결합하므로, 암세포가 다른 성장인자를 늘리는 쪽으로 방향을 전환하면 암세포의 증식을 막을 수 없다.

만약 항체의 한쪽 팔이 HER2에 결합하고, 다른 쪽 팔은 HER3에 결합할 수 있다면 어떻게 될까? 한 가지 타깃에만 결합하지 않고, 두 개 또는 그 이상의 항원에 결합하는 항체 의약품에 대한 고민에서 이중항체가 출발했다.

블린사이토

이중항체라는 개념이 처음 제안된 것은 1960년대다. 면역 시스템에 있는 항체의 두 팔은 한 가지 종류의 타깃에 결합하게끔 되어 있는데, 미국의 화학자이자 면역학자였던 알프레드 니소노프(Alfred Nisonoff, 1923~2001)는 두 팔이 각각 다른 타깃에 결합하는 가능성을 생각했다. 이중항체에 대한 아이디어가 나온 것이었지만, 이 때는 이중항체를 구현할 수 없었다. 사실 일반적인 항체를 충분히 생산할 기술도 없었다.

1975년이 되자 항체 의약품 개발에 가장 기본이 되는 단일클론항체를 만드는 기술이 개발되었고, 항체를 이용한 치료제 개발도 가능해졌다. 1990년대에 이르러 이중항체를 이용한 첫 임상시험에 들어갈 수 있었고, 2014년 미국 바이오테크 암젠(Amgen)이 블린사이토(BLINCYTO®, 성분명: Blinatumomab)를 가지고 미국 FDA로부터 최초의 이중항체 치료제 시판허가를 받는다. 블린사이토가 잡으려는 목표는 B세포 급성림프구성백혈병(B cell acute lymphoblastic leukemia, B-ALL)이다.

ALL은 면역세포 가운데 하나인 B세포에 문제가 생긴 혈액암이다. B세포가 변이를 일으켜 암세포가 되는데, 이에 따라 정상적인 면역 활동을 하지 않는 B세포 출신 암세포가 빠르게 늘어난다. 결과적으로 면역 기능에 문제가 생긴다. 문제는 여기서 멈추지 않는다. 정상적인 혈액 세포들(적혈구, 백혈구, 혈소판 등)이 분화하고 증식하는 것을 방해하는 바람에 정상 혈액세포가 충분히 생성되지 못한다. 또한 암세포가 혈관을 타고 다른 장기로 이동해 쌓이면서 해당 장기에 문제를 일으킨다. ALL이 급성이므로 병기의 진행이 빨라 환자의 생존율도 문제다. ALL 진단을 받은 환자의 5년 생존율은 65% 정도다. ALL은 마땅한 치료제가 없고, 재발도 많은 편이다. 소아에게서 ALL이 발병하면 완치율이 높지만, 성인의 경우 이 숫자는 절반 이하로 떨어지며, 이후 재발할 경우 남아 있는 치료 선택지가 거의 없다.

ALL 환자의 암세포 표면에는 CD19 단백질이 많이 발현한다. CD19 단백질은 암세포의 증식에 관계하는 것으로 알려져 있다. 따라서 CD19에 결합해 기능을 억제하는 항체는 암세포의 증식을 막는 효과가 있을 것이다. 한편 CD3 단백질은 T세포 표면에 발현해서, T세포를 활성화시킨다. T세포는 암세포를 없애는 기능을 하지만, 늘 정상적으로 작동하는 것은 아니다. 따라서 CD3에 결합하는 항체로 T세포를 활성화시키면, T세포가 암세포를 없애는 기회를 만들 수 있을 것이다.

블린사이토를 구성하는 항체 블리나투모맙은 이중항체다. 우선 ALL 환자의 암세포 표면에 발현하는 CD19 단백질과 결합하는 항체 조각을 만든다. 그리고 T세포를 활성화시키는 CD3 단백질과 결합하는 항체 조각을 만들어, 이 둘을 연결한다. 환자 몸속으로 투여된 블린사이토는 한쪽으로는 암세포와 결합하고, 다른 한쪽으로는 암세포를 없앨 수 있는 T세포를 활성화시켜 암을 치료하는 것이

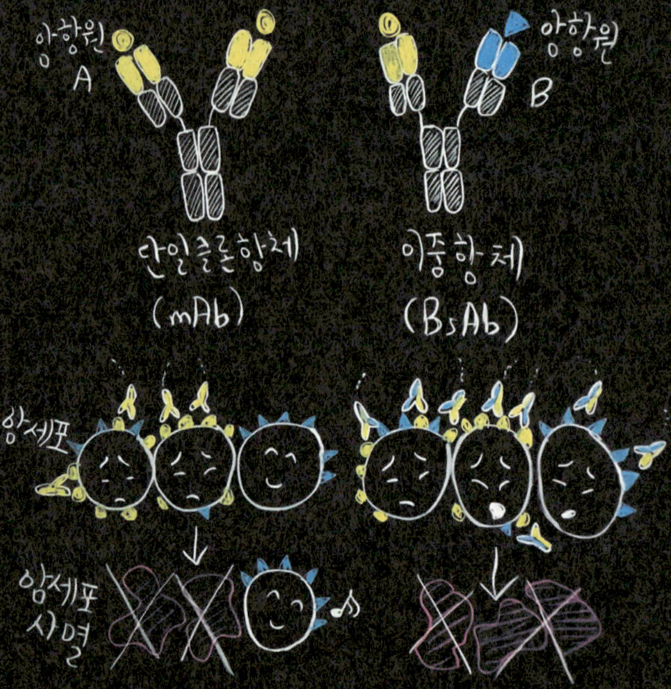

〔그림 03_01〕 암세포를 없애는 단일클론항체와 이중항체

단일클론항체 치료제(왼쪽)는 암세포에 발현한 한 가지 종류의 항원에 결합해 항암 효과를 일으킨다. 그런데 암세포는 다양하며 계속 변이를 일으키므로 단일클론항체 치료제를 피해가는 암세포가 있다. 이렇게 살아남은 암세포는 다시 증식한다. 이중항체 치료제(오른쪽)은 적어도 두 가지 종류의 항원에 결합해 항암 효과를 일으킨다. 따라서 단일클론항체 치료제보다 높은 확률로 치료 효과를 나타낼 수 있다.

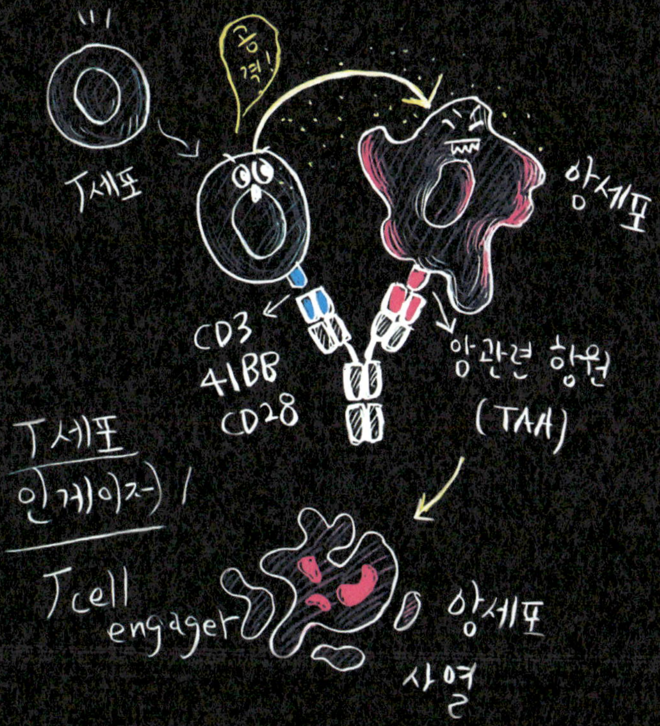

〔그림 03_02〕 T세포 인게이저

이중항체는 암세포와 T세포에 각각 결합할 수 있다. 한쪽으로는 암세포를 붙잡고, 다른 한쪽으로는 T세포를 활성화시켜, T세포가 암세포를 공격하도록 유도하면서 치료 효과를 높인다.

목표다.

그러나 블리나투모맙에는 단점이 있었다. 항체 조각을 이어 붙인 불안정한 형태 때문에, 단일클론항체 치료제가 갖는 21일 정도의 평균적인 반감기를 가질 수 없었다. 블리나투모맙의 체내 반감기는 2시간 정도인데, 환자가 약물 투여를 받는 기간 내내 펌프를 통해 계속해서 정맥으로 주입한다. 결국 일정한 양의 블리나투모맙를 지속적으로 환자에게 주입하는 방식으로 투여한다. 블리나투모맙을 처방받은 환자는 4주 동안 치료제를 투여받고 2주 동안 휴식을 취한다. 이런 방식으로 블리나투모맙은 B세포 급성림프구성백혈병(B-ALL) 환자 185명에게서 암세포를 없애는 완전관해(CR) 반응 32%라는 결과를 냈고, 이를 근거로 2014년 최초의 이중항체 치료제로 세상에 나올 수 있었다.

블린사이토가 성과를 거두었지만, 해결해야 하는 것들이 남아 있다. 예를 들어 T세포를 활성화시키는 약물을 계속해서 투여하는 방식이다보니 사이토카인 방출 증후군(cytokine release syndrome, CRS)과 신경독성과 같은 부작용도 높은 비율로 나타난다. 2001년, 림프종 환자 21명을 대상으로 한 블리나투모맙 임상1상에서 CRS와 신경독성 부작용으로 임상시험을 멈춰야 했다.[1] 결국 블린사이토 제품 포장에 심각한 독성이 나타날 수 있다는 경고문을 붙여야 했다.

항체 엔지니어링과 보급형 CAR-T

2010년 초중반, 전 세계적 규모의 제약기업과 바이오테크들이 이중항체 치료제 개발에 도전했지만 의미 있는 결과를 내놓지는 못했다. 이 당시 이중항체 개발에서 주요 관심사는 항체 엔지니어링, 즉 '어떤 모양의 이중항체를 어떻게 만들 것이냐'였다. 이중항체는 일반적인 항체와 형태가 다르니 자연스러운 흐름이었다. 2023년을 기준으로 보면 이중항체라는 개념이 제안된 이후 11개의 이중항체 치료제가 처방되고 있는데, 9개가 2020년대에 들어서 출시됐다. 그런데 이 과정에서 100여 개에 이르는 다양한 포맷의 이중항체 개발이 시도됐다. 전 세계적 규모의 제약기업과 바이오테크들은 어떤 모양으로 이중항체를 만들 것인지에 집중했다.

이렇게 어떤 모양으로 이중항체를 만들어야 하는가에 대한 도전이 계속되었지만, 암젠의 블린사이토 말고는 임상 현장에서 기대에 못 미치는 성과를 내자 비판이 시작되었다. 예를 들어 '항체 하나가 두 가지 항원을 타깃할 수 있게 만드는 것이 비싸고, 어렵고, 효능을 기대하기 어렵다면 단일클론항체를 여러 종류 만들어서 동시에 투여하면 되는 것 아닌가?'와 같은 지적이었다. 단일클론항체 기술은 꾸준히 발전해서 값싸게 대량생산할 수 있는 정도가 되었으니, 필요한 종류의 항체를 각각 만들어 투여하면 되지 않냐는 것이었다. 또한 2010년대 초중반만 하더라도 약으로 쓸 수 있을 만큼의 이중항체를 만들 기술이 없었기에, 생산 문제도 단일클론항체 병용

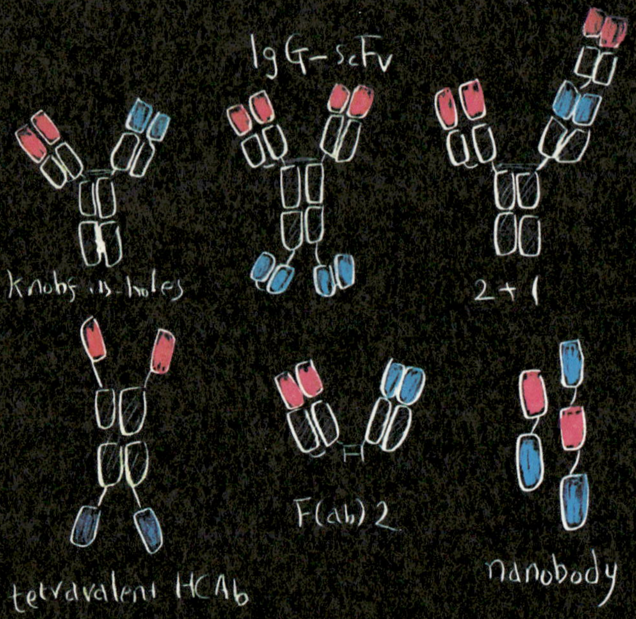

〔그림 03_03〕 여러 종류의 항체 엔지니어링

항체는 여러 가지 부위로 구성된다. 2010년대 초중반 이중항체 치료제 연구자들은 항체의 여러 부위를, 다양한 방식으로 조합해 가장 좋은 치료 효과를 나타내는 형태를 찾아낼 수 있다고 보았다. 덕분에 항체 엔지니어링 분야가 발전했지만, 항체 엔지니어링만으로는 기대했던 효과를 볼 수 없었다.

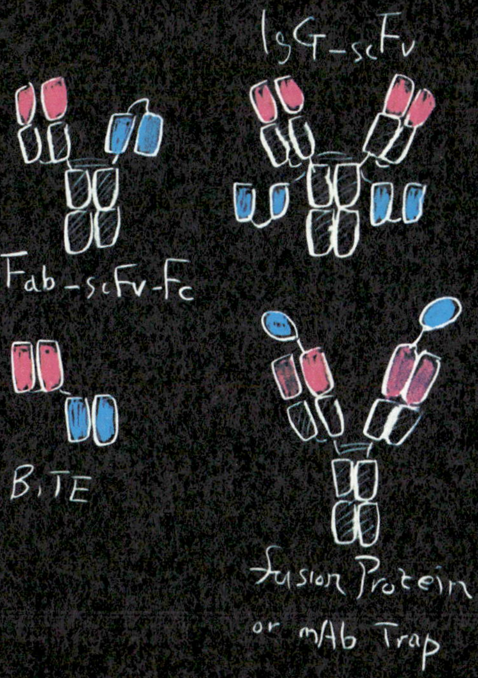
IgG_scFv
Fab_scFv-Fc
BiTE
fusion Protein
or mAb Trap

투여에 무게가 실리게 한 요인이었을 것이다.

쏟아졌던 관심에 비해 뚜렷하지 못한 성과 때문에, 이중항체는 바이오 신약개발의 주류적 흐름에서 멀어지는 듯했다. 그러나 이중항체는 2010년대 중후반 이후부터 다시 주목을 끌고 있다. 2023년을 기준으로 보면 단일클론항체 기술을 바탕으로 신약개발에 도전하는 사례보다 이중항체를 바탕으로 신약개발에 도전하는 시도가 늘어나고 있다.

이중항체에 다시 관심이 쏠리는 이유로 면역항암제 분야의 성공을 들 수 있다. 좀더 구체적으로는 T세포가 암 치료에 기여하는 바에 대한 이해가 높아졌고, T세포를 다루는 기술이 발전했다. 이중항체의 장점은 서로 다른 것들을 동시에 잡을 수 있다는 것이다. 한쪽으로는 T세포를 잡고 다른 쪽으로는 암세포를 잡을 수 있다면, T세포를 암세포까지 끌고 와서 암세포를 없앨 수 있는 조건을 만들 수 있을 것이다. 최초로 미국 FDA 승인을 받은 블린사이토도 T세포를 이용하는 메커니즘이었다.

2023년 현재 기준으로 T세포를 이용한 항암제는 가장 이상적인 형태로 평가받는다. 대표적으로 CAR-T 세포치료제가 있다. 암 환자 몸에서 T세포를 추출하고, 이 T세포가 해당 환자의 암에 특이적으로 반응할 수 있도록 유전자 조작을 한 다음, 다시 환자에게 투여해 치료하겠다는 CAR-T 세포치료제의 개념은 이미 효과를 인정받았다. 노바티스(Novartis)의 킴리아(KYMRIAH®, 성분명: Tisagenlecleucel), 길리어드 사이언스(Gilead Sciences)의 예스카타

(YESCARTA®, 성분명: Axicabtagene ciloleucel)와 같은 CAR-T 세포치료제는 더 이상 치료법이 없다고 판단된 말기 혈액암 환자에게 투여되어 효과를 보여주고 있다.

그러나 뛰어난 효능에도 CAR-T 세포치료제는 임상 현장에서 일반적으로 처방되기 어려운 조건이다. 치료제를 만들기 어렵기 때문이다. 환자 몸에서 T세포를 추출해, 여기에 환자가 가진 암에 특이적으로 반응할 수 있도록 유전자 조작을 하고, 이를 다시 환자 몸에 투여해야 하는 과정 전체가 어려운 기술의 연속이다. 어려운 제조 기술은 높은 비용으로 이어진다. CAR-T 세포치료제로 치료를 받으려면 미국 기준 37만~47만 달러 정도가 있어야 한다. 한편 환자가 병원에 입원하고, CAR-T 세포치료제 투여 전 사전 치료를 받고, 약물 투여 이후 부작용을 모니터링하는 입원비까지 합한 전후 비용으로 100만 달러가 들어간다는 의견도 있다.[2] 돈이 있다고 해도 모두 치료에 성공하는 것이 아니다. 환자에게서 T세포를 추출하고, 유전자를 조작하고 배양해서, CAR-T 세포치료제로 만든 다음 다시 주입하기까지는 3~4주 정도의 시간이 걸린다. 그리고 이 기간을 기다리다가 암의 빠르게 진행되는 바람에 임상시험에 참여한 환자의 10%가 사망하는 경우도 있었다.

이중항체는 CAR-T 세포치료제가 가진 복잡함을 단순화해줄 수 있다. 이중항체의 한쪽이 암 환자 몸속에 있는 T세포를 붙잡고, 다른 쪽이 암세포를 붙잡아 T세포가 암세포를 없앤다면 환자에게 이중항체를 투여하는 것만으로도 CAR-T 세포치료제가 이루려는 성과를 거둘 수 있을 것이다. 하지만 CAR-T 세포치료제만큼 비싼 제작비를 쓸 필요는 없다. 이중항체 치료제를 만드는 공정이 단순한 것은 아니지만, CAR-T 세포치료제보다 낮은 가격으로 더 빠르게 생산해 환자에게 약물을 처방할 수 있다. 이중항체 치료제는 약 35만 5,500달러에서 39만 5,000달러 정도의 비용이면 환자에게 처방할 수 있다. 의료진과 환자, 기업에 부담이 되는 비용과 과정을 거치지 않고, 의약품 형태로 곧바로 약물을 투여할 수 있는 것이다. 또한 면역력이 급격하게 저하된 암 환자의 혈액 안에서 CAR-T 세포치료제를 만들 수 있는 원료가 될 면역세포를 충분히 얻을 수 없을 경우에도 이중항체는 현실적인 치료 대안이 될 수 있다.

2022년에 존슨앤드존슨(J&J)과 로슈(Roche)는 각각 T세포를 이용하는 CD3 이중항체를 미국에서 출시했다. 그리고 환자마다 일일이 제작해야되는 번거로움이 있는 CAR-T 세포치료제가 아닌 범용적인 치료제로 작동할 수 있다는 것을 증명했다.

존슨앤드존슨은 더 이상 다른 치료법도 치료제도 없다고 판단된 다발성골수종(multiple myeloma, MM) 환자에게 BCMAxCD3 이중항체를 투여했다(A 항원과 B 항원을 타깃하는 이중항체는 'AxB'로 적는 것이 일반적이다. 즉 BCMAxCD3 이중항체는 BCMA와 CD3를 타깃한다는 뜻이다.). 다발성골수종은 백혈구의 일종인 형질세포(Plasma cell)가 변이를 일으켜 생기는 혈액암이다. 다발성골수종 암세포 표면에는 B세포 성숙 항원(B cell maturation antigen, BCMA)이 정상적인 형질세포보다 많이 발현한다. BCMA

는 형질세포의 발달에 관여하므로, 비정상적으로 발현한 BCMA는 암세포가 비정상적으로 많이 증식하게끔 한다. 그러면서 정상조직에는 거의 발현하지 않는다는 장점이 있다. BCMAxCD3 이중항체는 한쪽으로는 BCMA와 결합하면서, T세포의 CD3과 결합해 암세포를 죽이도록 T세포를 활성화시킨다. BCMAxCD3 이중항체의 임상시험 결과는 의미 있는 성과를 거두었다. 전체 반응률(ORR) 62%, 완전관해(CR)는 28%였다. BCMAxCD3 이중항체는 2022년에 미국 FDA로부터 가속승인을 받아 텍베일리(TECVAYLI™, 성분명: Teclistamab)라는 이름으로 다발성골수종 5차 치료제로 처방되고 있다.

로슈의 CD20xCD3 이중항체 룬스미오(LUNSUMIO™, 성분명: Mosunetuzumab)도 2022년부터 미국에서 처방되기 시작했다. 여포성림프종(follicular lymphoma, FL)도 면역세포인 B세포에 나타나는 혈액암이다. 여포성림프종 치료에서는 치료제가 계속 효과를 내지 못하는 불응성이 문제다. 룬스미오는 T세포를 활성화하는 CD3 단백질에 결합하는 부분과, 혈액암세포 표면에 발현하는 CD20 단백질과 결합하는 부분이 합쳐진 이중항체 치료제다. 룬스미오는 여포성림프종 환자에게서 ORR 80%, CR 60%라는 결과를 보여주었다. 로슈는 이후 다르게 생긴 CD20xCD3 이중항체 컬럼비(COLUMVI®, 성분명: Glofitamab)도 출시했으며, 처방되는 적응증이 다르다.

한쪽에는 VEGF
다른 쪽에는 DLL4

이중항체에 대한 도전은 한국에서도 진행 중이다. 한국의 바이오테크 에이비엘바이오(ABL Bio)는 종양 생성 혈관 억제 방식의 표적 항암제가 가지는 한계를 이중항체로 풀어보려고 도전한다. 그 시작은 혈관내피 성장인자(vascular endothelial growth factor, VEGF)다. 정상적인 생체 조직과 세포에 영양분과 산소를 공급하기 위해서는 혈관이 필요한데, VEGF는 새로운 혈관을 만드는 일에 관여한다. VEGF는 암 조직에 특별히 많이 발현하기도 한다. 암세포도 정상세포처럼 영양분과 산소가 필요한데, 정상세포보다 많은 양의 영양분과 산소가 필요하다. 암세포는 정상세포와는 달리 오직 증식하는 일에만 몰두하기 때문이다. 암세포가 필요한 자원을 얻기 위해서는 새로운 혈관이 필요하고, 새 혈관을 만드는 데 관여하는 VEGF가 많이 발현되는 것이다.

한편 암 조직에 새로 만들어진 혈관은 정상적인 혈관과는 모습이 다르다. 암 조직 이곳저곳에 영양분과 산소를 보내려다 보니 잔가지가 지나치게 많다. 급하게 만들어지는 경우가 많아 혈관 벽도 얇고 헐겁다. 전체적으로는 덩어리진 암 조직을, 엉성한(?) 혈관들이 뒤덮고 있는 모습이다. 암의 전이도 이렇게 새로 만들어진 혈관을 따라 일어난다. VEGF가 암세포를 위해 새로 만든 혈관을 '종양 혈관(tumor vessel)'이라고 부른다.

따라서 VEGF를 억제할 수 있다면 암세포를 위한 종양 혈관이 만들어지는 것도 막을 수 있을 것이다. 그리고 종양 혈관이 부족하면 충분한 영양분과 산소를 공급받지 못한 암세포는 증식하기 어려워질 것이다. 물론 VEGF가 억제되면 정상적인 혈관의 생성 또한 어려워질 것이기 때문에 혈관 관련 부작용이 생길 수 있다. 그럼에도 부작용을 감수하고라도 환자가 암으로 사망하는 것은 막을 수 있을 것이다.

로슈의 아바스틴(AVASTIN®, 성분명: Bevacizumab)은 VEGF와 결합하는 항체 의약품이다. 아바스틴을 구성하는 항체는 베바시주맙이다. 일반적인 항체 의약품처럼 베바시주맙의 두 팔도 VEGF에만 결합한다. 이렇게 되면 VEGF가 혈관내피세포 표면에 있는 수용체(VEGFR-1, 2)에 결합하지 못하고, 암 조직을 둘러싸면서 영양분과 산소를 공급해줄 혈관이 새롭게 만들어지는 것을 억제한다. 베바시주맙을 이용한 아바스틴은 암세포의 성장을 돕는 종양 혈관 생성을 막는 대표적인 표적 항암제다.

그러나 이런 방식이 완벽한 항암 효과를 보여주지는 못한다. VEGF를 타깃하면 종양 혈관 생성을 억제해 암세포가 필요로 하는 영양분과 산소 공급을 막지만, 그렇다고 암세포를 직접 없애는 것은 아니다. 문제는 여기서 멈추지 않는다. 아바스틴을 투여하면 영양분과 산소를 제대로 공급받지 못해 종양이 줄어들지만, 이는 일시적인 현상이다. 끊임없이 변이를 일으키는 암세포는 종양 혈관을 만들어줄 EGF, HGF 등의 새 인자들을 발현한다. 그리고 다시 종양 혈관이 만들어지기 시작하며, 암세포는 다시 증식한다. 아바스틴을 포함한 종양 혈관 생성 억제 방식의 항암제들이 분명한 치료 효과를 가지는 것은 사실이지만, 한계 또한 명확하다. 이런 문제를 보완하기 위해 종양 혈관 생성을 억제하는 항암제들은 단독으로 투여되기보다는 다른 항암제와 병용해서 투여하는 방식으로 쓰인다.

에이비엘바이오는 DLL4(delta-like-ligand 4)에 주목했다.[3] DLL4도 VEGF처럼 종양 혈관 생성과 관계가 있다. VEGF가 종양 혈관을 많이 만든다면, DLL4는 종양 혈관이 나뭇가지처럼 뻗어나가는 것(sprouting)과 관계가 있다. DLL4를 억제해 기능을 방해하면 암세포를 위한 미세한 혈관이 늘어난다. 이렇게 되면 암세포를 위한 혈관이 더 많아져 많은 영양분과 산소가 공급될 수 있을 것 같지만 '미세하다'라는 조건이 있다. 혈관의 수가 늘었지만 제대로 기능해야 하는 종양 혈관의 폭이 좁아졌기 때문에 전체적으로 영양분과 산소가 전달되는 양은 줄어든다. 또한 DLL4를 억제하면 암 줄기세포의 작용도 억제할 수 있다.

에이비엘바이오는 VEGF에 결합하는 항체 베바시주맙의 몸통 끝부분(C-terminal)에 DLL4와 결합하는 항체절편을 붙였다. 항체의 두 팔이 VEGF를 잡고, 항체 아랫 부분에 새로 붙인 절편이 DLL4와 결합한다. 이렇게 설계된 이중항체는 VEGF와 동시에 DLL4를 억제한다. 암세포를 위한 혈관이 새로 생기는 것을 방해하고, 다른 한쪽으로는 미세한 혈관을 늘려 영양분과 산소가 암세포로 빨려 들어가는 것을 막는다. 항체가 한 가지 항원에만 타깃하지 않고, 동시에 여러 가지를 타깃해 더 뛰어난 효과를 기대하는 이중항체다.

에이비엘바이오의 이중항체 임상시험 결과는 긍정적이다. 폐암, 위암, 난소암 동물모델에서 VEGF와 DLL4를 억제하는 이중항체 ABL001이 VEGF나 DLL4 하나만 억제하는 단일클론항체보다 암세포의 증식을 더 효과적으로 억제했다. ABL001을 투여하는 임상1상에서 위암과 대장암 환자의 종양 크기를 30% 이상 줄이는 부분반응(PR)을 확인했고, ABL001과 화학 항암제를 병용투여하자 담도암과 췌장암에서도 부분반응(PR)이 나왔다.[4]

에이비엘바이오의 VEGF와 DLL4 억제 이중항체 ABL001은 미국 바이오테크 컴패스 테라퓨틱스(Compass Therapeutics)에 라이선스아웃되었다. 컴패스 테라퓨틱스는 ABL001로 후기 단계의 임상개발을 진행하고 있다. 2023년 현재 기준 ABL001은 담도암과 대장암을 타깃으로 개발되고 있다. 전이성 담도암 환자를 대상으로 진행된 임상2상에서 한 번 또는 두 번에 걸쳐 치료제에 불응한 환자에게 ABL001과 화학 항암제를 투여하자 전체반응율(ORR)이 37.5%로 나온 것을 확인했다. 모두 암의 크기가 일정 정도 이상 감소한 부분반응을 보여주었다.[5] 컴패스 테라퓨틱스는 ABL001의 시판허가를 받기 위해 담도암 환자를 대상으로 확증 임상2/3상, 대장암 환자를 대상으로 임상2상을 진행하고 있다.[6] ABL001의 한국 내 판권은 한독(HANDOK)이 갖고 있다.

이중항체와 병용투여
아미반타맙과 레이저티닙

전체 폐암 환자 가운데 70%는 비소세포폐암 환자이며, 다시 비소세포폐암 환자의 10~15%는 EGFR 변이 비소세포폐암이다. 아시아 지역으로 오면 전체 비소세포폐암 환자 가운데 30~40%가 EGFR 변이 비소세포폐암 환자다.

2023년 기준 현재 아스트라제네카의 표적 항암제 타그리소(TAGRISSO®, 성분명: Osimertinib)는 EGFR 변이 비소세포폐암에 대한 표준 치료제로 자리 잡고 있다. 타그리소는 EGFR 변이를 타깃한다. 2019년 타그리소는 EGFR 변이 비소세포폐암 환자의 병기 진행을 멈추고, 생존기간을 늘려주는 효능을 입증했다. 2020년에는 수술 후 재발을 늦추는 효과를 입증했다. 심지어 치료 효능이 너무 좋아 임상시험이 계획했던 것보다 일찍 종료되었는데, 발표된 상세 결과에 따르면 위약보다 재발하거나 사망할 위험을 83% 낮췄다. 사망률이 높은 비소세포폐암에서 보여준 놀라운 치료 효과였다. 2022년 타그리소는 54억 달러어치가 처방되었다.

타그리소는 뛰어난 신약이었지만, 변수는 생겨나기 마련이다. 이중항체의 병용투여 치료였다. 존슨앤드존슨(J&J)의 제약 부문인 얀센 파마슈티컬스(Janssen Pharmaceuticals)는 2018년 국내 유한양행으로부터 EGFR 저해제 레이저티닙(Lazertinib)의 전 세계 독점권(한국 제외)을 계약금 5,000만 달러를 포함해 총 12억 5,500

만 달러에 사들였다.

레이저티닙은 한국의 바이오테크 오스코텍(Oscotec)의 미국 자회사인 제노스코(GENOSCO)에서 출발한 약물이다. 유한양행은 오스코텍과 제노스코로부터 레이저티닙을 도입했고 국내 임상 1/2상에 들어갔다. 이 임상시험에서 높은 효능과 낮은 부작용 데이터가 도출되었다. 이는 얀센과의 계약이 이루어지게끔 한 촉매 역할을 했다. 당시 얀센은 이중항체의 두 팔이 각각 비소세포폐암 환자에게 나타나는 MET와 EGFR을 억제하는 아미반타맙(Amivantamab)을 개발하고 있었다.

EGFR 저해제로 치료를 받았으나 재발하거나 처음부터 불응하는 원인 가운데 하나로 MET 증폭을 포함한 MET 변이가 있다. 그런데 전임상시험 데이터에서 아미반타맙과 EGFR 저해제를 병용투여하면 기존 치료제에 대한 내성을 극복하고 재발이 늦춰지는 것을 관찰했다. 그리고 레이저티닙은 다른 EGFR 저해제보다 안전성이 좋았다. 레이저티닙은 뇌를 잘 투과할 수 있었는데, 폐암의 뇌전이를 억제할 수 있다는 장점도 있었다.

유한양행으로부터 레이저티닙을 얻게 된 얀센은 2019년 두 약물을 병용투여하는 임상시험을 시작했다. 해당 임상시험에서 나온 긍정적인 결과는, 2020년 비소세포폐암 1차 치료제 임상시험에 도전하는 근거가 되었다. 아미반타맙과 레이저티닙 병용투여와 타그리소 투여를 비교하는 임상3상이 시작되었다. 이 와중에 얀센은 아미반타맙을 미국에서 치료제가 없는 EGFR 변이 타입(엑손20 삽입

변이) 비소세포폐암 치료제로 가속승인받아 리브레반트(RYBREVANT®)라는 이름으로 출시했다. 그리고 레이저티닙의 한국 판권을 가진 유한양행은 EGFR 변이 비소세포폐암 1차 치료제로 렉라자(LECLAZA®)를 출시했다.

이중항체와 EGFR 변이를 타깃하는 표적 항암제의 병용투여 임상시험을 지켜보던 아스트라제네카는 EGFR 변이 비소세포폐암 환자의 1차 치료제로 타그리소와 화학 항암제를 병용투여하는 임상3상을 시작한다. 임상시험에서 타그리소 단독 투여보다 효능이 우수하다는 결과를 발표했지만 화학 항암제 투여에 따른 독성도 강해졌다.

그리고 2023년 이중항체와 EGFR 변이를 타깃하는 표적 항암제의 병용투여 결과가 나왔다. 얀센은 이전에 타그리소를 투여받은 폐암 환자에게 아비만타맙과 화학항암제 병용투여 또는 추가로 레이저티닙을 투여했을 때 화학 항암제 단독투여 대비 환자의 무진행생존기간(PFS)을 늘린 임상3상 결과를 발표했다. 이어 1차 치료제에서도 병용투여 효능을 확인했다. EGFR 변이 폐암 1차 치료제에서 아미반타맙과 레이저티닙 병용투여는 타그리소 단독투여 대비 무진행생존기간(PFS)을 늘린 임상3상 결과를 발표했다. 다만 동시에 병용투여에 따른 부작용이 커지는 것은 감수해야 할 부분으로 남아 있다. 아미반타맙이라는 이중항체와 병용투여 전략은 타그리소의 EGFR 변이 비소세포폐암 치료제 시장에서 변수를 만들어내고 있다.

메인스트림

아이디어와 개념입증, 치료할 수 있는 질병에 대한 연구, 임상시험과 규제기관의 허가, 의료 현장에서의 검증까지, 신약이 세상에 나오는 과정은 길고 험난하다. 이중항체도 마찬가지다. 아이디어가 처음 제안되고 난 후 60여 년이 지나서야 실제 의료 현장에서 활용될 수 있는 수준의 의약품이 나오고 있다. 그러나 신약개발이 가질 수밖에 없는 우여곡절을 감안하더라도, 이중항체 치료제 개발 과정의 롤러코스터는 달리 살펴볼 수 있는 지점이 있다.

이중항체에 대한 접근은 항체를 어떤 모양으로 만들 것이냐, 즉 항체 엔지니어링에 집중되어 있었다. 전 세계적 규모의 제약기업과 바이오테크들은 이중항체 치료제 개발을 위해 항체 엔지니어링에 뛰어들었다. 덕분에 여러 종류의 이중항체를 개발할 수 있었지만, 그 자체가 신약으로 이어지지는 못했다. 이에 따라 이중항체에 대한 관심은 크게 사그라들었고, 이중항체 치료제를 개발한다고 하면 엉뚱한 일을 하는 것처럼 취급받기도 했다. 2016년부터 한국에서 이중항체를 개발해오고 있는 에이비엘바이오도 마찬가지였다. 신약개발을 할 수 있을 것이라는 기대와 조명을 받는 것이 문제가 아니라, 이중항체 개발을 목표로 회사가 설립되었기에 '왜 하필 이중항체냐?'라는 물음에 답하는 과정 자체가 난관이었다.

그러나 분위기는 다시 바뀌었다. 존슨앤드존슨, 로슈 같은 전 세계적 규모의 제약기업들이 이중항체를 이용한 치료제를 내놓고 있으며, 단일클론항체보다 이중항체를 연구하는 제약기업과 바이오테크가 더 많아졌다. 한국도 마찬가지다. 2022년 1월 에이비엘바이오는 사노피(Sanofi)와 계약금과 단기 마일스톤을 합해 1억 2,000만 달러를 포함해 총 10억 6,000만 달러 규모의 라이선스아웃 계약을 맺었다. 파킨슨병 치료제를 이중항체 플랫폼에 탑재해 치료제의 뇌 투과율을 올리는 프로젝트였다. 이중항체의 한 부분이 혈뇌장벽(blood-brain barrier, BBB)을 투과하게 하고, 동시에 다른 부분은 파킨슨병을 악화시키는 독성 단백질 알파시누클레인(alpha-synuclein)을 억제하도록 만든 구조였다. 이 프로젝트는 2023년 현재 건강한 사람을 대상으로 항체가 안전한지, 체내에서 어떻게 작동하는지 살펴보는 임상1상을 진행하고 있다. 에이비엘바이오는 이외에도 CD3이 아닌 다른 T세포 활성화인자인 4-1BB와 암 항원을 잡아 T세포를 끌어들여 암세포를 사멸시키는 이중항체 기술을 개발했고, 이 기술을 적용한 여러 면역항암제 임상개발을 진행하고 있다.

이중항체를 둘러싼 분위기는 종잡을 수 없어 보이지만, 방향은 뚜렷해 보인다. 이중항체 그 자체가 해결책은 아니었으며, 이중항체라는 기술에 무엇을 탑재할 것이냐의 문제였다는 점이다. 이중항체 기술의 발전은 면역과 면역항암제에 대한 연구, 특히 T세포와 관계된 문제와 만났을 때 진정한 가치를 가지게 되었다. 그리고 이 가치는 기술을 이용해 무엇을 할 것인가 하는 문제였으며, 이 문제에 대한 답은 기술 진보의 흐름에 의해 결정되었다. 내가 가지고 있는 아이디어, 물질, 기술의 가치는 바이오 신약개발 전체의 흐름 속에서 결정된다. T세포를 활용한 암 치료 분야의 개발이 진전을 이루지 못했다면 이중항체는 지금처럼 다시 관심의 대상이 될 수 있었을까? 반대로 면역 시스템을 신약과 연결하는 연구개발의 트렌드, T세포를 이용한 항암 신약개발 동향을 모른 채 이중항체의 현재 가치와 미래 가치를 정당하게 평가할 수 있었을까?

아무리 뛰어난 연구자도, 최신의 생명과학도, 심지어 거대한 자본마저도 혼자서는 신약을 개발할 수 없다. 이는 단순한 협업의 문제가 아니다. 학계와 업계 생태계의 흐름, 조금 더 편하게 말하면 동향과 트렌드의 문제이고, 메인스트림의 문제다. 이중항체의 부침은, 불확실성의 연속인 신약개발 현장에서 더 나은 의사결정을 하기 위한 조건에는 무엇이어야 하는지 생각하게 해준다.

끊임없이 해찰하며 여기저기를 기웃거리는 것은 신약개발에서 독이 될 것이다. 그러나 반대로 우물안 개구리가 되는 것도 치명적인 문제다. 다른 이들은 무엇을 하고 있는지 알기 위해, 그들의 일과 나의 일은 어떻게 연결될 수 있을 것인지 확인하기 위해, 누구의 무엇과 손을 잡아 나의 연구와 개발의 미래 가치를 만들어 갈 기회를 잡기 위해 메인스트림을 주시하는 노력이 필요하다.

〔표 03_01〕 이중항체 치료제의 승인 동향 (2023년 9월 25일 기준)

기업	의약품	타깃	구조	적응증	시판허가
암젠 (Amgen)	블린사이토(BLINCYTO®, 성분명: Blinatumomab)	CD19xCD3	1+1	급성 림프구성 백혈병	2014(미국) 2015(유럽)
로슈 (Roche)	헴리브라(HEMLIBRA®, 성분명: Emicizumab)	FIXaxFX	1+1	A형 혈우병	2017(미국) 2018(유럽)
존슨앤드 존슨 (J&J)	리브레반트(RYBREVANT®, 성분명: Amivantamab)	EGFRxMET	1+1	EGFR 변이 비소세포폐암	2021 (미국, 유럽)
	텍베일리(TECVAYLI®, 성분명: Teclistamab)	BCMAxCD3	1+1	다발성골수종	2022 (미국, 유럽)
이뮤노코어 (Immuno-core)	킴트랙(KIMMTRAK®, 성분명: Tebentafusp)	gp100xCD3	1+1	포도막흑색종	2022 (미국, 유럽)
로슈 (Roche)	바비스모(VABYSMO®, 성분명: Faricimab)	VEGF-AxAng-2	1+1	황반변성	2022 (미국, 유럽)
	룬수미오(LUNSUMIO®, 성분명: Mosunetuzumab)	CD20xCD3	1+1	여포성림프종	2022 (미국, 유럽)
애브비 (AbbVie)	엡킨리(EPKINLY®, 성분명: Epcoritamab)	CD20xCD3	1+1	미만성거대B세포림프종	2023 (미국, 유럽)
로슈 (Roche)	컬럼비(COLUMVI®, 성분명: Glofitamab)	CD20xCD3	2+1	거대B세포 림프종	2023 (미국, 유럽)
존슨앤드 존슨(J&J)	탈베이(TALVEY™, 성분명: Talquetamab)	GPRC5DxCD3	1+1	다발성골수종	2023 (미국, 유럽)
화이자 (Pfizer)	엘렉스피오(ELREXFIO™, 성분명: Elranatamab)	BCMAxCD3	1+1	다발성골수종	2023(미국)

음영 처리: 암 이외 적응증

〔표 03_02〕 **한국 바이오테크의 이중항체 치료제 임상 개발 동향 (2023년 7월 25일 기준)**

기업	프로젝트	타깃	구조	적응증	임상	돌입 시점, 완료 예정	NCT#	비고
에이비엘바이오	ABL001 (CTX-009, HDB001A)	DLL4xVEGF	2+2	담도암	파클리탁셀 (paclitaxel) 병용투여 다국가 임상 2/3상	임상 시작~완료 예정 (2023.01~2024.12)	NCT05506943	컴패스 테라퓨틱스 (Compass Therapeu-tics)가 진행. 컴패스가 글로벌 권리(국내 제외) 보유. 한독(HANDOK)이 국내 판권 보유
				대장암	단독투여 미국 임상2상	임상 시작 (2022.12~2024.06)	NCT05513742	컴패스가 진행
	ABL503	PD-L1x4-1BB	2+2	고형암	다국가 임상1상	미국 임상 시작 (2021.04~2025.06)	NCT04762641	에이비엘이 임상 주도. 중국 아이맵(I-Mab Biopharma)과 공동개발
	ABL111 (TJ033721)	CLDN18.2x4-1BB	2+2	고형암	다국가 임상1상	미국 임상 시작 (2021.06~2024.12)	NCT04900818	아이맵이 임상 주도. 아이맵과 공동개발
	ABL501	PD-L1xLAG-3	2+2	고형암	국내 임상1상	임상 완료 (2021.10~2023)	NCT05101109	아이맵이 중국 개발 및 판권 보유

기업	프로젝트	타깃	구조	적응증	임상	돌입 시점, 완료 예정	NCT#	비고
에이비엘바이오	ABL105 (YH32367)	HER2x4-1BB	2+2	HER2 양성 고형암	국내, 호주 임상1/2상	임상 시작 (2022.08~2026.10)	NCT05523947	유한양행(Yuhan)이 주도. 유한양행에 글로벌 권리 L/O
	ABL301 (SAR446159)	*SNCAxIGF1R	2+1	파킨슨병	미국 임상1상	임상 시작 (2022.12~2023.09)	NCT05756920	에이비엘이 임상1상까지 진행. 이후부터는 사노피 글로벌 권리 보유 진행
	ABL103	B7-H4x4-1BB	2+2	고형암	국내 임상1상 IND 승인	IND 승인(2023.08)		
종근당	CKD-702	EGFRxcMET	2+2	비소세포폐암	국내 임상1상	임상 시작 (2020.05~2024.08)	NCT04667975	
한미약품	BH2950 (IBI315)	PD-1xHER2	1+1	고형암	**중국 임상 1a/1b상	임상 시작 (2019.11~2025.12)	NCT04162327	중국 이노벤트 바이오로직스(Innovent Biologics)가 진행. 이노벤트가 중국 내 개발, 허가 주도
	BH3120	PD-L1x4-1BB	1+1	고형암	미국, 국내 임상1상 IND 승인	임상 시작 예정 (2023)		
아이엠바이오로직스	IMB-101	OX40LxTNF-α	2+2	류마티스 관절염	미국 임상1상 IND 승인	임상 시작 예정 (2023)		

*SNCA(α-synuclein) **2023.09.21. 기준 이노벤트 파이프라인에 등재되어 있지 않음

음영 처리: 암 이외 적응증

주

1 Burt R. et al. (2019) Blinatumomab, a bispecific B-cell and T-cell engaging antibody, in the treatment of B-cell malignancies. Hum Vaccin Immunother. 15, 594 – 602.; Li H. et al. (2020) Challenges and strategies for next-generation bispecific antibody-based antitumor therapeutics. *Cell Mol Immunol.* 17, 451 – 461.

2 Yeom D.H. et al. (2021) ABL001, a Bispecific Antibody Targeting VEGF and DLL4, with Chemotherapy, Synergistically Inhibits Tumor Progression in Xenograft Models. Int J *Mol Sci.* 22, 241.

3 Jonathan D. Rockoff (2018) The Million-Dollar Cancer Treatment: Who Will Pay? *Wall Street Journal.* https://www.wsj.com/articles/the-million-dollar-cancer-treatment-no-one-knows-how-to-pay-for-1524740401 (검색일: 2023.09.20.)

4 김성민 (2020) 에이비엘, 고형암서 'ABL001' 단독 1a상 "긍정적 결과". *BioSpectator.* http://www.biospectator.com/view/news_view.php?varAtcId=10498 (작성일: 2020.06.03.); 김성민 (2022) 에이비엘, 'ABL001' 1b상 "담도·췌장암 개발 가능성". *BioSpectator.* http://m.biospectator.com/view/news_view.php?varAtcId=15916 (작성일: 2022.03.29.)

5 김성민 (2023) 에이비엘, 'DLL4xVEGF' 담도암 2·3L 2상 "ORR 37.5%. *BioSpectator.* http://www.biospectator.com/view/news_view.php?varAtcId=18106 (작성일: 2023.01.18.)

6 김성민 (2023) "공격적" 컴패스, '에이비엘' ABL001 "대장암 2상 투약". *BioSpectator.* http://www.biospectator.com/view/news_view.php?varAtcId=18049 (작성일: 2023.01.09.)

04

항체-약물 접합체

Antibody-Drug Conjugate

파울 에를리히

바이오 신약개발의 역사를 거슬러 올라가다보면 파울 에를리히(Paul Ehrlich, 1854~1915)를 반드시 한 번은 만나게 된다. 그는 면역 시스템이 암 발생을 억제할 것이라는 개념을 처음으로 내놓았는데,[1] 이는 키트루다(Keytruda®, 성분명: Pembrolizumab)와 같은 면역관문억제제가 탄생할 수 있었던 기원이 되기도 했다. 그리고 항체-약물 접합체(Antibody-Drug Conjugate, ADC)라는 개념 또한 파울 에를리히와 관계가 있다.

파울 에를리히는 ADC라는 개념도 처음으로 제안했다. 1897년, 파울 에를리히는 세포 표면에 있는 물질에 따라 달라붙는 염색물질(dye)이 달라지는 현상을 보고 사이드체인(side-chain) 가설을 내놓는다. 세포 표면에는 각각 저마다의 특정한 구조를 가진 사이드체인이 있으며, 각 사이드체인에는 특정한 다른 물질이 결합할 것이라는 내용이었다.

3년 뒤 파울 에를리히는 사이드체인 개념을 다듬어 세포에 있는 수용체(receptor)와 수용체에 결합하는 특정한 물질인 리간드(ligand) 개념을 제안했다. 그리고 수용체와 리간드가 결합하는 성질을 이용해 질병을 치료할 수 있을 것이라고 보았다. 특정한 리간드를 화학적으로 합성해내면, 질병의 원인이 되는 세포 표면의 수용체와 결합해 질병 작용을 막을 수 있다는 것이다. 화학 치료제(chemotherapy)라는 개념이었다. 파울 에를리히는 이런 화학 치료제가 질병을 없애는 '마법의 총알(magic bullet)'이 될 것이라고 보았다.

1908년 파울 에를리히는 매독 치료제로 비소 화합물인 살바르산(Salvarsan)을 합성했는데, 이는 인공적으로 합성된 첫 화학 치료제였다. 파울 에를리히는 수용체와 리간드, 마법의 총알인 화학 치료제로 암(cancer)도 고칠 것이라고 보았다. 안타깝게도 그가 활동하던 시대의 과학은 암세포의 수용체와 여기에 결합하는 리간드를 찾지 못했다. 그럼에도 파울 에를리히는 화학 항암제는 물론이고, 약효를 가지는 화학 물질의 특이성을 높이기 위해 해당 약물을 항체에 붙이는 방식까지 상상했다고 한다.[2] 항체와 화학 항암제를 결합한 ADC와 비슷한 모습이다. 화학 항암제, 표적 항암제, 항체 치료제, ADC까지, 현대의 신약개발자들은 파울 에를리히의 상상력에 어느 정도는 기대고 있다.

항체-약물 접합체

파울 에를리히가 제안한 ADC의 개념은 단순하고 직관적이다. 암세포 표면에 있는 특정 수용체에 결합하는 항체를 찾거나 만들어낸다. 그리고 이 항체에 암세포를 없앨 수 있는 화학 항암제를 붙인다. 항체(antibody)와 화학 항암제(drug)가 접합(conjugate)한 이 물질을 암 환자에게 투여하면 화학 항암제가 달린 항체가 암을 찾아

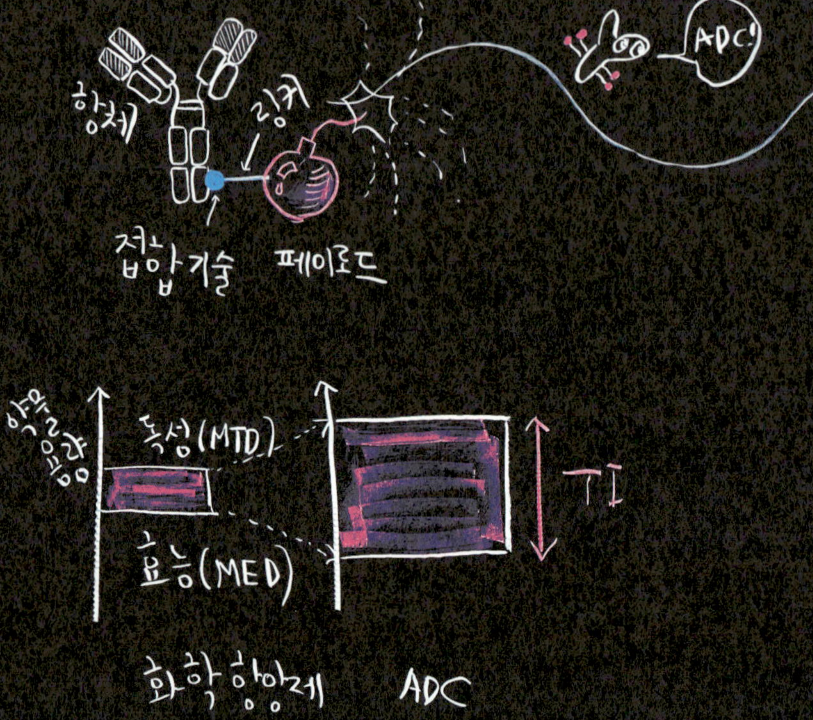

〔그림 04_01〕 ADC의 개념과 치료지수

ADC는 암세포와 결합하는 항체에 화학 항암제를 붙여 놓은 모습이다. 이렇게 붙인 화학 항암제를 페이로드(payload)라고 부르는데, 페이로드는 '전투기에 실는 폭탄'이라는 뜻이 있다. 그리고 항체와 페이로드는 링커(linker)로 연결되어 있다.

ADC의 항체 부위가 암세포와 결합하며 암세포 안으로 빨려들어가는 내재화 현상이 일어난다. 암세포 안에서 ADC는 분해되는데 이때 링커가 끊어지면서 화학 항암제가 분리된다. 화학 항암제는 DNA 복제를 방해하거나, 세포 분열 과정에서 염색체를 분리하는 역할을 담당하는 미세소관을 저해한다. 암세포 안에서 분리된 화학 항암제는 암세포의 DNA 복제나 세포 분열을 막고, 암세포는 사멸한다.

ADC의 치료지수는 큰데, 개념적으로 암세포에서만 강력한 화학 항암제를 작용시키기 때문이다. 화학 항암제는 독한 부작용 때문에 환자에게 투여할 수 있는 용량에 제약이 있지만, 개념적으로 ADC는 치료 효과를 보기 위해 많은 양을 투여할 수 있다.

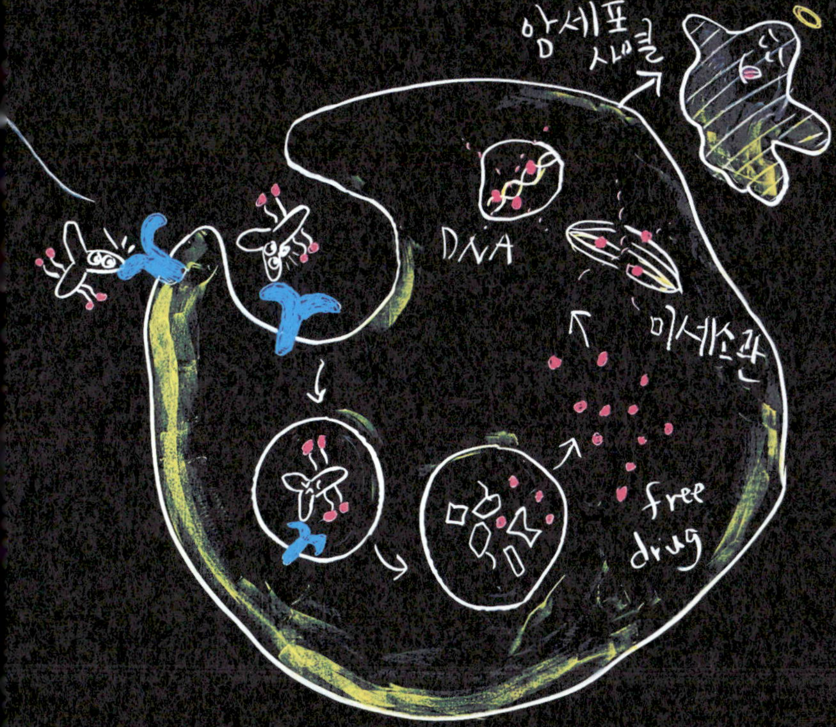
암세포
사멸
DNA
미세소관
free
drug

가서 결합한다. 그리고 항체와 화학 항암제의 접합체는 암세포 안으로 빨려 들어간다(internalization, 내재화). 항체가 세포막 수용체에 결합한 상태로 세포 안으로 빨려 들어가는데, 이는 세포가 외부 물질을 받아들일 때 쓰는 방법이다. 항체와 화학 항암제의 접합체는 세포 안에서 쓰레기통 역할을 하는 리소좀(lysosome)을 만난다. 항체와 화학 항암제를 접합시키고 있던 링커(linker)는 펩타이드 구조를 가지는데, 리소좀 안에 있던 단백질분해효소(proteasome)가 펩타이드 링커를 분해하면 항체에 붙어 있던 화학 항암제, 즉 독성 물질(toxin, 톡신)이 방출된다. 그리고 이 독성 물질이 암세포를 없앤다. ADC가 암을 치료하는 것이다.

ADC의 목표는 큰 치료지수(therapeutic index, TI)다. 모든 약에는 치료지수가 있다. 이는 해당 약물이 독성을 나타내는 용량과, 치료 효능을 나타내는 용량 사이의 관계다. 치료지수가 크면 투여하는 약물의 양에 비해 독성이 덜하다. 따라서 치료 효과를 볼 때까지 많은 양의 약물을 투여할 수 있다. 반대로 치료지수가 작으면 투여하는 약물의 양에 비해 독성이 강하다. 따라서 치료 효과를 보기 위해 많은 양의 약물을 투여하면 환자에게 위험할 수 있다. 화학 항암제는 암세포를 없애는 효능이 있지만 독성이 높다. 즉 치료지수가 작다. 화학 항암제의 독성 물질이 암세포에도 영향을 주지만 정상세포에도 영향을 주기 때문이다. 만약 암 환자의 정상세포가 화학 항암제의 독성을 견디지 못한다면, 지나치게 많은 정상세포들이 파괴되어 암 환자가 죽을 수도 있다. 따라서 화학 항암제는 '암 환자가 버틸 수 있는 정도'라는 한계 안에서 움직여야 한다.

그런데 ADC라면 이야기가 달라진다. 항체에 결합한 화학 항암제는 암세포에 도착하기 전까지 분리되지 않으니, 환자의 정상세포까지 없애지 않을 것이다. 화학 항암제의 독성이 정상세포에 일으키는 부작용 문제에서 자유로워지면 암세포를 효과적으로 없애기에 충분한 양의 화학 항암제를 처방할 수 있을 것이다. 게다가 항체가 정확하게 암세포로만 향한다면, 치료 효능이 더 좋아질 것이다. 이상적인 항암제인 셈이다.

마일로탁

ADC 개념은 이상적이었지만, 이상적인 목표는 이루기 어려운 법이다. ADC는 1990년대부터 본격적으로 개발 움직임이 보였다. 1991년 와이어스(Wyeth)는 셀텍(Celltech)과 ADC 공동개발 파트너십을 맺었고,[3] 2000년 두 바이오테크가 함께 개발한 마일로탁(MYLOTARG®, 성분명: Gemtuzumab ozogamicin)이 최초의 ADC로 미국 FDA의 가속승인을 받았다. 마일로탁은 급성 골수성 백혈병(acute myeloid leukemia, AML) 치료제로 개발되었다. AML은 여러 종류의 백혈병 가운데 성인에게 흔하게 나타나며, 적당한 치료를 받지 못하면 1년 이내에 사망할 가능성이 높다. 그러나 환자가 받을 수 있는 치료는 몇 종류의 항암제를 동시에 처방받거나 방사선 치료, 조혈모세포 이식 등 강력한 것들로 구성된다.

그나마도 기존 AML 치료법이 효과를 보지 못하는 경우가 전체의 20~40% 정도이며, 효과를 봤던 환자의 50%는 재발한다. 마일로탁은 이런 환자들 가운데 CD33 양성인 경우를 타깃한다. AML은 골수에 종양세포가 생기는 암인데, 이때 백혈병 암세포 표면에 CD33 단백질이 발현한다. CD33에 결합하는 항체 젬투주맙(Gemtuzumab)과 DNA를 잘라버리는 성질이 있는 화학 항암제인 칼리키아마이신(Calicheamicin) 계열 약물을 결합한 ADC가 마일로탁이다. 마일로탁을 AML 환자에게 투여하면 젬투주맙이 암세포가 과발현하는 CD33에 결합하면서 안으로 빨려 들어가는데, 이때 젬투주맙에 결합한 칼리키아마이신이 함께 암세포 안으로 들어간다. 그 후 항체에서 떨어져 나온 칼리키아마이신이 변이를 일으킨 골수세포의 DNA 틈으로 끼어 들어가 절단한다. DNA가 망가졌으니 암세포는 더 이상 세포분열을 하기 어렵고, AML은 진행을 멈출 것이다.

그런데 마일로탁에는 문제가 있었다. 젬투주맙과 화학 항암제를 연결하는 링커의 불량 문제다. 마일로탁의 링커는 항체를 구성하는 아미노산 가운데 라이신(lysine, Lys)에 연결되는 방식이었다. 그런데 라이신은 항체 이곳저곳에 있다. 항체 하나에만 80개가 넘는 라이신이 있으며, 이 가운데 20여 개가 화학 항암제와 접합하기 쉬운 위치에 있다. 즉 젬투주맙의 이곳저곳에 화학 항암제가 연결되었고, 결과적으로 균일하지 못한 품질의 ADC가 생산되었다.

반대 상황도 연출되었다. 젬투주맙에 화학 항암제가 아예 연결되지 않는 경우도 있었는데, 그 비율이 전체 약물의 절반 정도였다. 링커 안전성에도 문제가 있었다. 젬투주맙과 화학 항암제가 치료 부위로 가기도 전에 떨어지는 경우가 생겼다. 암세포에서 치료 효과를 내기 전에 분리되어 정상세포에서 독성을 일으켰던 것이다. 전반적으로 마일로탁은 ADC로의 장점을 내세우기 어려웠다. 초기 링커 기술인 라이신 링커를 이용한 마일로탁은 애매한 ADC였다.[4]

실제 와이어스는 2009년 마일로탁의 확증 임상3상에서 임상적 이점을 관찰하지 못했고, 심지어 마일로탁을 투여받자 기존 화학 항암제보다 더 많은 환자가 사망하면서 임상시험의 조기 중단 사태를 맞았다. 마일로탁은 초기 임상에서 긍정적인 결과를 바탕으로 시장에 일찍 출시되는 가속승인을 받았지만, 정식 승인 요건을 만족시키지 못했다. 같은 해 화이자(Pfizer)가 와이어스를 인수하면서 마일로탁을 갖게 되었는데, 2010년 화이자는 미국 FDA의 요청에 따라 마일로탁을 시장에서 자발적으로 철수시키기로 결정한다. 그러나 화이자의 결정이 곧 포기를 뜻한 것은 아니었다. 2017년 화이자는 환자에게 투여하는 용량을 낮추고, 화학 항암제와 함께 투여하는 등 투약 방법을 변경하면서 CD33 양성 AML 치료제로 다시 시장에 승인받았다. 그리고 첫 ADC가 나타나고 10년이 지나서야 두 번째 ADC 약물이 나타났다.

2011년 씨젠(Seagen, 전 시애틀제네틱스)이 개발한 애드세트리스(ADCETRIS®, 성분명: Brentuximab vedotin)는 두 번째

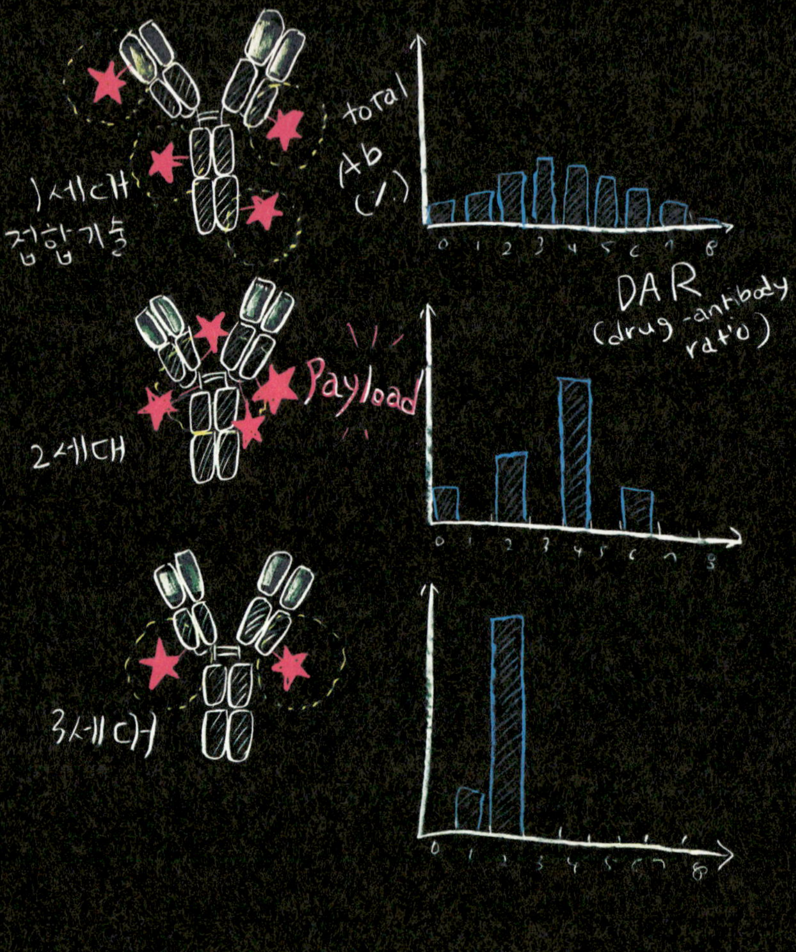

1세대
접합기술
total Ab (%)
0 1 2 3 4 5 6 7 8
DAR (drug-antibody ratio)
Payload
2세대
0 1 2 3 4 5 6 7 8
3세대
0 1 2 3 4 5 6 7 8

〔그림 04_02〕 링커 기술 발전에 따른 ADC

1세대 링커 기술(라이신 접합)을 이용하면 화학 항암 약물, 즉 페이로드가 항체 이곳저곳에 접합했다. 따라서 최종 생산된 ADC에 달려 있는 페이로드의 양이 제각각이었고, 이는 환자에게 투여했을 때 일관된 치료제를 투여하는 효과를 보기 어려웠다.

2세대 링커 기술은 1세대보다 진화했다. 항체 쇄관 8군데 있는 시스테인 부위에 약물을 접합하므로 ADC의 일관성은 나아졌다. 그러나 여전히 기대했던 치료 효과가 나타나지는 않았다.

3세대 링커 기술은 약물 접합을 좀더 정교하게, 즉 접합하는 부위를 좀더 특정하는 방식으로 발전했다. 이로 인해 ADC를 일관되게 생산할 수 있었고, 안정적인 임상개발도 가능해졌다.

ADC였다.[5] 이어 2023년 화이자가 씨젠을 인수하기로 결정하면서, 두 번째 ADC의 주인도 화이자로 바뀌었다. 애드세트리스는 호지킨 림프종과 CD30 양성 말초T세포림프종(PTCL) 등 림프종에 처방된다. CD30은 막 단백질로, 아직 정확한 생물학적 메커니즘은 모른다. '자극을 받은 림프종' 세포를 표지하는지, 종양화를 유지하는 데 중요한지, 암세포 증식과 생존을 활성화하는지 정확하게 밝혀지지 않은 상태다. 다만 특정 림프종 세포(암세포)에서 많이 발현하는데, 항체로 CD30 자체를 억제하는 것만으로는 치료 효과가 부족하다고 알려져 있다. 이런 이유로 CD30 항체에 화학 항암제를 매다는 컨셉을 생각해볼 수 있다. 애드세트리스의 항체 브렌툭시맙은 암세포 표면에 발현한 CD30 단백질과 결합한다. 브렌툭시맙에는 베도틴이 접합된다. 베도틴에는 MMAE라는 물질이 포함되어 있다. MMAE는 미세소관(microtublin)을 저해하기 때문에 암세포의 분열을 막을 수 있지만 독성이 강해 단독으로는 치료제로 쓸 수 없었다. 그러나 ADC로 치료지수를 키운다면 안전하게 암을 치료할 수 있을 것으로 보았다.

애드세트리스는 마일로탁보다 개선되었지만 완벽한 수준은 아니었다. 이번에도 링커가 문제였다. 애드세트리스는 항체를 구성하는 아미노산인 시스테인(cystein, Cys)에 링커를 연결시켰다. 시스테인은 항체의 중쇄와 중쇄, 중쇄와 경쇄를 잇는 부위인 항체 쇄관(inter-chain)에 위치하며, 모두 8군데 있다. 즉 화학 항암제가 접합할 수 있는 부위가 8곳으로 제한적이므로 항체의 특정 부위에만 링커를 결합할 수 있으며, 덕분에 약물 결합을 안정적으로 통제할 수 있다.

시스테인을 이용한 링커 기술을 사용하면 항체 1개에 0, 2, 4, 6, 8개의 약물이 붙거나, 약물이 접합하지 않는다. 이를 두고 항체-약물 비율(drug-antibody ratio, DAR) 0~8이라고 표현한다. 2023년 기준 처방되고 있는 ADC는 시스테인 접합 방식의 링커를 사용하는 것이 주류이지만, 일부 라이신 부착 약물도 있다.

그러나 애드세트리스는 여전히 이질적인 ADC들로 구성되었고, ADC가 치료 부위까지 가기 전에 링커가 떨어져 치료 효과는 줄어들고, 독성이 생기는 부작용도 나타났다.[6]

DAR8인 경우도 문제였다. 약물이 8개까지 접합되면 약물 특성 자체가 달라지면서, 환자에게 투여했을 때 너무 빨리 분해되는 문제가 있었다.[7] 다른 한편으로는 DAR8이 되자 기름 같은 끈적끈적한 특성(hydrophobicity)이 나타나면서 ADC가 서로 응집되는 현상(aggregation)이 나타났다.[8] 이런 이유로 시스테인을 이용한 ADC는 대부분 DAR 2, 4, 6이다.

링커

이런 상황은 ADC에서 풀어야 할 핵심 과제로 '안정적인 링커 기술'을 지목하게끔 했다. 원하는 물질을 정확한 위치에 결합하는 위치 특이적인 접합기술(site-specific conjugation), 즉 ADC 링커 기술의 개발이다.

우선 시스테인 링커 기술을 좀더 정교하게 하는 방향이 진행되었다. 한국의 바이오테크 레고켐 바이오사이언스(LegoChem Biosciences)도 위치특이적 링커 기술을 개발한다. 레고켐 바이오사이언스는 항체의 특정 위치에 약물을 붙이고 혈액에서 링커가 안정적으로 유지될 수 있는 ConjuAll™ 기술을 개발했는데, 이는 화학적인 방법을 이용한다. 항체의 경쇄(light-chain) C-말단(C-terminal)에 시스테인을 포함한 CaaX 모티프(motif)를 추가했다. 이후 CaaX의 시스테인기에 반응하는 기질(prenyl substrate)과 효소를 넣으면, 단단한 공유결합으로 시스테인과 기질이 연결되면서 핸들(handle)이 만들어지고 이렇게 만들어진 핸들로 원하는 물질을 접합(conjugation)할 수 있게 된다. 이렇게 하면 접합 부위에 2개 또는 가지를 친 링커로 4개의 물질을 결합할 수 있다. 최대한 8개의 물질을 결합할 수도 있는데, 서로 다른 종류의 물질을 결합하는 것도 가능하다.[9]

링커 기술에 인공 아미노산(non-natural AA)을 이용하는 방식도 제안되었다. 미국 바이오테크 앰브릭스 바이오파마(Ambrx Biopharma)는 항체에 인공적으로 합성한 아미노산을 삽입하는 방법을 연구했다. 자연 상태에서 단백질은 20개의 아미노산이 여러 방식으로 조합된다. 인공 아미노산은 자연 상태에서 발견되지 않는, 말 그대로 인위적으로 다른 모양으로 만들어 낸 아미노산이다.[10]

기존 ADC에 적용된 링커 기술은 항체의 라이신이나 시스테인 같은 특정 아미노산 서열에 링커를 붙였다. 그런데 해당 아미노산은 항체 이곳저곳에 있는 것이 문제였다. 링커를 항체에 연결하게 되면 특정한 위치의 아미노산에만 연결되는 게 아니었고, 연결되는 링커 수도 제각각이었다. 앰브릭스는 이 비특이적인 링커 연결 문제를 해결하기 위해 항체의 특정 위치에 새로 인공 아미노산을 추가시켰다. 그리고 이 인공 아미노산에만 결합하는 구조의 링커를 개발했다.[11] 일관되게 ADC를 만들 수 있는 링커가 생긴 것이다.

항체에 있는 당(glycan)을 이용하는 방법도 제안되었다. 기존 링커 기술로는 항체 이곳저곳에 같은 종류의 아미노산이 있어, 특정 위치에 링커를 일관성 있게 연결하기가 어렵다. 그런데 모든 항체의 특정 위치에 특정한 당이 있다는 사실에 주목한 네덜란드 바이오테크 시나픽스(Synaffix)는, 항체마다 비슷한 위치에 있는 당 자리에 링커를 연결하는 기술을 개발했다.[12] 링커 또한 당으로 된 물질인데, 이런 구조가 기존 ADC에 비해 안정성이 높은 것으로 결과가 나왔다. 2023년 글로벌 CDMO 회사인 론자(Lonza)는 시나픽스의 위치특이적인 접합기술과 ADC 특신 기술을 확보하기 위해 시나픽스를 1억 유로에 인수했다.

2010년대 중후반으로 들어서면서 위치 특이적인 링커 기술들이 꾸준히 개발되었고, 균질한 ADC를 만드는 것도 가능해졌다. 2023년 현재를 기준으로 위치특이적인 링커 기술은 어느 정도 안정화 단계에 접어든 것으로 보이며, 전 세계적으로 20여 개의 발전된 기술이 있는 것으로 추정된다.

링커를 한층 더 세분화해서 접근하는 움직임도 있다. 레고켐 바이오사이언스의 공동창업자이자 연구소장(CTO) 출신이 2015년 설립한 인투셀(IntoCell)은 항체에 결합하는 링커 파트가 아닌, 화학 항암제와 결합하는 링커 파트를 개선시키기 위한 기술을 개발했다. 전자가 항체에 링커를 연결시키는 접합 기술(conjugation chemistry)이라면, 후자는 링커에 붙은 화학 항암제가 떨어져 나가는 기술(cleavage chemistry)이다. 기존 링커는 일반적으로 아민(amine) 계열 화학 항암제만을 제한적으로 붙일 수 있었으며, 같은 링커를 약간 변형하는 정도로만 시도해 왔다. 인투셀은 자연계에 더 많이 존재하는 페놀기(phenol) 약물까지 붙일 수 있는 기술을 개발하고 있다.

캐싸일라

링커 기술이 안정화 단계에 접어들었지만 ADC 개발에서 돌파구가 열리지는 않았다. 그러다 고형암에서도 첫 ADC인 로슈(Roche)의 캐싸일라(KADCYLA®, 성분명: Trastuzumab emtansine)가 개발되었다. 캐싸일라에 사용된 항체는 암세포에 지나치게 많이 발현한 HER2 수용체에 타깃하는 항체 치료제인 트라스투주맙이다. 트라스투주맙을 성분으로 하는 허셉틴(Herceptin®, 성분명: Trastuzumab)은 HER2 양성 유방암 환자에게 처방하는 대표적인 표적 항암제로, 항체에 대한 신뢰성은 충분했다.

트라스투주맙에 붙인 화학 항암제는 메이탄신(Maytansine) 계열 약물인 DM1이다. 메이탄신은 아프리카에 서식하는 관목 식물인 메이테누스 오바투스(*Maytenus ovatus*)에서 추출한 물질이다. 메이탄신은 세포 분열 과정에서 나타나는 미세소관을 저해한다. 세포가 분열할 때 미세소관은 복제된 염색체의 양쪽에서 나타난다. 미세소관은 점점 길어지면서 복제된 염색체에 각각 결합한다. 그리고 미세소관이 줄어들면서 복제된 염색체가 둘로 나뉘고, 세포는 정상적으로 분열할 수 있게 된다. 메이탄신은 미세소관에 결합해 미세소관이 늘어나지 못하도록 방해한다. 이렇게 되면 분열하고 있는 세포의 미세소관에 문제가 생기면서 세포는 사멸한다.[13] 미국 국립암연구소(NCI)는 메이탄신이 발견된 1970년대부터 난소암, 유방암, 흑색종, 백혈병 등 여러 고형암과 혈액암을 대상으로 임상개발을 진행했다. 그러나 소화기관, 신경계, 간 등 신체에 전반적으로 심각한 부작용이 나타나는 결과가 나왔고 임상개발 프로젝트는 멈췄다.[14]

그런데 40여 년이 지나 메이탄신의 쓸모가 ADC를 만나면서 다시 주목받게 된다. 캐싸일라에 사용된 DM1은 메이탄신을 변형한 물질이다. 메이탄신은 그 자체로 암세포를 죽일 수 있었지만, 링커에 연결할 수 있는 적합한 부위가 없다. 메이탄신에 링커와 연결할 수 있는 부위를 붙인 것이 바로 DM1이다.[15] 항체와 화학 항암제를 정했으니 이제 링커가 남았다. 허셉틴과 DM1을 결합하는 링커는 라이신에 결합하는 방식이었다. 즉 ADC 개발 초기 링커 기술을 이용했다.

캐싸일라가 개발되자 ADC에 대한 관심이 다시 살아났다. 캐싸일라 이전의 ADC는 혈액암을 대상으로 했지만, 캐싸일라는 고형암에서도 치료 효능을 보여주었다. 캐싸일라는 HER2가 발현되는 전이성 유방암에서 당시 표준 치료제로 처방되고 있던 화학 항암제 병용요법보다 환자의 생존기간을 6개월가량 늘렸다. 이 임상 결과를 바탕으로 캐싸일라는 2013년 전이성 유방암 2차 치료제로 미국 FDA의 시판허가를 받을 수 있었다.[16]

그러나 캐싸일라에 대한 기대는 거기까지였다. 캐싸일라는 2차 치료제를 넘어 더 초기 HER2 양성 유방암 환자를 치료하는 1차 치료제 임상3상을 진행했으나 2014년에 실패를 발표했다. 표준 치료제인 허셉틴과 화학 항암제의 병용요법보다, 암이 진행되거나 환자가 사망할 위험인 무진행생존기간(PFS)을 개선시키지 못했기 때문이다.[17] 캐싸일라는 위암 등 다른 고형암으로까지 적응증을 확장하는 임상개발에도 들어갔다. 그러나 2015년 캐싸일라의 위암 임상3상에서도 표준 화학 항암요법 대비 환자의 생존기간을 개선하는 데 실패했다.[18]

2023년 현재 캐싸일라는 HER2 양성 유방암 2차 치료제와 수술후요법으로만 처방되고 있다. 도전이 실패한 원인으로 링커의 불안정성, ADC 품질의 비일관성이 제기됐다. 캐싸일라도 링커를 개선하긴 했지만, 라이신 링커 연결로 인해 비일관적인 ADC가 제작되었다. 치료 부위까지 가기 전에 링커가 떨어져 나오며 효능이 감소하고, 떨어져 나온 독성 물질이 정상세포를 공격하는 부작용도 생겼다.

엔허투

캐싸일라가 기대에 미치지 못하는 퍼포먼스를 보여주면서 ADC에 대한 기대는 다시 사그라들었다. ADC라는 개념은 분명 이상적인 항암제였지만 한계가 명확해 보였다. ADC는 독성이 강하고 임상 실패 위험이 크다고 보는 것이 2010년 초중반대의 일반적인 분위기였다. 특히 항암제 개발에서 면역 항암제 개발 붐이 일어난 시기와 겹치면서, 관심은 더욱 사그라든 듯 보였다. 그런데 다이이찌산쿄(Daiichi Sankyo)에서 사건이 벌어졌다.

다이이찌산쿄는 다이이찌 파마슈티컬(Daiichi Pharmaceutical)과 산쿄(Sankyo Co.)가 2005년에 합병한 기업이다. 합병을 거치면서 다이이찌산쿄는 매출액 기준, 다케다(Takeda) 다음으로 일본에서 가장 큰 규모의 제약기업이 되었다. 다이이찌 파마슈티컬과 산쿄가, 서로 힘을 합쳐 경쟁에서 도태되지 않으려는 전략이었다.[19] 합병하기 전 산쿄는 고지혈증, 고혈압 등 심혈관계질환 치료제 개발에 주력했고, 다이이찌는 항생제와 항혈전제 등을 개발했다. 그리고 두 기업은 합병 이후 항암제 개발에 주력했다.

다이이찌산쿄는 2세대 ADC인 엔허투(ENHERTU®, 성분명: Trastuzumab deruxtecan)를 개발했다. 엔허투는 캐싸일라처럼 트라스투주맙을 사용했다. 링커는 시스테인과 자체 개발한 4가지 펩타이드로 구성된 링커(Gly-Gly-Phe-Gly, GGFG)를 사용했다. 이 가운데 GGFG 링커는 혈액에서 더 안정적으로 유지되었고, 항체에 최대 8개까지 물질을 안정적으로 결합시킬 수 있었다. 이 링커는 리소좀 안에서 많이 발현되는 단백질분해효소에 의해 분해되었다. 그런데 다이이찌산쿄의 링커 기술이 이전 세대에 비해 발전된 것이기는 했지만, 엔허투를 개발할 당시를 기준으로 보면 ADC를 개발하는 다른 바이오테크들 또한 비슷한 수준으로 발전된 링커 기술을 쓰고 있었다.[20] 오히려 엔허투의 차별점은 항체에 링커로 연결한 화학 물질이었다.

엔허투에는 DXd라는 화학 물질이 결합되어 있다. DXd와 링커를 합쳐 데룩스테칸(Deruxtecan)이라고 부르며, 다이이찌산쿄가 개발한 물질이다. DXd는 당시까지 ADC에 주로 쓰던 미세소관 저해 방식 등의 항암 메커니즘이 아니었다. DXd는 토포아이소머라아제(topoisomerase)의 활성을 저해한다. 토포아이소머라아제는 DNA 복제를 돕는 효소다. DNA의 이중나선 구조는 DNA가 튼튼하게 유지될 수 있게 만들어준다. 그런데 튼튼하게 유지된다는 것은 DNA가 복제되어야 할 때, 이를 방해한다는 뜻이기도 하다. DNA는 두 가닥으로 꼬여 있는(twist) 형태인데, 토포아이소머라아제는 DNA의 이중나선을 끊었다가 붙인다. 즉 꼬여 있는 DNA를 일시적으로 풀어, DNA 복제가 잘 이루어질 수 있도록 돕는다. 암세포 또한 DNA를 복제하면서 증식하는데, 토포아이소머라아제의 활성을 저해하는 물질을 투여하면 암세포가 늘어나는 것을 막을 수 있다.

토포아이소머라아제의 활성을 저해하는 물질로 캄토테신(Camptothecin)이 있다. 캄토테신은 중국에서 전통 한약재로 쓰이는 희수나무(Camptotheca, happy tree)의 껍질과 줄기에서 얻을 수 있었다. 캄토테신은 유방암, 난소암, 대장암, 폐암 등에서 항암 활성을 보여 항암제로 쓰이기도 하는데, 문제는 캄토테신이 피에 잘 녹지 않는다는 것이었다. 약물이 원하는 효능을 나타내기 위해서는 혈액에서 빠르게 녹아들어 치료 부위에 잘 도달해야 한다. 그러나 캄토테신은 혈액에 잘 녹지 않는다. 부작용도 있다. 캄토테신 계열 화학 항암제를 투여하게 되면 구토, 어지러움증, 요통, 설사, 두통 등 독성 항암제에서 흔히 볼 수 있는 부작용이 발생한다. 어쨌건 캄토테신의 용해성을 높인 약물인 토포테칸(Topotecan)과 이리노테칸(Irinotecan)이 미국 FDA 승인을 받았다. 토포테칸은 진행성 난소암, 비소세포폐암, 자궁경부암 치료제로 사용되며, 이리노테칸은 대장암, 직장암 등 고형암 치료제로 사용되지만 부작용 등 한계는 여전했다.

엑사테칸(Exatecan)은 다이이찌산쿄가 개발한 캄토테신 계열 약물이다. 전임상에서 기존 캄토테신 약물 대비 높은 효능과 낮

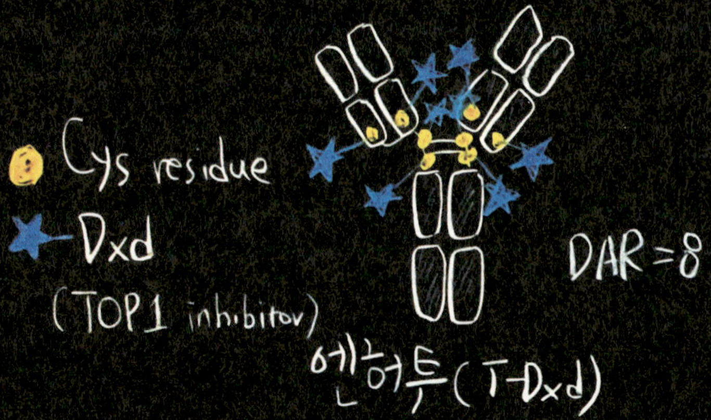
Cys residue
Dxd
(TOP1 inhibitor)
DAR=8
엔허투(T-Dxd)

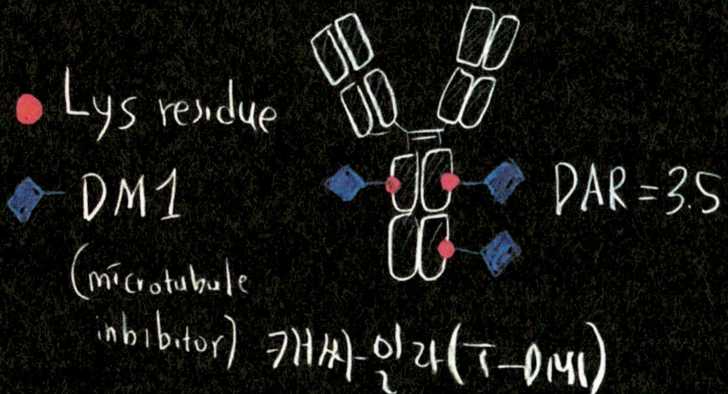
Lys residue
DM1
(microtubule inhibitor)
DAR=3.5
캐싸-일라(T-DM1)

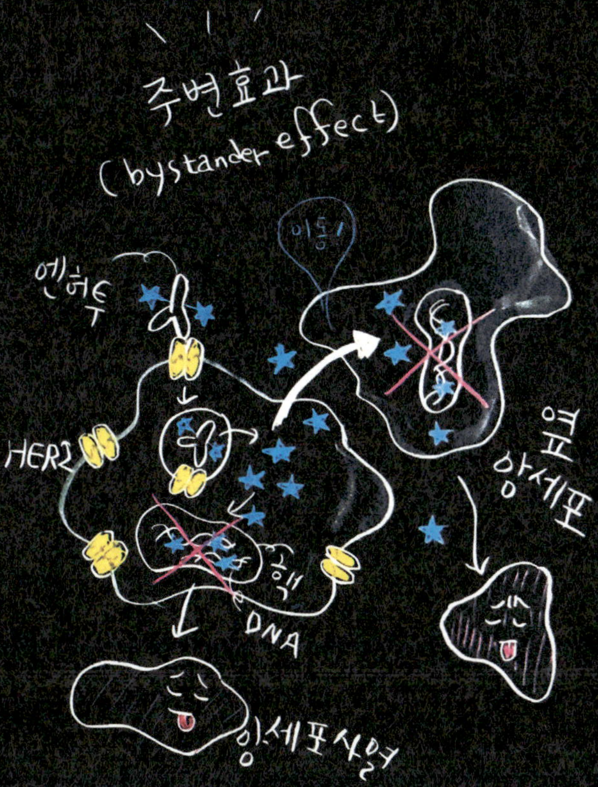

[그림 04_03] 엔허투와 캐싸일라

엔허투와 캐싸일라는 항체로 트라스투주맙을 쓴다는 점, 개발 당시 최신 기술을 썼다는 점에서 비슷하다. 캐싸일라는 라이신에 접합하는 링커, 엔허투는 시스테인 접합 링커 기술을 사용한다는 차이가 있지만 링커 기술의 발달로 둘 다 최신 기술이었다.

결국 둘의 차이는 항체에 무엇을 붙이느냐 하는 것에서 나뉘었다. 엔허투가 사용한 DXd는 캐싸일라에 접합되어 있는 DM1보다 좋은 치료 효과를 보여주었다. 예를 들어 DXd에는 주변효과가 있었다. 보통의 경우 화학 항암 물질은 암세포에 침투해 해당 암세포를 사멸시키는 것으로 끝나지만, DXd는 한 차례 암세포를 공격한 다음 옆에 있는 암세포로 옮겨가 같은 공격을 되풀이했다. 엔허투와 캐싸일라의 차이는 어떤 물질을 항체에 붙이느냐, 즉 페이로드의 차이였다.

은 독성을 띠는 성질이 있었지만, 2000년대 초중반 진행성 췌장암 임상3상에서 표준 치료법 대비 효능을 개선하지 못했다. 이후 다이이찌산쿄는 ADC에 엑사테칸을 적용하고자 했지만 효과가 낮았다. 다이이찌산쿄는 다시 엑사테칸으로부터 유도한 DXd(exatecan derivative)를 찾았다.[21] DXd에는 '주변효과(bystander effect)'가 있었다. DXd는 암세포를 없앤 후 사라지지 않고, 세포막을 통과해 HER2를 발현하지 않는 이웃 세포로 이동해 암세포를 없앨 수 있었다. 다이이찌산쿄는 DXd를 트라스투주맙에 결합한 ADC 개발에 성공했다.

페이로드

2023년 기준 엔허투는 유방암, 위암, 폐암 치료제로 처방되고 있다. 엔허투가 처방되는 유방암은 HER2가 많이 발현되는(HER2 양성; HER2 positive) 유방암과, 적게 발현되는(HER2 저발현; HER2 low) 유방암이다. HER2 양성 유방암에서 엔허투는 2차 치료제로 쓰인다. 엔허투는 HER2 양성 유방암 2차 치료제 임상시험에서 캐싸일라와 직접 비교했을 때 암이 진행되거나 사망할 위험을 67% 감소시켰다.[22]

그런데 엔허투에서 더 중요한 대목은 HER2 low 유방암 2차 치료제 또는 수술후 화학 항암제를 받고 재발한 경우에 사용된다는 점이다. 엔허투가 HER2 low 유방암에서 치료 효능을 보이기 전까지 HER2 표적 항암제가 HER2 발현이 낮거나 적은 유방암에서 효능을 보여준 적은 없었다.[23] 이런 이유로 HER2 low는 HER2를 발현하지 않는 유방암(HER2 음성)과 동일한 조건으로 분류되어 왔다. HER2 low는 전체 유방암 환자의 약 60~75%를 차지하는 것으로 알려져 있을 정도로 환자가 많다. 그런데 엔허투는 HER2 low 유방암 임상시험에서 환자들의 생존기간을 기존 화학 항암제 대비 6.6개월가량 늘렸다.

엔허투는 HER2 양성 위암에 대한 2차 치료제로도 처방되고 있다. 엔허투는 위암 임상시험에서 표준 치료제인 화학 항암제 대비 환자의 생존기간을 4.1개월 늘렸으며, 암이 진행되거나 사망할 위험을 53% 줄였다. 이제 엔허투는 HER2 활성화 돌연변이 폐암 2차 치료제로 쓰인다. 폐암 임상에서 엔허투를 투여받은 환자의 57.7%에서 종양 크기가 30% 이상 줄어드는 것이 확인됐다.

엔허투의 성공은 ADC 개발을 둘러싼 토론의 흐름을 바꿨다. 엔허투 이전까지 ADC에 대한 토론의 주요한 주제는 '과연 ADC는 현실화될 수 있는 개념인가?'였다. 그리고 기대에 미치지 못했던 캐싸일라의 임상 결과로 인해 'ADC는 불가능하다'는 의견에 힘이 실렸다. ADC 개발에 뛰어들었던 바이오테크와 전 세계적 규모의 제약기업들도 줄줄이 ADC 개발을 접었다. 그러나 엔허투가 성공하자 다시 ADC 개발에 뛰어들기 시작하고 있다.

2021년 화이자는 픽시스 온콜로지(Pyxis Oncology)에 자신들이 개발하던 ADC 약물 일부와 ADC 개발 플랫폼 이용 권리까지 매각했다.[24] 그러나 2023년에 화이자는 ADC 개발 기업인 씨젠을 430억 달러에 인수한다고 발표했다.[25] 화이자는 2022년에 코로나19 백신 코미나티(COMIRNATY®, 성분명: Tozinameran), 코로나19 치료제 팍스로비드(PAXLOVID™, 성분명: Nirmatrelvir / Ritronavir)로 각각 378억 달러와 189억 달러를 벌어들였으니 사실상 코로나19 관련 의약품으로 벌어들인 돈을 ADC에 투자한 셈이다. 일라이릴리(Eli Lilly)도 ADC 개발을 접었지만 다시 ADC 개발에 뛰어들었다. 2011년 일라이릴리는 이뮤노젠(ImmunoGen)과 메이탄신 계열 물질을 바탕으로 ADC 공동개발 계약을 맺었지만,[26] 2018년에 파트너십을 중단했다.[27] 이뮤노젠은 캐싸일라에 사용된 DM1을 개발한 바이오테크다. 그런데 2022년, 일라이릴리와 이뮤노젠은 다시 한번 손을 잡았다. 엔허투에 사용된 것과 같은 계열의 캄토테신 기반 ADC 공동개발을 하기 위해서다.[28]

엔허투의 성공은 ADC에 대한 토론의 주제 또한 바꾸었다. 엔허투 이전에 ADC에 대한 토론의 주인공은 링커였다. 화학 항암제를 어떻게 항체에 붙이고, 붙일 때 어떻게 정량을 조절하고, 암세포에 가서 어떻게 분리시킬 것인지를 잘 통제하면 ADC를 성공시킬 수 있을 것이라는 기대가 있었고, 그에 따라 유용한 링커 기술들이 개발되었다. 그런데 링커 기술로 항체에 무엇을 붙일 것인지에 대한 토론은 핵심에서 비켜 있었다. 페이로드(payload)의 문제는 관심에서 떨어져 있었던 것이었으며, 어떤 화학 항암제를 붙일 것인가는 더 멀리 있는 주제였다.

페이로드는 '항공기나 선박에 싣는 미사일과 폭탄'이라는 뜻이며, ADC에서 페이로드는 항체에 붙이는 물질을 말한다. ADC 개발 초기, 페이로드는 '그저 여러 화학 항암제 가운데 한 가지를 고르면 되는 것'으로 여겨졌다. 그런데 엔허투는 이미 있는 항체에, 이미 있는 링커 기술을 사용했다. 결국 성공과 실패를 결정하는 요인은 페이로드였다. DXd를 이용하는 엔허투는 기존 ADC와 다른 메커니즘으로 암세포를 없앤다. 여전히 왜 기존 화학 항암제를 페이로드로 쓰면 ADC의 효능이 적고, DXd를 페이로드로 쓰면 효능이 좋은지에 대한 이유를 들여다보는 단계다. 사실 우리는 여전히 생명현상의 원리와 암에 대한 이해가 부족하다. 지금까지 알게 된 정보와 지식만으로 설명할 수 없는 부분이 많은 것이 당연하다. 그럼에도, 다 알고 있지 못함에도, 페이로드에 대해서는, 어쩌면 다 아는 것처럼 행동했는지도 모른다.

모른다는 것을 인정하면 신약을 만들지도 모른다

엔허투의 성공으로 ADC는 가능한 것이 되었고, ADC에서 중요한 것은 페이로드가 되었다. 이와 더불어 화학 항암제에 대한 관심도 높아지고 있다. 예를 들어 미국 머크(Merck & Co.)의 키트루다

(KEYTRUDA®, 성분명: Pembrolizumab)는 거의 모든 암에 처방할 수 있게 되었는데, 처방의 범위를 넓힐 수 있었던 데에는 화학 항암제와의 병용투여 임상시험에서 좋은 성과를 거둔 덕분도 크다. 화학 항암제가 암세포를 없애면서 일어나는 환자 몸속의 변화가 키트루다의 효과를 더욱 증대시켰던 것으로 추정하고 있지만, 정확한 메커니즘은 밝혀야 할 부분이 많다. 다만 '생명현상과 암에 대해 아직 모르는 것이 많다'고 전제하면, 할 수 있는 여러 가지를 편견 없이 시도해보고 각각의 결과도 과학적으로만 평가할 수 있게 된다. ADC에서 페이로드 문제가 바로 대표적인 사례다.

엔허투가 성공할 수 있었던 데에는 다이이찌산쿄의 우직한(?) 태도도 한몫했다. 캄토테신 계열 화학 항암제를 개발하던 다이이찌산쿄가 ADC를 개발할 수 있었던 데는, 유행을 따르지 않았기 때문일 수도 있다. 누가 뭐라고 해도 내가 잘 할 수 있는 분야의 연구를 놓지 않고, 누가 뭐라고 해도 새로운 시도를 담담하게 했던 것. ADC를 연구하면 바보처럼 보는 시선이 있었겠지만, 그런 시선에도 불구하고 원칙적인 입장에서 할 수 있는 것을 시도하는 태도. 결국 ADC를 한다고 하면 옅은 비웃음을 던지던 이들이, 어느 순간 엔허투를 따라서 ADC 개발에 다시 뛰어들고 있는 모습이 주는 메시지는 단순하지만 강력하다. 아직도 우리는 모르는 것이 많고, 겸손하게 연구와 개발을 이어가면, 언젠가는 그리고 한 번은 '이상적인 개념의 신약개발'에 가까워질 수도 있다는 점이다.

〔표 04_01〕 ADC에 적용한 접합기술과 항체에 접합된 평균 약물 개수(DAR)

출시	제품명	타깃	적응증	접합 기술	평균 DAR
2000	마일로탁(MYLOTARG™, 성분명: Gemtuzumab ozogamicin)	CD33	CD33+ 급성골수성백혈병	라이신	2~3
2011	애드세트리스(ADCETRIS®, 성분명: Brentuximab vedotin)	CD30	고전적호지킨림프종 미분화대세포림프종 CD30+ 말초T세포림프종 CD30+ 균상식육종	시스테인	4
2013	캐싸일라(KADCYLA®, 성분명: Trastuzumab emtansine)	HER2	HER2+ 유방암	라이신	3.5
2017	베스폰사(BESPONSA®, 성분명: Inotuzumab ozogamicin)	CD22	B세포 급성림프구성백혈병	라이신	6
2019	엔허투(ENHERTU®, 성분명: Trastuzumab deruxtecan)	HER2	HER2+ 유방암 HER2-low 유방암 HER2+ 위암 HER2 활성화 돌연변이 비소세포폐암	시스테인	8
2019	파드셉(PADCEV®, 성분명: Enfortumab vedotin)	nec-tin-4	요로상피암종	시스테인	3.8
2020	트로델비(TRODELVY®, 성분명: Sacituzumab govitecan)	TROP2	삼중음성유방암 HR+/HER2− 유방암 요로상피암종	시스테인	7.6
2020	*블렌렙(Blenrep, 성분명: Belantamab mafodotin)	BCMA	다발성골수종	시스테인	4
2020	폴라이비(POLIVY®, 성분명: Polatuzumab vedotin)	CD79b	미만성거대B세포림프종 고등급B세포림프종	시스테인	3.5
2021	진론타(ZYNLONTA®, 성분명: Loncastuximab tesirine)	CD19	미만성거대B세포림프종 고등급B세포림프종	시스테인	2.3
2021	티브닥(TIVDAK®, Tisotumab vedotin)	TF	자궁경부암	시스테인	4
2022	엘라히어(ELAHERE™, 성분명: Mirvetuximab soravtansine)	FRα	난소암	라이신	3.4

* 블렌렙 확증 임상에서 효능 입증 실패로 2022년 미국 시판 철회(유럽에선 시판 중)

** 1세대 라이신 접합기술 이용한 ADC 약물은 회색으로 처리

〔표 04_02〕 FDA 승인 ADC의 페이로드 메커니즘

계열	메커니즘	ADC	종류	첫 시판	기업
calicheamicin	DNA 절단	마일로탁	CalichDMH	2000, 2017(재승인)	화이자-와이어스
		베스폰사	CalichDMH	2017	화이자
auristatin	미세소관 저해제	애드세트리스	MMAE	2011	씨젠-다케다
		폴라이비	MMAE	2019	로슈
		파드셉	MMAE	2019	씨젠-아스텔라스
		*블렌렙	MMAF	2020 (2022년 시판 철회)	GSK
		티브닥	MMAE	2021	씨젠-젠맙
maytansinoid	미세소관 저해제	캐싸일라	DM1	2013	로슈
		엘라히어	DM4	2022	이뮤노젠
camptothecin	TOP1 저해제	엔허투	DXd	2019	아스트라제네카-다이이찌산쿄
		트로델비	SN-38	2020	길리어드-이뮤노메딕스
PBD dimer	DNA복제 저해제	질론타	SG3199	2021	ADC 테라퓨틱스
pseudotox	단백질 합성 저해제	**루목시티	PE38	2018 (2023년 시판 철회)	아스트라제네카

* 블렌렙 확증 임상에서 효능 입증 실패로 2022년 미국 시판 철회 (유럽에선 시판 중)

** 루목시티는 독성, 판매 부진 등으로 시판 철회 (유럽: 2021년, 미국: 2023년)

〔표 04_03〕 **국내 ADC 플랫폼 바이오테크와 주요 프로젝트**

기업	설립	핵심 플랫폼 기술	파트너십	리드 프로젝트	타깃/페이로드	개발 단계	비고
레고켐 바이오 사이언스	2006	위치특이적 접합 링커 기술	-2019년 다케다와 최대 3개 타깃 대한 ADC 면역항암제 발굴 L/O 계약 -2020년, 2021년 익수다와 총 6개 타깃 대상 후보물질 발굴 L/O 계약 -2021년 소티오와 최대 5개 타깃 대한 ADC 발굴 L/O 계약 -2022년 암젠과 최대 5개 타깃 대한 ADC 발굴 L/O 계약	LCB14 (FS-1502)	HER2/ MMAF	HER2 + 유방암 중국 임상3상	-2015년 푸싱제약 LCB14 중국 권리 L/O -2021년 익수다 LCB14 전 세계(중국, 한국 제외) 권리 L/O
에이비엘 바이오	2016	이중항체 기술	2023년 시나픽스(론자 인수)와 링커-TOP1 페이로드 L/I 이중항체 ADC 개발 계약	ABL202 (LCB71, CS5001)	ROR1/ pPBD	혈액암/고형암 미국, 중국, 호주 임상1상	-2016년 레고켐과 ADC 공동개발 파트너십으로 도출 -2020년 시스톤에 ABL202(LCB71) 전 세계 권리 L/O
알테 오젠	2008	선택적 접합 링커 기술 (C-말단)		ALT-P7	HER2/ MMAE	유방암 국내 임상1상 완료	

기업	설립	핵심 플랫폼 기술	파트너십	리드 프로젝트	타깃/ 페이로드	개발 단계	비고
오름 테라퓨틱	2016	신규 페이로드(TPD, E3 저해제)		ORM-5029	HER2/ GSPT1 TPD	미국 임상1상	
인투셀	2015	페놀류 페이로드 접합 링커 기술, 선택성↑페이로드 변형기 도입 기술	2021년 셀렉타와 인지질-약물접합체(PDC) 개발 파트너십	ITC-6146RO	B7H3/ 듀오 카마이신	2024년 IND 제출 예정	
피노 바이오	2017	신규 캄토테신 페이로드	2022년 셀트리온과 총 15개 타깃 대상 후보물질 발굴 옵션 계약	PBX-001	TROP2/ 기존 캄토테신	2024년 IND 제출 예정	
에임드 바이오	2018	환자 데이터 활용 신규 타깃 발굴		AMB302 (GQ1011)	FGFR3/ 캄토테신	2024년 IND 제출 예정	중국 진퀀텀 헬스케어와 AMB302 공동개발
앱티스	2016	선택적 접합 링커 기술 (Fc K248)	2022년 론자와 ADC 플랫폼 기술협력 계약	AT-211	CLDN18.2/ MMAE	2024년 IND 제출 예정	
펩트론	1997	에피토프 발굴 기술		PAb001-ADC	MUC1/ MMAE	전임상	2021년 중국 치루제약에 PAb001-ADC 전 세계 권리 L/O
노벨티 노빌리티	2017	위치특이적 접합 링커 기술(Fc M252)		NN3201	c-Kit/ MMAE	전임상	

〔표 04_04〕 국내 바이오테크의 ADC 임상개발

기업	프로젝트	타깃/ 페이로드	적응증	임상	돌입 시점, 완료 시점	NCT#	비고
레고켐 바이오 사이언스	LCB14 (FS-1502)	HER2/ MMAF	HER2+ 유방암	중국 임상3상 LCB14와 캐싸일라 비교	임상 시작~완료 예정 (2023.03~2026.01)	NCT05755048	중국 푸싱제약(중국 권리 보유)이 임상개발 주도
			HER2+ 위암	중국 임상2상	임상 시작(2022)		
			HER2+ 비소세 포폐암	중국 임상2상	임상 시작(2022)		
			HER2+ 대장암	중국 임상2상	임상 시작(2022)		
			HER2+ 유방암	중국 임상1b상	임상 시작~완료 예정 (2019.10~2025.06)	NCT03944499	
	LCB84	TROP2/ MMAE	고형암	미국 임상1/2상 단독요법 혹은 PD-1 항체 병용요법 평가	임상 시작 예정 ~완료 예정 (2023.09~2027.05)	NCT05941507	이탈리아 메디테라니아 테라노스틱에서 TROP2 항체(암세포 특이적 형태) L/I
	LCB73 (IKS03)	CD19/ pPBD	B세포 림프종	미국 임상1상	임상 시작 예정~완료 예정(2023~2027.05)	NCT05365659	영국 익수다(전 세계 권리 보유) 임상개발 주도

기업	프로젝트	타깃/ 페이로드	적응증	임상	돌입 시점, 완료 시점	NCT#	비고
에이비엘바이오 (레고켐 공동개발)	ABL202 (LCB71, CS5001)	ROR1/ pPBD	혈액암/고형암	미국 임상1상	임상 시작~완료 예정 (2022.03~2024.03)	NCT05279300	중국 시스톤 파마슈티컬(전 세계 권리 보유)이 임상개발 주도
알테오젠	ALT-P7	HER2/ MMAE	HER2+ 유방암	국내 임상1상	임상 시작~완료 (2018.01~2021.01)	NCT03281824	
오름 테라퓨틱	ORM-5029	HER2/ GSPT1 TPD	HER2+ 고형암	미국 임상1상	임상 시작~완료 예정 (2022.10~2025.10)	NCT05511844	신규 페이로드 이용

주

1 Blasutig I.M. et al. (2017) The Phoenix Rises: The Rebirth of Cancer Immunotherapy. *Clin Chem.* 63, 1190-1195.; Eggermont A.M.M. (2012) Can immuno-oncology offer a truly pan-tumour approach to therapy? *Ann Oncol.* 23, viii53-viii57.; Dunn G.P. (2004) The Immunobiology of Cancer Immunosurveillance and Immunoediting. *Immunity.* 21, 137-148.

2 Strebhardt K. and Ullrich A. (2008) Paul Ehrlich's magic bullet concept: 100 years of progress. *Nat Rev Cancer.* 8, 473-480.

3 Celltech (2004) ANNUAL REPORT for the fiscal year ended December 31, 2003.; https://www.sec.gov/Archives/edgar/data/877799/000119312504108577/d20f.htm (검색일: 2023.04.10)

4 Sochaj A.M. et al. (2015) Current methods for the synthesis of homogeneous antibody–drug conjugates. *Biotechnol Adv.* 33, 775-784.

5 Fu Z. et al. (2022) Antibody drug conjugate: the "biological missile" for targeted cancer therapy. *Signal Transduct Target Ther.* 7, 93.

6 Beck A. et al. (2010) Strategies and challenges for the next generation of antibody–drug conjugates. *Nat Rev Immunol.* 10, 345-52.

7 Panowski S. et al. (2014) Site-specific antibody drug conjugates for cancer therapy. *MAbs.* 6, 34-45

8 Yver A. et al. (2020) The art of innovation: clinical development of trastuzumab deruxtecan and redefining how antibody-drug conjugates target HER2-positive cancers. *Ann Oncol.* 31, 430-434

9 LegoChem Biosciences (2023) LCB84_World ADC London 2023.; posterhttps://www.legochembio.com/invest/irdata.php?lang=k#none (검색일: 2023.07.27.)

10 Adhikari A. et al. (2021) Reprogramming natural proteins using un-

natural amino acids. *RSC Adv.* 11, 38126 – 38145.; Narancic T. et al. (2019) Unnatural amino acids: production and biotechnological potential. *World J Microbiol Biotechnol.* 35, 67.

11 Axup J.Y. et al. (2012) Synthesis of site-specific antibody-drug conjugates using unnatural amino acids. *Proc Natl Acad Sci U S A.* 109, 16101-16106; Skidmore L. et al. (2020) ARX788, a Site-specific Anti-HER2 Antibody – Drug Conjugate, Demonstrates Potent and Selective Activity in HER2-low and T-DM1 – resistant Breast and Gastric Cancers. *Mol Cancer Ther.* 19, 1833-1843.

12 Geel R. (2015) Chemoenzymatic Conjugation of Toxic Payloads to the Globally Conserved N-Glycan of Native mAbs Provides Homogeneous and Highly Efficacious Antibody – Drug Conjugates. *Bioconjug Chem.* 26, 2233-2242.; Wijdeven M.A. et al. (2022) Enzymatic glycan remodeling – metal free click (GlycoConnectTM) provides homogenous antibody-drug conjugates with improved stability and therapeutic index without sequence engineering. *MAbs.* 14, 2078466.; Bever L. et al. (2023) Generation of DAR1 Antibody-Drug Conjugates for Ultrapotent Payloads Using Tailored GlycoConnect Technology. *Bioconjug Chem.* 34, 538-548.

13 Rorà A.G.L. et al. (2019) The balance between mitotic death and mitotic slippage in acute leukemia: a new therapeutic window? *J Hematol Oncol.* 12, 123.

14 Khongorzul P. et al. (2020) Antibody – Drug Conjugates: A Comprehensive Review. *Mol Cancer Res.* 18, 3-19.; Issell B.F. and Crooke S.T. (1978) Maytansine. *Cancer Treat Rev.* 5, 199-207.

15 Lambert J.M. (2014) Ado-trastuzumab Emtansine (T-DM1): An Antibody – Drug Conjugate (ADC) for HER2-Positive Breast Cancer. *J Med Chem.* 57, 6949-6964.

16 ImmunoGen (2013) ImmunoGen, Inc. Announces FDA Approval of Kadcyla (Ado-Trastuzumab Emtansine; Also Known as T-DM1). (검색일:

2023.04.10.); Verma S. et al. (2012) Trastuzumab Emtansine for HER2-Positive Advanced Breast Cancer. *N Engl J Med.* 367, 1783-1791.

17 Cure Today (2014) Firstline Kadcyla Results Disappointing in HER2-Positive Metastatic Breast Cancer Trial.; https://www2.curetoday.com/view/firstline-kadcyla-results-disappointing-in-her2-positive-metastatic-breast-cancer-trial (검색일: 2023.04.10.)

18 Emily Wasserman (2015) Kadcyla's miss in stomach cancer dents Roche's effort to reap more from new drugs. *Fierce Pharma.*; https://www.fiercepharma.com/regulatory/kadcyla-s-miss-stomach-cancer-dents-roche-s-effort-to-reap-more-from-new-drugs. (검색일: 2023.04.10.)

19 The Japan Times (2005) Sankyo, Daiichi Pharmaceutical to merge in October.; https://www.japantimes.co.jp/news/2005/02/26/business/sankyo-daiichi-pharmaceutical-to-merge-in-october/ (검색일: 2023.04.06.)

20 Najjar M.K. et al. (2022) Antibody-Drug Conjugates for the Treatment of HER2-Positive Breast Cancer. *Genes* (Basel). 13, 2065.

21 Nakada T. et al. (2016) Novel antibody drug conjugates containing exatecan derivative-based cytotoxic payloads. *Bioorg Med Chem Lett.* 26, 1542-1545.

22 Hurvitz S.A. et al. (2023) Trastuzumab deruxtecan versus trastuzumab emtansine in patients with HER2-positive metastatic breast cancer: updated results from DESTINY-Breast03, a randomised, open-label, phase 3 trial. *Lancet.* 401, 105-117.

23 Lai H.Z. (2022) Targeted Approaches to HER2-Low Breast Cancer: Current Practice and Future Directions. *Cancers (Basel).* 14, 3774.

24 Pyxis Oncology (2021) Pyxis Oncology Announces Worldwide Licensing Agreement with Pfizer to Develop and Commercialize Multiple Antibody-Drug Conjugates. https://pyxisoncology.com/2021/03/18/pyxis-oncology-announces-worldwide-licensing-agreement-with-pfizer-

to-develop-and-commercialize-multiple-antibody-drug-conjugates/ (검색일: 2023.04.07.); Ben Adams (2021) Pfizer ships out 2 cancer ADCs alongside its tech platform to Pyxis Oncology, and its familiar CEO. *Fierce Biotech*.; https://www.fiercebiotech.com/biotech/pfizer-ships-out-two-cancer-adcs-alongside-its-tech-platform-to-pyxis-oncology-and-its (검색일: 2023.04.07.)

25 Pfizer (2023) Pfizer Invests $43 Billion to Battle Cancer.; https://www.pfizer.com/news/press-release/press-release-detail/pfizer-invests-43-billion-battle-cancer (검색일: 2023.04.07.); 김성민 (2023) 화이자 "결국", 'ADC' 씨젠 430억弗 인수 "메가딜". *BioSpectator*. http://www.biospectator.com/view/news_view.php?varAtcId=18484 (작성일: 2023.03.14)

26 ImmunoGen (2011) ImmunoGen, Inc. Announces Antibody-Drug Conjugate Collaboration With Lilly.; https://investor.immunogen.com/news-releases/news-release-details/immunogen-inc-announces-antibody-drug-conjugate-collaboration (검색일: 2023.04.10.)

27 ImmunoGen (2019) ANNUAL REPORT for the year ended December 31, 2018.; https://investor.immunogen.com/static-files/7f6226e6-ee66-4af0-bad0-cc156489691c (검색일: 2023.04.10.)

28 ImmunoGen (2022) ImmunoGen Announces a Global, Multi-Target License Agreement of its Novel Camptothecin ADC Platform to Lilly for Up to $1.7 Billion.; https://investor.immunogen.com/news-releases/news-release-details/immunogen-announces-global-multi-target-license-agreement-its (검색일: 2023.04.07.)

05

바이오시밀러

Biosimilar

입증에서 완성까지

바이오시밀러(Biosimilar)는 저분자 화합물 의약품의 복제약인 제네릭과 비슷해 보이지만 연구, 개발, 생산, 규제 차원에서 보면 완전히 다르다고 해도 지나치지 않다. 대표적인 저분자 화합물 의약품인 아스피린은 물 분자 10개가 모인 정도의 크기다. 그런데 바이오 의약품은 이와 비교할 수 없을 정도로 덩치가 크다. 대표적인 바이오 의약품인 인슐린은 아스피린보다 30배 크다. 자가면역질환에 처방되는 항체 치료제인 휴미라(HUMIRA®, 성분명: Adalimumab)의 분자량은 아스피린 분자량의 820배 정도다.

저분자 화합물 의약품의 제네릭은 그리 많지 않은(?) 수량의 분자들을 합성하는 화학 합성 공식을 잘 짜고, 높은 수율(yield)로 생산할 수 있도록 생산 설비를 잘 설계하면 된다. 그러나 바이오 의약품은 다르다. 바이오 의약품은 화학 합성 공식이 아니라 생물에서 시작한다. 예를 들어 항체 치료제는 '유전자를 조작한 세포'를 만드는 것으로 시작한다. 의약품으로 사용할 항체의 구성을 유전자로 설계하는 것이다. 이 유전자 설계도를 받아들여 항체를 생산할 수 있는 동물세포를 찾고, 동물세포에 유전자 설계도를 집어넣는다. 즉 동물세포의 유전자를 조작해야 한다. 이렇게 유전자가 조작된 동물세포는 의약품으로 쓸 수 있는 항체를 발현하기 시작하지만, 환자에게 처방할 만큼의 양을 생산하려면 유전자가 조작된 세포를 대량으로 증식시켜야 한다. 이렇게 계속 증식시키면서 장기간 항체

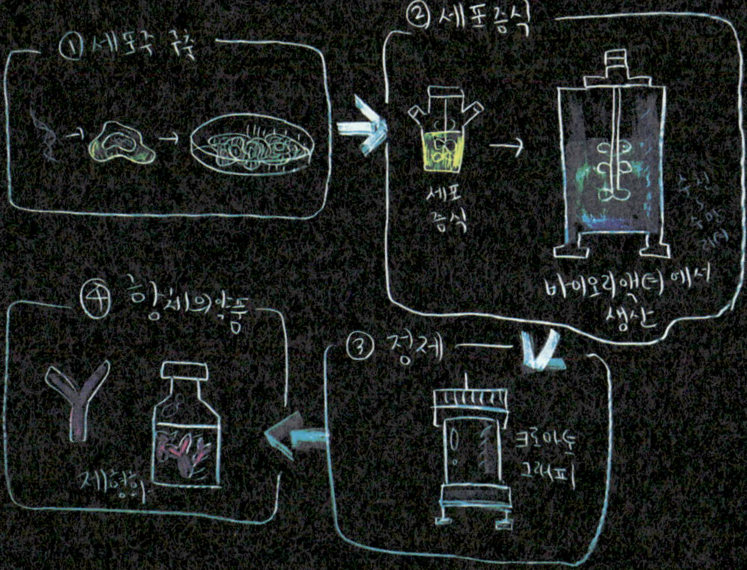

〔그림 05_01〕 바이오시밀러 생산 공정

바이오시밀러의 생산 공정은 오리지널 바이오 의약품 생산 공정과 같다. 바이오 의약품을 발현할 유전자 조작 세포주를 만들고, 충분한 양을 생산할 수 있도록 바이오리액터에서 키운다. 이후 세포배양액에서 바이오 의약품을 정제하고, 환자에게 투여할 수 있는 형태의 제형으로 만든다. 이 모든 공정에서 살아 있는 예민한 세포를 다루어야 한다.

를 생산할 수 있는 같은 특성을 가진 세포들을 한데 모은 것을 세포주(cell line)라고 부른다. 세포배양액 등이 최적화된 환경을 조성하고 세포주를 대량으로 배양해 증식시키면, 세포주에서 항체 치료제로 쓸 수 있을 정도 분량의 항체 생산이 가능해진다. 그러나 아직 끝이 아니다. 유전자 조작 세포가 생산한 항체는 세포배양액에 들어 있는데, 세포배양약에는 항체뿐만 아니라 세포 찌꺼기, 세포에서 유래한 바이러스 등 불순물이 섞여 있다. 이를 분리 · 정제해야만 항체 치료제로 쓸 수 있다. 이렇게 불순물을 걸러내고 항체를 농축시켜야 비로소 항체 치료제의 모습을 갖출 수 있다. 그런데 항체 치료제, 즉 바이오 의약품을 생산하는 이 모든 과정에는 살아 있는 세포를 다루는 문제가 포함되어 있다. 저분자 화합물 의약품을 합성할 때 정도의 물리 화학적 통제 수준으로는, 살아 있는 세포에서 일어나는 이 모든 일들을 감당할 수 없다.

살아 있는 세포를 잘 관리하면서 바이오 의약품을 생산한다고 해서 끝나지 않는다. 같은 생산 과정(라인)을 거치면서 생산된 바이오 의약품도 100% 동일한 품질로 생산되지 않는다. 문제는 단백질의 특성상, 아주 작은 차이만으로도 그 성질이 달라진다는 점이다. 예를 들어 단백질 표면에는 당과 지질 같은 것들이 붙는데, 붙는 함량에 따라 혹은 위치에 따라 같은 단백질이라도 특성이 바뀐다. 따라서 완벽하게 동일한 의약품을 생산하는 것은 불가능에 가깝다. 바이오시밀러에서 시밀러(similar)라는 표현도, '완벽하게 동일하지 않고 비슷하다'는 뜻이다. 여러 이유로 바이오시밀러가 가능할 것인가에 대한 의견은 2010년대 초반까지만 해도 회의적이었다.

그런데 2023년 현재 화이자(Pfizer), 암젠(Amgen), 테바(Teva), 미국 머크(Merck & Co.), 노바티스(Novartis) 등 오리지널 바이오 의약품을 가지고 있는 곳들도 바이오시밀러를 출시하고 있다. 2023년 9월 기준, 미국 FDA에서 시판허가를 받은 바이오시밀러 제품은 42개다.[1] 특히 바이오시밀러에 대한 암젠의 관심은 특별하다. 암젠은 5개의 바이오시밀러 제품을 출시했으며, 11개 바이오시밀러 개발에 20억 달러 이상 투자했다. 암젠의 관심은 개발과 투자에만 그치지 않는다. 바이오시밀러가 미국에서 처음으로 출시된 2015년부터 지금까지 암젠은 매년 글로벌 바이오시밀러 동향 보고서를 내고 있다. '미국 의료 시스템에서 공급자, 지불자, 정책 입안자 등의 이해를 돕고 바이오시밀러 확장에 도움이 되길 바란다'는 취지로 작성되는 이 보고서는 제법 방대한 분량을 자랑한다.[2] 암젠의 2022년 동향 보고서에는 그해 7월을 기준으로 했을 때 지난 6년 동안 바이오시밀러 덕분에 210억 달러의 의료비가 절감되었다는 분석이 실리기도 했다.

흥미로운 것은 이들 전 세계적인 규모의 제약기업들이 당장의 수익성 여부를 떠나 바이오시밀러에 전략적으로 접근하고 있다는 점이다. 이들은 직접 바이오시밀러를 만들어 팔기도 했지만, 2023년 기준 최근 2~3년 사이에는 바이오시밀러와 제네릭 부문을 분사시켜(spin-off) 자회사에서 다루게끔 하고 있다.

현재 바이오시밀러 분야의 선두주자는 한국이다. 모두가 불가

〔표 05_01〕 셀트리온과 삼성바이오에피스의 바이오시밀러 파이프라인(2023.09. 기준)

기업	바이오시밀러	오리지널 의약품	메커니즘	제형	승인	출시
셀트리온	베그젤마 (Vegzelma, bevacizumab)	아바스틴(Avastin)	VEGF 항체	정맥주사(IV)	미국, 유럽, 국내	미국, 유럽, 국내
	유플라이마 (Yuflyma, adalimumab)	휴미라(Humira)	TNFα항체	피하주사(SC)	미국, 유럽, 국내	미국, 유럽, 국내
	램시마(Remsima, infliximab)	레미케이드(Remicade)	TNFα항체	IV	미국, 유럽, 국내	미국, 유럽, 국내
	램시마SC(CT-P13 SC)	레미케이드(Remicade)	TNFα항체	SC	유럽, 국내	유럽, 국내
	트룩시마(Truxima, rituximab)	리툭산(Rituxan)	CD20 항체	IV	미국, 유럽, 국내	미국, 유럽, 국내
	허쥬마(Herzuma, trastuzumab)	허셉틴(Herceptin)	HER2 항체	IV	미국, 유럽, 국내	미국, 유럽, 국내
	CT-P39(omalizumab)	졸레어(Xolair)	IgE 항체	SC	국내, 유럽 허가 신청	
	CT-P41(denosumab)	프롤리아(Prolia)	RANKL 항체	SC	임상3상 진행중	
	CT-P43(ustekinumab)	스텔라라(Stelara)	IL-12/IL-23 항체	SC	국내, 미국, 유럽 허가 신청	
	CT-P42(aflibercept)	아일리아(Eylea)	VEGFR 융합 단백질	유리체내주사 (IVT)	국내, 미국 허가 신청	
	CT-P47(tocilizumab)	악템라(Actemra)	IL-6R 항체	IV	임상3상 진행 중	
	CT-P53(ocrelizumab)	오크레부스(Ocrevus)	CD20 항체	IV	임상3상 IND 승인	

기업	바이오시밀러	오리지널 의약품	메커니즘	제형	승인	출시
삼성바이오에피스	SB4(etanercept)	엔브렐(Enbrel)	TNFR 융합 단백질	SC	미국, 유럽, 국내	유럽, 국내
	SB2(infliximab)	레미케이드(Remicade)	TNFα항체	IV	미국, 유럽, 국내	미국, 유럽, 국내
	SB5(adalimumab)	휴미라(Humira)	TNFα항체	SC	미국, 유럽, 국내	미국, 유럽, 국내
	SB3(trastuzumab)	허셉틴(Herceptin)	HER2 항체	IV	미국, 유럽, 국내	미국, 유럽, 국내
	SB8(bevacizumab)	아바스틴(Avastin)	VEGF 항체	IV	유럽, 국내	유럽, 국내
	SB11(ranibizumab)	루센티스(Lucentis)	VEGF-A	IVT	미국, 유럽, 국내	미국, 유럽, 국내
	SB12(eculizumab)	솔리리스(Soliris)	보체C5 항체	IV	유럽	
	SB15(aflibercept)	아일리아(Eylea)	VEGFR 융합 단백질	IVT	임상3상 완료	
	SB16(denosumab)	프롤리아(Prolia)	RANKL 항체	SC	임상3상 완료	
	SB17(ustekinumab)	스텔라라(Stelara)	IL-12/IL-23 항체	SC	임상3상 완료	

능하다고 여겼던 바이오시밀러의 개념을 입증하고, 대량생산에 성공하고, 규제를 뚫어 임상 현장에서 처방할 수 있게 만든 과정 전체가 한국 바이오테크들의 성과였다. 셀트리온(Celltrion)은 바이오시밀러 현실화의 문을 열었다. 셀트리온은 2007년 자가면역질환 항체 치료제 레미케이드(REMICADE®, 성분명: Infliximab)의 바이오시밀러 램시마(REMSIMA®) 개발에 성공했다. 2012년 램시마는 한국 식품의약품안전처로부터 전 세계 최초로 바이오시밀러 제품 시판허가 승인을 받았으며, 2013년 유럽 EMA에서 시판허가를 받은 첫 바이오시밀러 제품이 됐다. 그리고 2016년 미국 FDA에서 시판허가 승인을 받았다.

2023년 5월을 기준으로 셀트리온은 항암제인 아바스틴(AVASTIN®, 성분명: Bevacizumab), 자가면역질환 치료제인 휴미라 등을 포함한 오리지널 의약품 6개에 대한 바이오시밀러를 전 세계 시장에 공급하고 있다. 여기에 더해 6개 의약품에 대한 바이오시밀러 개발을 후기 임상 단계까지 진행시켰다. 삼성바이오에피스는 자가면역질환 치료제인 엔브렐(ENBREL®, 성분명: Etanercept), 레미케이드 등 6개 오리지널 의약품에 대한 바이오시밀러를 내놓았다. 또한 희귀 자가면역질환 치료제인 솔리리스(SOLIRIS®, 성분명: Eculizumab)의 바이오시밀러인 에피스클리(EPYSQLI™ SB12)에 대해 2023년 5월 유럽에서 승인을 받았으며, 이외에도 3개 의약품에 대한 개발을 진행하고 있다.

한국에서 바이오시밀러 개발에 뛰어드는 기업도 늘었다. 종근당, 동아에스티, LG화학 등 한국 기준 대형 제약기업과 여러 바이오테크들이 바이오시밀러 개발에 나서고 있다. 한국 바이오 신약개발의 역사를 쓴다고 하면 바이오시밀러는 1장에 자리를 잡을 것이다. 바이오시밀러가 가능하다는 것을 보여준 것도 한국이고, 바이오시밀러 시장을 만들어낸 것도 한국이었다.

경쟁

바이오시밀러가 현실화되었고 한국이 선두에 자리를 잡았지만, 이야기는 아직 끝나지 않았다. 바이오시밀러의 개념은 오리지널 바이오 의약품과 동등한 효능을 내거나, 투약 편의성과 같은 측면에서 차별화되는 고품질의 의약품을 만들어내는 것이다. 저분자 화합물 의약품을 복제한 제네릭과 완전히 같은 개념이라고는 할 수 없지만, 편의상 바이오시밀러를 바이오 의약품의 제네릭이라고 부르는 이유이기도 하다. 따라서 바이오시밀러 개념 입증에 성공했다는 것은, 저분자 화합물 의약품 제네릭 시장처럼 경쟁적인 상황이 열렸다는 이야기다.

2023년 현재 휴미라 바이오시밀러의 가격 경쟁이 시작됐다. 2012년 전 세계에서 가장 많은 돈을 벌어들이는 의약품 자리에, 휴미라는 90억 달러라는 성적표를 가지고 1위 자리에 올랐다. 이후 코로나19 팬데믹으로 전 세계 인구가 코로나19 백신을 접종했던 것을 제외하면, 미국 특허가 만료되기 직전인 2022년까지 전 세계 매출액 1위는 줄곧 휴미라였다. 그런데 특허가 만료되면서, 즉 바이오시밀러가 본격적으로 처방될 수 있게 되면서 상황이 달라졌다. 2023년 휴미라의 미국 특허가 만료되었고, 2023년 1분기 매출은 이전 연도 대비 74%였다.(참고로 유럽 특허는 2018년 만료.)

2023년 7월 코히러스 바이오사이언스(Coherus BioSciences)는 미국에서 휴미라 대비 85% 싼 값으로 유심리(YUSIMRY™ 성분명: Adalimumab)를 출시했다. 이는 휴미라와 휴미라의 바이오시밀러를 포함해 가장 낮은 가격이었다. 코히러스는 온라인 약국 스타트업과 협업해 환자에게 휴미라 대비 92% 저렴한 가격으로 유심리를 직접 판매할 예정이다. 2023년 1월 출시된 휴미라의 첫 바이오시밀러인 암젠의 암제비타(AMJEVITA™, 성분명: Adalimumab)가 55%의 가격에 판매되는 것, 그리고 코히러스의 공격적인(?) 가격 정책은 바이오시밀러 분야에서 가격 경쟁이 상수가 되었다는 것을 보여준다.

바이오시밀러 분야에서 경쟁이 가격에서만 형성되는 것은 아니다. 여러 기업들이 여러 바이오시밀러를 쏟아내는 개발 경쟁도 치열하다. 셀트리온의 휴미라 바이오시밀러 유플라이마(YUFLYMA®, 성분명: Adalimumab)와 삼성바이오에피스의 하드리마(HADLIMA™, 성분명: Adalimumab)를 포함해 2023년 말까지 모두 9개의 휴미라 바이오시밀러가 개발되어 미국에서 판매를 시작한다.

도전 1. 규제과학

눈앞에 펼쳐진 여러 가지 상황들은 여러 어려움을 뚫고 이제야 안정기를 맞은 한국 바이오시밀러 산업이, 숨을 돌릴 틈도 없이 다음 도전에 뛰어들어야 하는 이유가 되었다. 혁신을 위한 도전은 이미 시작되었다. 첫 번째 도전은 교체처방(interchangeable)이다.

교체처방은 처방자(의사)의 개입 없이 약국에서 약사의 판단(Pharmacy level substitution)에 따라 오리지널 의약품과 동등한 효과가 인정되는 의약품을 처방할 수 있는 제도다. 높은 치료 효능을 보여주는 바이오 의약품의 가격은 대부분 비싼 편이다. 그리고 비싼 가격은 환자에게 부담이다. 그런데 바이오시밀러는 이 지점에서 다른 해법을 줄 수 있다. 의사는 환자에게 오리지널 의약품을 처방한다. 환자는 처방전을 가지고 약국으로 가는데, 약사가 효능이 동등하다고 인정되지만 가격이 더 싼 바이오시밀러를 환자에게 내어줄 수 있다. 교체처방은 이미 오리지널 의약품으로 치료를 받고 있었다고 해도 치료 도중에 바이오시밀러로 바꿀 수도 있게 해준다. 교체처방은 바이오시밀러가 좀더 많이 사용될 수 있게 할 수 있는 길이다.

2019년 미국 FDA는 바이오시밀러 교체처방에 대한 가이드라인을 확정했다. 미국 FDA는 「바이오시밀러 교체처방에 대한 지침(*Considerations in Demonstrating Interchangeability With a Reference Product Guidance for Industry*)」을 발표했다. 저분

자 화합물 의약품의 제네릭과 마찬가지로 바이오 의약품도 처방자의 개입 없이 바이오시밀러로 대체조제할 수 있는 교체처방에 대한 승인이었다. 2017년 1월 초안이 나오고 2년 후에 최종지침이 나온 것을 보면, 바이오시밀러에 대한 미국 FDA의 속도는 빠르고 행동은 적극적이다. 2018년 미국 FDA는 「바이오시밀러 활성화 계획(*Biosimilar Action Plan*)」을 내놓는 등, 오리지널 의약품과 바이오시밀러의 경쟁을 촉진시키려는 모습을 보여주고 있다. 그리고 2021년 미국 FDA는 휴미라에 대한 첫 교체처방 바이오시밀러로 베링거인겔하임(Boehringer Ingelheim)의 실테조(CYLTEZO®, 성분명: Adalimumab)를 승인했다.[3]

미국 FDA의 가이드라인 발표는 바이오시밀러 사용에 대한 의사와 환자, 약사와 보험사의 행동을 좀더 적극적으로 유도했다. 이는 유럽에서도 마찬가지다. 2022년 유럽 EMA는 이미 승인된 바이오시밀러의 경우 별도의 임상시험 없이 교체처방이 가능하다고 발표했다.[4] 오리지널 의약품과 동등한 효능을 보여주기 위해서 바이오시밀러도 임상시험을 진행해야 했다. 신약개발 비용 가운데 임상시험 비용이 큰 비중을 차지한다는 점에서, 새 임상시험은 바이오시밀러의 가격을 낮추기 어렵게 만들고 임상 현장에 적용되는 시기를 늦추는 요소로 작용했다. 그런데 유럽 EMA의 발표는 이런 문제를 풀어준 셈이다.

미국과 유럽 규제기관의 변화에 맞춰 교체처방을 가능하게 하는 임상시험도 활발해졌다. 2023년 1월에는 미국에서 처음으로 휴미라 바이오시밀러를 출시한 암젠이 휴미라 바이오시밀러 교체처방 임상3상을 진행하고 있다. 한국 바이오시밀러 기업들도 새로운 가이드라인에 적응하는 데 필요한 연구를 적극적으로 진행하고 있다. 셀트리온은 2022년 휴미라 바이오시밀러에 대한 미국 내 교체처방을 위한 임상3상을 시작했다. 셀트리온은 휴미라 바이오시밀러인 유플라이마를 가지고 자가면역질환 가운데 하나인 판상 건선(plaque psoriasis)을 앓고 있는 환자 366명을 대상으로 임상3상을 진행하고 있다.[5] 삼성바이오에피스도 휴미라 교체처방을 위한 글로벌 임상3상을 진행하고 있다.

이는 한국의 바이오시밀러 기업들이 미국이나 유럽에 현지 파트너사와 협업을 하는 단계를 넘어, 직접 현지로 진출하는 경향과도 연결해 생각해볼 수 있다. 교체처방은 오리지널 의약품을 바이오시밀러로 전환하는, 약사뿐만 아니라 넓은 의미에서 약물 처방자의 판단에 따른다. 따라서 현장 의료진이 무엇을 중요하게 생각하고, 어떤 기준으로 의사결정을 내리는지에 대한 정보가 필요하다. 이 정보를 바탕으로 바이오시밀러가 선택될 수 있게 설득하는 자료를 생산하는 연구가 중요하다. 현지 파트너사와 협업으로 얻는 정도의 정보로만은 부족하며, 현지에서 직접 얻는 정보일 때 의미가 있을 것이기에 한국의 바이오시밀러 기업들이 외국으로 직접 진출하고 있다.

도전 2. 편의성

바이오시밀러로 개발되는 오리지널 의약품은 대부분 단백질 의약품이다. 단백질 의약품은 정맥주사(IV)로 환자에게 투여하는 것이 일반적이다. 정맥으로 투여할 경우 혈액에서 약물 농도가 높아지면서 곧바로 혈장 최고 농도(C_{max})에 도달하게 된다. 충분한 양의 약물을, 안정적으로 환자에게 투여할 수 있다.

그러나 질병을 앓고 있는 환자가 정맥주사를 맞는 것은 쉬운 일이 아니다. 따라서 정맥주사를 피하주사(SC) 방식으로만 바꾸어도 환자와 의료진에게는 혜택이 될 것이다. 문제는 피하주사로 약물을 투여할 경우 정맥주사 방식으로 약물을 투여하는 것과 다른 특성을 보여줄 수 있다는 것이다. 피하투여는 피하조직에서 약물이 천천히 흡수되면서 혈액에서 최고농도에 도달하기까지 더 오랜 시간(T_{max})이 걸리며, 정맥투여보다 절대적인 C_{max} 수치도 낮아진다. 즉 바이오 의약품을 피하투여하면 생체이용률(bioavailability, BA)이 낮아진다.

생체이용률은 투여한 약물이 전신 순환(systemic circulation)에 도달하는 비율이다. 정맥투여는 약물을 혈관으로 바로 투여되므로 생체이용률이 100%지만, 피하투여의 경우 생체이용률은 50~80% 수준으로 떨어진다. 피부는 외부 물질이 몸 안으로 들어오는 것을 막으려고 한다. 의약품도 몸 밖에서 몸 안으로 들어가려는 물질이니 당연히 가로막히는데, 바이오 의약품은 심지어 덩치도 크다. 예를 들어 대표적인 바이오 의약품인 항체 치료제는 큰 덩치로 인해 세포외기질(ECM)로 가득 차 있는 피하조직을 쉽게 통과하기 어렵다. 피하투여한 부위에서 20~50%의 의약품이 대사되거나 분해되어 아예 없어지며, 약물이 퍼지지 못하고 해당 부위에 머무를 수도 있다. 어렵게 피하조직을 통과한 의약품은 혈관과 림프절로 이동한 다음 전신순환한다. 그런데 이 과정에도 넘어야 할 벽이 있다. 림프절까지 이동한 항체는 면역세포 대식작용에 의해 제거되기도 한다. 결과적으로 투여한 약물 가운데 일부만 전신순환계에 도달한다.

투여할 수 있는 양도 문제다. 자가면역질환 치료제인 휴미라의 경우 성인 기준 1회에 0.4~1.6ml를 투여한다. 휴미라의 바이오시밀러 엔브렐도 1ml의 용량을 투여받는다. 항암제의 경우 투약 용량이 더욱 높아지는데, 피하주사 버전의 리툭산(RITUXAN HYCELA®, 성분명: Rituximab)은 1회에 11.7~13.4mL을, 피하주사 버전의 허셉틴(HERCEPTIN HYLECTA™, 성분명: Trastuzumab)은 1회에 5ml를 투여받아야 한다. 그런데 피하투여로 투여할 수 있는 적정 약물 용량은 2~3ml다. 이보다 더 많은 약물을 투여할 경우 약물 주입 부위가 부풀어 오르고 딱딱해지는 부작용이 나타날 수 있다. 약물 투여가 많을 경우 주입했던 곳으로 투여했던 약물이 다시 빠져나오면서 실제로 투여되는 용량을 정량하기도 어렵다.

문제가 있는 곳에서 도전이 일어나기에, 바이오 의약품을 피하투여 방식으로 투여하는 연구와 도전은 활발하다. 이미 자가면역질환에 처방되는 바이오 의약품인 휴미라, 엔브렐, 악템라(ACTEMRA®, 성분명: Tocilizumab) 등은 환자가 스스로 피하주사로 자가투여할 수 있게 개발되었다. 셀트리온은 정맥주사로 투여하던 램시마를 피하주사로 투여할 수 있게 개발했다. 오리지널 의약품인 레미케이드는 정맥주사로만 투여할 수 있는데, 램시마는 피하주사로도 투여가 가능하게끔 개발한 것이다. 피하주사 투여 방식의 램시마SC로 진행한 임상3상 결과는 성공적이었다. 정맥주사 방식의 램시마와 효력, 안전성에서 동등성을 확인했고, 2019년 11월 유럽 시판도 허가받았다.[6]

이렇게 자가면역질환에 처방하는 바이오 의약품에서는 피하투여 방식이 개발되고 있지만, 항암제 부문에서는 해결할 문제들이 있다. 항암제는 약물이 치료 효능을 나타내기 위해 더 많은 용량의 약물을 투여해야 하기 때문이다. 일반적인 피하투여 방식으로는 이 문제를 해결하기가 어렵다. 피하투여가 가능하게 할 방법으로는 같은 용량에 더 많은 약물을 전달하기 위한 고농도 제형 기술이 있다. 그러나 바이오 의약품은 농도가 높을수록(50~100mg/ml) 점도가 높아지면서 안정성(stability)이 떨어지는 것이 문제다.

이를 극복하기 위해 재조합 인간 히알루로니다제(rHuPH20)를 약물과 함께 피하투여 하는 방식이 연구되고 있다. 할로자임(Halozyme)의 인핸즈(ENHANZE®)는 피하투여할 수 있는 용량을 최대 600ml까지 늘리는 기술이다. 히알루론산은 피부를 구성하는 요소로 수분을 포함한 젤리 같은 특성을 가지며, 피하조직에 투여된 약물의 전달과 흡수를 방해한다. 인핸즈는 피하조직의 히알루

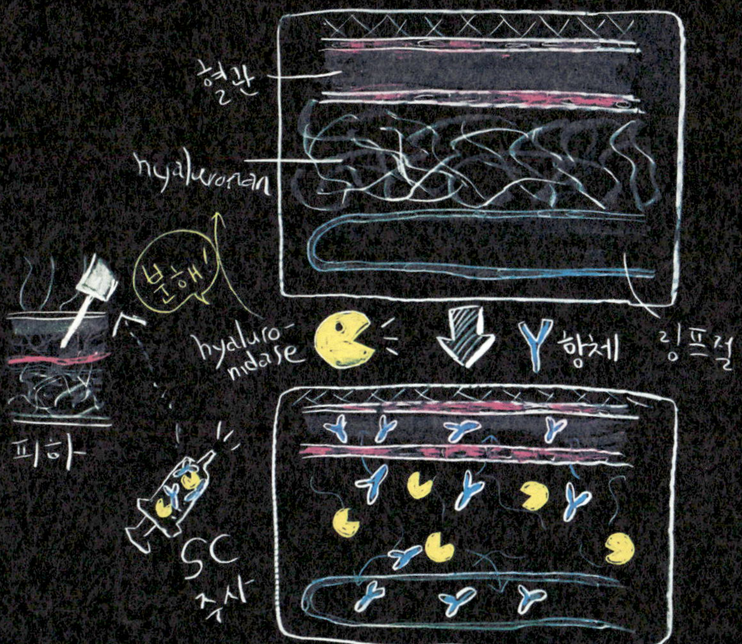

〔그림 05_02〕 히알루로니다제 메커니즘

피하조직에는 혈관과 림프절 사이에 히알루론산이 자리하고 있다. 바이오 의약품을 피하투여하면 히알루론산에 막혀 약물이 혈관과 림프절로 잘 흡수되지 못한다. 이때 의약품과 히알루로니다제를 함께 투여한다. 히알루로니다제는 히알루론산을 분해하고, 이 틈으로 약물은 혈관과 림프절로 들어갈 수 있다.

론산을 분해하는 rHuPH20 효소를 함께 투여하는 기술이다. rHuPH20이 히알루론산을 분해하면 그 사이로 약물이 통과할 수 있다. 한편 rHuPH20은 피하조직에서 15분 정도의 반감기를 가지기 때문에, 투여 부위에만 일시적으로 머물다가 사라진다. 즉 24~48시간 안에 피하조직이 원상회복되는 장점도 있다. 2023년 기준 히알루로니다제 기반 피하투여 플랫폼을 가진 곳은 할로자임과 한국 바이오테크 알테오젠(Alteogen) 단 두 곳뿐이다.

항암제 분야에서 여러 오리지널 바이오 의약품을 갖고 있는 로슈(Roche)는 히알루로니다제 기술을 활용한 피하투여 방식 개발에 적극적이다. 허셉틴에 히알루로니다제 기술을 적용한 허셉틴 SC, 리툭산에 대한 맙테라 SC(MABTHERA SC), 허셉틴과 퍼제타(PERJETA®, 성분명: Pertuzumab) 병용요법 페스고(Phesgo) 등은 히알루로니다제 기술을 활용한다. 모두 암 환자에게 처방하는 항체치료제다.

로슈의 전략은 오리지널 바이오 의약품의 특허가 만료될 때를 대비한 것이다. 특허가 만료되는 순간 로슈가 개발한 바이오 의약품의 여러 바이오시밀러가 나올 것이다. 바이오시밀러들과의 경쟁에서 차별화를 가지려면 편의성에서 장점을 가져야 한다는 판단이고, 정맥투여를 피하투여 방식으로 편의성을 가진다는 전략이다. 실제로 허셉틴의 특허 만료 시점은 유럽 2014년, 미국 2019년이며, 리툭산은 유럽 2013년 미국 2018년이었다. 로슈가 할로자임과 파트너십에 따라 가장 먼저 임상에 들어간 것도 가장 먼저 특허가 만료되는 허셉틴과 리툭산이었다. 허셉틴의 정맥투여 투여 시간은 30~90분이지만, 허셉틴 SC의 투여 시간은 2~5분이다.

도전 3. 중국 그리고 신약개발

바이오시밀러를 둘러싸고 벌이는 경쟁은 공간적으로도 점점 확장되고 있다. 전 세계적 규모의 제약기업과 바이오테크는 물론 저분자 화합물 제네릭에 강한 인도 제약기업들도 경쟁 상대로 등장한 것이다. 특히 중국 제약기업들이 성과를 내면서 존재감을 보여준다. 이는 중국에서 바이오시밀러가 적극적으로 처방되기 때문이기도 하다. 2021~2023년 기간 동안 미국에서 바이오시밀러는 연평균 56%, 유럽에서는 22% 정도 그 규모가 커졌다. 그런데 같은 기간 중국에서 바이오시밀러 처방은 연평균 175% 이상 늘었다.

2023년 기준 중국 헨리우스 바이오텍(Henlius Biotech)은 중국에서 허셉틴 바이오시밀러를 포함해 4개의 바이오시밀러 제품과, 1개의 PD-1 면역관문억제제를 내놓았다.

헨리우스의 바이오시밀러는 전 세계적 규모의 제약기업으로부터도 주목받고 있다. 2022년 헨리우스가 개발하는 바이오시밀러 2개를 미국 머크(Merck & Co.)의 오가논(Organon)이 사들였다. HER2 양성 유방암 치료제 퍼제타(PERJETA®, 성분명: Pertuzumab)와 암젠의 골다공증 치료제 프롤리아(PROLIA®, 성분명:

Denosumab)에 대한 바이오시밀러였다. 중국을 제외한 전 세계 권리를 총 2억 달러 규모의 계약이 이루어졌다.

그런데 계약 시점을 기준으로 헨리우스의 바이오시밀러는 완성된 상태가 아니었다. 퍼제타 바이오시밀러는 임상3상, 프롤리아 바이오시밀러는 임상1상 단계였음에도 계약이 체결됐다. 헨리우스는 이렇게 바이오시밀러로 벌어들이는 돈을 다시 R&D에 투자한다. 헨리우스는 바이오시밀러로 벌어들인 자금으로 자체 PD-1 면역관문억제제 병용투여 임상과 이중항체, ADC, 저분자화합물 등 15개가 넘는 신약 임상개발 프로그램을 진행하고 있다.

바이오시밀러를 개발해 벌어들인 돈으로 신약개발의 발판을 만드는 전략은 중국만의 이야기가 아니다. 바이오시밀러 경쟁에서 우위를 차지하기 위한 기본적인 전략은 포트폴리오 구축이지만, 이를 신약개발에 나서는 동력으로 삼는 것은 미국 바이오테크도 마찬가지다. 여러 종류의 바이오시밀러 생산 라인업을 갖추면 패키지로 바이오시밀러 의약품을 공급할 수 있으며, 이는 의료진의 번거로움을 덜어줄 수 있다. 암젠 공정개발 부사장 출신 대표가 설립한 미국 코히러스 바이오사이언스는 바이오시밀러 포트폴리오 전략에 충실하다. 코히러스는 미국에서 암젠의 뉴라스타(NEULASTA®, 성분명: Pegfilgrastim) 바이오시밀러와 휴미라 바이오시밀러, 루센티스(LUCENTIS®, 성분명: Ranibizumab) 바이오시밀러를 출시했다. 2023년 1월 클린지 바이오파마(Klinge Biopharma)로부터 아일리아(EYLEA®, 성분명: Aflibercept) 바이오시밀러의 미국 판권을 사들이고, 중국 준시 바이오사이언스(Junshi Biosciences)로부터 항 PD-1 신약의 미국 판권도 구매했다.

그런데 코히러스는 바이오시밀러 개발과 함께 신약개발에도 적극적이다. 신약개발 영역에서 시너지 효과를 낼 수 있을 만한 신약개발 회사도 인수했다. 면역항암제 후보물질인 IL-27 신약을 개발하고 있는 서피스 온콜로지(Surface Oncology)를 6,500만 달러에 인수했다. 바이오시밀러 포트폴리오 구축으로 돈으로 벌어, 신약개발의 토대를 닦는 셈이다.

즉 이 모든 도전의 끝에는 새로운 오리지널 의약품, 즉 바이오 신약을 직접 개발하는 것이 있다. 한국 바이오 의약품 생태계에서 바이오시밀러의 역할은 '속도와 경험, 토대'라는 세 가지 측면에서 바라볼 수 있었다. 미국과 유럽은 짧게는 수십 년에서 길게는 100여 년에 가까운 신약개발 경험을 바탕으로, 바이오 의약품 신약개발을 주도하고 있다. 이런 상황에서 빠르게 바이오 의약품 신약개발로 들어갈 수 있는, 가장 현실적인 선택지는 바이오시밀러였다. 실제로 10~20여 년만에 바이오시밀러를 이야기하면서 한국을 빼놓을 수 없게 되었고, 한국의 바이오시밀러 기업들은 전 세계적으로 중요한 바이오 제약기업이 되었다. 이는 신약개발과 관련된 구체적인 경험을 얻을 수 있는 기회를 열었다. 연구실을 벗어나 임상현장에서 처방되는 의약품으로 가기 위해서 필요한 임상시험과 규제과학 등으로 연구를 확장하려면, 실제 처방되고 판매되는 의약품을 가지고 하는 직접 경험이 필수적이다. 바이오시밀러는 이와 같은 직접 경험을 할 수 있게 해주었다.

그러나 무엇보다 한국 바이오 의약품 생태계에서 바이오시밀러가 가지는 의미는 '토대'였다. 신약개발은 거대한 과정들의 연속이다. 연구와 개발에 시간과 비용이 많이 들어가는 것은 물론이고, 임상시험 역시 디자인부터 수행까지 과정이 복잡하고 들어가는 비용도 천문학적 수준이다. 한편 신약개발은 기술 개발에서 끝나지 않는다. 치료제를 환자와 의사 앞에 가져다 놓는 것까지다. 따라서 생산과 유통도 큰 부분을 차지한다. 바이오시밀러에 대한 초기 회의론의 밑바탕에는 고난도의 첨단 생산기술 확보와, 전 세계적인 유통망 구축에 대한 의심이 깔려 있었다. 이 모든 과정을 일관해서 수행할 수 있는 곳은 세계적인 초거대 제약기업 이외에는 없었기 때문이다.

그러나 바이오시밀러가 이런 회의적인 시선을 깨나가면서 전 세계적인 규모로 덩치를 키울 수 있었고, 이제 이런 덩치를 바탕으로 오리지널 신약개발을 수행하는 꿈을 꿀 수 있게 되었다. 아이디어 하나, 새로운 발견과 연구들을 라이선스 인하고, 나아가 인수합병을 해가면서 신약개발 역량을 확보해가는 것, 그리고 결국 오리지널 신약을 개발하는 것이 한국적 맥락에서 바이오시밀러의 중요한 의미였다. 바이오시밀러 개념이 입증되고, 산업적으로 안정화되는 순간은, 적극적인 신약개발이라는 단계로 넘어갈 때가 되었다는 신호이기도 한 것이다.

예를 들어 바이오시밀러를 개척했던 셀트리온은 이제 항체 약물 접합체(antibody-drug conjugate, ADC) 개발에 투자하고 있다. 2023년 셀트리온은 영국의 ADC 바이오테크 익수다 테라퓨틱스(Iksuda Therapeutics)의 지분 47.05%를 확보해 최대주주가 됐으며, 신약개발에도 나서고 있다.[7] 익수다는 레고켐바이오의 ADC 후보물질을 도입해 개발하고 있다. 2022년 셀트리온은 한국에서 ADC를 개발하는 피노바이오(Pinotbio)와 ADC 링커-페이로드 플랫폼 기술 옵션 계약도 맺었다.[8] 삼성바이오로직스와 삼성바이오에피스도 투자와 M&A 전략으로 신약개발에 나서고 있다. 2023년 라이프사이언스펀드(삼성물산, 삼성바이오로직스, 삼성바이오에피스 공동출자)는 ADC 기술을 보유한 한국 바이오테크 에임드바이오(AimedBio)에 투자했고, 삼성바이오로직스와 ADC 툴박스 개발공동연구 계약을 맺었다.[9]

모색의 시간

한국에서 바이오시밀러가 시작할 때 '과연 저런 게 될까?'라는 의심은 보편적인 것이었다. 그러나 커다란 위험을 안고 도전했던 바이오시밀러는 큰 성과로 우리에게 돌아왔다. 여전히 한국은 바이오시밀러 분야에서 강점이 있고, 기술적으로 앞서 있다. 그러나 경쟁자들의 추격이 만만치 않다. 추격은 매서운 편이어서, 출시하는 바이오시밀러가 시장에서 1~2위를 하지 못하면 생존이 어려운 지경이 되었다. 이렇게 한국의 바이오시밀러는 여러 가지 면에서 한계를 맞이하고 있지만, 바이오시밀러에 처음 도전했을 때처럼 새로운 기회 또한 여전히 열려 있다.

신약개발이라는 본질적인 목표에서 보면 바이오시밀러는 중요한 의미를 지닌다. 질병으로 고통받는 환자에게 바이오 의약품은 희망이자 절망이다. 미국을 기준으로 바이오 의약품이 암 치료에 등장하면, 아직도 10만 달러 내외의 치료비용이 매겨진다. 치료제가 개발되어 있고, 치료 효과를 알지만 비싼 비용은 적극적인 처방을 방해한다. 공공의료보험 제도가 있다면 정책적으로 접근할 수 있겠지만, 그렇지 못한 남아메리카, 아프리카, 동남아시아 같은 저개발국가에서는 이마저도 쉽지 않다.

그런데 2010년대부터 램시마, 베네팔리(BENEPALI®, SB4, 성분명: Etanercept), 암제비타와 같은 바이오시밀러가 규제기관으로부터 승인을 받기 시작하면서 오리지널 바이오 의약품 시장에 변화가 일어났다. 가장 대표적인 변화가 약값의 하락이었다. 바이오시밀러 가격은 출시 도매가(wholesale acquisition cost, WAC)를 기준으로 오리지널 의약품 가격 대비 적게는 10%, 많게는 60%까지 저렴했다.[10] 레미케이드의 첫 바이오시밀러인 셀트리온의 램시마가 2016년 미국에서 출시되었을 때 도매가는 946달러였다. 그리고 당시 레미케이드의 도매가는 1,113달러였다. 그리고 레미케이드는 바이오시밀러가 출시된 지 4년이 지나자 평균가격(average sales price, ASP)이 483달러로 떨어졌다. 바이오시밀러는 그 자체로 오리지널 의약품보다 낮은 가격으로 공급되며, 가격 경쟁을 펼쳐 오리지널 의약품의 가격까지 낮췄다.

가격이 낮아진 효과의 혜택은 결국 환자에게 돌아간다. 의약품 가격이 저렴해지면 더 많은 환자가 더 많은 첨단 치료를 받을 수 있다. 비싼 가격의 의약품을 소수의 환자에게 처방할 것인지, 저렴한 가격의 의약품을 다수의 환자에게 처방할 것인지 고를 수 있다면 대부분 후자를 고를 것이다. 이 기회를 바이오시밀러가 만들어주었다.

바이오시밀러가 만들어내는 가격 경쟁은 오리지널 의약품을 갖고 있는 제약기업과 바이오테크에도 건강한 종류의 자극이다. 의약품 시장의 특징은 특허와 독점이다. 개발에 들어가는 노력과 비용을 보전해주는 차원의 특허와 독점은 신약개발이 가능하게끔 만들어주는 동력 가운데 하나다. 그러나 개발이 끝난 이후의 동력, 즉 다음 신약개발에 다시 뛰어들게 만드는 동력 또한 필요하다. 따라서 특허와 독점에는 반드시 기한을 정해둔다. 문제는 법과 제도가 기한을 정해두었다고 해도, 과학과 기술이 오리지널 의약품을 재현하지 못한다면 특허와 독점은 계속될 것이라는 점이다. 바이오시밀러가 성공하지 못했다면 법적 제도적 독점이 끝나도, 과학과 기술로 인한 독점은 계속되었을 것이다. 이는 다음 신약개발을 지지부진하게 만드는 장애물이 되었을지 모른다. 실제로 바이오시밀러가 나오면서 오리지널 개발 기업들의 '다음을 위한 투자'가 활성화되었다. 새로운 기술, 새로운 기업을 적극적으로 인수합병하고, 새 치료제 개발에 뛰어드는 것, 바이오시밀러가 불가능할 것이라는 편견을 깨고 도전하던 것은 크게 다르지 않다. 바이오시밀러와 바이오시밀러로 인한 도전은 계속되고 있다.

알테오젠

전 세계적으로 히알루로니다제(rHuPH20) 기반 피하투여(SC) 제형 플랫폼을 가지고 있는 기업은 할로자임과 한국 바이오테크 알테오젠 두 곳뿐이다. 히알루로니다제 기반 SC 제형 기술은 할로자임이 독점하는 영역이었지만, 알테오젠이 자체 히알루로니다제 기술을 개발하면서 새로운 구도가 만들어졌다.

알테오젠은 피하투여 제형 기술을 개발하던 바이오테크가 아니었다. 원래 허셉틴 바이오시밀러 개발이 목표였고, 2011년에는 브라질 크리스탈리아(Cristalia)에 허셉틴 바이오시밀러를 라이선스아웃하는 계약을 맺기도 했다. 프로젝트는 계속 이어져 2017년에는 허셉틴 바이오시밀러로 캐나다에서 임상1상을 완료하기도 했다. 그러나 알테오젠은 임상3상까지 추진하지 않았고, 중국 치루제약(Qilu Pharmaceutical)에 허셉틴 바이오시밀러에 대한 권리를 팔았다.

알테오젠이 임상3상을 포기한 이유 가운데는 바이오시밀러 분야에서 벌어지는 치열한 경쟁도 작용했다. 허셉틴 바이오시밀러 임상3상 진행에 예상되는 되는 비용은 1,500~2,000억 원 규모였다. 기술력을 바탕으로 임상개발에는 성공할지 모르지만, 1,500~2,000억 원을 투자해 바이오시밀러를 내놓는다고 해도 6~7번째 바이오시밀러가 될 것이었다. 이미 다른 바이오시밀러들이 경쟁을 펼치고 있는 상황에서 후발주자로 뛰어드는 것은 합리적이지 않은 선택이었다.

알테오젠은 바이오시밀러 개발을 멈추고, 정맥주사(IV) 방식으로 항체 의약품을 투여하는 것을 피하투여 방식으로 바꾸는 기술 개발을 시작한다. 유럽을 기준으로 보면 피하 투여 방식의 허셉틴이 전체 처방의 절반 정도를 차지하고 있었다. 환자와 의료진의 편의성을 확보하는 것도 신약이다.

알테오젠은 히알루로니다제의 단백질 구조를 변형해 효소 활성과 열 안정성을 높인 히알루로니다제 변이체 ALT-B4를 개발했다. 기존 히알루로니다제가 동물에서 유래했다면, ALT-B4은 인간 유래 방식으로 부작용이 덜했다. ALT-B4는 기존 히알루로니다제보다 생산성이 10배 높은 것도 장점이었다. 알테오젠은 히알루로니다제 자체를 의약품으로 이용하는 테르가제(TERGASE®)를 개발했다. 2023년 2월 테르가제는 허가용 임상1상 결과를 바탕으로 피하주사, 근육주사, 국소마취제 등 피하주입 시약물의 침투력을 높이기 위한 목적으로 한국 식품의약품안전처에 품목허가를 신청했다. 알테오젠은 이미 2018년에 제형 변경 플랫폼 ALT-B4의 특허를 출원했고, 산도즈를 포함한 글로벌 제약기업들과의 라이선스 계약도 맺었다. ALT-B4는 2023년 현재 처방되고 있는 전 세계적 규모의 제약기업들이 보유한 항암 항체 의약품들의 특허를 연장하기 위한 전략으로 도입되고 있다. 2023년 4월 항암제에 ALT-B4를 적용한 피하투여 버전의 임상3상을 시작했고, 결과는 2024년 하반기에 발표될 예정이다.

주

1 미국 식품의약국(FDA) (2023) Biosimilar Product Information.; https://www.fda.gov/drugs/biosimilars/biosimilar-product-information (검색일: 2023.09.22.)

2 Amgen (2022) 2022 Biosimilar Trends Report.; https://www.amgen-biosimilars.com/commitment/2022-Biosimilar-Trends-Report (검색일: 2023.05.11.)

3 Boehringer Ingelheim (2017) Boehringer Ingelheim Pharmaceuticals, Inc. receives FDA approval for CyltezoTM (adalimumab-adbm), a biosimilar to Humira®, for the treatment of multiple chronic inflammatory diseases. https://www.boehringer-ingelheim.com/us/press-release/boehringer-ingelheim-pharmaceuticals-inc-receives-fda-approval-cyltezo-adalimumab (검색일: 2023.05.11.); Boehringer Ingelheim (2021) U.S. FDA Approves Cyltezo® (adalimumab-adbm) as First Interchangeable Biosimilar with Humira®. https://www.boehringer-ingelheim.com/us/press-release/us-fda-approves-cyltezo-adalimumab-adbm-first-interchangeable-biosimilar-humira (검색일: 2023.05.11.)

4 봉나은 (2019) FDA, 바이오시밀러 '상호교환성' 최종 지침 발표. *BioSpectator*. http://www.biospectator.com/view/news_view.php?varAtcId=7636 (작성일: 2019.05.15.); 서윤석 (2021) FDA, '란투스 시밀러' "첫 교체처방 허가" 의미는? *BioSpectator*. http://www.biospectator.com/view/news_view.php?varAtcId=13833 (작성일: 2021.08.03.); 한국바이오협회 (2022) EU에서 허가된 모든 바이오시밀러 오리지널의약품과 상호 교체 가능. https://www.koreabio.org/board/board.php?bo_table=report&idx=185 (검색일: 2023.05.11.)

5 서윤석 (2022) 셀트리온, '고농도 휴미라 시밀러' 교체처방 "美3상 IND". *BioSpectator*. http://www.biospectator.com/view/news_view.

php?varAtcId=16856 (작성일: 2022.08.01.); 신창민 (2023) 셀트리온헬케, "고농도" '휴미라 시밀러' 미국 출시. *BioSpectator.* http://www.biospectator.com/view/news_view.php?varAtcId=19362 (작성일: 2023.07.03.)
6 장종원 (2019) 셀트리온, '램시마SC' 유럽 판매 승인..내년 2월 출시. *BioSpectator.* http://www.biospectator.com/view/news_view.php?varAtcId=8981 (작성일: 2019.11.26.)
7 김성민 (2023) '셀트리온·미래 최대지분' 익수다, 'ADC 개발' 전략은? *BioSpectator.* http://www.biospectator.com/view/news_view.php?varAtcId=18415 (작성일: 2023.03.10.); 서윤석 (2023) 서정진 회장, "내년 신약 파이프라인 10개 개발시작". *BioSpectator.* http://www.biospectator.com/view/news_view.php?varAtcId=18617 (작성일: 2023.03.29.)
8 서윤석 (2022) 셀트리온, 피노바이오와 'ADC 플랫폼' 옵션 딜. *BioSpectator.* http://www.biospectator.com/view/news_view.php?varAtcId=17443 (작성일: 2022.10.18.)
9 김성민 (2023) 삼성라이프펀드, 국내 첫 바이오텍 '에임드바이오' 투자. *BioSpectator.* http://www.biospectator.com/view/news_view.php?varAtcId=19832 (작성일: 2023.09.13.)
10 Amgen (2022) 2022 Biosimilar Trends Report. https://www.amgenbiosimilars.com/commitment/2022-Biosimilar-Trends-Report (검색일: 2023.05.11.)

3부

—

면역항암제

06

면역관문억제제

Immune Checkpoint Inhibitor

가장 치료하고 싶은 질병

첨단 신약, 특히 바이오 신약에는 '가장 비싼', '가장 많이 팔린'이라는 수식어가 자주 붙는다. 모두 돈과 관계된 이야기들이지만, 둘은 전혀 다른 맥락이기도 하다. 예를 들어 첨단 과학을 바탕으로 하는 신약이 '가장 비싼 의약품'이라는 타이틀을 차지하는 경우가 있지만, 가장 많은 돈을 벌어들이는 의약품의 자리에는 오르지 않는 경우가 많다. 가장 비싼 의약품은 가장 만들기 어려운 의약품일 가능성이 높지만, 가장 많은 돈을 벌어들이는 의약품은 '가장 많이 치료하고 싶은 질병'의 다른 말일 것이기 때문이다.

2006년 화이자(Pfizer)의 리피토(LIPITOR®, 성분명: Atorvastatin calcium)가 130억 달러어치가 팔리면서 그 해 가장 많이 팔린 의약품이 되었다.[1] 리피토는 스타틴(statin) 계열의 치료제로 고지혈증과 심혈관계 질환에 처방된다. 고지혈증과 심혈관계 질환은 오랫동안 사람들이 고치고 싶은 병이었고, 스타틴 계열의 의약품은 거의 20여 년 동안 가장 많은 돈을 벌어들이는 의약품의 자리를 지켰다. 그러나 1위 자리는 바뀌었다. 애브비(AbbVie)의 자가면역질환 치료제 휴미라(HUMIRA®, 성분명: Adalimumab)였다. 2012년 휴미라는 전 세계적으로 92억 6,500만 달러어치가 팔리면서, 스타틴 계열 치료제로부터 1위 자리를 넘겨받았다.[2] 고지혈증과 심혈관계 질환에 대한 예방과 치료는 점점 안정화되어가는 한편, 자가면역질환을 치료할 수 있는 바이오 신약이 개발되면서 상황이 달라진 것이다. 2020년까지 휴미라는 전 세계에서 가장 많이 팔린 의약품 자리를 지켰고, 2022년에는 212억 달러어치가 팔리는 기록을 세우기도 했다. 그리고 코로나19가 찾아왔다. 2021년에 화이자의 코로나19 백신 코미나티(COMIRNATY®, 성분명: Tozinameran)가 368억 달러, 2022년에는 378억 달러어치가 팔리면서 전 세계에서 가장 많이 팔린 의약품이 되었다. 전 세계 사람들은 코로나19의 두려움에서 벗어나고 싶었고, 때마침 mRNA 백신이 개발된 결과였다.

코로나19가 대유행을 멈추면서 상황은 다시 달라졌다. 2022년 키트루다(KEYTRUDA®, 성분명: Pembrolizumab)는 전 세계적으로 209억 달러어치가 팔렸는데, 2023년에는 1위가 될 것으로 보인다.[3] 키트루다는 암(cancer) 치료에 처방되는 미국 머크(Merck & Co.)의 면역관문억제제(immune checkpoint inhibitor, ICI)다. 즉 암을 치료할 수 있는 바이오 신약이 나타났다고 인정 받은 셈이다. 그리고 키트루다로 인해 항암제가 전 세계에서 가장 많이 팔린 의약품이 될 전망이다. 사람들이 가장 많이 치료하고 싶은 질병이 암이라는 사실을 키트루다로 확인해가고 있다.

CTLA-4

사람에게 있는 면역 시스템을 이용해 암을 치료할 수 있다는 개념은 1980년대에 처음 제안되었지만, 임상 현장에서 실제로 암 환자를 치료하기까지는 시간이 필요했다. 한동안 암 면역치료제(cancer Immunotherapy)라는 이름으로 뭉뚱그려 부르던 것에서 벗어나, 연구자들은 좀더 구체적인 면역 메커니즘을 활용하는 개념을 제시했다. 대표적으로 1990년대 중반에 들어서 T세포를 억제하는 면역관문(immune checkpoint) 단백질을 조절해 암을 치료할 수 있을 것이라는 면역관문억제제 개념이 제시되었다.

면역관문이라는 개념이 등장하기 전까지 개발된 항암제들은 암세포를 직접 공격하는 방식의 치료제였다. 한편 면역관문억제제는 면역 시스템을 회피하는 암세포의 메커니즘을 바탕으로, T세포가 암세포를 제대로 인지해 없애도록 돕는다. 즉 면역관문억제제의 출발은 암이라는 질병 환경에서 면역세포가 어떻게 암세포를 인지하고 없애는지 이해하는 것에서부터 시작한다.

면역관문은 면역을 통제하는 시스템이다. 면역세포가 활성화되면 타깃이 되는 세포를 공격해서 없앤다. 타깃이 외부에서 침입한 바이러스에 감염된 세포거나, 정상세포가 써야 할 영양분과 산소를 빼앗아 오직 스스로 증식하기만 하는 암세포라면 면역세포가 이들을 없애고 건강이 유지될 것이다. 반대로 암에서 정상적인 면역 반응이 일어나지 못한다면, 즉 면역세포가 활성화되지 않는다면 암세포를 제거하지 못해 환자가 사망할 수 있다. 한편 면역세포들이 늘 암세포와 같은 비정상세포만 없애는 것은 아니다. 류마티스 관절염과 같은 자가면역질환은 T세포가 정상세포를 공격해서 생기는 병이다. 그런데 T세포가 정상세포를 공격하는 힘이 너무 강력하다보니, 류마티스 관절염 환자가 죽기도 한다. 즉 면역 시스템에서의 핵심은 필요할 때만 작동하고, 필요하지 않을 때는 작동하지 않게 통제되는 것이다.

이 통제 시스템은 면역관문 분자(immune checkpoint molecules)에 의해 이루어진다. '활성'과 '억제'라는 행동방식에 따라 면역관문 분자는 크게 두 종류로 구분된다. 면역세포를 활성화하는 분자를 자극 면역관문 분자(stimulatory checkpoint molecules)라 부르며 CD28, 4-1BB, CD40 등의 단백질이 여기에 속한다. 면역세포를 억제하는 브레이크 역할을 하는 것은 억제 면역관문 분자(inhibitory checkpoint molecules)다. CTLA-4, PD-1, LAG-3, TIGIT과 같은 단백질이 있다.

PD-1과 CTLA-4는 여러 단계에서 면역을 억제하는 단백질이다. 이는 면역세포가 정상세포를 잘못 공격하는 것을 막기 위한 안전장치이지만, 암은 이와 같은 안전장치를 거꾸로 이용해 면역세포의 공격을 피하기도 한다. 최초의 면역관문억제제인 BMS(Bristol Myers Squibb)의 여보이(YERVOY®, 성분명: Ipilimumab)의 작동과정으로 면역관문을 좀더 구체적으로 살펴보자.

여보이는 CTLA-4 면역관문을 억제한다. T세포 표면에 발현되어 있는 CTLA-4는 T세포의 활동을 억제하며, T세포 표면에 있는 CD28은 T세포의 활동을 활발하게 만든다. CTLA-4와 CD28은 모두 정상세포에 있는 B7 계열(CD80, CD86) 단백질과 결합한다. 그런데 CTLA-4와 B7 계열 단백질이 결합하려는 힘이, CD28과 B7

계열 단백질이 결합하는 힘보다 10~20배 정도 더 강력하다.[4] 결합력이 높으니 CTLA-4와 B7 계열 단백질이 결합하면 T세포의 활성이 억제된다. T세포의 활성을 조절해 정상세포를 공격하지 못하게 만드는 면역관문이다.

문제는 암세포가 CTLA-4를 방패로 삼아 숨을 때다. 암 환자의 T세포 표면에 있는 CTLA-4가 암세포 표면의 B7 계열 단백질과 만나면 T세포의 활동이 억제된다. 암 환자 입장에서는 T세포가 정상세포를 잘못 없애는 바람에 겪는 고통보다, T세포가 암세포를 없애지 않아 목숨을 잃는 것이 더 큰 문제다. 따라서 CTLA-4가 T세포의 활성을 억제하지 못하도록 만들어 T세포를 활성화시키는, 즉 면역관문을 억제하는 방식으로 암을 치료할 필요가 있다. 여보이의 성분은 CTLA-4에 결합하는 항체인 이필리무맙(Ipilimumab)이다. 항체 의약품의 특성상 CTLA-4에 결합해 딱 맞게 억제한다. 이필리무맙이 T세포 표면에 있는 CTLA-4에 결합해서 암세포 표면에 발현한 B7 계열 단백질과 결합하는 것을 미리 막으면, T세포를 막고 있던 방패가 사라지고, T세포가 암을 없앨 수 있다.

CTLA-4 항체 의약품으로 대표되는 여보이는 2023년 기준 흑색종(melanoma), 신장암, 대장암, 간암, 비소세포폐암(non-small cell lung cancer, NSCLC), 중피종, 식도암 등의 7개 암 치료제로 처방되고 있다. 특히 흑색종과 신장암에서 많이 처방된다. 흑색종과 신장암 모두 암세포의 유전자 변이가 심한 편이다. 따라서 특정한 변이를 뚜렷하게 타깃하는 표적 항암제만으로는 치료 효과를 보기 어렵고, 면역 시스템 메커니즘을 이용한 여보이가 처방된다.

여보이는 2022년 한 해 동안 20억 달러어치가 팔릴 정도로 활발하게 처방되지만, 의약품 자체로 해결해야 할 한계가 있다. 여보이가 면역체계를 지나치게 활성화시키면서 발생하는 문제다. 여보이로 활성화된 T세포가 정상 조직과 기관을 공격하면서 심각한 부작용을 일으킬 수 있다.

PD-1/PD-L1

여보이는 최초의 면역관문억제제가 되었고, 임상 현장에서 처방되기 시작했다. 그리고 다른 제약기업들과 바이오테크들도 CTLA-4를 타깃하는 면역관문억제제를 개발하기 시작했지만 성과가 그리 좋지 않았다. 예를 들어 2004년 화이자는 CTLA-4를 타깃하는 항체 트레멜리무맙(Tremelimumab)의 개발을 시작했다. 그러나 트레멜리무맙은 임상3상에서 뚜렷한 성과를 내지 못했다. 2011년 화이자는 트레멜리무맙의 임상개발을 멈추고 아스트라제네카(AstraZeneca)에 팔았다. 이후 아스트라제네카는 트레멜리무맙을 폐암, 방광암, 두경부암 등 적응증을 바꿔가며 적용하는 임상시험을 진행했지만 실패가 이어졌다. 결국 CTLA-4를 타깃하는 트레멜리무맙 개발을 시작한 지 19년 만에, 아스트라제네카는 이뮤도(IMJUDO®, 성분명: Tremelimumab)라는 이름으로 출시하는 데 성공한다.

2022년 미국 FDA는 아스트라제네카가 갖고 있던 PD-L1 항체 임핀지(IMFINZI®, 성분명: Durvalumab)와 이뮤도의 병용투여 치료를 절제 불가능한 간암 1차 치료에 처방할 수 있게 승인했다.[5] 이후 임핀지와 이뮤도의 병용요법은 비소세포폐암 1차 치료제로도 처방할 수 있게 되었다.

한편 CTLA-4를 타깃하는 면역관문억제제 개발에서 여보이 말고는 뚜렷한 성과를 보여주지 못했지만, PD-1/PD-L1을 타깃하는 면역관문억제제 개발에서는 다른 모습이 나타났다.

2023년 현재 면역관문억제제를 대표하는 바이오 의약품은 미국 머크의 키트루다로 정리된 모습이다. 그리고 유의미한 면역관문억제 타깃은 PD-1/PD-L1, CTLA-4, LAG-3 세 가지 메커니즘으로 압축되었다. 특히 유의미한 면역관문억제는 PD-1/PD-L1이 꼽힌다. 심지어 CTLA-4의 면역관문 메커니즘을 밝혀 노벨상을 받고 여보이의 탄생을 이끌었던 제임스 앨리슨(James Allison)이 새 면역 활성화 타깃으로 고른 ICOS나 한때 유망하게 꼽혔던 IDO와 같은 신규 타깃도 성과를 내지 못했다.

PD-1은 T세포를 포함한 여러 면역세포에서 발현된다. PD-1도 CTLA-4와 비슷한 조절 작용을 한다. 정상세포와 면역세포 표면에 있는 PD-L1(또는 PD-L2)이 T세포 표면의 PD-1과 결합하면 T세포의 활성이 억제된다. 그런데 암세포가 PD-L1 단백질을 암세포 표면에 발현하는 경우가 생긴다. 이렇게 되면 T세포의 PD-1이 암세포의 PD-L1과 결합하면서 정상세포로 착각한다. T세포는 암세포를 공격하지 않고, 암세포는 무사히 그리고 무한히 증식을 이어갈 수 있다.

BMS의 면역관문억제제 옵디보(OPDIVO®, 성분명: Nivolumab)는 PD-1/PD-L1 메커니즘을 이용한 최초의 면역관문억제제다. 그리고 뒤를 이어 미국 머크의 키트루다도 PD-1/PD-L1 메커니즘을 활용하는 면역관문억제제로 개발되었다. 옵디보와 키트루다 모두 약물로 쓰이는 항체(니볼루맙, 펨브롤리주맙)가 T세포의 PD-1 단백질에 결합한다. T세포의 PD-1이 이미 다른 항체와 결합했으므로 암세포의 PD-L1과 결합할 수 없다. 면역관문이 억제되었으니, T세포는 활성화되어 암세포를 없앨 수 있고, 암은 치료될 수 있다.

PD-1/PD-L1 메커니즘을 활용하는 면역관문억제제로 옵디보가 먼저 세상에 나왔지만, 2023년 기준으로 보면 키트루다가 PD-1/PD-L1 면역관문억제제를 대표하고 있다. 2023년 기준 키트루다는 비소세포폐암, 흑색종, 삼중음성유방암(triple negative breast cancer, TNBC), 신세포암(renal cell carcinoma, RCC)을 비롯한 16개 암에 처방된다.

키트루다는 단순히 특정 암에 처방되는 수준을 넘어선다. 바이오마커를 기준으로 처방하는 항암제이기 때문이다. 어떤 종류의 고형암이든 암 환자에게 MSI-H(microsatellite instability-high)/dMMR(deficient DNA mismatch repair), TMB-H(tumor mutational burden-high) 등의 바이오마커가 발견되면 키트루다를 처방할 수 있다.[6] 기존의 화학 항암제나 표적 항암제가 암의 크기를

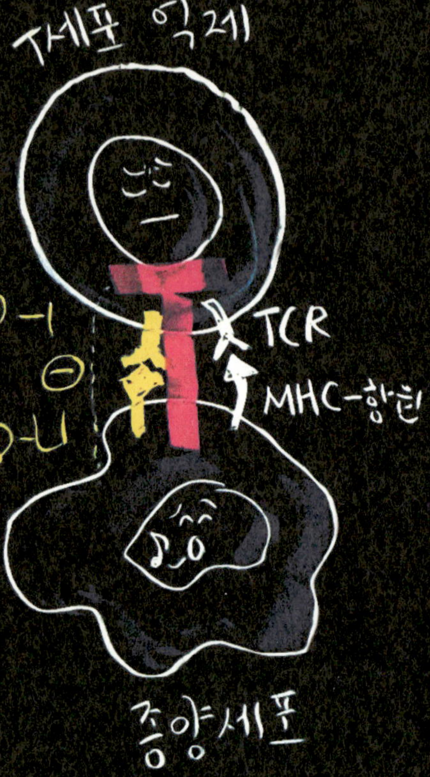

〔그림 06_01〕 PD-1/PD-L1 면역관문억제제

암세포에도 정상세포에 있는 단백질들이 발현된다. 정상세포 표면에서 발현한 PD-L1 단백질은, T세포 표면의 PD-1 단백질과 결합해 T세포의 활성을 억제한다. T세포가 멀쩡한 정상세포를 없애지 않게끔 하는 면역관문이다. 그런데 암세포 표면에도 PD-L1이 발현하며, 어떤 경우에는 정상세포보다 많이 발현하기도 한다. 이렇게 되면 T세포의 PD-1 단백질과 결합해 T세포 활성을 저해하고, 암은 무사하게 살아남는다.
키트루다나 옵디보는 PD-1에 결합하는 항체로 이루어져 있다. 두 항암제의 항체 모두 T세포 표면의 PD-1에 결합한다. 이렇게 되면 PD-1과 PD-L1이 결합하지 않아 T세포가 활성화되어 암세포를 없앤다.

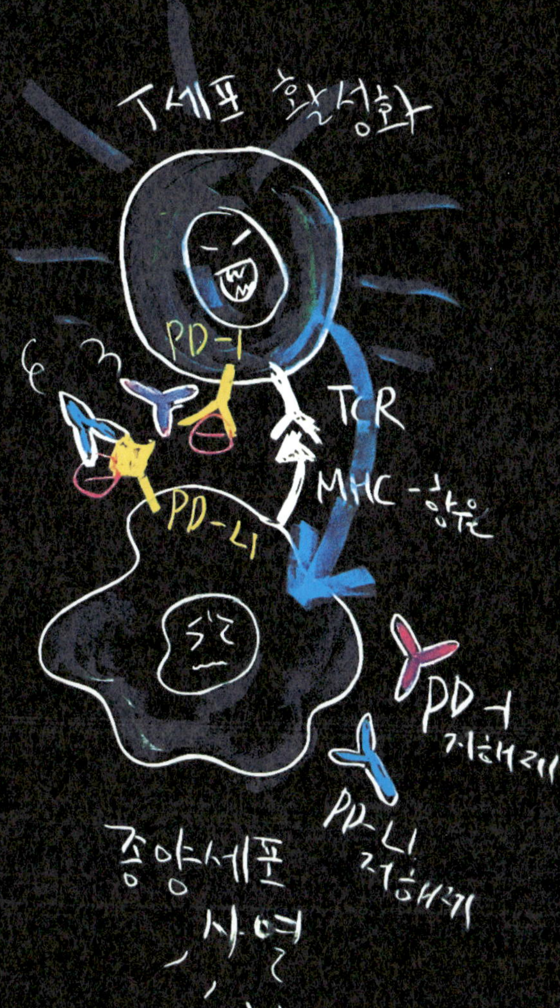
T세포 활성화
PD-1
TCR
MHC-항원
PD-L1
PD-1 저해제
PD-L1 저해제
종양세포 사멸

줄여 암이 진행되는 것을 막는 데 초점이 맞춰져 있다면, 면역관문억제제는 환자가 더 오래 살게 하는 효과가 확인됐다. 1~2년도 채 살지 못할 것으로 예측되던 말기 암 환자가 5년, 10년을 더 살게 되면서, 암을 치료하는 방식을 바꾸고 있다.

더 이상 치료법이 없다고 판단되던 말기 암 환자에게 마지막으로 써보던 비싼 치료제였던 면역관문억제제가, 키트루다로 인해 비싼 만큼 효과가 있어 초기 암 치료에도 처방해볼 수 있는 의약품으로 바뀌기도 했다. 판단하기 이른 면이 있지만, 면역관문억제제는 항암 치료에서 옵션이 아닌 기본이 되어가고 있다.

2017년을 기준으로 보면 전 세계적으로 개발되고 있는 면역관문억제제 프로젝트가 940여 개였다. 각각의 개발 프로젝트는 3,000건이 넘는 임상시험을 진행했고, 약 58만 명의 암 환자가 면역관문억제제 임상시험에 참여했다. 이 가운데 1,000여 건의 임상시험이 키트루다의 PD-1/PD-L1 면역관문억제제와의 병용투여 임상이었다. 면역관문억제제 개발에 뛰어든 크고 작은 제약기업과 바이오테크는, 20~30%에 머물러 있는 PD-1 면역관문억제제의 반응률을 끌어올리는 것을 현실적인 목표로 잡았다. 조금 과장해서 말하자면 2023년 현재 면역관문억제제 개발은 키트루다를 중심으로 돌아가고 있다.

LAG-3[7]

LAG-3은 PD-1처럼 T세포가 발현하는 억제성 면역관문분자다. LAG-3의 작동 메커니즘이 완전히 밝혀지지 않았지만, 암세포와 결합해 T세포가 암세포를 없애는 작용을 억제한다는 정도까지는 알려져 있다. 암에 걸린 쥐에서 PD-1과 LAG-3를 같이 억제하자 T세포가 활성화되는 현상을 확인했고, 이는 사람에게서 LAG-3을 테스트해보려는 시도로 이어졌다. 또한 LAG-3과 PD-1 신호전달 경로가 분리돼 있어 시너지 효과를 발휘할 수 있다고 보고 있다. 활성을 다해 지쳐버린 T세포(exhausted T cells)는 LAG-3과 PD-1 발현이 높아져 있다. 그런데 LAG-3 항체를 투여했더니 지친 T세포의 활성이 되살아났으며, PD-1 항체와 같이 투여하면 효과가 더 좋았다.

2022년 BMS는 전이성 흑색종 1차 치료제로 LAG-3 항체 렐라틀리맙(Relatlimab)과 옵디보 병용요법을 허가받았다. 해당 병용요법(복합제형)은 옵듀얼래그(OPDUALAG™)라는 이름으로 처방된다. 2023년 현재 전이성 흑색종 환자의 1/3이 키트루다와 같은 면역관문억제제 단독투여 치료를 받고, 1/3은 여보이와 옵디보 병용투여를 받는다. 나머지 1/3 가운데 BRAF 변이를 갖고 있는 경우, 이를 타깃하는 MEK 저해제 계열 표적 항암제인 메키니스트(Mekinist®, 성분명: Trametinib) 등을 처방받는다. BRAF는 세포 분열을 촉진하는 단백질이다. 그런데 암세포가 일으킨 유전자 변이로 인해 BRAF가 세포 분열을 끊임없이 하게끔 변할 수 있다. 한편 MEK 효소는 세포가 분열하게끔 촉진하는 여러 단계 신호전달 가운데 한 단계에 관여한다. 즉 잘못된 BRAF 단백질이 암세포가 분열을 하게끔 하는 신호를 끊임없이 내보낸다고 해도, MEK 효소의 활성을 저해하면 이 신호전달을 끊을 수 있다. 암세포는 더 이상 분열하지 않고, 암도 진행을 멈출 것이다.

LAG-3은 CTLA-4, PD-1/PD-L1에 이은 세 번째 면역관문억제 타깃이다. 흑색종 환자에게서 렐라틀리맙과 옵디보를 같이 투여하자, 옵디보만 투여했을 때보다 암이 진행되지 않는 채로 환자가 생존한 기간이 길어졌다. 기존 옵디보와 여보이 병용요법과 비슷한 효능을 보여주었다. LAG-3 면역관문억제제는 안전성이 좋았다. 여보이와 옵디보를 같이 투여할 경우 절반 정도의 환자에게서 심각한 부작용이 나타났는데, 이는 입원이 필요한 정도다. 반면 LAG-3와 옵디보의 병용투여는 여보이와 옵디보 병용투여보다 부작용을 절반으로 낮췄다.

다만 LAG-3 면역관문억제제도 넘어야 할 벽이 있다. 얼마나 많은 암을 고칠 수 있는가 하는 문제다. 렐라틀리맙은 흑색종을 타깃하는 방향으로 개발되고 있다. CTAL-4, PD-1/PD-L1 타깃 모두 흑색종 치료제로 임상개발이 시작되었다. 흑색종은 암세포의 변이가 다양하다. 이런 이유로 정해진 타깃을 정확하게 잡는 표적 항암제 치료 효과가 덜 한 경우가 많다. 반대로 면역관문억제제는 해당 암의 특정 변이가 아닌 암이 설치한 면역관문 회피 메커니즘만 피하면 치료 효과를 나타내므로, 유전자 변이가 심한 흑색종에서 임상개발을 시작하는 것은 유리하다. 이 때문에 흑색종은 면역항암제가 작동하는지 보기 위해 처음 임상으로 시도하는 암이기도 하다. 작동 메커니즘에서 LAG-3은 흑색종를 넘어 다른 고형암에서도 효능을 확인해야 한다. 현재 LAG-3은 비소세포폐암, 간암, 대장암, 혈액암 등에서 치료 효과가 있는지에 대한 임상시험이 진행되고 있다.

초기 암

면역관문억제제는 개념을 입증하고, 임상 현장에서 구체적으로 암 환자의 생명을 구하고 있지만 여전히 도전할 부분이 남아 있다. 예를 들어 '초기 암으로의 이동'이다. 대부분의 신약개발이 그러하듯 면역관문억제제도 말기 환자를 치료하는 것부터 시작했다. 대부분의 신약은 세상에 없던 물질, 검증이 끝나지 않은 약물이다. 효과와 부작용이 모두 미지수이나, 이것 말고는 다른 치료법과 치료제가 없기에 사망할 것이 예측되는 환자를 대상으로 '일단 처방해본다.' 키트루다를 포함한 면역관문억제제도 마찬가지였다. 키트루다의 첫 임상시험은 말기 흑색종, 비소세포폐암, 신장암 환자가 대상이었고, 미국 FDA 승인 또한 말기 흑색종, 비소세포폐암 치료제였다.

그러나 말기 환자에게서 치료 효과를 본다는 것은 쉽지 않은 일이다. 특히 사람의 면역 시스템을 이용하겠다는 개념과, 그 사람이 말기 암 환자라는 대목은 조화시키기 어려운 문제다. 환자의 면역 시스템이 잘 작동했다면 말기까지 진행되기 전에 이미 암이 사라졌어야 한다. 즉 암이 진행되고 있다는 것은 환자의 면역 시스템에 문제가 있거나, 암이 환자의 면역 시스템을 효과적으로 피하고 있다는 뜻이다. 암이 말기까지 진행되었다면 환자의 면역 시스템 쪽에 어떤 형태로든 문제가 있는 것이다. 따라서 면역관문억제제 치료가 잘 이루어지면 극적인 치료 효과를 보여주었지만, 환자 대다수에게서 T세포의 면역을 활성화하는 메커니즘이 효과적인 암

제거로 이어지지 못했다. 여전히 70~80%의 환자는 아직 PD-1, PD-L1 약물의 혜택을 받지 못하고 있다.

면역관문억제제 개발 초기만 해도 이와 같은 불안정한 조건은 의약품에 대한 신뢰를 흔드는 문제였다. 그러나 개념이 입증된 상황에서는, 오히려 앞으로의 방향을 알려주는 내비게이션 역할을 해줄 수 있다. 환자의 면역 시스템이 덜 무너졌을 때, 또는 암이 환자의 면역 시스템을 회피하는 정도가 덜 할 때, 면역관문억제제가 치료에 들어간다면 더 효과적일 것이다.

키트루다를 초기 암 환자에게 투여해 치료 효과를 확인하려는 미국 머크의 주요 임상시험이 가지는 목표는 이런 배경에서 살펴볼 수 있다. 키트루다는 전이성 폐암 같은 말기 암에 주로 처방되고 있지만, 현재의 임상개발 방향은 초기 폐암에서 효과를 확인하는 쪽이다. 1B기 비소세포폐암 환자의 치료 후 5년 생존율은 73%지만, 아직까지 수술적 치료가 가능한 3A기 비소세포폐암 환자의 치료 후 5년 생존율은 41%다. 비소세포폐암의 경우 수술로 암을 잘라낸 이후에도 절반 정도는 재발과 전이로 이어지기 때문이다. 키트루다의 치료 효과가 좋다면, 초기 비소세포폐암 치료제로 투입할 수 있다면, 더 많은 환자를 살릴 수 있지 않을까?

미국 머크는 2023년 1월, 초기 병기(1B~3A기) 비소세포폐암 환자가 수술을 받은 후 암이 재발되는 위험을 낮추기 위해 투여받는 '수술후보조요법(adjuvant) 치료제'로 키트루다의 시판허가를 미국 FDA로부터 받았다. 2023년 6월에는 비소세포폐암에서 수술

〔그림 06_02〕 면역관문억제제의 수술 전 투여와 수술 후 투여

암 치료에서 어려운 점은 재발과 전이다. 외과적인 수술로 암을 제거해도 완벽하게 암이 사라졌다고 보기 어렵다. 이런 이유로 수술 전후에 치료제를 투여하게 된다.
면역관문억제제를 수술 후에 투여하면(위) 수술 전에 투여하는 것(아래)보다 상대적으로 T세포의 활성화가 떨어진다. 수술 전에 면역관문억제제를 투여하면 암세포와 면역관문억제제가 만날 수 있는 암세포가 더 많다. T세포가 상대적으로 더 많이 활성화된다. 그리고 이 T세포가 환자의 몸속에 남아 지속적으로 항암 효과를 일으킬 수 있다.

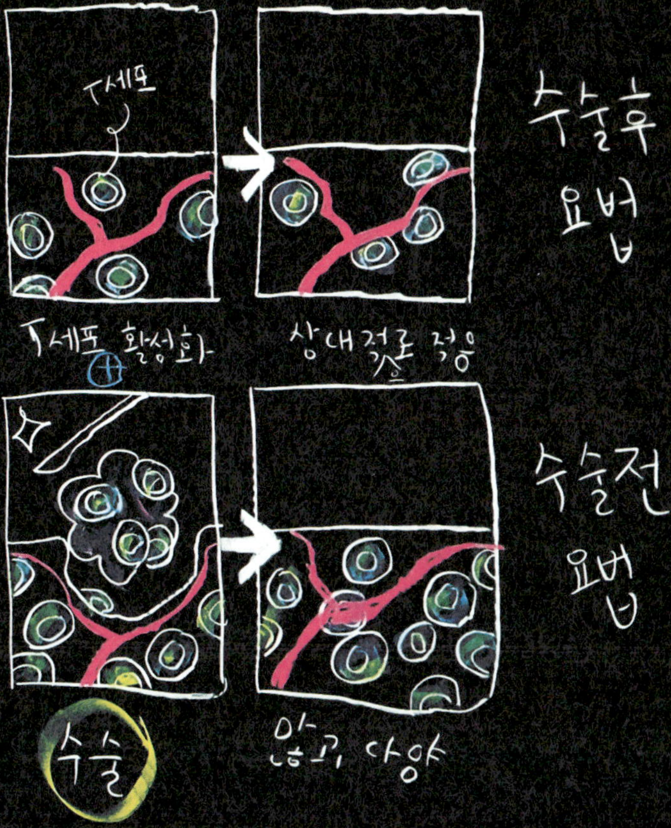

T세포
수술후 요법
T세포 ⊕ 활성화
상대적으로 적음
수술전 요법
수술
많고, 다양

전에 투여받는 수술전요법(neoadjuvant)과 수술후 치료제로 키트루다의 임상시험을 진행해 재발, 진행, 사망위험 모두를 낮춘 결과를 얻었다.[8]

PD-1 면역관문억제제가 전이성 암 치료의 한 부분을 차지하자, 이제는 더 초기 암을 치료해보려는 움직임이 시작되고 있다.[9] 초기 암이라고 하면, 환자가 수술로 암을 떼어낸 전후 시점을 얘기한다. 초기 암에서 PD-1과 PD-L1 면역관문억제제 효능을 테스트해보는 시도는 2010년 중반부터 시작되었지만, 몇십 건에 불과했다. 그랬던 것이 2019년을 기점으로 179건, 2020년 249건으로 빠르게 늘어나고 있다.[10] 비소세포폐암, 유방암, 식도암, 흑색종 등에서 주로 테스트하며, 임상 현장에서 이점도 있다. 면역관문억제제를 투여해 수술 전 암 크기를 줄이고, 더 다양한 암 항원을 인지하는 T세포를 늘리고, 암이 다른 곳으로 전이되는 것을 막고, 장기 기억 면역을 만들어 재발을 낮출 수 있기 때문이다. 즉 어느 정도는 암을 예방하는 개념까지 포함한다. 다만 초기 암의 경우 수술만으로도 충분히 암이 제거될 수 있어, 가장 효과적인 수술을 미루고 약을 투여하는 게 나을지 판단하는 문제가 있다. 약물 투여에 따른 부작용도 고려해야 하기 때문이다.

암-면역 사이클

면역관문억제제의 기본은 사람 몸에 원래 있는 면역 시스템의 메커니즘을 활용하는 것이다. 끊임없이 발생하는 물리적·화학적인 외부 자극에 세포가 노출되고 그로 인해 세포 안의 유전자가 일으킬 수 있는 오류, 평생 1경(10^{16})번까지 일어나는 세포분열 과정에서 발생할 수 있는 유전자 복제 오류 등에 대한 문제에 대해 면역 시스템이 어느 정도 대책을 세워놓고 있다. 하루에도 5,000개 정도씩 생겨나는 암세포를, 사람의 정상적인 면역 시스템이 없애주고 있다. 그렇다면 면역 시스템의 핵심적인 암-면역 사이클(cancer-immunity cycle)의 단계인, 암 항원을 인지하는 첫 단계에서 새로운 항암제를 개발할 수 있지 않을까?

면역세포가 암세포를 없애는 과정을 여러 단계로 나누어 설명한 암-면역 사이클이라는 개념이 2013년에 『이뮤니티(*Immunity*)』에 제시되었다. 암-면역 사이클 개념에 따르면, 암-면역 사이클이 더 많이 돌면 돌수록 T세포는 더 많은 암세포를 인지한다. T세포가 더 많은 암세포를 인지하면 더 많은 암세포를 죽이고, 암이 치료될 가능성은 높아진다.[11]

암-면역 사이클의 시작은 항원 방출이다. 암세포는 정상세포가 변이를 일으킨 세포다. 따라서 기본적으로는 정상세포와 비슷해 보인다. 그러나 암세포는 정상세포가 만들지 않는 특이한 물질을 만들어낸다. 이것이 암 특이적 항원, 즉 암 항원이다. 이를 신항원

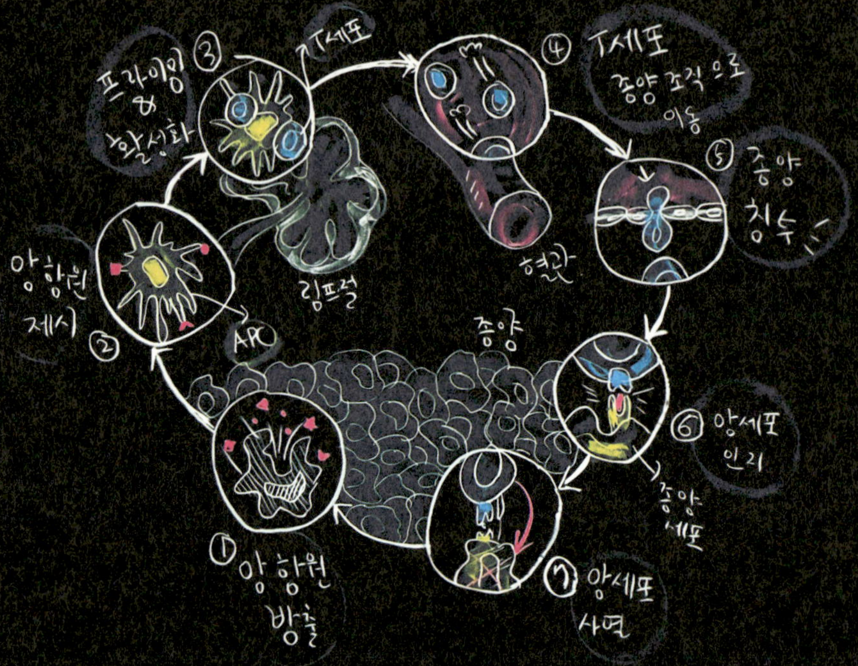

(그림 06_03) 암-면역 사이클

암-면역 사이클에서 핵심은 '사이클(cycle)'이다. 자외선, 담배연기, 음식물 등 외부 자극에 노출되는 세포들의 DNA가 안전할 것이라는 보장, 살아가는 동안 끊임없이 이어지는 DNA 복제 과정에서 오류가 발생하지 않기를 기대할 수는 없다. 즉 암이 생겨날 것을 전제하고 대비하는 시스템이 필요하다. 암-면역 사이클은 끊임없이 지속해서 발생하는 암세포를, 끊임없이 대비하는 방식이다. 따라서 사이클이 원활하게 돌아가는 동안은 암세포가 면역 시스템에 의해 제거되겠지만, 사이클 가운데 어느 한 곳이라도 문제가 생기면 암 발생 가능성이 올라간다. 면역관문억제제도 암백신도 결국 암-면역 사이클이 다시 작동할 수 있도록 돕는 역할을 하는 것이다.

(neoantigen)이라고도 부르는데, 신항원은 암세포에서 발현되어 나온 특정 물질 또는 암세포 자체가 사멸해 생긴 암세포 시체의 일부분이다. 이 신항원의 탄생이 암-면역 사이클에 시동을 걸어주는 첫 단계다.

다음 단계는 항원 제시다. 면역 시스템의 구성원인 수지상세포(dendritic cell)는 신항원과 접촉한다. 수지상세포는 항원 물질을 수지상세포 안으로 끌고 들어와 쪼갠다(대식작용), 쪼갠 항원 조각은 수지상세포 표면에 얹혀져서 림프절로 이동한다. 수지상세포는 림프절에서 자신이 갖고 온 항원에 대한 정보를 T세포 등 다른 면역세포에 전달한다. 이런 기능 때문에 수지상세포를 항원제시세포(antigen presenting cell, APC)라 부르는데 수지상세포 외에도 대식세포, B세포 등이 APC 역할을 한다. 림프절에서는 APC가 제시하는 '없애야 할 비정상세포'에 대한 정보가 T세포에 전달된다. 그리고 신항원에 대한 정보를 얻으면 T세포가 작동할 수 있게 활성화된다.

활성화된 T세포는 림프절에서 나와 혈관을 타고 환자의 온몸을 돌아다니다가 암 조직에 도착한다. 암 조직은 암세포만으로 이루어져 있지 않다. 암세포, 암세포를 둘러싸고 있는 기질(stroma), 암세포에 영양분과 산소를 공급하기 위해 새로 만들어진 혈관 등이 복잡한 구조를 이루고 있다. T세포는 이 복잡한 구조물을 뚫고 암세포까지 간다. 마지막 단계는 인지와 사멸이다. 활성화된 T세포는 항원을 발현하고 있는 비정상세포, 즉 암세포로 가서 없앤다.

암 백신

암-면역 사이클의 첫 단계가 면역 시스템이 암 항원을 인지하는 것이라면, 초기 암에서 환자에게 암과 관련된 신항원을 투여하고 면역체계가 인지할 수 있게 한다면, 환자의 특정한 암에 대한 대비태세를 갖춘 면역체계로 암을 치료하는 새로운 메커니즘의 항암제가 가능할 것이다. 세균의 항원을 감염병을 예방하는 백신으로 쓰는 것과 같은 원리인 암 백신(cancer vaccine) 개념이다.

사실 암 백신은 면역관문억제제보다도 오래된 개념이다. 암에서 주로 보이는 암 항원을 타깃한 암 백신 개발 전략은 이미 30년 전부터 있어 왔다. 특정 전달체에 암 항원을 담아, 암 환자에게 투여해 암 항원에 대한 면역 반응을 일으켜 암을 제거하는 개념이다. 그러나 결과는 좋지 못했다. 수십 년 동안 암 백신 분야는 MAGE-A3, GM2-KLH, gp100 등을 타깃한 임상시험에서 이점을 확인하지 못해 실패했다.

그러나 유전자 시퀀싱 기술이 발달하면서, 암 환자 고유의 신항원을 찾아 백신으로 제작하는 것이 가능해졌다. 신항원은 환자마다 다르다. 따라서 정상 조직에서 발현하는 암 항원과 달리, 암 특이적인 진정한 항원으로 여겨진다. 그러나 기술적 한계로 인해 신항원 암 백신이 면역을 활성화시키는 것은 임상적 이점으로 이어지기 충분치 않았다. 여기에 면역관문억제제가 잇달아 성공하자, 다소 애매했던(?) 암백신에 대한 관심도 줄어들고 있었다.

그런데 변화가 생겼다. 코로나19 백신을 개발한 모더나(Moderna)와 미국 머크가 함께 진행한 임상2b상에서 긍정적인 결과가 나온 것이다. 모더나와 미국 머크가 진행한 임상시험의 아이디어는 이렇다. 환자의 암 조직과 정상 조직에서 각각 검체를 얻는다. 두 검체의 유전자를 차세대염기서열분석(next-generation sequencing, NGS)으로 확인한다. 이제 환자의 정상 유전자 서열과 암 유전자 서열을 비교해, 암 환자에게 특징적으로 있는 유전자 변이를 찾는다. 해당 유전자 변이로 인해 발현하는 단백질은 암 항원이 될 것이다.

이렇게 얻은 환자의 암 신항원 정보를 암호화한 mRNA로 만들어 전달체에 담아 환자에게 투여한다. 이제 환자가 앓고 있는 암의 고유한 신항원 정보가 담긴 mRNA가 환자의 APC로 들어가 신항원 정보를 APC 표면에 제시할 것이다. 그리고 이 정보로 활성화된 T세포는 신항원이 있는 암세포를 없앨 것이다. 암 백신은 암 환자에게 맞춤형으로 제작되므로 정확한 치료와 높은 효과를 기대할 수 있다. 여기에 암 백신을 투여할 때 T세포의 활성을 높이는 면역관문억제제를 함께 투여하면 치료 효과는 더욱 좋아질 것이다.

미국 머크는 모더나와 손잡고 환자 맞춤형 신항원 암백신 개발 및 병용투여 프로젝트인 mRNA-4157을 테스트하는 임상2b상에 진입했다. 암 환자에게서 조직 검체를 채취해 신항원 mRNA 백신을 만드는 데는 약 6주가 걸렸다. 고위험 흑색종 수술후요법 임상 2b상에서 키트루다와 mRNA 신항원 암백신을 투여하자 키트루다 단독투여 대비 환자의 재발 또는 사망위험이 44% 낮아졌다. 이는 무작위 비교 임상(randomized clinical trial)에서 암 백신의 효능을 처음으로 입증한 결과다.[12] 이 결과를 바탕으로 2023년 7월 흑색종 환자 약 1,100명에게 신항원 암 백신을 테스트하는 대규모 임상3상을 시작했다. 면역관문억제제 개발의 흐름을 살펴보면 처음에는 흑색종 치료에 도전하지만, 곧 비소세포폐암 치료제로 확장하는 경향을 보여준다. 신항원 암 백신과 키트루다의 병용투여 프로젝트도 곧 비소세포폐암으로 확장될 것이다. 개인 맞춤형 암 백신(personalized cancer vaccine)에 대한 희망이다.

반응률과 재발

면역관문억제제는 거의 끝난 것처럼 보이지만, 사실 이제 막 시작하는 영역이다. 연구자와 개발자가 중심이 되는 제약기업과 바이오테크의 눈으로 보면 키트루다로 대표되는 면역관문억제제는 끝난 게임처럼 보일지도 모른다. 첨단 생명과학으로 밝혀낸 생명활동 메커니즘을 가지고 치료제를 설계해, 대규모 임상시험을 거쳐 규제기관의 승인을 받는 데 성공하고, 임상 현장에서 환자에게 처방되고 있다. 심지어 키트루다는 전 세계 매출 1위 의약품이라는 타이틀까지 얻을 것으로 보인다. 연구자와 개발자, 제약기업과 바이오테크 입장에서는 아름답게 완결된 이야기처럼 보일 수도 있다.

그러나 면역관문억제제는 완결된 이야기가 아니다. 대표적으

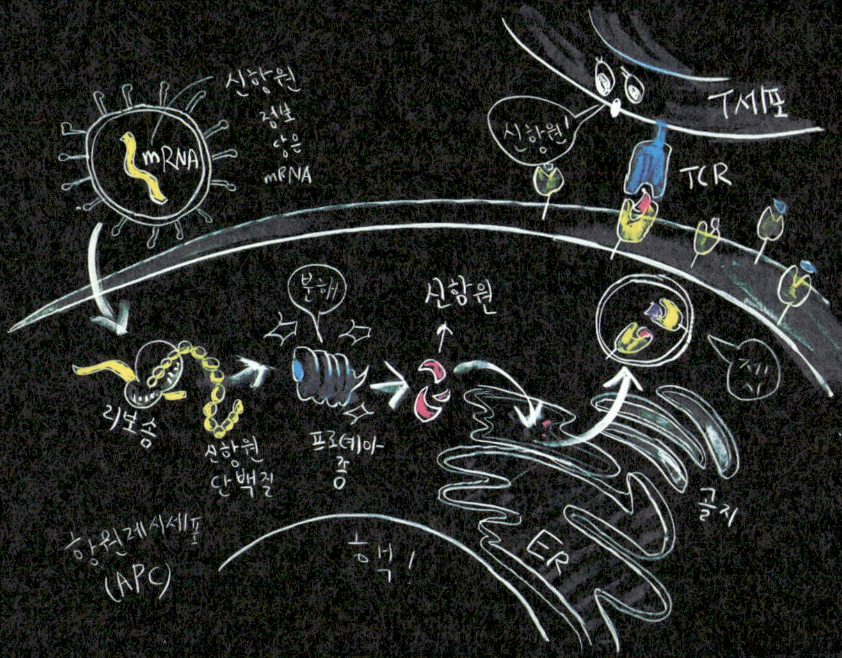

[그림 06_04] 암 백신의 개념

암 백신 개념에서 핵심은 신항원을 찾아내 특정하는 것, 이를 항원제시세포(APC)에 전달하는 것이다. 그리고 신항원을 찾아내 특정하는 것은 유전자 분석 기술의 발달로, 신항원 정보를 항원제시세포에 전달하는 것은 mRNA 백신 기술의 발달로 가능해졌다. 이렇게 첨단 신약의 개념이 입증되는 계기는 다른 분야의 발전에 힘입는 경우가 많다.

로 반응률과 재발 문제를 아직 풀지 못했다. 면역관문억제제는 특정 돌연변이(MSI-H, dMMR 등)를 많이 가지고 있는 암세포에서 잘 반응한다. 이는 면역관문억제제 개발에서 바이오마커로 활용되는 장점이지만 한계이기도 하다.

T세포가 암세포를 없앨 때는, 암세포가 변이를 일으켜 생성된 신항원을 인식해야 한다.[13] 따라서 변이가 많이 일어난 암세포일수록 생성되는 신항원이 많아지며, T세포도 더욱 잘 인식하고 공격할 수 있다.[14] dMMR의 경우 평균 1,700개의 돌연변이를 가지는데, 보통 암세포가 70개 정도의 돌연변이를 가지는 것이 비해 24배가량 많은 셈이다.[15] 문제는 모든 암에서 MSI-H와 dMMR와 같은 돌연변이가 나타나는 비율이 높지 않다는 점이다. 그나마 높은 비율로 변이가 나타나는 대장암(colorectal cancer, CRC)의 경우도 15% 정도의 환자에게만 dMMR과 MSI-H가 나타난다. 반면 대장암이 아닌 암에서는 1% 아래인 것으로 알려져 있다.[16] 전체 고형암으로 확대해서 보면, 고형암의 70% 이상은 이와 같은 바이오마커가 발견되지 않는다. 즉 꽤 많은 수의 암 환자는 현재 기준으로 면역관문억제제의 혜택을 보기가 어렵다.

또한 재발에서도 아직 자유롭지 못하다. 면역관문억제제에 반응을 나타내 치료될 수 있다는 희망을 보았던 환자들 가운데 몇 년 안에 암이 다시 진행되거나 재발하는 경우 또한 잦은 편이다.[17] 2009년부터 2018년까지 미국 메모리얼 슬로운 캐터링 암 센터(Memorial Sloan Kettering Cancer Center, MSK)에서 PD-1/

PD-L1 면역관문억제제 치료를 받은 흑색종 환자 가운데 1/3은 3년 뒤에 암이 재발한 것으로 확인되었다.[18]

PD-1/PD-L1 면역관문억제제의 반응률 문제를 해결하려는 일차적인 노력은 다른 약물과 병용투여하는 전략이다. 화학 항암제, 항체-약물 접합체(Antibody-Drug Conjugate, ADC), 다른 종류의 면역관문억제제, 면역 활성화 약물, 항암 바이러스 등 여러 치료제와 조합해서 함께 투여해 그 효과를 살핀다. 화학 항암제는 PD-1/PD-L1 면역관문억제제와 가장 흔하게 병용투여되는 약물이다. 화학 항암제는 암세포를 직접 없애는 한편, 암세포 사멸 과정에서 항원을 방출시키면서 면역 시스템을 활성화시키는 메커니즘 또한 보여준다.[19]

ADC와 면역관문억제제를 병용투여하는 연구도 활발하다.[20] 요로상피세포암은 방광암 가운데 90%를 차지한다. 그런데 국소진행성 또는 전이성 요로상피세포암으로 진단받은 환자의 약 12%가 동반되는 질환이나 환자 상태 등의 이유로 표준 치료법인 백금 기반 화학 항암제를 처방받지 못한다. 2023년 4월 미국 머크는 요로상피세포암에서 처음으로 ADC와 키트루다 병용투여의 시판허가를 받았다. 화학 항암제 시스플라틴으로 치료받지 못하는 국소진행성 또는 전이성 요로상피세포암(la/mUC) 환자를 대상으로 한 1차 치료제로 키트루다와 넥틴(nectin)-4의 ADC인 파드셉(PADCEV®, 성분명: Enfortumab vedotin) 병용투여 요법에 대한 가속승인을 미국 FDA로부터 받은 것이다. 파드셉은 넥틴-4 항체에 화학 항암제를 구성하는 약물인 MMAE 4개를 결합시킨 ADC다.

두 가지 종류 이상의 면역관문억제제를 함께 투여하는 방식도 제안된다. 예를 들어 PD-1에 내성을 보이는 환자를 대상으로 CTLA-4 항체를 함께 사용하는 방식이다. 코로나19 백신을 mRNA 바탕으로 개발한 바이오엔텍(BioNTech)은, 2023년 3월 온코C4(OncoC4)로부터 계약금 2억 달러에 CTLA-4 항체를 사왔다. 바이오엔텍은 해당 물질을 BNT316이라는 이름으로 개발해 PD-1 항체와 함께 투여하는 임상시험을 진행했다. PD-1 항체에 내성을 보인 전이성 비소세포폐암 환자를 대상으로 한 임상시험에서 의미 있는 수준으로 암이 줄어드는 비율인 전체반응률(ORR)에서 30%라는 긍정적인 임상1/2상 결과를 발표했다.[21]

LAG-3이 약물 저항성을 극복할 가능성도 보여진다. 2023년 리제네론 파마슈티컬스(Regeneron Pharmaceuticals)는 수술 전후 요법으로 PD-1/L1을 투여받고 병기가 진행되는 초기 흑색종 환자 13명에게, LAG-3 항체 피안리맙(Fianlimab)과 자체 보유한 PD-1 면역관문억제제 리브타요(LIBTAYO®, 성분명: Cemiplimab)를 같이 투여하자 전체반응률(ORR)이 61.5%에 이르는 것을 확인했다.[22] 아직 초기지만 의미 있는 결과로 받아들여졌다. 새로운 면역관문억제제의 해답은 PD-1/L1 불응성을 극복하는 데 있을지도 모른다.

끝날 때까지
끝나지 않은 게임

면역관문억제제는 완성된 의약품이 아니다. 인류는 면역과 암에 대해 이제 알아가기 시작했다. 연구자들은 조금씩 알게 된 몇 가지 단서를 바탕으로 암 치료제 개발에 도전했다. 도전이 가능했던 이유는, 암을 치료해보겠다는 연구자들의 과감했던 목표에 많은 사람들이 과감하게 동의해주었기 때문이다. 수많은 시행착오 끝에 키트루다로 대표되는 성과를 거두었다. 그러나 여전히 환자들은 암으로 사망하고 있다. 또한 면역관문억제제의 성과라고 평가받는 것, 심지어 한계로 지적되는 것들까지 대부분 후행적으로 알게 된 것들이다. 더 많은 연구, 특히 초기 암 환자의 면역과 이를 다룰 수 있는 메커니즘 연구가 필요하다.

면역관문억제제의 미래가 어떻게 펼쳐질지 섣부르게 단정할 수는 없다. 비소세포폐암 치료는 마땅한 대책이 없는 암이었지만, 키트루다가 비소세포폐암 표준치료제가 되어 임상 현장에서 환자들에게 처방되고 있다. 앞으로 어떤 일이 벌어질까? 화학 항암제보다 먼저 면역 항암제로 초기 암을 치료하게 되지는 않을까? 화학 항암제로 환자의 면역이 나빠지기 전에 면역 항암제로 먼저 치료 효과를 낼 수 있지 않을까? 환자가 각자의 암 조직에 맞는 암 백신을 투여받을 수 있지 않을까? mRNA 기반 신약이 불가능하다고들 했지만 코로나19 팬데믹은 mRNA 백신으로 돌파할 수 있었다. 환자

특이적인 신항원을 찾고 mRNA로 전달해 환자 면역 시스템 스스로 암을 없애는 것은 상상이기만 할까? 여전히 개발 초기 단계에 있는 면역항암제는 여전히 가능성의 영역으로 남아 있다.

〔표 06_01〕 면역관문억제제 현황(2023.09. 기준)

타깃	제품	시판 연도 (미국 / 유럽)	적응증	기업
PD-1	키트루다(KEYTRUDA®, 성분명: Pembrolizumab)	2014 / 2015	NSCLC, RCC, TNBC, HNSCC 등 고형암과 혈액암	미국 머크
	옵디보(OPDIVO®, 성분명: Nivolumab)	2014 / 2015	NSCLC, 위암, 식도암, 방광암 등 고형암과 혈액암	BMS
	리브타요(LIBTAYO®, 성분명: Cemiplimab)	2018 / 2019	NSCLC, CSCC, BCC	리제네론
	젬퍼리(JEMPERLI®, 성분명: Dostarlimab)	2021 / 2021	자궁내막암 포함 dMMR 고형암	GSK
	자이니즈(ZYNYZ™, Retifanlimab)	2023/미승인	MCC	인사이트
PD-L1	티쎈트릭(TECENTRIQ®, 성분명: Atezolizumab)	2016 / 2017	NSCLC, SCLC, HCC 흑색종, ASPS	로슈
	임핀지(IMFINZI®, 성분명: Durvalumab)	2017 / 2018	NSCLC, SCLC, BTC, HCC	아스트라 제네카
	바벤시오(BAVENCIO®, 성분명: Avelumab)	2017 / 2017	MCC, 방광암, RCC	독일 머크
CTLA-4	여보이(YERVOY®, 성분명: Ipilimumab)	2011 / 2011	NSCLC, 흑색종, MPM, RCC 등 고형암	BMS
	이뮤도(IMJUDO®, 성분명: Tremelimumab)	2022 / 2023	NSCLC, HCC	아스트라 제네카
LAG-3	옵듀얼래그(OPDUALAG™, 성분명: Nivolumab and relatlimab)	2022 / 2022	흑색종	BMS

* 비소세포폐암(non-small cell lung cancer, NSCLC), 신세포암종(renal cell carcinoma, RCC), 삼중음성유방암(triple-negative breast cancer, TNBC), 두경부편평세포암(head and neck squamous cell cancer, HNSCC), 악성흉막중피종(malignant pleural mesothelioma, MPM), 피부편평세포암종(cutaneous squamous cell carcinoma, CSCC), 기저세포암종(basal cell carcinoma, BCC), 자궁내막암(endometrial cancer), dMMR(mismatch repair deficient), 간세포암종(hepatocellular carcinoma, HCC), 포상연부육종(alveolar soft part sarcoma, ASPS), 담도암(biliary tract cancer, BTC), 메르켈세포암종(merkel cell carcinoma, MCC)

** 키트루다, 옵디보, 여보이는 대표 암종만 기재

〔표 06_02〕 **국내 면역항암제 개발 현황**

기업	프로젝트	타깃, 모달리티	메커니즘	임상	돌입 시점, 완료 시점	임상 결과	NCT#	비고
한미약품	FLX475	CCR4 저해제 (저분자 화합물)	Treg 발현 케모카인 수용체 CCR4 저해, 종양 내 Treg 이동 억제	국내 임상 2상 위암 키트루다 병용요법	임상 시작~완료 예정 (2021.05~2025.12)		NCT04768686	한미가 진행. 2019년 미국 랩트 테라퓨틱스로부터 국내, 중화권 권리 L/I
				다국가 임상 1/2상(미국, 한국 포함) 진행성 암 단독요법, 키트루다 병용요법	임상 시작~완료 예정 (2018.09~2023.12)	1/2상 결과 (ASCO 2023 발표) EBV+ NK/T세포림프종 대상 단독 CR 33%(2/6) NSCLC 대상 키트루다 병용 ORR 38%(5/13)	NCT03674567	랩트가 진행

기업	프로젝트	타깃, 모달리티	메커니즘	임상	돌입 시점, 완료 시점	임상 결과	NCT#	비고
한미약품	*BH2950 (IBI315)	PD-1xHER2 이중항체	종양미세환경 내 HER2 발현 암세포 타깃 T세포 활성화	중국 임상 1a/1b상 HER2+ 고형암 대상 단독요법, 화학 항암제 병용요법	임상 시작~ 완료 예정 (2019.11~ 2025.12)	임상1a상 결과 ORR 20%(3/15)	NCT04162327	중국 이노벤트 바이오로직스가 진행. 이노벤트가 중국 내 개발, 허가 주도
	BH3120	PD-L1x4-1BB 이중항체	종양미세환경 내 PD-L1 발현 암세포 타깃 T세포 활성화	미국, 국내 고형암 임상1상 IND 승인	2023년 하반기 시작 예정			
에이비엘 바이오	ABL503	PD-L1x4-1BB 이중항체	종양미세환경 내 PD-L1 발현 암세포 타깃 T세포 활성화	미국, 국내 임상1상 고형암 대상 단독투여	임상 시작~ 완료 예정 (2021.04~ 2025.06)	1상 중간 결과 유효 용량 이상 용량에서 ORR 28.6% (4/14)	NCT04762641	에이비엘이 임상 주도. 중국 아이맵과 공동개발
	ABL111 (TJ033721)	CLDN18.2x4-1BB 이중항체	위암, 췌장암 등 CLDN18.2 발현 암에서 T세포 활성화	미국, 중국 고형암 임상1상	임상 시작~ 완료 예정 (2021.06~ 2024.12)		NCT04900818	아이맵이 임상 주도. 아이맵과 공동개발
	ABL501	PD-L1xLAG-3 이중항체	두 종류의 억제성 면역관문분자 타깃	고형암 국내 임상1상	임상 시작~ 완료 (2021.10~ 2023)		NCT05101109	에이비엘이 진행. 아이맵이 중국 개발 및 판권 보유

기업	프로젝트	타깃, 모달리티	메커니즘	임상	돌입 시점, 완료 시점	임상 결과	NCT#	비고
에이비엘 바이오	ABL105 (YH32367)	HER2x4-1BB 이중항체	종양미세환경 내 HER2 발현 암세포 타깃 T세포 활성화	호주, 국내 HER2+ 고형암 임상1상	임상 시작~ 완료 예정 (2022.08~ 2026.10)		NCT05523947	유한양행 진행. 유한양행에 글로벌 권리 L/O
	ABL103	B7-H4x4-1BB 이중항체	종양미세환경 내 B7-H4 발현 암세포 타깃 T세포 활성화, 억제성 면역관문분자 B7-H4 작용 저해	국내 고형암 단독투여	IND 승인 (2023.08)			
큐리언트	아드릭세티닙 (Q702)	AXL, MER, CSF1R 삼중저해제 (저분자 화합물)	종양미세환경 내 선천성 면역관문분자 AXL,MER, CSF1R 동시에 저해	미국 고형암 단독투여 임상1상	임상 시작~ 완료 예정 (2020.11~ 2023.11)		NCT04648254	
				미국, 국내 고형암 임상 1b/2상 식도암, 위암, 간세포암, 자궁경부암 대상 키트루다 병용투여 평가	임상 시작~ 완료 예정 (2023.01~ 2026.06)		NCT05438420	

기업	프로젝트	타깃, 모달리티	메커니즘	임상	돌입 시점, 완료 시점	임상 결과	NCT#	비고
큐리언트	Q901	CDK7 저해제 (저분자 화합물)	DNA 손상복구(DDR) 저해로 PD-1 면역관문 억제제 시너지 기대	미국, 국내 고형암 임상 1/2상 단독 투여, 키트루다 병용투여 평가	임상 시작~완료 예정 (2022.08~2026.08)	1상 단독투여 첫 번째 코호트 (4명)에서 1명 PR 관찰	NCT05394103	
네오이뮨텍	**NT-I7 (efineptaki-nalfa)	반감기를 늘린 IL-7 사이토카인	T세포 발현 IL-7 수용체에 작용 T세포 활성화, 기능 촉진	미국 임상 1b/2a상 고형암 대상 PD-1 항체 키트루다와 병용투여	임상 시작~완료 예정 (2020.06~2024.05)	2a상 췌장암, 대장암 코호트 결과(SITC 2022) ORR 4%(2/50)	NCT04332653	
				미국 임상2상 비소세포폐암 대상 PD-L1 항체 티쎈트릭과 병용투여	임상 시작~완료 예정 (2021.11~2025.03)		NCT04984811	
				미국 임상1b상 거대B세포 림프종 대상 CAR-T(킴리아, 예스카타, 브레얀지) 병용투여	임상 시작~완료 예정 (2021.08~2026.02)	1b상 초기 결과 (ASH 2022) CR 40%(2/5)	NCT05075603	

기업	프로젝트	타깃, 모달리티	메커니즘	임상	돌입 시점, 완료 시점	임상 결과	NCT#	비고
티움 바이오	TU2218	ALK5/VEGFR2 이중저해제 (저분자 화합물)	암 성장, 전이를 촉진하는 TGF-β와 VEGF 신호전달경로 저해	미국 임상1b/2a상 고형암 대상 PD-1 항체 키트루다 병용투여	임상 시작~ 완료 예정 (2023.03~ 2028.12)		NCT05784688	
				미국, 국내 임상1/2상 고형암 대상 단독투여 및 PD-1 병용투여	임상 시작~ 완료 예정 (2021.12~ 2027.09)	임상1상 (단독투여 파트) 결과 ORR 10%(1/10)	NCT05204862	
지아이이 노베이션	GI-101	CD80-IgG4Fc-IL-2v 융합단백질	CD80는 T세포 면역관문분자 CTLA-4 저해, IL-2 통해 T세포 활성화	미국, 국내 임상1/2상 단독, 키트루다 병용, TKI 렌비마 병용 평가	임상 시작~ 완료 예정 (2021.08~ 2026.10)	1/2상 중간결과 (SITC 2022) 단독투여 ORR 5.9%(1/17) 키트루다 병용투여 ORR 16.7%(2/12)	NCT04977453	중국 심시어 파마슈티컬에 중화권 권리 L/O

기업	프로젝트	타깃, 모달리티	메커니즘	임상	돌입 시점, 완료 시점	임상 결과	NCT#	비고
지아이이이 노베이션	GI-102	GI-101 피하주사 제형	CD80는 T세포 면역관문분자 CTLA-4 저해, IL-2 통해 T세포 활성화	미국, 국내 고형암 임상1/2a상	국내 임상 시작~ 완료 예정 (2023.04~ 2025.06) 미국 IND 승인 (2023.01)		NCT05824975	
오스코텍	SKI-G-801	FLT3/AXL 이중저해제 (저분자 화합물)	종양미세환경 내 선천성 면역관문분자 AXL 저해	국내 고형암 단독투여 임상1상	임상 시작~ 완료 예정 (2022.01~ 2024.10)		NCT05971862	
	OCT-598 (KNP-502)	EP2/EP4 이중저해제 (저분자 화합물)	종양미세환경 내 면역반응을 억제하는 PGE2의 수용체인 EP2/4를 저해	전임상 단계. 2024년 2분기 IND 제출 예정				국내 카나프테라퓨틱스로부터 전 세계 권리 L/I
와이바이오로직스	아크릭솔리맙 (YBL-006)	PD-1 항체	T세포 활성화	다국가 임상1/2상 (한국 포함)	임상 시작~ 완료 예정 (2020.07~ 2023)	1상 결과 (ASCO 2022) ORR 15.4%(8/52)	NCT04450901	

기업	프로젝트	타깃, 모달리티	메커니즘	임상	돌입 시점, 완료 시점	임상 결과	NCT#	비고
티씨노 바이오 사이언스	TXN10128	ENPP1 저해제 (저분자 화합물)	종양미세환경 내 STING 경로 활성화 (ENPP1은 STING 활성화 인자 cGMAP 분해)	국내 고형암 임상1상	임상 시작~ 완료 예정 (2023.07~ 2025.08)		NCT05978492	
지놈앤 컴퍼니	GENA-104	CNTN4 항체	암세포 발현 면역관문 분자인 CNTN4를 타깃해 암세포에 의한 T세포 억제 방지	국내 고형암 임상1상	IND 제출 (2023.08)			
이뮨온시아	IMC-001	PD-L1 항체	T세포 활성화	국내 NK/T세포 림프종 임상2상	임상 시작~ 완료 예정 (2020.07~ 2026.06)	임상2상 중간 결과(ESMO Asia Congress 2022) ORR 66.7%(8/12) CR 58.3%(7/12)	NCT04414163	

기업	프로젝트	타깃, 모달리티	메커니즘	임상	돌입 시점, 완료 시점	임상 결과	NCT#	비고
이뮨온시아	IMC-002 (3D197)	CD47 항체	대식세포 활성화	국내 고형암 임상1상	임상 시작~ 완료 예정 (2022.05~ 2024.12)	임상1a상 중간 결과 5명 SD 관찰 (5/12)	NCT05276310	
				중국 고형암, 혈액암 임상1상	IND 승인 2022.01)			중국 3D메디슨이 진행. 3D메디슨에 중화권 권리 L/O
동아에스티	DA-4505	AhR 저해제 (저분자 화합물)	면역억제성 대식세포, Treg 유도 및 염증성 면역세포 억제하는 AhR 타깃해 선천,후천성 면역 활성화	전임상. 2023년 IND 제출 예정				

기업	프로젝트	타깃, 모달리티	메커니즘	임상	돌입 시점, 완료 시점	임상 결과	NCT#	비고
카나프 테라퓨틱스	KNP-101	FAP 항체-IL-12 mutein 융합 단백질	암 연관 섬유아세포 발현 FAP 타깃 항체에 수용체와의 결합을 낮춘 IL-12 연결. 종양미세환경 선택적으로 면역 반응을 활성화	전임상. 2023년 IND 제출 예정				
	KNP-503	SHP2 저해제 (저분자 화합물)	T세포의 PD-1 신호전달을 하위신호로 전달하는 핵심인자 SHP2 타깃해 T세포 억제 방지	전임상. 2024년 IND 제출 예정				

기업	프로젝트	타깃, 모달리티	메커니즘	임상	돌입 시점, 완료 시점	임상 결과	NCT#	비고
부스트이뮨	BIO-101	TCTP 항체	암세포 분비 TCTP 타깃해 골수유래 억제세포 축적 감소	전임상. 2023년 말 IND 제출 예정				타니구치 타다쓰구 동경대 교수 연구팀에서 L/I
스파크바이오파마	SB17170 (SBP-101)	HMGB1 저해제 (저분자 화합물)	DAMP 일종인 HMGB1 타깃. 종양미세환경 내 억제성 면역세포 저해	국내 고형암 임상1상	임상 시작~완료 예정 (2022.10~2024.06)		NCT05522868	
퍼스트바이오테라퓨틱스	FB849	HPK1 저해제 (저분자 화합물)	T세포 음성조절자 HPK1 저해	미국 고형암 임상1/2상 단독투여 혹은 키트루다 병용투여	IND 승인 (2022.12)		NCT05761223	
에이피트바이오	APB-A001	CD171 (L1CAM) 항체	고형암에서 발현되며 면역회피를 일으키는 CD171 타깃	국내 고형암 임상1상	IND 승인 (2023.06)			강원대에서 L/I

* 2023년 9월 기준 이노벤트 파이프라인에 등재돼 있지 않음

** 네오이뮨텍 2023년 7월 NT-I7의 교모세포종(GBM) 대상 단독투여 임상 1건, 고형암 대상 티쎈트릭 및 옵디보 면역관문억제제와 병용투여 임상 2건 중단

주

1 Jonathan Gardner (2022) Two decades and $200 billion: AbbVie's Humira monopoly nears its end. *BioPharma Dive*. https://www.biopharmadive.com/news/humira-abbvie-biosimilar-competition-monopoly/620516/ (검색일: 2023.06.27.)

2 Brandy Sargent (2013) Biologics Take Top Spots in Best Selling Drugs of 2012. *Cell Culture Dish*. https://cellculturedish.com/biologics-take-top-spots-in-best-selling-drugs-of-2012/ (검색일: 2023.06.28.)

3 신창민 (2023) 2023년 '많이 팔릴' 블록버스터 "TOP10 의약품은?". *BioSpectator*. http://www.biospectator.com/view/news_view.php?varAtcId=17979 (작성일: 2023.01.12.)

4 Walker L.S.K. and Sansom D.M. (2011) The emerging role of CTLA4 as a cell-extrinsic regulator of T cell responses. *Nat Rev Immunol* 11, 852 – 863.

5 김성민 (2022) AZ, 간암 1차 'CTLA-4' 美 시판.."19년만에 세상으로". *BioSpectator*. http://www.biospectator.com/view/news_view.php?varAtcId=17498 (작성일: 2022.10.25.)

6 키트루다 홈페이지 미국 승인 적응증 정보. https://www.keytrudahcp.com/approved-indications/ (검색일: 2023.06.27.)

7 김성민 (2022) "8년만" 3rd 면역관문 나온다..BMS 'LAG-3' 美시판허가. *BioSpectator*. http://www.biospectator.com/view/news_view.php?varAtcId=15825 (작성일: 2022.03.21.)

8 Merck & Co. (2023) Merck's KEYTRUDA® (pembrolizumab) Plus Chemotherapy Before Surgery and Continued as a Single Agent After Surgery Reduced the Risk of Event-Free Survival Events by 42% Versus Pre-Operative Chemotherapy in Resectable Stage II, IIIA or IIIB NSCLC. https://www.merck.com/news/mercks-keytruda-pembrolizumab-plus-

chemotherapy-before-surgery-and-continued-as-a-single-agent-after-surgery-reduced-the-risk-of-event-free-survival-events-by-42-versus-pre-operative/ (검색일: 2023.06.28.)

9 Wu D. et al. (2022) The global landscape of neoadjuvant and adjuvant anti-PD-1/PD-L1 clinical trials. *J Hematol Oncol.* 15, 16.

10 Versluis J.M. et al. (2020) Learning from clinical trials of neoadjuvant checkpoint blockade. *Nat Med.* 26, 475-484.

11 Chen D.S. and Mellman I. (2013) Oncology Meets Immunology: The Cancer-Immunity Cycle. *Immunity.* 39, 1-10.

12 김성민 (2023) 머크 'mRNA 신항원 백신' 2b상 "다가온 게임체인저". *BioSpectator.* http://m.biospectator.com/view/news_view.php?varAtcId=18757 (작성일: 2023.04.18.)

13 Waldman A.D. et al. (2020) A guide to cancer immunotherapy: from T cell basic science to clinical practice. *Nat Rev Immunol.* 20, 651-668.

14 Roudko V. et al. (2020) Shared Immunogenic Poly-Epitope Frameshift Mutations in Microsatellite Unstable Tumors. *Cell.* 183, 1634-1649.

15 Matthew Tontonoz (2017) The Science Behind the FDA's Approval of an Immunotherapy for Mismatch Repair–Deficient Cancers. *Memorial Sloan Kettering Cancer Center.* https://www.mskcc.org/news/science-behind-fda-s-approval-immunotherapy-mismatch-repair-deficient (검색일: 2023.06.26.)

16 Aubrey Bloom (2023) What is microsatellite instability? The University of Texas MD Anderson Cancer. *Center.* https://www.mdanderson.org/cancerwise/what-is-microsatellite-instability-MSI.h00-159617067.html (검색일: 2023.06.26.)

17 Sun J.Y. et al. (2020) Resistance to PD-1/PD-L1 blockade cancer immunotherapy: mechanisms, predictive factors, and future perspectives. *Biomark Res.* 8, 35.

18 Leah Lawrence (2020) Minority of Melanomas With Complete Response to Anti–PD-1 Relapsed After Drug Cessation. *CancerThera-*

pyAdvisor.com. https://www.cancertherapyadvisor.com/home/cancer-topics/skin-cancer/melanoma-minority-complete-response-anti-pd1-relapsed-drug-cessation/ (검색일: 2023.06.26.)

19 Yi M. et al. (2022) Combination strategies with PD-1/PD-L1 blockade: current advances and future directions. *Mol Cancer*. 21, 28.

20 김성민 (2023) 머크, 이젠 '키트루다+ADC'로 "확장" 美시판.."첫 사례". *BioSpectator*. http://m.biospectator.com/view/news_view.php?varAtcId=18673 (작성일: 2023.04.05.)

21 노신영 (2023) 바이오엔텍, 'CTLA-4' PD-1불응 폐암서 "ORR 30%". *BioSpectator*. http://m.biospectator.com/view/news_view.php?varAtcId=19158 (작성일: 2023.06.07.)

22 Regeneron Pharmaceuticals (2023) Fianlimab (LAG-3 inhibitor) Combined with Libtayo® (cemiplimab) Shows Clinically Meaningful and Durable Tumor Responses Across Key Advanced Melanoma Patient Populations. https://investor.regeneron.com/news-releases/news-release-details/fianlimab-lag-3-inhibitor-combined-libtayor-cemiplimab-shows (검색일: 2023.09.22.)

07

CAR-T 세포치료제

Chimeric Antigen Receptor T cell Therapy

에밀리 화이트헤드

2010년, 이제 갓 5살이 된 에밀리 화이트헤드(Emily Whitehead)는 급성림프구성 백혈병(acute lymphoblastic leukemia, ALL) 진단을 받았다. 백혈병은 소아암 가운데 흔한 암이다. 15세 미만 소아암 환자 가운데 28%가 백혈병이며,[1] 백혈병 가운데 ALL은 다시 75%의 비율로 나타난다.[2] ALL는 주로 2~5세 사이 어린이들에게 많이 나타난다. 성인에게도 발병하지만 보통 45세 이후에 나타난다.

ALL은 골수세포가 암세포로 변이를 일으키는 질병이다. 골수세포에 문제가 생기는 질병이므로 정상적인 백혈구, 적혈구, 혈소판을 충분히 만들어내지 못한다. 이런 이유로 발병 초기에는 빈혈, 출혈, 감염 등이 나타난다. ALL이 진행되면서 증상은 다른 양상으로 나타난다. 암세포가 된 백혈구 세포가 끊임없이 증식하고, 다시 환자의 장기 곳곳에 쌓이면서 문제를 일으킨다.

병원을 찾은 환자가 ALL 진단을 받으면 곧바로 강력한 화학 항암제 치료에 들어간다. 골수에서 암세포를 모두 제거해 정상적인 혈액세포를 만들 수 있게 하면서 재발을 막기 위해 화학 항암제를 투여한다. 환자는 보통 4~6주 동안 여러 화학 항암제로 집중 치료를 받는데, 재발을 막을 목적으로 1년 6개월에서 2년까지 화학 항암 치료가 이어진다. 만약 초기에 발견하고 적당한 화학 항암제로 표준 치료를 받는다면 완치 가능성이 높다. 소아 백혈병 환자는 보통 80~90%, 성인 환자는 30~40%가 완치된다.

문제는 재발이다. ALL이 재발하면 치료법으로 쓸 수 있는 선택지는 줄어든다. 재발 환자는 동종 조혈모세포 이식(allo-HSCT)과 고강도 화학 항암 치료를 함께 받는다. 단 동종 조혈모세포 이식은 적합한 기증자가 있어야 하며, 면역거부 반응으로 인한 이식편대숙주병(GvHD)을 포함한 부작용 우려가 있어 제한적이다. 동종 조혈모세포 이식을 받지 못하면 추가 치료에 효능을 기대하기 어렵다.

에밀리는 ALL 진단을 받고 화학 항암제를 투여받았지만 암은 없어지지 않았고, 16개월 후 재발했다. 완치되지 못한 10~20%에 속한 에밀리는 고농도의 화학 항암제 치료를 받았지만 나아지지 않았다. 이미 암이 두 번 재발했고, 골수이식도 받을 수 없는 상태였다.[3] 의료진은 에밀리가 살 수 있는 날이 몇 주 남지 않았을 것으로 판단했고, 에밀리를 집으로 돌려보내려고 했다. 의미 없는 연명 치료를 계속하면서 고통받기보다는, 집에서 사랑하는 이들과 마지막을 맞이하는 것이 낫다는 생각이었을 것이다.

그러나 에밀리 화이트헤드 부모는 의료진의 제안을 거부했다. 대신 면역세포치료제를 연구하던 필라델피아 어린이 병원(Children's Hospital of Philadelphia, CHOP)의 스테판 그루프(Stephan Grupp) 연구팀을 찾았다. 스테판 그루프는 펜실베이니아 대학 페럴만 의과대학의 칼 준(Carl June), 브루스 레빈(Bruce Levine), 데이비드 포터(David Porter)와 함께 백혈병을 타깃하는 새로운 세포치료제를 어떻게 주입할지 프로토콜을 짜고 있었다.[4]

이들의 아이디어는 단순했다. T세포는 암세포를 없앨 수 있지만, T세포가 암세포를 인지하지 못하면 암이 진행되어 환자는 목숨을 잃는다. 따라서 환자의 T세포가 환자의 암을 특이적으로 인지할 수 있도록 해주면 된다. 이를 위해 환자의 암을 인지할 수 있는 T세포를 만들면 될 것이다.

연구팀은 만성림프구성 백혈병(chronic lymphocytic leukemia, CLL) 성인 환자 3명 가운데 2명에게 이 새로운 세포치료제를 투여해, 암이 없어지는 완전관해(CR) 반응을 보았다.[5] 그리고 이 연구 결과를 바탕으로 소아 ALL 환자 대상으로 임상1상을 준비하고 있었다. 에밀리는 연구팀이 준비하던 2012년 임상시험에 참여하기로 했다.

T세포와 MHC

면역반응에는 크게 두 가지 경로가 있다. 세포 매개 면역(cell-mediated immunity) 반응과 항체 매개 면역(또는 체액성 면역; humoral immunity) 반응이다. 세포 매개 면역반응은 T세포가 일으킨다. 혈액을 구성하는 세포 가운데 20~40%는 면역세포인 림프구(lymphocyte)로 이루어져 있고, 이 림프구의 3/4을 T세포가 차지한다. 그리고 T세포는 문제가 생긴 비정상세포를 직접 없앤다. 한편 항체 매개 면역반응은 항체를 만드는 B세포가 일으킨다. T세포가 직접

적에 맞서 싸운다면, B세포는 항체를 만들어 적을 공격한다. 이렇게 항체의 특성을 이용한 것이 허셉틴과 같은 항체 치료제다. 항체 치료제가 항체를 만드는 B세포의 능력에서 아이디어를 얻은 치료제라면, 비정상세포를 직접 없애는 T세포를 이용해 세포치료제로 개발하는 개념도 가능할 것이다. 특히 T세포는 특정 항원을 매우 정확하게 인식해 면역반응을 일으킨다. 또한 면역 시스템은 항원 정보를 길게는 몇십 년 동안 기억하고 있다가 같은 항원이 들어오면 이에 대응해 방어한다. 즉 치료 효과가 오랫동안 계속될 것이다.

암세포가 나타나면 면역 시스템의 구성원인 T세포가 이를 없애는 작용을 해야 한다. T세포는 암세포를 포함한 비정상세포를 없애는 힘이 강력한데, 너무 강력하다 보니 T세포의 힘을 통제하는 장치가 필요하다. 이와 같은 통제 장치 가운데는 주 조직 적합 복합체(major histocompatibility complex, MHC) 단백질이 있다. MHC는 면역 시스템이 자기(self)와 비자기(nonself)를 구분하기 위한 장치로, 세포 표면에 발현하는 당단백질이다. 면역 시스템은 MHC로 자기가 아닌 무엇인가를 구분하고 없애는 방식으로 움직인다. 척추동물은 개체마다 MHC가 다르다. 마치 지문처럼 각각 다른 MHC를 갖는다. 각 개체의 면역 시스템은 자기 MHC 정보를 알고 있다. 실제 모든 세포가 표면에 MHC를 갖고 있으며, 특별히 사람의 MHC 유전자가 발현된 단백질을 인간백혈구항원(human leukocyte antigen, HLA)으로 부른다.

이렇게 T세포는 MHC 분자로 다른 세포들을 인지한다. 세포가 병원균에 감염되면, 먼저 세포는 병원균에서 유래한 단백질을 잘게 쪼갠다. 그런 다음 쪼개진 단백질 조각(펩타이드)을 세포막 단백질인 MHC 위에 얹어 세포 표면에 제시(presenting)한다. 온몸을 돌던 T세포가 감염 세포의 MHC 위에 놓인 조각을 T세포 수용체(T-cell receptor, TCR)로 인지하면, 감염된 세포를 없앤다. 면역세포 가운데에는 MHC에 항원을 얹어 제시하기 위해 주로 활동하는 세포들이 있다. 이런 세포들을 항원제시세포(antigen presenting cell, APC)라고 부른다. APC는 수지상세포(dendritic cell)와 대식세포(phagocyte), B세포 등으로 체계화된 면역세포 집단이며, 외부 항원을 먹고 소화시켜 MHC 분자를 이용해 외부로 제시한다.

이런 T세포의 정교한 작동 방식은, T세포를 치료제로 개발하는 데 장애물이 된다. 건강한 다른 사람의 T세포로 치료제를 만들어 환자에게 투여한다면, 환자의 면역 시스템이 이 치료제를 없애거나 비자기로 인식해 면역거부 반응을 일으키기 때문이다. 이런 문제를 해결하려면 환자마다 일일이 T세포를 따로 채취해서 T세포치료제를 만들어야 한다. 어려움은 또 있다. T세포 수용체는 자신에게 딱 맞는 MHC를 통해 항원을 인지한다. 이 때문에 TCR 분자를 환자 맞춤형으로 개별적으로 조작해야 한다. 결국 초창기에 개발된 T세포 치료제는 환자에게서 T세포를 꺼내 인터루킨2(IL-2)와 같은 면역 활성인자를 처리하고 다시 주입하는 방식이었지만 효과가 없었다. 이후 여러 종류의 암세포 항원을 인지하는 T세포가

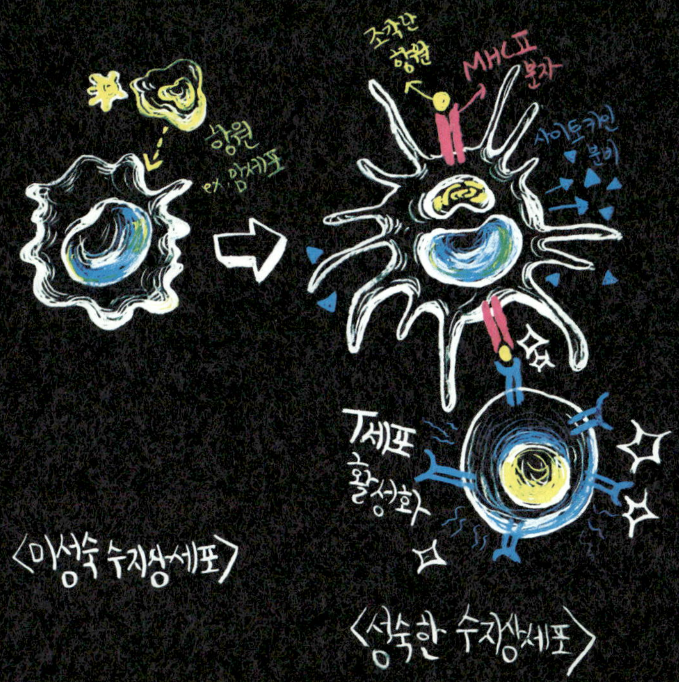

[그림 07_01] APC와 MHC, T세포의 면역 시스템

대표적인 APC인 수지상세포는 암세포에서 얻은 항원 정보를 표면에 있는 MHC II 분자에 제시한다. 그리고 이것이 T세포에 전달되면 T세포는 활성화된다. 그리고 활성화된 T세포는 같은 항원 정보를 가진 암세포를 없애게 된다.

정교하게 통제되는 면역 시스템은 장점과 단점이 있다. 정확하게 암세포만 없앨 수 있다는 것은 장점이지만, 정교하게 세팅하지 않으면 면역 시스템을 이용한 인위적인 치료제 개발이 어렵다는 것은 단점이다.

모여 있는 종양 조직에서 T세포를 꺼내어 인위적으로 증식하고, 다시 환자 몸속에 넣는 종양침투림프구(tumor infiltrating lymphocytes, TIL) 세포 치료법이 시도됐다. 그러나 막상 TIL 세포 치료제를 제작했더니 암을 똑바로 인지하는 T세포 비율은 전체의 3%가 채 되지 않았다.[6] 당연히 임상에서도 치료 효과가 제한적이었다.

CAR-T

암세포는 살아가며 분열을 이어가는 데 MHC 분자가 꼭 필요하지 않다. 어떤 암세포는 MHC 제시 메커니즘을 비활성화하는 방식을 택한다.[7] 암세포에서 많게는 90%까지 MHC 발현을 낮추기도 한다. 이렇게 되면 T세포가 암세포를 인지하지 못하고, 암세포는 T세포의 공격을 피해 갈 수 있다. 이런 일은 폐암, 유방암, 전립선암을 포함해 암세포에서 종종 일어나는 일이다.

칼 준 연구팀은 암세포가 MHC 발현을 적게 하더라도 T세포가 암세포를 인지해서 공격할 수 있는 방법을 찾았다. T세포가 MHC를 거치지 않고 곧바로 혈액암세포를 인지할 수 있도록, 혈액암세포가 발현하는 CD19를 인지할 수 있는 분자(수용체)를 달아주는 것이었다.

칼 준 연구팀이 임상시험으로 에밀리 화이트에게 쓴 치료제는 CAR-T 세포치료제였다. CAR는 'Chimeric Antigen Receptor'

의 앞 글자를 딴 말이다. 우리말로 옮기면 '그리스 신화에 나오는 머리는 사자, 몸통은 염소, 꼬리는 뱀의 형상을 한 괴물인 키메라 같은(chimeric) 항원 수용체 T세포'라는 뜻이다. CAR-T 세포치료제는 MHC를 통하지 않고, 특정 항원을 바로 인식하는 수용체가 달리게끔 유전자를 조작한다. 마치 염소 몸통에 사자 머리를 달고, 또 뱀 꼬리를 다는 것처럼, T세포에 원하는 수용체를 매다는 셈이다. 그리고 새롭게 달린 수용체는 환자 암세포에 발현한 CD19 단백질과 결합한다.

B세포는 만들어지기 시작해서 분화한 상태가 되고 난 이후에도, 표면에 CD19 단백질을 발현한다. CD19는 B세포 표면에 발현되는 단백질로 B세포의 생존, 성숙, 활성화에 중요한 역할을 한다. B세포 발생 단계 전반에 걸쳐 발현되며, 발생 초기부터 항체를 생산할 수 있는 형질세포(plasma)로 최종 분화되기 전까지 발현된다.[8] 이는 성숙한(mature) B세포가 변이를 일으켜 암세포가 되어도 마찬가지다. 암세포가 된 이후에도 B세포에 CD19가 발현되어 있다. 칼 준 연구팀이 CAR-T 세포치료제를 투여한 환자에게서 완전관해(CR)를 관찰했던 CLL도 이런 성숙한 B세포 표현형을 가지고 있다.[9] CLL 환자의 악성 B세포가 CD19를 발현하는 특성 때문에 CAR-T 세포치료제가 효과를 보인 것이었다.

ALL은 환자의 골수에서 아직 성숙되지 않은 단계의 B세포(pro-B cell)가 암세포로 변하는 질병이다. 마찬가지로 ALL 환자의 암세포에도 CD19 단백질이 발현된다. 따라서 T세포가 ALL 환자 암세포 표면에 발현되어 있는 CD19를 인지하게 해주면 ALL을 치료할 수 있을 것이다. 물론 T세포가 CD19를 발현한 세포를 무차별적으로 없애 B세포 무형성증(B cell aplasia)이 생기기도 하겠지만 더 이상 치료법이 없다고 판단된 말기 암 환자는 우선 암세포부터 없애는 것이 중요하다.

연구팀은 CLL 환자 대상 임상시험 결과를 확인하자, ALL 환자에게도 CAR-T 세포치료제를 쓸 수 있을 것이라 보았다. 그리고 그때 ALL에 걸린 에밀리 화이트헤드가 연구팀을 찾아온 것이었다. 2012년 3월 연구팀은 에밀리에게서 T세포를 추출해서 T세포의 유전자를 조작했다. CD19를 인지할 수 있도록 만든 수용체를 T세포가 발현하도록 인위적으로 조작한 것이다.

이 조작에는 바이러스가 사용되었다. 바이러스는 숙주 세포(host cell)의 DNA 안에 자기 유전자를 끼워 넣는 방식으로 살아간다. 이런 바이러스의 특성을 이용하면 T세포의 유전자를 조작할 수 있다. 바이러스에 CD19 CAR 유전자를 담아 T세포 안으로 집어넣는 것이다. 환자의 T세포에 CD19 CAR 유전자를 가진 바이러스를 감염시키면, 바이러스는 CD19 CAR 유전자를 T세포 DNA 안에 끼워 넣는다. 이제 바이러스가 전달한 CD19 CAR 유전자를 T세포가 발현하게 한다. 에밀리도 CAR-T 세포치료제 치료를 위한 준비 과정에 들어갔다. 에밀리는 약물을 투여받기 전에, 체내 주입한 CAR-T 세포치료제가 충분히 증식하고 지속될 수 있는 공간을 만들기 위한 림프구고갈요법(lymphodepleting conditioning regimens)을 받았다.

연구팀과 에밀리가 한 달 동안의 준비를 끝내자, 3일에 걸쳐 CD19 CAR-T 세포치료제가 에밀리에게 투여됐다. 그리고 곧바로 부작용이 나타났다. 혈압이 오르고, 고열과 호흡곤란이 왔다. 에밀리는 곧바로 소아 집중치료실(pediatric intensive care unit, PICU)로 옮겨졌다. 에밀리의 상태는 계속 악화되었다. 부작용으로 에밀리가 사망에 이를 수도 있을 정도였다. 그리고 바로 그때 에밀리의 사이토카인 농도를 측정한 결과가 나왔다. 사이토카인은 면역반응을 조절하는 단백질이지만 지나치게 많아지면 면역반응이 지나치게 활성화되면서 환자가 사망할 수 있다. 검사 결과 에밀리에게서 높은 사이토카인 수치가 나왔는데, 여러 사이토카인 가운데 인터루킨-6(IL-6) 수치가 특히 높았다. 그런데 T세포가 IL-6를 직접 만드는 것이 아니었다. 이런 사실을 감안하면 사이토카인 수치 증가는 CD19 CAR-T 세포치료제 투여와 직접적인 연관성이 없다고 볼 수 있었다.

의료진은 사이토카인을 저해하기 위해 류마티스 관절염을 치료하는 IL-6 항체 토실리주맙(성분명: Tocilizumab, 제품명: ACTEMRA®)을 쓰기로 결정했다. 토실리주맙을 투여하자 에밀리의 상태는 몇 시간만에 나아졌다. 지금도 CAR-T 세포치료제 부작용을 해결하기 위한 표준요법으로 토실리주맙이 쓰이고 있다. 부작용 문제가 해결되자, CAR-T 세포치료제는 에밀리의 악성 B세포를 제거하는 효과를 보여주기 시작했다. 2012년 6월 에밀리는 건강을 회복

해가는 상태로 퇴원했는데, 이때 에밀리의 나이는 7살이었다.[10]

2013년 연구팀은 『뉴잉글랜드 저널 오브 메디슨(*The New England Journal of Medicine, NEJM*)』에 에밀리 화이트헤드 말고도 2명의 ALL 환자에게서 추가로 암이 완전히 사라진 완전관해(CR) 사례를 발표한다.[11] 2014년에는 어린이와 성인 환자 30명에게 CD19 CAR-T 세포치료제를 투여하자 환자 90%에게서 완전관해(CR)가 나타났다.[12]

2017년 7월 미국 FDA는 이 새로운 치료제의 허가 여부를 논의하기 위해 항암제 자문위원회(Oncologic Drugs Advisory Committee, ODAC)를 열었다. 미국 FDA가 ODAC의 결정을 따를 의무는 없다. 그러나 각 분야의 전문가가 참여해 자료를 충분히 검토하고 토론한 내용을 발표하는 자리이기에, ODAC 결과가 미국 FDA 결정에 반영되는 것이 일반적이다. 당시 CAR-T 세포치료제에 대해서는 '기적의 치료제'와 '부작용으로 인한 환자 사망'이라는 평가가 대립하고 있었다.

일단 12살이 된 에밀리 화이트헤드에게 암은 재발하지 않았다. 암이 재발하지 않은 지 5년이 된 시점이었다. 의료진으로부터 암이 사라졌다는 판단을 받고 5년까지 재발하지 않으면 '암이 완치됐다'고 말하는 것이 일반적이다. 에밀리의 아버지 톰 화이트헤드(Tom Whitehead)는 전문가 패널 앞에서 새로운 치료제의 효과에 대해 이야기했고, ODAC 위원 10명이 만장일치로 이 새로운 치료제의 허가에 찬성했다.

ODAC 의견이 나온 지 한 달 뒤, 미국 FDA는 25세 이하 재발 또는 불응성 ALL 환자 치료제로 CAR-T 세포치료제 킴리아(KYMRIAH®, 성분명: Tisagenlecleucel)의 시판허가를 내렸다. CAR-T 세포치료제의 탄생이었다. 2023년 현재 18살이 된 에밀리 화이트헤드에게 ALL은 재발하지 않았다. 그리고 2023년 현재, 미국 FDA으로부터 시판허가를 받은 CD19 CAR-T 세포치료제는 총 4개다. 에밀리 화이트헤드가 걸렸던 ALL, B세포 림프종인 미만성 거대 B세포 림프종(diffuse large B cell lymphoma, DLBCL), 여포성 림프종(follicular lymphoma, FL), 외투 세포림프종(mantle cell lymphoma, MCL) 등 여러 종류의 B세포 림프종 치료제로 처방된다.

CAR-T 세포치료제는 혈액암 치료를 근본적으로 바꾸고 있다. CAR-T 세포치료제라는 새로운 개념의 치료제는 80~90%에 가까운 완전관해(CR)를 보여주었다. 그리고 환자의 생존기간(OS)을 암 치료제 개발 역사상 유례없는 정도로 늘리고 있다.[13] 환자에게 중요한 것은 당장의 암 덩어리를 없애는 것뿐만 아니라, 치료 후 얼마나 오랫동안 살아갈 수 있느냐 하는 점이다. CAR-T 세포치료제는 제작이 어렵고 가격이 비싸지만, 의료진은 환자에게 CAR-T 세포치료제를 투여하겠다고 판단할 수밖에 없다. 킴리아 치료를 받은 ALL 림프종 환자의 5년 후 생존율 데이터를 보자. 79명의 어린이와 성인 B세포 ALL 환자에게 킴리아를 투여했고, 이 가운데 5년이 지난 시점에 55%의 환자가 살아 있었다. 킴리아 치료 이전의 표준적인 치료를 받았던 재발 ALL 환자의 5년 후 생존율이 10%에 미치지 못했다는 것과 비교하면 커다란 진전이다.

킴리아 다음으로 ALL 환자 대상 CD19 CAR-T 세포치료제로 개발된 것은 길리어드 사이언스(Gilead Sciences)의 테카터스(TECARTUS®, 성분명: Brexucabtagene autoleucel)다. 2021년, 미국 FDA는 18세 이상 성인 ALL 환자 대상으로 테카터스의 시판허가를 내렸다. ALL 환자 54명에게 테카터스를 투여했을 때 65%가 완전관해(CR)를 보였고, 이러한 환자 가운데 절반은 반응이 1년 이상 지속되었다.[14]

현재 CAR-T 세포치료제로 치료하는 대표적인 암으로 DLBCL이 있는데, 흔히 거대B세포림프종(LBCL)으로 불린다. 림프종의 90%는 비호지킨림프종(non-hodgkin lymphoma, NHL)이며, DLBCL이 NHL의 절반 정도를 차지한다. 한국에서는 매년 약 2,500명의 환자가 새로 DLBCL 진단을 받는다. 표준 치료법으로 치료받으면 완치율은 60% 정도지만, 나머지 40% 정도의 환자는 재발을 겪는다. 그리고 재발 환자는 6개월~1년 사이에 사망하는 것이 일반적이다. 재발 환자에게는 자가조혈모세포이식 후 기존 항암제 투여량의 5배에 달하는 고용량 항암제를 투여하는 방법으로 치료하지만, 항암 치료 과정에서 환자가 버텨야 할 강한 독성이 문제다. 운이 좋아 자가조혈모세포이식을 받고 고용량 항암제 치료를 버텨낸다고 해도, 이 가운데 절반 정도에게 암이 재발하는 것이다. 재발 DLBCL 환자의 5년 후 생존율은 10~20%다.[15] 그런데 CD19

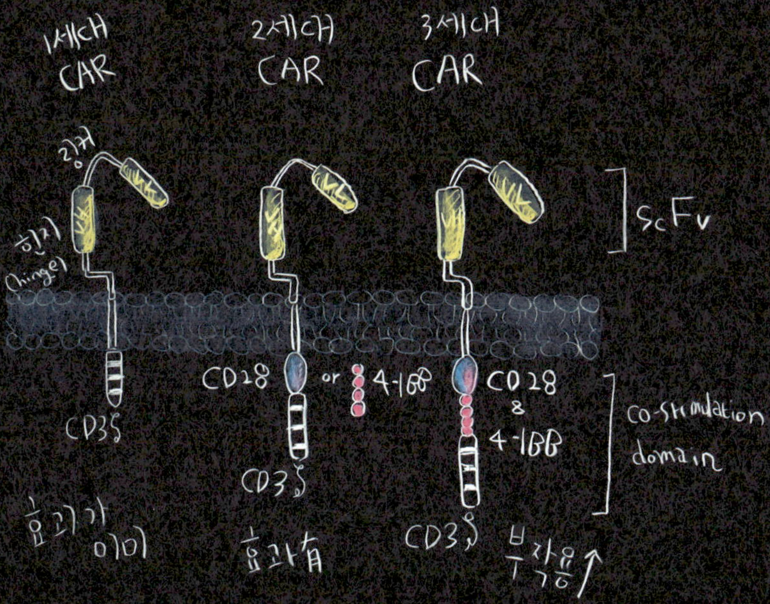

(그림 07_02) 1, 2, 3세대 CAR-T 세포치료제

CAR-T 세포치료제는 신호전달 부위를 확장해가는 방식으로 발전했다. T세포를 좀더 활성화시키는 방향이었다. 1세대 CAR-T 세포치료제는 암세포에 특이적으로 반응했지만 T세포 활성화 정도가 낮아 치료 효과가 낮았고, 3세대 CAR-T 세포치료제는 T세포 활성화가 높았지만 그만큼 부작용 통제가 어려웠다. 1세대와 3세대 사이에 있는 2세대 CAR-T 세포치료제가 주로 쓰인다.

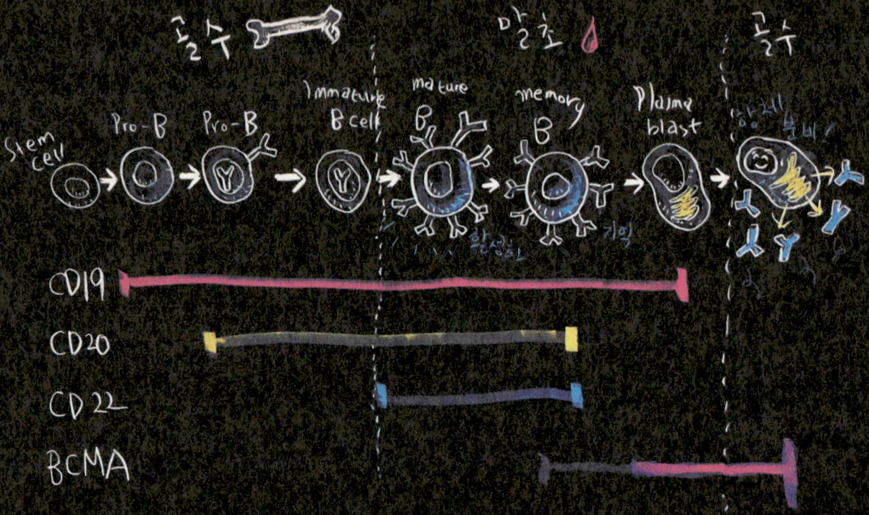

[그림 07_03] B세포 분화 과정과 타깃 항원

CAR-T 세포치료제가 효과를 보이는 혈액암은 B세포에서 변이를 일으킨 혈액암들이다. 그리고 B세포는 분화 과정에 따라 CAR-T 세포치료제가 타깃할 수 있는 항원도 달라진다. 이에 따라 CAR-T 세포치료제도 다양해지고 있다.

CAR-T 세포치료제를 투여받은 DLBCL 환자의 경우 3년이 넘은 시점에서도 40%가 생존했다.

BCMA

지금까지 CAR-T 세포치료제가 타깃하는 단백질은 CD19였지만, 타깃은 확대되고 있다. 대표적으로 B세포 성숙 항원(B-cell maturation antigen, BCMA)을 타깃하는 CAR-T 세포치료제를 들 수 있다. BCMA CAR-T 세포치료제는 다발성골수종(multiple myeloma, MM)을 치료할 수 있다. 다발성골수종도 B세포에서 시작하는 암이다.

골수에서 태어난 B세포가 성숙하면 림프절로 이동한다. B세포는 림프절에서 형질세포로 분화되어 항체를 만들어 분비한다. 형질세포가 암세포로 바뀌는 것이 다발성골수종이다. 암이 된 형질세포는 혈관을 타고 골수로 이동해 쌓이며 문제를 일으킨다. 또한 암세포로 변한 형질세포가 과도하게 분열하면서 비정상적인 항체를 분비한다. 그런데 형질세포는 표면에 BCMA를 발현한다.

BCMA는 정상세포나 다른 형태의 성숙 B세포보다 형질세포에서 더 많이 발현되기 때문에, 다발성골수종 치료 타깃으로 쓸 수 있다.[16] CD19는 골수에서 B세포가 성숙되기 이전부터 발현되기 때문에 백혈병과 림프종 치료 타깃이 될 수 있다. 그러나 다발성골

〔표 07_01〕 혈액암 종류에 따른 발병 건수, 사망자 수, 5년 생존율 현황 (2023년 미국 ACS 데이터 기준)*

암		발병 건수 (2023)	사망자 수 (2023)	5년 생존율 (2012~2018)
림프종	호지킨 림프종	8,830	900	92%
	비호지킨 림프종	80,550	20,180	77%
	전체	89,380	21,080	79%
골수종		35,730	12,590	60%
백혈병	급성림프구성 백혈병 (ALL)	6,540	1,390	73%
	만성림프구성 백혈병 (CLL)	18,740	4,490	91%
	급성골수성 백혈병(AML)	20,380	11,310	32%
	만성골수성 백혈병(CML)	8,930	1,310	32%
	기타 백혈병	5,020	5,210	-
	전체	59,610	23,710	69%

* American Cancer Society (2023) Cancer Facts & Figures 2023.
https://www.cancer.org/content/dam/cancer-org/research/cancer-facts-and-statistics/annual-cancer-facts-and-figures/2023/2023-cancer-facts-and-figures.pdf(검색일: 2023.08.04.)

수종은 림프절과 골수에서 암세포로 변한 형질세포에서 시작한다. 따라서 CD19 CAR-T 세포치료제로는 다발성골수종을 치료할 수 없다. 그러나 CD19 CAR-T 세포치료제를 만드는 것처럼 환자의 T 세포를 추출해 BCMA와 반응하는 CAR 단백질을 발현하도록 유전자를 조작할 수 있다. 이를 다시 환자에게 투여하면 BCMA CAR-T 세포치료제를 만들 수 있을 것이다.

2023년 8월 현재 기준으로 출시된 BCMA CAR-T 세포치료제는 2개다. 2021년 BMS는 첫 BCMA CAR-T 세포치료제인 아벡마(ABECMA®, 성분명: Ide-cel)를 출시했다. 2022년에는 존슨앤드존슨(J&J)이 카빅티(CARVYKTI™, 성분명: Cilta-cel)를 출시했다. 카빅티는 치료 대안이 없는 말기 다발성골수종 환자에게서 전체반응률(ORR) 98%와 엄격한 완전관해(sCR) 83%를 달성했다. 카빅티는 더 초기인 다발성골수종 환자에게서 기존 표준요법과 비교해 환자의 질병이 진행되거나 사망할 위험을 73% 줄인 임상3상 결과를 발표했다.

BCMA는 CAR-T 세포치료제뿐만 아니라 이중항체로도 개발되고 있다. T세포를 끌어들이는 CD3와 형질세포의 BCMA를 동시에 타깃하는 이중항체 방식이다. 이중항체 방식은 특별한 제작 과정이 필요한 CAR-T 세포치료제와 달리 범용으로 생산해두었다가 환자에게 바로 투여할 수 있다는 장점이 있다.

완성된 신약은 아니다

CAR-T 세포치료제는 기존 방법으로 치료할 방법이 없다고 판단된 혈액암 환자들을 살려내고 있다. 암세포를 정확하게 타깃하며, 강력한 치료 능력을 가지고 있고, 체내에서 280일(중앙값) 정도 머물면서 오랫동안 효과를 내는 T세포를 활용하기 때문이다.[17]

그럼에도 CAR-T 세포치료제가 여전히 도전해야 할 대목이 있다. 대표적으로 부작용 문제다. 예를 들어 사이토카인 방출증후군(cytokine release syndrome, CRS)과 면역관련 신경독성(immune effector cell-associated neurotoxicity syndrome, ICANS)은 CAR-T 세포치료제가 해결해야 할 문제다. 이 두 가지 부작용 모두 체내에 투입된 CAR-T 세포치료제가 일으키는 염증성 면역반응과 관련되어 있는데, 심할 경우 환자가 사망할 수 있다.

CRS는 CAR-T 세포치료제를 처방받은 환자에게서 흔하게 나타나는 부작용이다.[18] 환자 몸속으로 들어온 CAR-T 세포치료제가 암세포를 인지해 활성화되면 염증성 사이토카인을 분비한다. 사이토카인은 면역세포를 활성화시키는 작용을 하는데, CAR-T 세포치료제 주변에 있는 면역세포가 함께 활성화될 수 있다. 이렇게 되면 환자에게 지나친 면역반응이 일어난다. 증상으로는 고열, 오한, 호흡곤란, 메스꺼움, 저혈압, 장기부전 등이다. 23건의 CAR-T 세포치료제 임상에서 CRS는 42~100%의 발생률을 보였는데, 심각한 수준의 CRS 발생률은 최대 46%였다.

ICANS는 CRS 발생과 밀접한 관련이 있다고만 알려져 있을 뿐 아직 정확한 발병 메커니즘은 알려지지 않았다. CRS로 인해 사이토카인이 지나치게 생성되면 중추신경계(central nervous system, CNS)의 혈관내피세포(endothelial cell)에 영향을 미칠 수 있다. 이때 혈관내피세포의 투과성(permeability)이 올라가는데, CNS를 구성하는 혈관의 투과성도 높아진다. CNS를 이루고 있는 혈관계는 CNS를 보호하기 위해 산소와 영양분 정도만 통과시킨다. 그런데 CRS로 투과성이 높아지면, CNS로 CAR-T 세포치료제와 사이토카인이 통과할 수 있는 조건으로 바뀐다. 그리고 이들이 뇌쪽으로 움직여 신경독성을 일으키는 것으로 추정한다.

ICANS 증상으로는 기면증(somnolence), 실어증(aphasia), 인지장애(cognitive disturbance), 발작(seizure), 뇌부종(cerebral edema) 등이 있다. ICANS는 CAR-T 세포치료제 임상시험에서 2~64%의 발생률을 보였으며, 심각한 수준의 ICANS 발생률은 최대 50%로 확인되었다.[19]

CAR-T 세포치료제의 독성은 심하다. CAR-T 세포 치료 매뉴얼에는 치료제를 투여받은 환자가 병원에 2시간 안에 도착할 수 있는 곳에, 4주 이상 대기해야 한다는 조건이 있다. 긴급한 상황이 생기면 바로 중환자실에서 치료를 받아야 하기 때문이다.

〔표 07_02〕 미국 FDA 허가 기준 CAR-T 세포치료제

타깃	기업	제품명	적응증	시판	임상 효능 결과*	임상 안전성 결과 (3등급 이상)	가격
CD19	노바티스	킴리아 (KYMRIAH®)	B세포 급성림프성 백혈병 (B-ALL; 25세 이하) 치료차수 3차	2017	CR 83% 24개월 RFS 62% mEFS 24개월	CRS 77%(48%) 신경독성 71%(22%)	47만 5,000달러
			미만성거대B세포 림프종(DLBCL) 치료차수: 3차	2018	ORR 53% CR 39% 36개월 DOR 60% mPFS 2.9개월 36개월 PFS 31%	CRS 74%(23%) 신경독성 60%(19%)	
			[가속승인] 여포성림프종(FL) 치료차수: 3차	2022	ORR 86% CR 69% 12개월 EFS 70.8%	CRS 53%(0%) 신경독성 43%(6%)	

타깃	기업	제품명	적응증	시판	임상 효능 결과*	임상 안전성 결과 (3등급 이상)	가격
CD19	길리어드 사이언스	예스카타 (YESCARTA®)	거대B세포림프종 (LBCL) 치료차수 2차	2017 (3차 치료)/ 2022(2차)	ORR 83% CR 65% mEFS 8.3개월	CRS 92%(7%) 신경독성 74%(25%)	37만 3,000달러
			[가속승인] 여포성림프종(FL) 치료차수 3차	2021	ORR 91% CR 60% mDOR 38.6개월 mPFS 40.2개월	CRS 84%(8%) 신경독성 77%(21%)	
		테카터스 (TECARTU- ST™)	[가속승인] 외투세포림프종 (MCL) 치료차수 2차	2020	ORR 87% CR 62% 24개월 PFS 48%	CRS 91%(18%) 신경독성 81%(37%)	
			B세포 급성림프성백 혈병(B-ALL) 치료차수 2차	2021	ORR 65% CR 52% mRFS 15.5개월 mDOR 13.6개월	CRS 92%(26%) 신경독성 87%(35%)	

타깃	기업	제품명	적응증	시판	임상 효능 결과*	임상 안전성 결과 (3등급 이상)	가격
CD19	BMS	브레얀지 (BREYANZI®)	거대B세포림프종 (LBCL) 치료차수 2차	2021(3차)/ 2022(2차)	ORR 87% CR 74% mEFS 10.1개월 18개월 mEFS 53%	CRS 46%(3.1%) 신경독성 33%(10%)	41만 달러
BCMA	BMS	아벡마 (ABECMA®)	다발성골수종(MM) 치료차수 5차	2021	ORR 72% CR 29% mPFS 11.1개월 mDOR 11.3개월	CRS 85%(9%) 신경독성 28%(4%)	41만 9,500달러
	존슨앤드 존슨	카빅티 (CARVYKTI™)	다발성골수종(MM) 치료차수 5차	2022	ORR 98% CR 78% mDOR 21.8개월	CRS 95%(5%) 신경독성 26%(11%)	46만 5,000달러

* 임상 효능 결과는 FDA 시판허가 데이터 기준으로 작성

천문학적인 비용

가장 큰 문제는 비용이다. 미국 기준으로 킴리아를 이용한 치료에는 47만 5,000달러,[20] 예스카타(YESCARTA ®, 성분명: Axicabtagene ciloleucel)를 이용한 치료에는 37만 3,000달러 정도의 비용이 들어간다.[21] CAR-T 세포치료제는 약물이 환자의 몸에 끼치는 독성 이외에도, 환자의 경제 상황에 끼치는 '재정적 독성(financial toxicity)'이 있는 셈이다. 물론 치료에 들어가는 모든 비용을 환자 개인이 부담하는 것은 아니다. 공보험과 사보험이 치료비를 부담하며 한국에서도 킴리아 치료 시 건강보험이 3억 6,000만 원 정도를 부담한다. 그러나 공보험이든 사보험이든 결국 누군가는 비용을 지불하는 것이기에, 천문학적 수준의 약값 문제를 해결해야만 한다.

CAR-T 세포치료제가 비싼 이유는 '과정 그 자체가 치료제'이기 때문이다. 2023년 기준 CAR-T 세포치료제는 환자 맞춤형으로 만들 수밖에 없다. 건강한 다른 사람의 T세포를 활용한 치료제를 만들어 환자에게 투여하면, 면역거부반응이 일어나면서 되려 환자의 장기를 공격할 수 있다. 즉 환자에게서 T세포를 추출하고, 해당 T세포의 유전자를 조작해 치료제로 만들어야 한다.

CAR-T 세포치료제는 혈액암 환자에게 T세포를 추출해 내는 것으로 시작한다. 보통 백혈구 성분채집술(Leukapheresis)을 활용한다. 환자의 백혈구를 먼저 추출하고 여기서 말초혈액단핵구(peripheral blood mononuclear cell, PBMC)를 분리한다. PBMC에

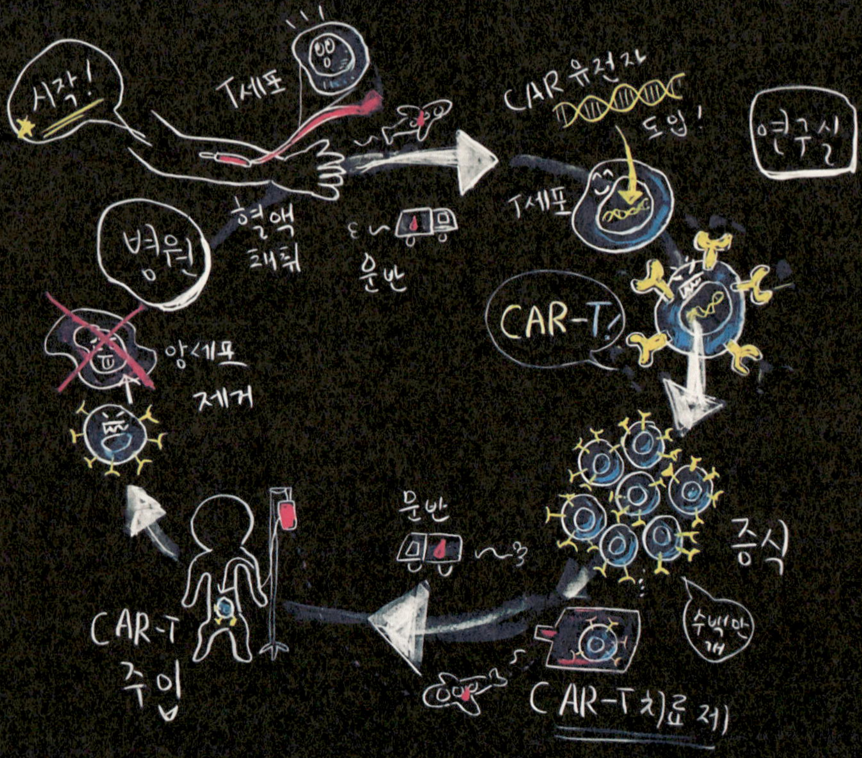

(그림 07_04) CAR-T 세포치료제 제작 과정

CAR-T 세포치료제는 환자에게서 시작해서 환자로 끝나는 과정 전체다. 환자에게 추출한 T세포를 생산시설로 보내, 유전자를 조작하고, 치료제로 쓸 만큼 증식해서, 다시 환자에게 투여한다. 생산시설이 전 세계에 몇 군데 없다보니 비행기로 운반해야 하고, 생산 과정에 필요한 렌티바이러스를 구하는 것도 어렵다. 이 모든 것은 CAR-T 세포치료제의 가격을 끌어 올린다. 즉 가격을 내릴 수 있는 기술을 개발하는 것이 과제로 주어진 셈이다.

는 T세포, B세포, NK세포 등이 포함된다. 백혈구 성분채집술을 수행하는 데 환자당 12~15L 정도의 혈액이 필요하다.[22] 건강한 성인 남성의 혈액이 5~6L 정도이니, 환자의 혈액에서 백혈구를 추출하면서 다시 환자 몸속으로 넣는 방식이다. 킴리아 제작의 경우 이렇게 PBMC를 모으는 데 3~6시간 정도 걸린다고 한다.[23]

이렇게 추출한 PBMC를 영하 120°C 상태로 얼려 CAR-T 세포치료제 생산시설이 있는 곳으로 보낸다. 해당 시설에서 T세포를 추출하는데, 2023년 현재 기준으로 킴리아를 생산할 수 있는 시설은 전 세계적으로 6곳이 전부다. 즉 한국에서 CAR-T 세포치료제를 처방받으려면, 환자에게 추출한 PBMC를 비행기에 태워 외국으로 보내야 한다.

이후 생산시설에 PBMC가 도착하면, T세포만 걸러내는 작업을 거친다. T세포를 모았다면 혈액암 환자의 암세포를 인지할 수 있도록 유전자를 조작한다. 유전자 조작에는 보통 렌티바이러스 벡터(lentiviral vector, LVV)가 활용된다. 바이러스는 증식을 위해 살아 있는 세포를 숙주로 삼는다. 즉 렌티바이러스에 CD19나 BCMA 단백질을 발현할 수 있는 유전자를 입력하면, 렌티바이러스는 T세포로 침투해 이 유전자를 T세포 유전자에 끼워 넣는다. T세포는 렌티바이러스로부터 전달받은 유전자 정보에 따라 CD19나 BCMA 단백질을 발현한다.[24]

그러나 렌티바이러스를 이용한 유전자 조작은 쉬운 일이 아니다. 또한 전 세계적으로 렌티바이러스를 제작하는 곳은 렌티젠(Lentigen), 옥스퍼드 바이오메디카(Oxford Biomedica) 등 몇 군데 정도라 충분한 수량을 확보하기 어렵다. 100명에게 투여할 만큼의 유전자를 조작할 렌티바이러스를 만든다고 하면 수십 억원 정도의 비용이 들어가는 것은 물론이고, 수요에 비해 공급이 턱없이 부족해 주문을 넣고 렌티바이러스를 확보하기까지 1년 정도 걸린다고 한다.

렌티바이러스를 이용해 T세포의 유전자를 조작했으면, 치료제로 쓸 수 있을 만큼 증식시켜야 한다. 이후 의약품으로 사용할 수 있는 여러 기준을 충족하는지 평가한 다음, 다시 비행기에 싣고 환자가 있는 병원으로 가지고 와서 환자에게 투여한다.

ALL 환자에게 CAR-T 세포치료제 처방이 결정되고 킴리아를 제조해 환자에게 투여하기까지 약 44일, 예스카타는 27일 정도가 걸린다. 말기 혈액암 환자의 수명이 몇 달 남짓이라는 것을 고려하면 짧은 기간이 아니다. 킴리아 임상에서 혈액암 환자 10명 가운데 1명은 CAR-T 치료제를 기다리다가 사망했다. 과장해서 말하면 CAR-T 세포치료제 생산시설로 가는 비행기가 하루 늦게 뜨거나, 반대로 만들어진 CAR-T 세포치료제를 실은 비행기가 하루 늦게 뜨는 것이 환자의 생사를 가를 수도 있다. 그리고 이 복잡하고 험난한 과정이 모두 CAR-T 세포치료제 생산에 들어가는 비용을 끌어올린다.

고형암

고형암 치료제로의 확장도 넘어야 할 벽이다. 2020년 기준, 혈액암은 새롭게 진단되는 암 가운데 6% 정도다.[25] 또한 혈액암은 미국에서 암으로 사망하는 환자 가운데 7%를 차지한다. CAR-T 세포치료제가 본격적인 항암제로 자리잡기 위해서는 더 많은 환자가 있는 고형암에서도 충분한 효능이 있음을 증명해야 한다.

CAR-T 세포치료제로 고형암을 타깃하기 어려운 점은 네 가지 정도다.[26] 우선 고형암에서는 혈액암에 비해 타깃하기 좋은, 암세포 표면에 있는 단백질(항원)을 찾기가 어렵다. 혈액암은 골수에서 각기 다른 혈액세포가 분화되는 과정에서 암 항원이 계통(lineage) 특이적으로 발현되지만, 고형암이 발현하는 암 항원은 대부분의 정상 조직에서도 발현된다. 이렇게 되면 CAR-T 세포치료제가 정상세포를 공격할 수 있다. 예를 들어 미국 국립암연구소(NCI)가 전이성 대장암 환자를 대상으로 HER2 타깃 CAR-T 세포치료제를 평가한 임상시험에서, 환자의 정상세포가 공격받아 CAR-T 세포치료제 투여 3일 후 사망하기도 했다.[27]

또한 고형암에서는 면역억제성 종양미세환경(immunosuppressive tumor microenvironment)으로 인해 T세포의 활성이 억제되는 문제가 있다. 종양미세환경은 면역 시스템이 암세포를 지나치도록 만들어진 암세포를 둘러싼 환경이다. 종양미세환경에는 조절T세포(regulatory T cell, Treg), 종양 관련 대식세포(tumor-

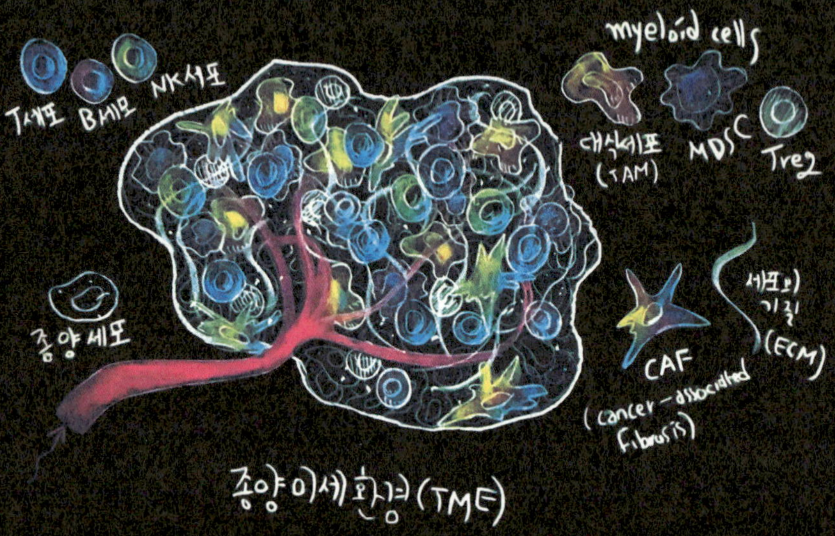

[그림 07_05] 종양미세환경

CAR-T 세포치료제가 고형암에서 치료 효과를 나타내려면 환자에게 투여한 CAR-T 세포치료제가 목표로 하는 고형암 조직으로 잘 찾아가(trafficking), 조직 안으로 침투해야(infiltration) 한다. 혈액암에서는 CAR-T 세포치료제가 타깃하는 암세포가 혈관과 림프절에 돌아다니기 때문에, 혈관으로 투여하는 CAR-T 세포치료제가 암세포를 만나 공격할 수 있는 확률이 높지만, 고형암은 그렇지 않다.

또한 고형암 조직에서는 T세포를 불러들이는 케모카인과 같은 신호 분자가 적게 분비되기 때문에 전신을 돌고 있는 T세포가 찾아가기가 어렵다. 일단 고형암 근처로 갔다고 하더라도, 혈관을 통과해 암 조직을 단단하게 둘러싸고 있는 기질(stroma)을 뚫고 침투해야 한다.

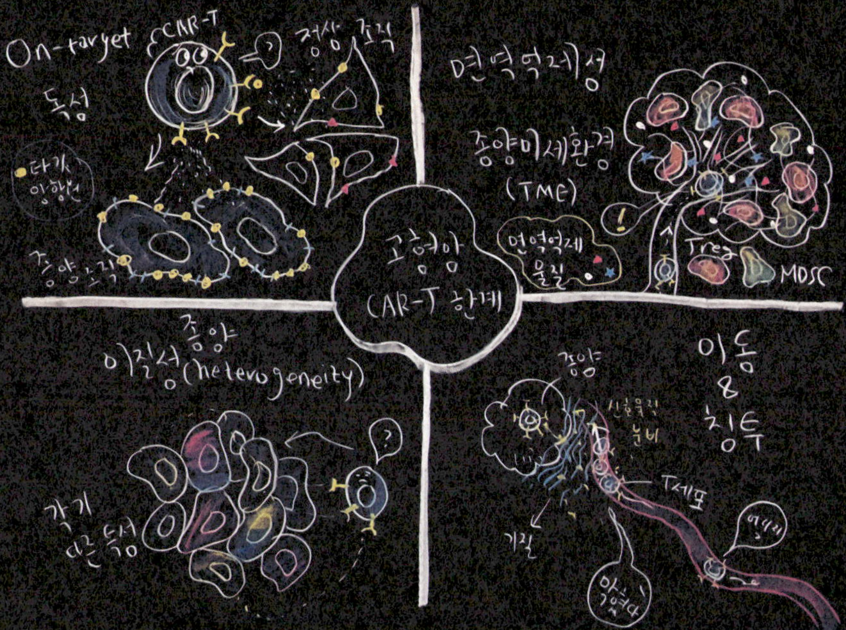

〔그림 07_06〕 CAR-T 세포치료제와 고형암

CAR-T 세포치료제가 혈액암 치료에서 보여준 효과가 고형암 치료에서도 나타난다면 이상적인 항암제가 될 것이다. 그러나 CAR-T 세포치료제가 고형암에서 효과를 나타내려면 고형암 조직까지 치료제가 이동하는 것부터, 암 조직을 이루는 종양미세환경을 돌파해, 이질적인 암세포들을 없애면서, 환자에게 치명적인 부작용을 일으키지 않아야 하는 문제를 풀어야 한다.

associated macrophage, TAM) 등 면역 시스템에서 비정상세포를 없애는 면역세포들이 제대로 활동할 수 없게 하는 환경이 조성되어 있다. 예를 들어 T세포 활성을 억제하는 물질을 분비하는 등의 방식이다. 여기에 더해 고형암의 종양미세환경은 T세포가 종양으로 침투(infiltration)하기 어렵게 만드는 물리적 특징이 있다. 종양미세환경을 구성하는 기질(stroma)이다. 기질은 물리적인 장벽이라서 T세포가 암세포 가까이로 이동하는 것을 가로막는다. CAR-T 세포치료제도 T세포를 바탕으로 하고 있기에, 종양미세환경에서 제대로 작동하기 어렵다.

암세포가 발현하는 항원의 이질성(heterogeneity) 문제도 있다. 고형암은 혈액암과 달리 한 환자의 암세포들 사이에서도 항원의 발현 유무, 발현 정도가 다르다.[28] 이 때문에 고형암의 특정 항원을 타깃하는 CAR-T 세포치료제가 모든 암세포에 균일한 효과를 내기 어렵다. 예를 들어 대표적인 고형암 항원인 HER2도 최대 34%의 유방암 환자에게서 항원이 이질적으로 발현된다는 연구 결과가 있다.[29]

그러나 T세포는 암세포를 가장 잘 공격할 수 있으며, CAR-T는 1회 투여로만 혈액암 환자에게서 암을 효과적으로 없앴다. 때문에 CAR-T 세포치료제를 고형암에 적용해보려는 시도는 계속된다. 대표적으로 TCR-T(T cell receptor-engineered T) 세포치료제 개념이 있다. T세포는 TCR을 통해 MHC-펩타이드 복합체로 암항원을 인지해 활성화된다. 그런데 TCR-T는 세포 안에 있는 항원

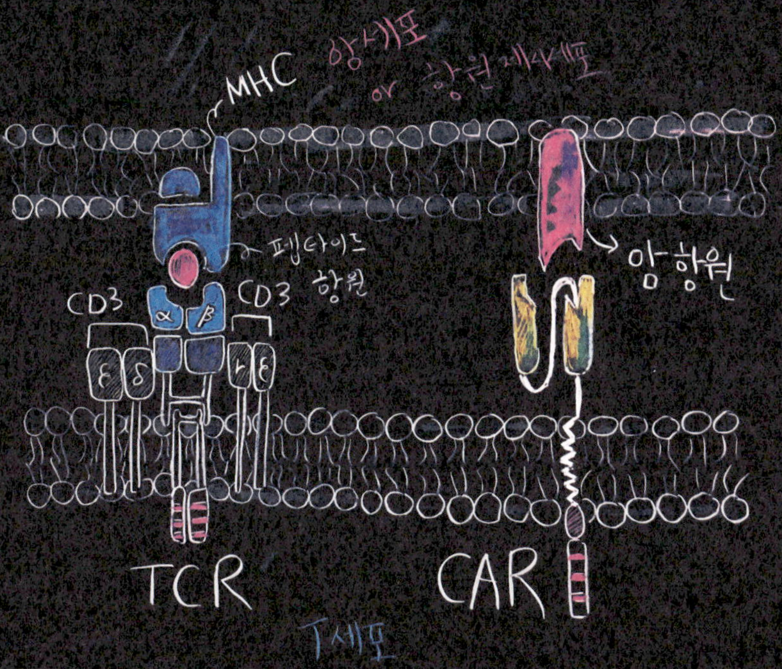

〔그림 07_07〕 TCR-T 세포치료제와 CAR-T 세포치료제

TCR-T 세포치료제라는 개념은 CAR-T 세포치료제의 개념과 비슷하지만, 고형암에서 치료 효과를 낼 수 있을 것이라 기대하게 만든다. 다만 2023년 현재 개념입증을 위해 여러 바이오테크가 연구를 하고 있는 단계다.

을 인지할 수 있다. 즉 세포 안에 있는 항원을 인식할 수 있어, 고형암 표면에 부족한 타깃 문제를 해결할 수 있다.[30] 또한 TCR-T 세포치료제는 활성화에 필요한 항원의 개수가 1~50개 정도로, 1,000개 정도의 항원이 필요한 CAR-T 세포치료제에 비해 적다. 적은 수의 항원만 인지해도 T세포 치료제가 활성화될 수 있다.[31] 다만 T세포는 MHC를 통해 정밀하게 암 항원을 인지하기 때문에, TCR-T 조작은 매우 까다롭다. 2023년 현재 기준 TCR-T 세포치료제는 아직 뚜렷한 결과를 내지 못하고 있지만, 도전은 이어지고 있다.

극복하기만 하면
가장 이상적인 항암제

CAR-T 세포치료제는 더 이상 치료할 수 있는 방법이 없다는, 그래서 사망선고를 받은 환자를 살려냈다. 의료진이 치료를 포기했던 5살 어린이 에밀리 화이트헤드는 이제 어른이 되었다. CAR-T 세포치료제가 가장 이상적인 항암제라는 점에서 다른 의견을 내기 어렵지만, 반대로 가장 현실적인 항암제가 되기에는 아직 풀어야 할 문제들이 많다. 물론 문제를 풀기 위해 도전하는 움직임도 활발하다.

2023년 현재 기준으로 CAR-T 세포치료제를 좀더 가치롭게 쓸 수 있는 방법은 처방 시기를 앞당기는 것이다. 여러 바이오테크와 연구자들이 CAR-T 세포치료제의 문제를 풀기 위해 노력하고 있지만, 곧바로 성과를 기대하기 어렵다. 그러나 치료할 수 있는 시간이 그리 길지 않은 암 환자 입장에서는 CAR-T 세포치료제를 투여받기 위해 기다리는 시간조차 빠듯하다.

2022년 3월 한국에서 B세포 급성림프성백혈병(B cell precursor acute lymphoblastic leukemia, B-ALL)과 DLBCL 치료를 위한 킴리아 처방에 건강보험이 적용되었다. 건강보험 비급여 시 킴리아 1회 투약비용은 약 4억 원이지만, 건강보험 적용 시 환자가 부담하는 비용은 최대 598만 원이다. 비용 문제에서 도움을 받을 수 있지만 시간 문제까지 해결된 것은 아니다. 급여 적용은 DLBCL의 경우, 사전에 2가지 이상의 전신치료 후 재발하거나 치료에 불응한 성인이어야 3차 이상 치료제로 킴리아를 사용할 수 있다. B-ALL의 경우 25세 이하의 소아 또는 젊은 성인 환자 가운데 이식 후 재발 또는 2차 재발, 이후의 재발이나 불응 등이 나타난 경우 2차 또는 3차 이상의 치료제로 가능하다.

즉 모두 말기 암 환자들에게만 처방할 수 있다. 그런데 CAR-T 세포치료제는 제작하는 데만 길게는 2개월이 걸린다. 따라서 투약을 기다리다 사망할 가능성이 있다. 환자가 CAR-T 세포치료제가 제작되는 동안 아슬아슬하게 기다리지 않고, 좀더 안정적인 상태에서 투여받을 수 있어야 한다. CAR-T 세포치료제 처방을 좀더 앞당기는 문제다. 이를 위해 과학적인 근거를 마련하는 시도가 이어지고 있다. 길리어드 사이언스와 BMS는 CAR-T 세포치료제의 적응증을 초기 환자로 옮기는 데 성공했다. 2022년 길리어드 사이언스는 CD19 CAR-T 세포치료제 예스카타를 DLBCL 2차 치료제로 처방하는 승인을 미국 FDA로부터 받았다. 같은 해 BMS도 CD19 CAR-T 세포치료제 브레얀지(BREYANZI®, 성분명: Lisocabtagene maraleucel)를 DLBCL 2차 치료제로 처방할 수 있는 승인을 미국 FDA로부터 받았다.

CAR-T 세포치료제 생산과 관련된 기술을 개발해내는 것도 필요하다. 제도가 줄여줄 수 있는 시간에는 한계가 있다. 결국 이 한계를 극복할 수 있는 것은 과학과 기술이다. CAR-T 세포치료제의 제작 기간 자체를 줄이는 과학과 기술의 개발이다. 노바티스(Novartis)는 CAR-T 세포치료제의 제작 기간을 2일 이내로, 제조부터 투여까지는 10일 이내로 줄이는 T-Charge 플랫폼 기술을 개발하고 있다.

T-Charge 플랫폼은 노바티스의 기존 CAR-T 세포치료제 제조 공정 가운데, T세포를 증식시키는 기간을 줄이는 데 집중한다. 환자 몸 밖에서(ex vivo) T세포를 증식해서 환자에게 투여하는 것이 아니라, 환자에게 CAR-T 세포치료제를 투여한 다음 환자 몸 안(in vivo)에서 CAR-T 세포를 증식시키는 방법이다. T-Charge 플랫폼으로 제조한 CAR-T 세포치료제는 미접촉 T세포(naïve T cell)와 스스로 복제(self-renewal)가 가능하고, 작용 T세포(effector T cell)로 분화할 수 있는 T_{scm}(T memory stem cell) 의 비율이 높다. T_{scm}은 줄기세포와 유사한(stem cell like) 능력을 갖고 있어 오래 생존하며, 분열 능력도 좋다. 노바티스는 T-Charge 기술

을 적용한 BCMA 타깃 다발성골수종 대상 CAR-T 세포치료제인 PHE885도 개발하고 있다.

CAR-T 세포치료제의 생산을 극복할 수 있는 또 다른 접근법은 동종유래(allogeneic) 세포치료제다. 동종유래 세포치료제는 크게 두 가지로 나뉜다. CAR-T 세포치료제의 원료인 T세포를 공여자로부터 공여받았을 때, 환자에게 면역거부반응이 일어나지 않도록 유전자 조작을 하는 방식이다. 이를 위해 TCR이 발현되지 않도록 만드는 방법이 있다. 이 경우 CAR-T 세포치료제가 고유의 TCR을 발현하지 않고, 환자의 MHC와 만나도 면역반응을 일으키지 않는다. 두 번째는 T세포가 아닌 다른 면역세포를 이용하는 방법이다. 면역거부반응 우려가 없는 NK세포, 감마델타T세포(γδ T), NKT세포 등을 이용하는 방법이다.

다만 2023년 현재 동종유래 방식은 환자 몸속에서 6개월 이상 지속되지 못하면서 암이 재발하는 문제를 보이고 있다. 만약 동종유래 방식의 체내 지속성을 늘리는 기술이 개발된다면, 건강한 사람의 혈액을 추출해 동종유래 세포치료제를 미리 만들어 두고, 치료제가 필요할 때 곧바로 공급해 1회 또는 다회 투여만으로 암 환자를 치료하는 장면을 상상해볼 수도 있을 것이다.

암의 재발 문제는 좀더 지켜볼 필요가 있다. CAR-T 세포치료제를 투여받은 환자 가운데 많게는 80~90%에게서 암이 사라졌지만, 여전히 병이 진행되어 사망에까지 이르는 환자가 있다. 암이 CAR-T 세포치료제의 공격을 피하는 메커니즘으로, 암세포 표면에 아예 항원의 발현을 줄이거나 없애버리는 항원소실(antigen escape)이 있다. CD19 CAR-T 세포치료제를 투여받은 30% 환자에게는 항원소실이 나타난다. 암 세포가 항원 자체를 두지 않으니 CAR-T 세포치료제가 효과를 내기 어렵다. 이에 따라 CD19/CD20과 같이 두 가지 항원을 타깃하는 이중항체 CAR-T 세포치료제도 연구되고 있다.

도전해볼 만한 영역이 아닌 도전해야만 하는 영역

CAR-T는 의료진과 환자에게는 기적의 치료제였으나, 2020년대 초반까지만 해도 약을 만드는 제약기업에게는 '많이 팔기는 힘든' 치료제라는 인식이 강했다. 복잡한 제조과정과 부작용 이슈 때문이었다. 그러나 2023년을 기점으로 CAR-T 세포치료제를 보는 눈길이 달라지기 시작했다. 2017년 길리어드 사이언스는 CAR-T 세포치료제를 개발하고 있던 카이트파마(Kite Pharma)를 119억 달러를 주고 인수했다. 그리고 5년 후에 CD19 CAR-T 세포치료제 2개를 개발해 15억 달러어치를 임상 현장에 공급했다. 제약기업이나 바이오테크 입장에서 CAR-T 세포치료제도 개발에 따른 수익을 볼 수 있다는 것을 보여준 것이었다. 길리어드 사이언스를 시작으로 BMS, 노바티스, 존슨앤드존슨도 CAR-T 세포치료제로 상업화에서

의미 있는 성과를 내기 시작했다.

한국에서는 바이오테크 큐로셀(Curocell)과 앱클론(AbClon)이 CAR-T 세포치료제 분야에 도전하고 있다. 큐로셀은 환자의 몸속에서 T세포의 활성을 떨어뜨리는 핵심 면역관문인자가 PD-1과 TIGIT인 점에 주목했다. 이에 따라 CAR-T 세포치료제가 두 면역관문분자를 낮게 발현하도록 엔지니어링하는 OVIS™(OVercome Immune Suppression) 기술을 개발하고 있다. 2021년 큐로셀은 OVIS™ 기술이 적용된 CD19 CAR-T 안발셀(Anbal-cel, 성분명: Anbalcabtagene autoleucel)로 삼성서울병원에서 임상시험에 들어갔다. 림프종 환자 11명를 대상으로 진행한 임상1상에서 완전관해(CR) 82%를 확인했고, 부작용 문제는 없었다. 이 결과를 바탕으로 재발성 또는 불응성 거대B세포림프종(LBCL) 환자를 대상으로 한국에서 임상2상을 진행해, 2023년 말 완료될 예정이다.

큐로셀은 아직 치료제가 없는 T세포 림프종(T cell lymphoma)을 치료할 수 있는 CD5 CAR-T 세포치료제 개발에도 도전하고 있다. 한국에서 T세포 림프종은 환자 수가 1,000여 명 수준의 희귀질환에 속한다. 그리고 1차 치료제로 화학 항암제 병용요법을 받은 이후 환자의 3년 생존율이 50% 정도로 난치성 질병이기도 하다. T세포 림프종의 악성 T세포는 정상 T세포와 동일한 항원을 발현한다. 이 때문에 CAR-T 세포치료제를 환자에게 주입하면 두 T세포가 서로를 인지해 사멸시키는 동족살해(fratricide) 문제가 발생할 수 있다. 큐로셀은 이 문제를 CD5 에피토프(epitope)로 풀어

볼 수 있을 것으로 본다.

한국 바이오테크 앱클론도 CAR-T 세포치료제를 개발하고 있다. 2023년 6월 앱클론은 미국 임상종양학회(ASCO)에서 기존 CD19 CAR-T 세포치료제와 다른 새 에피토프를 적용한 CD19 CAR-T 세포치료제 후보물질인 AT101의 임상1상 최종 결과에서 완전관해(CR) 67%를 확인한 결과를 발표했다. 기존 CD19 CAR-T 세포치료제들이 CD19 여러 부위 가운데 세포막에서 멀리 떨어진 곳(엑손 3~4)에 결합한다면, AT101은 세포막에 가까운(membrane-proximal) 곳에 있는 에피토프(엑손 2)를 타깃한다.

AT101로 재발성 또는 불응성 B세포 비호지킨림프종(NHL) 환자인 DLBCL 환자를 대상으로 한 임상1상에서 유효성과 안전성을 확인했다. 2023년 6월, 미국 임상종양학회(ASCO)에서 AT101의 B세포 림프종 임상1상에서 전체반응률(ORR) 92%와 완전관해(CR) 67%를 확인한 결과를 공개했다. 이후 완전관해(CR) 비율은 75%까지 개선됐다.

앱클론은 CAR-T의 부작용과 함께 고형암에서 나타나는 항원 이질성(heterogeneity) 극복에 도전한다. 앱클론은 마치 스위치를 켜고 끄는 것과 같이, CAR-T 세포치료제 활성을 조절하는 스위처블(switchable) zCAR-T 세포치료제도 개발한다. 2015년부터 서울대 의대 정준호 교수팀과 공동연구를 진행하는 프로젝트다. zCAR-T는 그냥 투여하면 활성이 없거나 낮은 'off' 상태지만, zCAR-T를 활성화시킬 수 있는 스위치 분자를 투여하면 'on' 상태가 되어 활성화하는 개념이다.

미국 바이오테크 페프로민바이오(PeproMene Bio)는 미국 시티 오브 호프(City of Hope) 종합 암 센터의 한국계 미국인 래리 곽(Larry Kwak) 박사팀의 기술과 한국 자본이 만나 2016년에 설립되었다. 페프로민바이오는 B세포가 발현하는 BAFFR(B cell activating factor receptor)를 타깃하는 CAR-T 세포치료제를 개발하고 있다. 이는 아직 마땅한 대안이 없는 CD19 재발 혈액암 치료제에 대한 도전이다.

BAFFR은 NF-κB(Nuclear factor kappa-light-chain-enhancer of activated B cells)를 활성화한다. NF-κB는 세포의 정상적인 생존에 관여하는 단백질 복합체이기에 항원 소실(antigen loss) 가능성이 낮을 것으로 기대된다. CD19 CAR-T 세포치료제를 투여받은 환자의 30%에게서 항원 소실 등을 이유로 재발이 일어난다. 한편 CD19와 비교해 BAFFR은 초기 B세포(pro/pre-B cell)에서는 발현하지 않지만, 모든 B세포 비호지킨림프종(B-NHL) 하위 타입에 걸쳐 발현된다. 즉 '신규 타깃'과 '생물학적인 특성'은 재발 환자를 대상으로 BAFFR CAR-T 세포치료제 개발을 시도해보는 근거가 됐다.

2023년 10월, 페프로민바이오는 NHL 환자를 대상으로 BAFFR CAR-T 세포치료제를 투여한 임상1상의 첫 코호트(cohort) 결과를 발표했다. BAFFR CAR-T 세포치료제는 첫 코호트에 속하는 외투세포림프종(MCL) 환자 2명과 거대B세포 림프종(LBCL) 환자 1명 모두에게서 암이 사라지는 완전관해(CR) 반응을 일으켰다. 또한 MCL 환자 2명은 이전에 CD19 CAR-T 세포치료제를 투여받고 불응하거나 재발한 환자였으며, 모두 나쁜 예후를 갖는 TP53 변이를 가진 케이스였다. BAFFR CAR-T 세포치료제가 시판된다면, CD19 CAR-T 세포치료제를 투여받아다가 재발한 환자를 치료할 수 있다는 희망이 될 것이다. CRS나 신경독성 모두 1등급 수준으로 안전성도 확인되었다. 이 결과를 바탕으로 페프로민바이오는 임상 사이트를 확대할 계획이다.

CAR-T 세포치료제와 자가면역질환

CAR-T 세포치료제의 장점은 1회 투여로 오랫동안 효과를 볼 수 있다는 점이다.[32] 그렇다면 자가면역질환에서도 CAR-T 세포치료제를 적용할 수 있지 않을까? 2022년 프리드리히 알렉산더 대학과 독일면역요법센터(DZI) 연구팀은 자가면역질환에서 CD19 CAR-T 세포치료제의 가능성을 보여주는 결과를 『네이처 메디슨(*Nature Medicine*)』에 발표했다(doi: 10.1038/s41591-022-02017-5). 연구팀은 B세포 마커인 CD19를 타깃하는 CAR-T 세포치료제로 자가면역 활성을 일으키는 B세포를 사멸시켜 면역체계를 다시 정상화시키는(immune reset) 방식을 이용했다.

전신홍반루푸스(systemic lupus erythematosus, SLE)는 면역체계 이상으로 발병하는 자가면역질환이다. SLE의 정확한 원인은 밝혀지지 않았으나 특정 유전자 변이, DNA 메틸레이션(methylation) 등의 유전적 요인과 감염, 자외선 등의 환경적 요인 등이 복합적으로 작용하는 것으로 추정한다. SLE 환자에게는 자기 자신을 공격하는 자가항체(autoantibody)가 만들어지며, 염증 반응으로 인해 피부 발진, 피로, 관절염 등이 나타난다. 증상이 심해지면 신장, 폐, 심장 등 주요 장기가 손상되어 사망한다.

연구팀은 치료 대안이 없는 SLE 환자에게 CD19 CAR-T 세포치료제를 투여했을 때 최대 17개월 동안 SLE 증상이 사라진 관해(remission)가 유지된 것을 확인했다. SLE 증상이 악화되고 있는 5명의 환자를 대상으로 자가유래 CD19 CAR-T 세포치료제를 투여하자 모든 환자에게서 증상이 사라졌다. 또한 5~17개월(중앙값 8개월)의 추적관찰 기간 동안 재발도 없었으며, 치료 효과도 유지됐다. 한편 노바티스, BMS, 카발레타 바이오(Cabaletta Bio) 등의 기업들도 초기 임상에서 자가면역질환 환자에게서 CD19 CAR-T 세포치료제와 BCMA CAR-T 세포치료제의 치료 효능을 평가하고 있다.

〔표 07_03〕 국내 세포치료제 임상 프로젝트

세포	기업	설립	기술	프로젝트	타깃	적응증	임상	돌입 시점, 완료 시점	임상 결과	NCT#	비고
T세포	큐로셀	2017	shRNA로 CAR-T 활성억제 면역관문 PD-1, TIGIT 발현 저해	안발셀	CD19	LBCL	국내 임상 1/2상	임상 시작~ 완료 예정 (2021.03~ 2028.02) ALL 대상 국내 1상 시작 (2023.07~)	1상 최종 결과 CR(ORR) 82% (9/11), 3등급 CRS 18% 2상 중간 결과 CR 71% ORR 84%, 3등급 이상 CRS 14.6%, 3등급 이상 ICANS 7.3%	NCT04836507	
	앱클론	2010	시판된 CD19 CART (FMC63)와 다른 신규 에피토프 타깃	AT101	CD19	B세포 림프종	국내 임상 1/2상	임상 시작~ 완료 예정 (2022.03~ 2030.09)	1상 최종 결과 CR 66.7% (8/12) ORR 91.7% (11/12), 3등급 이상 CRS 8.3% 3등급 이상 ICANS 8.3%	NCT05338931	

세포	기업	설립	기술	프로젝트	타깃	적응증	임상	돌입 시점, 완료 시점	임상 결과	NCT#	비고
T세포	티카로스	2018	CTLA4 신호 전달 억제	TC011	CD19 (핵심기술 적용 안된 형태)	B세포 림프종	국내 임상 1/2a상	식약처 IND 승인(2023.03)			국립 암센터에서 핵심 기술 L/I
	바이젠셀	2013	항원 도입 수지상세포를 이용해 세포독성 T세포(CTL)로 분화 유도	VT-EBV-N	LMP1, LMP2a	EBV+ NK/T 세포 림프종	국내 임상2상	임상 시작~ 완료 예정 (2019.04~ 2024.06)	연구자 임상1상 결과 5년 RFS 달성 환자 90%, 5년 OS 달성 환자 100%	NCT03671850	2020년 보령제약과 국내 독점 판매 계약
				VT-Tri(1)-A	WT1, Survivin, TERT	급성 골수성 백혈병	국내 임상1상	임상 시작 (2022.02)			
	셀랩메드	2019	교모세포종에서 과발현되는 IL13Rα2 타깃	CLM-103 (YYB-103)	IL13Rα2	뇌교종	국내 임상1상	임상 시작~ 완료 예정 (2022.07~ 2024.04)		NCT05540873	유영제약 스핀오프
	네오젠TC	2020	종양침윤 림프구(TIL) 표준화 생산 공정 구축중	NEOG-100	TIL	삼중 음성 유방암 비소세포폐암	국내 임상1상	식약처 IND 승인(2023.07)			

세포	기업	설립	기술	프로젝트	타깃	적응증	임상	돌입 시점, 완료 시점	임상 결과	NCT#	비고
T세포	GC셀	2011	환자 혈액 유래 T세포	이뮨셀엘씨	T세포	간세포암 수술후 보조요법	식약처 시판허가	식약처 허가 (2007)	재발 혹은 사망 위험 36% 감소		
NK 세포			동종 제대혈 유래 NK세포. 유전자 편집 거치지 않음	AB-101	CD20 항체 병용해 ADCC 이용	B세포 림프종	미국 임상1/2상 AB-101 단독 혹은 CD20 항체 병용 투여 평가	임상 시작~ 완료 예정 (2021.03 ~2024.11)	1상 초기 결과 병용투여 CR43%(3/7) ORR 57% 단독투여 ORR 27%	NCT04673617	아티바가 진행. 아티바가 아시아, 오세아니아 지역 제외 글로벌 권리 보유
					NK세포 인게이저 병용	CD30+ 림프종	미국 임상2상 아피메드 CD30xC-D16A NK세포 인게이저 병용투여 평가	임상 시작 예정~ 완료 예정 (2023~ 2027.11)	연구자 임상 1/2상 결과 (ASH 2022) ORR 94% (33/35) CR 71%	NCT05883449	아피메드와 공동개발. 아피메드가 진행

세포	기업	설립	기술	프로젝트	타깃	적응증	임상	돌입 시점, 완료 시점	임상 결과	NCT#	비고
NK 세포	GC셀	2011	동종 제대혈 유래 NK세포. 유전자 편집 거치지 않음	AB-101	CD20 항체 병용해 ADCC 이용	루푸스 신염	미국 임상1상 CD20 항체 병용투여 평가	미국 IND 승인 (2023.08)			아티바가 진행
			동종 제대혈 유래 CAR-NK세포	AB-201	HER2	HER2+ 고형암	미국 임상 1/2상	임상 시작 예정~ 완료 예정 (2023~ 2027.04)		NCT05678205	아티바가 진행. 아티바가 아시아, 오세아니아 지역 제외 글로벌 권리 보유
	지아이셀	2018	말초혈액단핵구(PBMC) 유래 동종 NK세포	GIC-102	NK세포	고형암	국내 임상1상	임상 시작~ 완료 예정 (2023.04~ 2026.06)		NCT05880043	

주

1 MSD 메뉴얼 (2021) 소아암 개요. https://www.msdmanuals.com/ko-kr/%ED%99%88/%EC%95%84%EB%8F%99%EC%9D%98-%EA%B1%B4%EA%B0%95-%EB%AC%B8%EC%A0%9C/%EC%86%8C%EC%95%84%EC%95%94/%EC%86%8C%EC%95%84%EC%95%94-%EA%B0%9C%EC%9A%94 (검색일: 2023.06.01.)

2 MSD 메뉴얼 (2022) 급성 림프모구 백혈병(ALL). https://www.msdmanuals.com/ko-kr/%ED%99%88/%ED%98%88%EC%95%A1-%EC%A7%88%ED%99%98/%EB%B0%B1%ED%98%88%EB%B3%91/%EA%B8%89%EC%84%B1-%EB%A6%BC%ED%94%84%EA%B5%AC%EC%84%B1-%EB%B0%B1%ED%98%88%EB%B3%91-all (검색일: 2023.06.01.); 서울아산병원 질환백과 급성림프모구백혈병(Acute lymphoblastic leukemia). https://www.amc.seoul.kr/asan/mobile/healthinfo/disease/diseaseDetail.do?contentId=31778 (검색일: 2023.06.01.)

3 Rosenbaum L. (2017) Tragedy, Perseverance, and Chance — The Story of CAR-T Therapy. *N Engl J Med.* 377, 1313-1315.

4 The Children's Hospital of Philadelphia (2022) Emily Whitehead, First Pediatric Patient to Receive CAR T-Cell Therapy, Celebrates Cure 10 Years Later. https://www.chop.edu/news/emily-whitehead-first-pediatric-patient-receive-car-t-cell-therapy-celebrates-cure-10-years (검색일: 2023.06.01.)

5 Kalos M. et al. (2011) T Cells with Chimeric Antigen Receptors Have Potent Antitumor Effects and Can Establish Memory in Patients with Advanced Leukemia. *Sci Transl Med.* 3, 95ra73.

6 Lowery F.J. et al. (2022) Molecular signatures of antitumor neoantigen-reactive T cells from metastatic human cancers. *Science.* 375, 877-884.

7 Dhatchinamoorthy K. et al. (2021) Cancer Immune Evasion Through

Loss of MHC Class I Antigen Presentation. *Front Immunol.* 12, 636568.
8 Wang K. et al. (2012) CD19: a biomarker for B cell development, lymphoma diagnosis and therapy. *Exp Hematol Oncol.* 1, 36.
9 Kipps T.J. et al. (2017) Chronic lymphocytic leukaemia. *Nat Rev Dis Primers.* 3, 16096.
10 The Children's Hospital of Philadelphia (2022) Emily Whitehead, First Pediatric Patient to Receive CAR T-Cell Therapy, Celebrates Cure 10 Years Later. https://www.chop.edu/news/emily-whitehead-first-pediatric-patient-receive-car-t-cell-therapy-celebrates-cure-10-years (검색일: 2023.06.02.)
11 Grupp S.A. et al. (2013) Chimeric Antigen Receptor–Modified T Cells for Acute Lymphoid Leukemia. *N Engl J Med.* 368, 1509-1518.
12 The Children's Hospital of Philadelphia (2014) Personalized Cellular Therapy Achieves Complete Remission in 90 Percent of Acute Lymphoblastic Leukemia Patients Studied. https://www.chop.edu/news/personalized-cellular-therapy-achieves-complete-remission-90-percent-acute-lymphoblastic (검색일: 2023.06.06.)
13 Kevin Dunleavy (2022) Novartis' Kymriah posts strong 5-year data in ALL after setback in label expansion bid. *Fierce Pharma.* https://www.fiercepharma.com/pharma/amid-struggles-car-t-kymriah-novartis-posts-strong-survival-data-all (검색일: 2023.06.06.)
14 Gilead Sciences (2021) U.S. FDA Approves Kite's Tecartus® as the First and Only Car T for Adults With Relapsed or Refractory B-cell Acute Lymphoblastic Leukemia. https://www.gilead.com/news-and-press/press-room/press-releases/2021/10/us-fda-approves-kites-tecartus-as-the-first-and-only-car-t-for-adults-with-relapsed-or-refractory-bcell-acute-lymphoblastic-leukemia (검색일: 2023.06.06.)
15 김성민 (2021) DLBCL 치료 언멧니즈로 본 '킴리아'..국내시판 의미는?. *BioSpectator.* http://www.biospectator.com/view/news_view.php?varAtcId=12803(작성일: 2021.03.25.)

16 Yu B. and Liu D. (2020) BCMA-targeted immunotherapy for multiple myeloma. *J Hematol Oncol.* 13, 125.

17 Awasthi R. et al. (2020) Tisagenlecleucel cellular kinetics, dose, and immunogenicity in relation to clinical factors in relapsed/refractory DLBCL. *Blood Adv. 4*, 560-572.

18 Vyver A.J. Van De et al. (2021) Cytokine Release Syndrome By T-cell–Redirecting Therapies: Can We Predict and Modulate Patient Risk? *Clin Cancer Res.* 27, 6083-6094.

19 Xiao X. et al. (2021) Mechanisms of cytokine release syndrome and neurotoxicity of CAR T-cell therapy and associated prevention and management strategies. *J Exp Clin Cancer Res.* 40, 367.

20 Eric Sagonowsky (2017) At $475,000, is Novartis' Kymriah a bargain—or another example of skyrocketing prices?. *Fierce Pharma.* https://www.fiercepharma.com/pharma/at-475-000-per-treatment-novartis-kymriah-a-bargain-or-just-another-example-skyrocketing (검색일: 2023.06.08.)

21 Brittany Meiling (2017) Kymriah, Yescarta found 'cost-effective' in treating cancer, despite high price. *Endpoints News.* https://endpts.com/kymriah-yescarta-found-cost-effective-in-treating-cancer-despite-high-price/ (검색일: 2023.06.08.)

22 Korell F. et al. (2020) Current Challenges in Providing Good Leukapheresis Products for Manufacturing of CAR-T Cells for Patients with Relapsed/Refractory NHL or ALL. *Cells.* 9, 1225.

23 Novartis. KYMRIAH® U.S. PRESCRIBING INFORMATION. https://www.novartis.com/us-en/sites/novartis_us/files/kymriah.pdf (검색일: 2023.06.02.)

24 Irving M. et al. (2021) Choosing the Right Tool for Genetic Engineering: Clinical Lessons from Chimeric Antigen Receptor-T Cells. *Hum Gene Ther.* 32, 1044–1058.

25 Bristol Myers Squibb (2020) Disease State Infographics: Blood Cancers.

https://www.bms.com/media/media-library/disease-state-infographics/blood-cancers-at-a-glance.html (검색일: 2023.06.08.)

26 Sterner R.C. and Sterner R.M. (2021) CAR-T cell therapy: current limitations and potential strategies. *Blood Cancer J.* 11, 69.; Marofi F. et al. (2021) CAR T cells in solid tumors: challenges and opportunities. *Stem Cell Res Ther.* 12, 81.

27 Morgan R.A. et al. (2010) Case Report of a Serious Adverse Event Following the Administration of T Cells Transduced With a Chimeric Antigen Receptor Recognizing ERBB2. *Mol Ther.* 18, 843-51.

28 Chen N. et al. (2018) Driving CARs on the uneven road of antigen heterogeneity in solid tumors. *Curr Opin Immunol.* 51, 103-110.

29 Hamilton E. (2021) Targeting HER2 heterogeneity in breast cancer. *Cancer Treat Rev.* 100, 102286.

30 Tsimberidou A.M. et al. (2021) T-cell receptor-based therapy: an innovative therapeutic approach for solid tumors. *J Hematol Oncol.* 14, 102.

31 Baulu E. et al. (2023) TCR-engineered T cell therapy in solid tumors: State of the art and perspectives. *Sci Adv.* 9, eadf3700.

32 신창민 (2022) 獨연구팀, 'CD19 CAR-T' 루푸스 환자서 "관해 확인". *BioSpectator.* http://www.biospectator.com/view/news_view.php?varAtcId=17244 (작성일: 2022.09.22.)

4부

RNA 치료제

08

mRNA

messenger RNA

왜 모든 단백질을 한꺼번에 만들지 않는 것일까?[1]

박테리아를 당이 들어 있는 배지에서 기르면, 박테리아는 당을 분해하는 효소를 만든다. 그런데 박테리아를 당이 없는 배지에서 기르면 당을 분해하는 효소를 만들어내지 않는다. 같은 박테리아라면 같은 유전 정보를 가지고 있을 텐데, 왜 특정한 환경에서만 발현되는 효소(단백질)가 있는 것일까?

파스퇴르 연구소의 자크 모노(Jacques Monod), 프랑수와 자코브(François Jacob), 프랑수와 그로(François Gros) 연구팀은 유전자 정보 읽는 방법을 연구하고 있었다. 그런데 박테리아가 당이 들어 있는 배지에서만 당을 분해하는 효소를 만들어낸다는 사실을 발견했다. 연구팀은 특정 조건이 되면 유전자에서 특정 단백질을 만들어 내는 '조절 메커니즘'이 있을 것이라고 생각했다.

특정한 조건에서 특정한 단백질이 만들어진다면, 발현하는 모든 단백질에 대한 정보를 담고 있는 DNA가 통째로 작동해서는 안 될 것이다. 따라서 DNA 가운데 일부분의 정보만을 이용할 수 있어야 하고, 이렇게 하려면 부분적으로 DNA를 사용해야 한다. 즉 딱 필요한 부분의 DNA 정보를 복사하고, 이 복사본을 가지고 특정 단백질을 만들면 될 것이다. 1961년 파스퇴르 연구소 연구팀은 특정한 조건에서 특정한 단백질을 만들기 위해 DNA의 일부분을 복사한 물질을 찾았다. 이 물질이 세포에서 단백질을 합성하는 리보솜

(ribosome)으로 이동해 특정 단백질이 만들어지는 것이었다. 연구팀은 DNA에 담겨 있는 메시지를 전달하기 위해 만들어진 물질이라는 뜻에서 '메신저 RNA'라고 이름을 붙였다. 메신저 리보핵산(messenger RNA, mRNA)이 발견된 것이다.

mRNA는 DNA와 단백질 사이에서 중개자의 역할을 한다. 그러나 단순한 중개만은 아니다. 단백질이 필요한 때 필요한 만큼만 만들어지게끔 하는 조절 기능도 수행한다. 단백질 합성에 필요한 조건이 사라지면 mRNA가 분해되는 것이다. 이런 이유로 mRNA는 불안정한 구조를 가지고 있다.

1987년 솔크 연구소(Salk Institute)에서 실험을 하던 대학원생 로버트 말론(Robert Malone)은 mRNA를 지질방울과 혼합시킨 분자 스튜(molecular stew)를 만들었다.[2] 지질방울은 지질막으로 둘러싸인 리포좀(liposome)이라는 작은 주머니였다. 리포좀은 1960년대 중반 약물 전달을 목적으로 개발되었고, 불안정한 mRNA를 안정적으로 유지시키는 데 도움을 줄 수 있을지 알아볼 만한 물질이었다. 1988년, 로버트 말론은 실험 노트에 "만약 세포가 mRNA 정보를 바탕으로 단백질을 만든다면 'RNA가 약이 될 수 있다(treat RNA as a drug)'"고 적었다. 다음 해에 로버트 말론은 개구리 배아에서 지질방울로 둘러싼 mRNA가 흡수되는 현상을 발견했다.[3] 이는 30년이 지나 수십억 명이 접종하게 될 mRNA 코로나19 백신 개발의 시작점이었다.

mRNA 신약

mRNA 메커니즘으로 신약을 만들 수는 없을까? DNA가 전체 설계도라면, mRNA는 부분 복사본이다. 전원주택을 짓는 건설 회사 본사 캐비넷에는 건축 설계도 원본이 있다. 그런데 이 설계도에는 벽돌 하나, 문고리 하나까지 모든 자재에 대한 내용이 담겨 있어 너무나 크다. 따라서 건설 현장에 원본 설계도를 가지고 다니면서 건축을 할 수는 없다. 현장에서는 설계도 원본을 본뜬 청사진을 활용한다.

시공업체가 전원주택을 짓고 있는데, 건축주가 2층 발코니를 확장하고 싶다고 한다. 원래대로라면 본사 캐비넷에 있는 설계도를 고치고, 그것을 다시 청사진으로 찍은 다음, 그 청사진으로 시공해야 한다. 그런데 너무 번거로울뿐더러, 원본 설계도를 고치는 일은 어렵고 위험하다. 그래서 현장 소장은 건축주의 요구도 들어주고, 시공도 원활하게 하고, 원본 설계도를 건드렸을 때 혹시라도 생길지 모르는 위험을 피하기 위해, 현장에서 쓸 2층 발코니 확장을 그려 넣은 1페이지짜리 새 청사진을 만들었다. 그리고 안전하고, 손쉽게 건축주의 요구를 반영한 전원주택이 지어졌다.

DNA는 생체활동에 필요한 단백질(전원주택)을 합성하기 위한 설계도이지만, 실제 단백질을 합성하는 리보솜(건설 현장)에서는 DNA를 활용하지 않는다. 대신 원본을 본뜬 mRNA(청사진)을 활용한다. 이는 암세포와 같은 비정상세포에서도 똑같은 방식으로 이루어진다. 만약 암세포와 같은 비정상세포나 특정 세포에 특이적으로 발현(설계 변경)하는 단백질을 만들어 치료에 활용하려면, DNA를 바꾸는 방법이 있을 것이다. 그러나 이는 너무 어렵고 복잡하다. 게다가 DNA는 원본이므로 자칫 잘못 손을 댔다가 무슨 일이 어떻게 벌어질지 안전을 보장하기 어렵다. 그래서 꼭 필요한 단백질만 제한적으로 합성하기 위해, 실제 단백질 합성이 일어나는 곳으로 작은 mRNA 신약(1페이지짜리 설계 변경 청사진)만 보낸다. 질병을 치료하는 데 필요한 단백질은 합성되고, 질병은 치료될 것이다. mRNA를 활용해 신약을 개발해볼 수 있다는 뜻이다.

2008년 우구루 사힌(Ugur Sahin), 외즐렘 튀레치(Özlem Türeci), 크리스토프 후버(Christoph Huber)는 바이오엔텍(BioNTech)을 설립했다. 우구루 사힌과 외즐렘 튀레치는 부부 사이로 우구루 사힌은 의대를 졸업하고 면역세포 치료제로 박사학위를 받았으며, 외즐렘 튀레치도 의학을 전공했다. 두 사람은 mRNA로 암을 치료하고 싶다는 생각으로 바이오엔텍을 만들었다. 이후 2018년 시리즈A로 2억 7,000만 달러, 2019년 시리즈B로 3억 2,500만 달러를 조달했다. 시리즈B 투자를 받고 3개월 뒤 나스닥에서 기업공개를 했는데, 다시 1억 5,000만 달러의 자금이 확보되었다.

2010년에는 모더나(Moderna)가 설립되었다. 보스턴 어린이 병원(Boston Children's Hospital)의 데릭 로시(Derrick Rossi) 교수 연구팀의 mRNA 변형(modification) 기술을 바탕으로 했고, 로버트 랭어(Robert S. Langer) 미국 매사추세츠공대(MIT) 화학 엔지니어링(Chemical Engineering) 교수, 의과학자(medical scientist)인 케네스 첸(Kenneth Chien) 박사와 벤처캐피탈인 플래그십 파이오니어링(Flagship Pioneering)의 누바 아페얀(Noubar Afeyan)이 함께 하는 바이오테크였다. 이 가운데 로버트 랭거는 약물 전달과 조직 엔지니어링 분야 전문가로 그의 논문은 35만 회 이상 인용되기도 했다. 그는 역사상 가장 많이 인용된 논문을 가진 과학자 가운데 한 명이다.[4] 플래그십 파이오니어링은 2000~2023년 사이에 100개가 넘는 바이오테크를 인큐베이팅했는데, 플래그십 파이오니어링에 의해 설립된 바이오테크들의 현재 가치(value)는 1,000억 달러가 넘는 것으로 알려져 있다.

모더나는 체내에서 '세포가 직접 약을 만든다'는 개념을 바탕으로 했다. 이는 거의 모든 질병 분야에 도전하겠다는 뜻이다. 모더나는 우선 감염병, 암백신, 희귀질환, 심혈관계 질환 등의 치료제 개발을 목표로 걸었다. mRNA 메커니즘을 적용할 수 있는 질환이라는 판단이었고, 투자자들 또한 동의했다. 그러나 임상개발이 진행되면서 모더나의 신약개발은 상대적으로 덜 유망해 보였던 감염질환에 집중되어 갔다. 2020년 초 모더나는 독감 바이러스(influenza), 거대세포바이러스(cytomegalovirus, CMV)를 포함한 9개 감염증에 대한 mRNA 의약품으로 임상 단계에 진입한 상태였다. 다만 임상에서 백신 개발 가능성을 확실하게 보여주지 못했다.

그럼에도 모더나는 적어도 투자금을 유치하는 데 성공을 이어갔다. 2013년 시리즈B로 1억 1,000만 달러,[5] 기업공개(IPO) 직전 2018년에는 시리즈H로 1억 2,500만 달러를 유치했다. 시리즈H

까지 모더나가 투자받은 돈은 모두 16억 달러 이상이었다.[6] 그리고 시리즈H를 유치한 지 반 년 만에 미국 나스닥에서 기업공개로 약 6억 달러의 자금을 더 조달했다.[7] 모더나의 기업공개 규모는 2014년 이후로 가장 큰 규모였다. 모더나에 투자가 몰릴 수 있었던 이유는 이미 모더나가 감염병, 면역항암제, 희귀질환 치료제 개발에서 21개에 이르는 mRNA 파이프라인을 진행하고 있었고, 신부전증 임상2상과 암백신 임상1상 등 10개가 임상개발 단계에 들어가 있었던 덕분이다.

초기 mRNA 바이오테크들

2023년 현재 기준, mRNA 백신 개발에 성공한 대표적인 바이오테크는 바이오엔텍과 모더나다. 그러나 mRNA 신약을 개발하기로 나섰던 첫 바이오테크는 메릭스 바이오사이언스(Merix Bioscience)였다. 1997년 미국 듀크 대학 의료센터의 엘라이 길보아(Eli Gilboa) 박사는 수지상세포(dendritic cell)에 암 항원을 암호화한 mRNA를 전달해서 체내 면역을 활성화하는 방법으로 암을 치료해보자는 아이디어로 메릭스 바이오사이언스를 설립했다.[8] 그러나 메릭스 바이오사이언스의 아이디어는 성공하지 못했다. 메릭스 바이오사이언스는 아르고스 테라퓨틱스(Argos Therapeutics)로 이름을 바꾸었고, 2020년에는 한국의 제넥신과 에스씨엠

생명과학이 아르고스 테라퓨틱스를 125억 원에 인수해, 2023년 현재 코이뮨(CoImmune)이 되었다. 코이뮨은 설립 초기 목표와 달리 현재 세포치료제 생산 시설로 바뀌었다.

한편 메릭스 바이오사이언스의 시도는 독일의 큐어백(Cure-Vac, 2000년 설립)과 바이오엔텍의 탄생 배경이 되기도 했다. 큐어백과 바이오엔텍의 접근 방식은 달랐는데, 큐어백을 설립한 독일 튀빙겐 대학의 잉마르 호에르(Ingmar Hoerr) 박사는 지질방울로 감싼 mRNA를 직접 주입해 면역반응을 일으키는 방식으로 접근했으며[9] 바이오엔텍도 환자에게 mRNA를 직접 주입하는 방법을 택했다.

2000년대 후반, 전 세계적인 규모의 제약기업과 바이오테크들도 mRNA 분야에 뛰어들기 시작했다. 2008년 노바티스(Novartis)는 백신에, 샤이어(Shire)는 치료제에 초점을 둔 mRNA 연구 부서를 만들었다. 2017년 라나 테라퓨틱스(RaNA Therapeutics)가 샤이어의 mRNA 플랫폼을 인수하면서 사명을 트랜슬레이트 바이오(Translate Bio)로 바꿨으며, 코로나 팬데믹 기간 사노피(Sanofi)가 mRNA 감염증 백신 기술을 확보하기 위해 트랜슬레이트 바이오를 32억 달러에 인수했다.

한편 2012년 미국 방위고등연구계획국(DARPA)은 RNA 백신과 신약을 개발하는 산업계 연구자에 자금을 지원하기 시작했다. 감염병 백신의 개발이 안보에 속하는 문제라고 보았기 때문이다. 백신이 미국 정부의 국책 과제가 되자 여러 RNA 바이오테크가 생겨났고, 2010년 설립된 모더나도 mRNA 신약개발에 탄력을 받았다. mRNA 백신이, 개발과 생산이 어려운 바이오 의약품 백신의 대안이 될 것처럼 보였고, 이런 기대감은 2010년대 초부터 대규모 투자로 이어졌다.

코로나 19 팬데믹

mRNA 신약이 기대와 의문, 가능성과 의심 사이에서 도전을 이어가고 있던 때 2019년 말, 코로나19가 퍼지기 시작했다. 2019년 12월 중국 우한에서 첫 의심 환자가 보고된 이후 3개월 만에 114개국에서 11만 8,000명 이상이 감염되었고, 이 가운데 4,291명이 목숨을 잃었다. 유례 없는 사태였고, 세계보건기구(WHO)는 코로나19에 대해 최고 경보단계인 팬데믹(pandemic)을 선언했다.[10]

코로나19가 확산됨에 따라 전 세계적인 제약기업들과 바이오테크가 백신 개발에 뛰어들었다. 코로나19 등장 이전에도 바이러스성 감염병이 있었고, 이를 대비하는 백신도 있었다. 따라서 백신과 치료제에서 경험이 많은 기업이 코로나 19 신약을 먼저 개발할 것이라고 여겨졌고, 실제 개발에도 성공했다.

2021년 2월 존슨앤드존슨(J&J)은 아데노바이러스(adenovirus) 벡터 기반 백신을 개발했다. 그리고 18세 이상 성인을 대상으로 처방할 수 있도록, 미국 FDA로부터 긴급사용승인(Emergency Use Authorization, EUA)을 받았다. 그러나 정식 승인으로 이어지지는 않았다.[11] 아스트라제네카(AstraZeneca)는 영국 옥스퍼드 대학과 침팬지 아데노바이러스 벡터 기반 코로나19 백신을 개발해, 2021년 1월 18세 이상 성인을 대상으로 처방할 수 있도록 유럽연합(EU)에서 조건부허가(conditional marketing authorisation, CMA)를 받았다. 이후 2022년 11월 유럽에서 정식 시판허가를 받

았지만, 결국 미국에서 허가받는 것은 포기했다.[12]

실질적인 의미에서 코로나19 백신 개발에 성공한 것은 모더나와 바이오엔텍의 mRNA 백신이었다. 모더나와 바이오엔텍의 백신은 코로나19 바이러스의 단백질 항원을 발현하는 mRNA와 해당 mRNA를 인간 세포 안으로 전달할 수 있는 지질나노입자(lipid nanoparticle, LNP)로 이루어진다. mRNA 의약품 개발에서 약물의 안정성은 해결해야 할 과제였다. mRNA는 세포 안으로 들어가야만 제 역할을 할 수 있으니, 몸속으로 투여한 mRNA 의약품이 세포 안까지 무사히 전달되어야 한다. 필요한 물질을 목적지까지 전달하는 매개체를 캐리어(carrier)라고 부른다. 1978년 솔크 연구소의 로버트 말론이 캐리어로 리포좀을 골랐던 이유는, 리포좀이 실제 사람의 세포막을 모방한 인지질 이중층(lipid bilayer)으로 이루어진 형태였기 때문이다. 그리고 리포좀보다 고도화된 형태를 띠며, 안정성이 높은 LNP가 개발되었다. 원래 LNP는 다른 종류의 RNA 의약품인 siRNA(small interfering RNA)를 전달하기 위해 개발된 물질이었다. 2018년, 희귀 유전병에 처방하는 siRNA 약물인 온파트로(ONPATTRO®, 성분명: Patisiran)에 사용된 기술이었다. 그런데 코로나19 팬데믹 상황에서 온파트로에 적용된 LNP 기술을 mRNA 전달에 적용했다.

모더나와 바이오엔텍의 mRNA 백신 모두 코로나19 바이러스의 스파이크(spike, S) 단백질을 발현하게끔 설계되었다. S 단백질은 바이러스의 표면에 있으며, 세포 수용체에 결합해 세포 안으로 침투한다고 알려져 있다. 근육주사를 통해 주입된 mRNA 백신은 대식세포(macrophage)와 수지상세포(dendritic cell)에 주로 전달된다. 그리고 mRNA로부터 발현된 S 단백질은 다시 대식세포와 수지상세포와 같은 항원제시세포(antigen presenting cell, APC)의 표면에 나타난다. 이 세포막에 있는 S 단백질을 T세포, B세포 등 체내 면역세포가 인지해 대기하고 있다가, 코로나19 바이러스에 감염되면 면역반응을 일으킨다.[13]

그런데 mRNA를 그대로 투여하면 기대하는 효과를 볼 수 없다. mRNA가 친수성을 띠기 때문에 지질 성분으로 이루어진 세포막을 잘 통과할 수가 없기 때문이다. mRNA를 세포 안으로 전달해 줄 수 있는 매개체가 필요하다. LNP는 이때 활용된다. mRNA를 세포 안으로 전달하는 매개체로 LNP를 쓴 것이다. LNP로 mRNA를 감싸 세포막을 통과시켜 약물을 전달하는 방식을 도입했다.

mRNA 백신은 예방률이 높았다. 세계보건기구(WHO)가 제시하는 기준에 따르면 50% 이상의 예방 효능(efficacy)을 보여주면 백신으로 긴급사용승인(Emergency Use Authorization, EUA)을 받을 수 있다. 효능이 50%라는 것은 백신을 접종했을 때 감염병에 걸릴 위험이 위약군에 비해 50% 줄어든다는 것을 의미한다. 다른 말로 하면, 위약과 백신을 맞은 사람의 수가 같을 때, 백신을 맞았는데 감염병에 걸린 환자가, 위약을 맞고 감염병에 걸린 환자의 절반이라는 뜻이다.[14]

존슨앤드존슨이 개발한 아데노바이러스 벡터 기반 코로나19

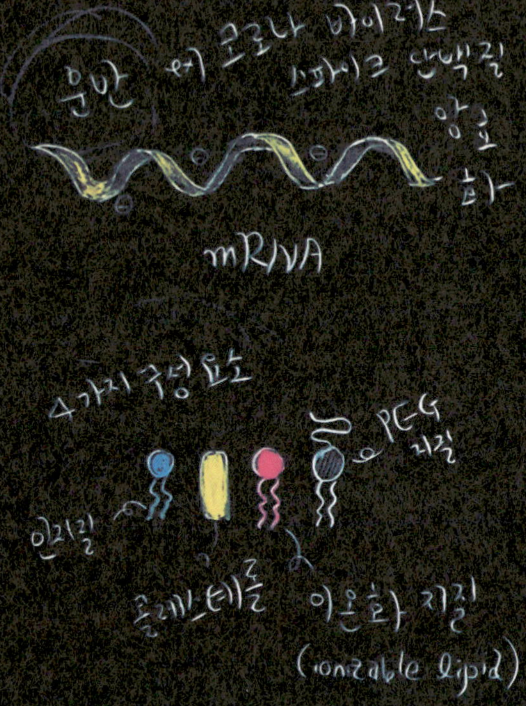

운반
에 코로나 바이러스 스파이크 단백질 암호화
mRNA
4가지 구성 요소
PEG 지질
인지질
콜레스테롤
이온화 지질
(ionizable lipid)

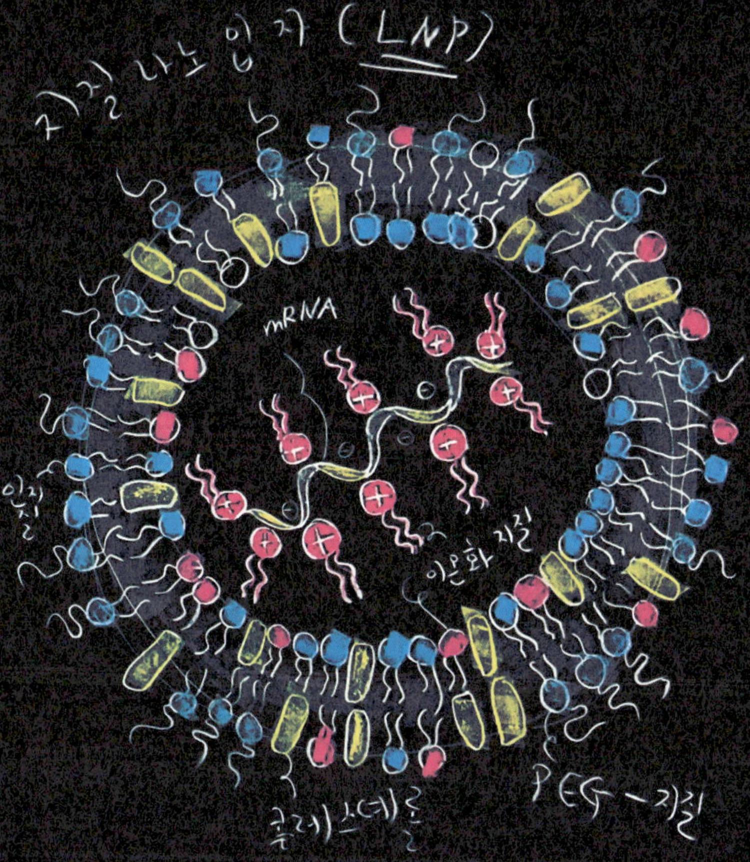

〔그림 08_01〕 지질나노입자(LNP)의 구조

LNP는 4가지 종류의 지질로 이뤄진다. 구조를 안정적으로 지탱해주는 콜레스테롤, 인지질, PEG 지질, 그리고 핵심이 되는 이온화 지질(ionizable lipid)이다. 이온화 지질은 환경(pH)에 따라 정전기적 특성이 달라지는데, 혈액 내 중성 환경에서는 중성 전하를 띠면서 안정성을 유지하며 독성은 최소화한다. 이온화 지질은 1990년대 후반 캐나다 브리티시컬럼비아 대학의 생화학자 피터 컬리스(Pieter Cullis)의 연구실에서 개발되었는데, 2000년대에 들어서면서 LNP는 좀더 안정적인 구조를 갖추는 방식으로 업그레이드되었고 대량생산 기술도 개발됐다.

백신은 18세 이상 성인을 대상으로 66.9%의 예방 효능을 보였고, 아스트라제네카의 아데노바이러스 벡터 기반 코로나19 백신은 예방 효능이 74%였다. 이 정도면 백신으로 충분한 수치였다. 그런데 바이오엔텍과 화이자가 함께 개발한 mRNA 백신은 16세 이상 지원자를 대상으로 91.1%, 모더나의 mRNA 백신은 18세 이상에서 성인을 대상으로 94.1%의 예방 효능을 보여주었다.[15] 이 정도 효능이면 현재의 백신 예방 효능의 기준 자체를 바꾸는 정도로 높은 수준이다.

2021년 코로나19에 대응하는 mRNA 백신이 출시되었다. 바로 다음 해에 각각 화이자의 mRNA 백신은 378억 달러, 모더나의 mRNA 백신은 184억 달러어치가 팔려나가면서 역사상 가장 빨리 블록버스터 의약품(10억 달러 이상 매출이 나오는 의약품) 자리에 올랐다. 2023년 4월 26일 기준, 미국 인구를 3억 3,000만 명으로 볼 때, 바이오엔텍과 화이자가 함께 개발한 mRNA 코로나19 백신은 3억 6,690만 회, 모더나의 mRNA 코로나19 백신은 2억 3,200만 회 접종이 이루어졌다.[16] 그리고 미국은 2023년 5월 공식적으로 코로나19 공중보건 비상사태(Public Health Emergency, PHE)가 끝났다고 발표했다.[17] 같은 해 이를 가능하게 한 mRNA 변형기술을 개발한 공로로 카탈린 카리코(katalin Karikó)와 드루 와이먼스(Drew Weissman)에게 노벨 생리의학상이 돌아갔다.

속도, 안전, 비용, 지속성
가성비가 뛰어난 첨단 바이오 의약품

mRNA 백신 개발은 여러 측면에서 충격이었다. 무엇보다 속도다. 대표적인 바이러스성 감염병인 인플루엔자(influenza) 백신은 매년 새로 개발된다. 인플루엔자가 계속 변이를 일으키기 때문이다. 세계보건기구(WHO)가 앞으로 유행할 가능성이 높은 인플루엔자 변이형(strain)을 고르고, 제약기업이 이에 대한 백신을 개발하고 제조하는 데까지 보통 6~8개월 정도가 걸린다.[18]

코로나19 백신 개발이 시작되었을 때, 기존 방식으로 개발하는 노바백스(Novavax)의 재조합 단백질 기반 백신, 존슨앤드존슨의 바이러스 벡터 기반 백신이 먼저 세상에 나올 것이라고 여겨졌다. 한편 일라이릴리(Eli Lilly), 리제네론 파마슈티컬스(Regeneron Pharmaceuticals), GSK-비어 바이오테크놀로지(Vir Biotechnology) 등은 백신으로 쓸 수 있는 항체를 개발했다. mRNA 백신 개발도 시작되었지만, 주목을 끌지는 못했다. 그런데 코로나19 백신 개발 경쟁이 중반쯤에 이르자 이야기가 달라졌다. mRNA 백신이 기존 백신 개발을 따라잡은 것이다. 코로나19 팬데믹 전까지 상용화된 mRNA 의약품이 하나도 없었다는 점을 생각해보면 놀라운 일이었다.

mRNA 백신의 개발 속도가 빠를 수 있었던 이유는 mRNA 백신의 기본 메커니즘 때문이다. mRNA 백신은 타깃하는 항원에 대

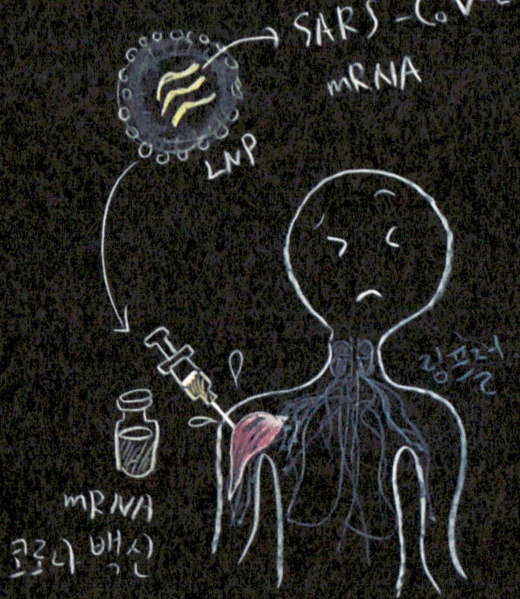
SARS-CoV-2
mRNA
LNP
림프절
mRNA
코로나 백신

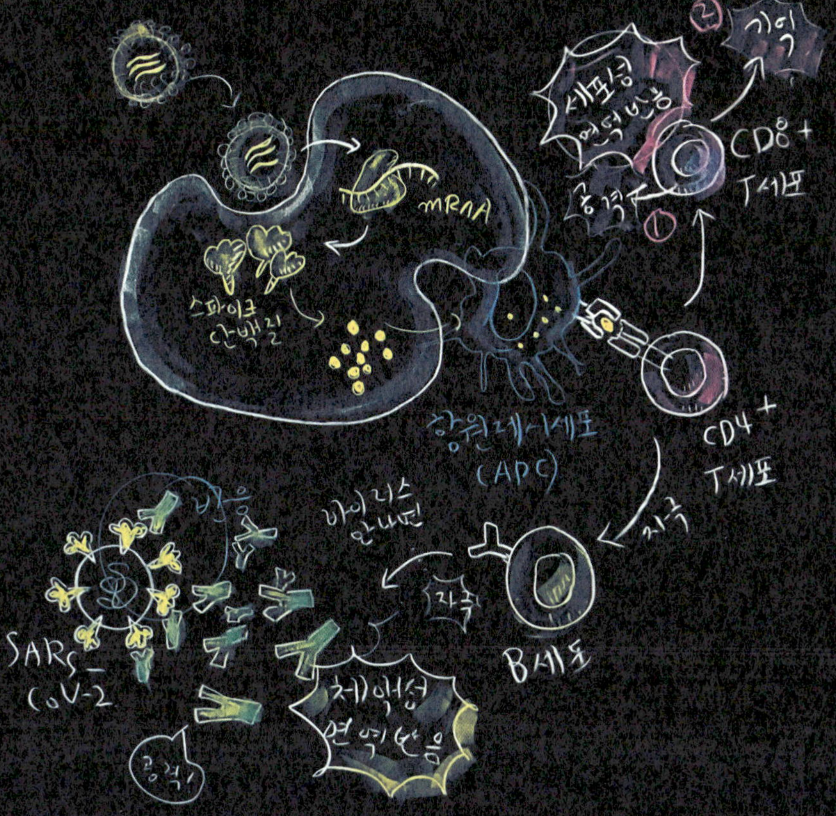

〔그림 08_02〕 mRNA 백신의 작동

타깃하려는 바이러스의 스파이크 단백질 정보가 담긴 mRNA를 LNP로 감싸서 투여한다. mRNA는 해당 스파이크 단백질를 발현하게끔 작동하고, 이렇게 발현된 스파이크 단백질은 면역 시스템의 항원제시세포(APC)에 제시된다. APC의 정보는 B세포에서 항체를 생성하게끔 하고, 코로나19 바이러스가 침입하면 바이러스를 없앤다. APC에 제시된 스파이크 단백질에 대한 정보는 면역 시스템에 기억되는 효과도 있다. 덕분에 장기간 예방 효과가 지속된다.

면역 시스템을 이용한다는 점에서는 기존 백신들과 같지만, mRNA 백신은 빠르고 손쉽게 생산할 수 있으며 효과가 좋았다. 그리고 이와 같은 메커니즘을 암과 같은 다른 질병 치료에도 활용할 수 있다.

한 면역반응을 효과적으로 일으킬 수 있는 mRNA 서열 정보를 넣어주는 방식이다. 코로나19 바이러스에 대한 유전체 분석을 하고 이 가운데 mRNA로 제작할 서열을 확정하면 되는데, 기술의 발전으로 유전체 분석은 2~3일이면 충분하다. 중국 우한에서 정체불명의 감염병을 확인한 것은 2019년 12월이었고, 코로나19 바이러스의 전체 유전체가 공개된 것은 2020년 1월 10일이었다. 그리고 모더나의 백신 개발을 위해 mRNA 서열을 확정한 것은 2020년 1월 13일이었고, 63일 뒤인 3월 16일에 임상1상에 들어갔다.

결정적으로 부작용 문제에서 mRNA 백신 개발 그룹이 기존 방식으로 백신을 개발하던 그룹을 앞서나갔다. 사실 부작용 문제는 mRNA 백신에서 더 우려가 컸다. mRNA 의약품이 나온 사례가 없었기 때문이었다. 검증되지 않은 메커니즘을 바탕으로 한 백신에 대한 걱정이었다. 그런데 임상시험을 시작하자 mRNA 백신의 부작용 문제는 두드러져 보이지 않았다.

오히려 기존 방식으로 개발된 백신에서 안전성 문제가 두드러져 보였다. 아스트라제네카의 아데노바이러스 기반 백신은 임상에서 1만 명당 1명꼴로(0.01%) 뇌, 장기 등에서 혈전이 발생했다.[19] 이는 감염병 백신에서 일반적으로 나타나는 부작용보다 높은 수준이었다. 예를 들어 2019년 기준 한국에서 인플루엔자 예방접종을 받은 1,692만 6,623명을 대상으로 조사한 결과 177명(0.001%)에게서 부작용이 나타났다. 또한 기존 방식으로 개발된 코로나19 백신의 안전성 문제를 더 심각하게 보이게 만든 것은 늘어난 접종자의 숫자 때문이었다. 전체 접종자가 늘어나면서 심각한 부작용을 겪는 환자의 절대적인 숫자가 늘어난 것이다. 여기에 코로나19에 대한 관심이 높아지면서 부작용에 대한 주목도도 높아졌다.

백신 개발 비용에서도 mRNA 백신은 기존 방식으로 개발하는 백신보다 장점이 있었다. 대량생산에 필요한 비용도 mRNA 쪽이 적었다. 코로나19 팬데믹처럼 빠른 기간 동안 천문학적인 양의 백신을 생산하려면, 생산 설비를 늘려야 하는데 이 또한 쉬운 문제는 아니다. 그런데 mRNA 백신은 사용할 염기서열을 확인하면, 의약품으로 만들기 위해 배양이나 증폭과 같은 복잡한 생산 공정을 거칠 필요가 없다. 기존의 백신 생산 공정 대비 1/2~1/3 규모로 생산이 가능하며, 초기 비용 측면에서도 1/20~1/35 수준으로 더 싸게 운용이 가능하다.[20]

지속성 면에서도 mRNA 방식의 백신은 유리했다. 예방에 효능을 나타낼 수 있는 유전자 염기서열을 만들어 투여하면, 세포 안에서 원하는 단백질을 만들어낼 수 있다. 개념적으로 예방, 치료와 관계되어 필요한 모든 단백질을, 몸속 공장이 충분히 만들어 낼 수 있는 것이다.

암 백신

2019년 시작한 코로나19 팬데믹은 많은 것을 바꾸었다. 그리고

mRNA를 바탕으로 하는 신약개발도 코로나19로 인해 완전히 다른 변화를 맞이했다. 의문을 넘어 의심을 받던 mRNA 신약이 코로나19 백신으로 개발되었기 때문이다. 수억 명의 인류가 몇 년 사이에 모두 같은 종류의 mRNA 백신을 맞았다. mRNA 백신으로 코로나19 팬데믹 위기에서 벗어나면서, mRNA 신약에 대한 의심도 해소되기 시작했다. mRNA 신약은 개념입증에 성큼 다가간 것으로 보인다.

mRNA 신약은 감염병 백신만의 이야기가 아니다. 보통 백신을 말할 때 감염병을 예방하는 대책으로만 생각하고는 한다. 그러나 백신이 몸 안에서 작동하는 방식은 병원체에 대한 정보를 인위적으로 면역계에 학습시키는 '입력'이다. 백신 예방접종은 아직 걸리지 않은 질병에 대한 정보를 미리 면역계에 입력해두는 방법인 셈이다. 따라서 질병을 예방하는 백신뿐만 아니라, 질병을 치료하는 백신 개념도 가능하다.

백신 개념의 치료제는 암 치료제 영역에서 주목을 받는다. 치료용 암 백신은 이미 암에 걸린 환자를 치료하는 백신이다. 감염병 백신은 면역체계가 바이러스를 알아볼 수 있는 항원 정보를 미리 입력하는 것이라면, 치료용 암 백신은 면역체계가 암세포를 알아볼 수 있는 항원 정보를 암 발병 이후에 입력한다. 둘 다 인위적으로 항원 정보를 체내로 전달한다는 점에서 백신이다. 치료용 암 백신은 암 환자의 조직에서 두드러지는 암 항원을 면역 시스템에 입력해 T세포를 활성화시킨다. 이때 입력의 도구로 mRNA를 활용할 수 있다.

암은 환자마다 각자 다른 변이가 발생한다. 즉 모든 환자에게는 환자 특이적으로 나타나는 신항원(neoantigen)이 생겨날 수 있는데, 이는 범용으로 쓸 수 있는 치료제 개발이 어렵다는 뜻이다. 특히 재발이나 전이처럼 이미 암세포가 활발하게 변이를 일으키는 단계가 되면 치료제 선택에 한계가 생긴다. 암 치료에서 재발과 전이에 대한 대응이 어려운 이유다. 그런데 환자의 암세포 유전자 정보를 분석해 mRNA 신항원 백신으로 개발한다면 이야기가 달라진다. 변이가 일어날 때마다, 해당 변이에 최적화된 신항원 암 백신을 만들어 투여해주면 되는 것이다.

mRNA 메커니즘을 이용해 코로나19 백신을 개발한 모더나는, 2022년 3기~4기 흑색종 환자를 대상으로 한 mRNA 신항원 암 백신의 수술후요법(adjuvant) 임상2b상 결과를 발표했다. 모더나는 임상시험에서 mRNA 신항원 암 백신 mRNA-4157과 미국 머크(Merck & Co.)의 면역관문억제제 키트루다(KEYTRUDA®, 성분명: Pembrolizumab) 병용투여를 키트루다 단독투여와 비교했다. 보통 항암제 임상은 말기 암 환자를 대상으로 한다. 그러나 미국 머크와 모더나는 면역 시스템이 비교적 멀쩡하게(?) 유지되고 있는 초기 암 환자를 대상으로 mRNA 암 백신을 투여하는 방식으로 임상시험을 설계했다. 면역 시스템이 뒷받침되지 않는다면 백신 메커니즘도 작동이 어려울 것이기 때문이다.

모더나가 진행한 임상시험의 1차 종결점은 무재발생존기간(RFS)이었다. RFS는 환자가 병의 징후나 증상 없이 생존하는 기간이다. mRNA 신항원 암 백신+키트루다 병용투여는 키트루다 단독투여보다 환자의 재발 또는 사망위험을 44% 낮췄다(HR=0.56, 95% CI 0.31~1.08, p=0.0266).[21] 미국 머크는 이 임상시험 결과를 바탕으로 임상3상으로 옮겨가고 있으며, 면역관문억제제에 반응을 보이는 비소세포폐암을 포함한 다른 고형암에서 신항원의 가능성을 찾고 있다.[22] mRNA 방식의 치료용 암 백신이 가능할 수 있다는 신호다.

화이자와 mRNA 백신을 함께 개발한 바이오엔텍은 CAR-T 세포치료제 영역에서 mRNA로 가능성을 살펴보고 있다. 혈액암 치료에 한정되어 있던 CAR-T 세포치료제의 처방 범위를, mRNA를 활용해 고형암 치료로 확장하려는 시도다. 바이오엔텍은 난소암과 폐암과 같은 고형암에서 특이적으로 발현하는 클라우딘6(CLDN6)을 타깃하는 CAR-T 세포치료제를 개발한다. CAR-T 세포치료제는 환자의 몸속에서 시간이 흐를수록 그 숫자가 적어진다. 이때 항원제시세포에 CLDN6 단백질 정보를 mRNA 형태로 전달한다. 항원제시세포에서 mRNA 정보가 단백질로 번역되면서 표면에 발현되고, 이와 접촉한 CAR-T 세포치료제는 다시 빠르게 증식할 수 있을 것이다.

바이오엔텍은 이 같은 개념의 CARVac(CAR-T Cell Amplifying RNA Vaccine)에 대한 임상시험을 진행하고 있다. 2022년 고형암 환자를 대상으로 CAR-T 세포치료제를 단독투여하거나 CARVac과 병용투여했을 때 종양 크기가 일정 이상 줄어드는 비율인 전체반응률(ORR)이 43%(6/14명)로 나타난 것을 확인했다.[23] 물론 아직 시작 단계이지만 mRNA를 이용한 암 백신에 대한 연구개발의 분위기가 바뀌고 있다는 것을 보여주기에는 충분하다.

버티는 힘

mRNA 백신이 보여준 이런 장점은 mRNA 메커니즘을 바탕으로 하는 신약이 가지게 될 장점을 상상하게 해준다. 적어도 감염병 백신에서 mRNA 방식 개발은 상수가 되었기에, 치료용 암 백신 개발에 대한 회의적인 시선도 걷혔다.

mRNA 백신의 낮은 부작용은, mRNA 신약의 안전성 문제에 대한 답을 주기도 했다. 이는 팬데믹 덕분(?)이었다. 전 세계적으로 55억 명이 mRNA 백신을 접종받았는데, 좀처럼 시도해볼 수 없는 천문학적 규모의 리얼 월드(real world) 임상4상이었던 셈이다. 생명 활동이 장기간에 걸쳐 일어난다는 점에서 섣불리 확정할 수는 없지만, 안전성 문제에 대한 걱정은 크게 줄어들었다.

단, 이렇게 되기까지 순조로웠던 것은 없었다. 코로나19 팬데믹이 일어나기 전까지 mRNA 신약개발에 대한 회의적 시선이 늘어갔지만 모더나와 바이오엔텍만은 꾸준했다. 이들은 치료용 암 백신에 도전했지만 눈에 띄는 성과를 거두지는 못했고, 거짓말쟁이 취급을 당하기도 했다. 그러나 암 백신만 개발하고 있던 것은 아니었다. mRNA 메커니즘을 바탕으로 감염병 백신, 희귀 유전병 치료제 개발도 진행하고 있었다. 2019년 9월, 모더나가 발표한 R&D 파이프라인을 보면 임상개발 프로그램 16개 가운데 7개가 감염병 백신 프로그램이었다. 모더나가 목표로 삼은 감염병은 지카바이러스, 거대세포바이러스(CMV), 호흡기세포융합바이러스(RSV) 등 기존 기술로 백신 개발이 어려운 질병들이었다. 또한 인플루엔자 백신 임상1상도 막 끝나 개발 가능성을 확인한 상태였다.[24] 이외에도 세포 밖으로 분비되어 전신에 작용하는 mRNA 기반 항체 치료제, 세포 안에서 전신에 작용하는 희귀질환 타깃 효소대체요법(ERT) mRNA 개발도 꾸준히 이어갔다. 바이오엔텍도 HIV나 결핵을 타깃한 mRNA 예방백신과 희귀질환을 타깃한 효소대체요법 전임상 프로그램을 진행하고 있었다.

모더나와 바이오엔텍이 감염병 백신이나 희귀 유전병 치료제 개발을 이어갈 수 있었던 데는, 빌 게이츠와 그의 전 부인인 멀린다의 빌 앤드 멀린다 게이츠 재단(Bill & Melinda Gates Foundation)과 같은 공익재단의 투자도 힘이 되었다. 2016년 모더나는 빌 앤드 멀린다 게이츠 재단과 HIV를 포함한 광범위한 감염병 대응을 위한 mRNA 백신과 치료제 개발을 위한 파트너십을 맺었다.[25] 바이오엔텍도 2019년에 빌 앤드 멀린다 게이츠 재단으로부터 감염병 대응을 위한 백신과 치료제 개발 파트너십을 맺었다.[26] 빌 앤드 멀린다 재단이 공익적 목적으로 지원했던 에이즈(AIDS), 결핵, 말라리아 감염증 등 분야에서 검사와 백신, 치료제와 알츠하이머병 기초연구, 진단과 치료제 개발은, 2023년 현재도 마찬가지지만 특별한 대안이 없는 분야들이다. 그런데 mRNA를 이용해 환자 몸속에서 항체를 비롯한 특정한 단백질을 만들거나 만들지 못하게 해 질병을 예방하거나 치료한다는 직관적인 개념은, 상업적 목적으로는 투자가 어려웠겠지만 공익적이거나 학술적인 목적으로 지원할 가치가 있었다. mRNA 신약개발은 계속 이어질 수 있었고, 그런 와중에 코로나19가 터졌다.

이제 감염병 백신에 이어서 다른 질환에서도 mRNA 신약 개발 가능성은 열리고 있다. mRNA 신약개발의 주류는 다시 치료용 암 백신 개발로 방향을 잡아가고 있다. 모더나와 미국 머크는 암 백신 개발을 위해 손을 잡았다. 앞서 소개한 mRNA-4157은 환자 맞춤형 mRNA 신항원 암 백신이다. 먼저 환자의 암 조직과 정상조직 샘플을 가지고 차세대염기서열분석(NGS)을 통해 암과 관련된 새로운 변이를 찾는다. 이 변이로 인해 발현하는 단백질을 신항원으로 삼는데 최대 34개의 신항원을 타깃한다. 다음으로 신항원을 암호화하는 mRNA를 제작해 환자에게 투여한다. 암 환자의 항원제시세포 표면에 신항원을 제시하고, 이를 T세포가 인지한 다음 암세포를 대상으로 면역 반응을 일으킨다.

급격한 발전은 극단적인 상황에서 일어나는 편이다. 기적의 항생제 페니실린도 세계대전이라는 극단적인 사건이 없었다면 개발과 보급이 어려웠을 것이다. mRNA 신약도 코로나19 사태가 없었다면 지금과 같은 주목을 받기 어려웠을지 모른다. 어쩌면 mRNA

방식의 신약은 불투명한 것으로 굳어졌을 것이다.

그러나 극단적인 상황 덕분만으로 mRNA 신약이 개념입증에 성공했다고 보는 것도 오류다. 모더나와 바이오엔텍은 모두가 mRNA에 회의적인 시선을 가졌을 때, 끝까지 버티면서 개발을 이어갔다. 무모한 것처럼 보였지만 대규모 투자도 계속 이끌어냈다. 많은 신약개발 프로젝트와 마찬가지로 mRNA 방식의 암 치료제 개발을 이어갔지만, 지카 바이러스 백신과 같은 새롭게 발견된 감염병 백신 개발도 놓지 않았다. 그리고 이런 꾸준함은 코로나19 백신 개발을 빠르게 성공시킬 수 있었던 바탕이 되었다. 준비하고 있지 않았다면, 버티고 있지 않았다면 기회를 살릴 수 없었을 것이다. 신약개발에는 운이 중요하지만, 운을 잡는 것은 결국 실력이다. mRNA 방식 코로나19 백신을 개발한 모더나 대표가, 2021년 JP모건 컨퍼런스에서 그간의 모든 사정을 한 마디로 압축해 들려준 말은 많은 것을 생각하게 해준다.

> "(모더나는) 지난 10년 동안 mRNA 기술에 30억 달러 이상을 투자했습니다."

주

1 파스퇴르연구소(Institut Pasteur). Discovery of messenger RNA in 1961. https://www.pasteur.fr/en/home/research-journal/news/discovery-messenger-rna-1961 (검색일: 2023.08.10.).

2 Dolgin E. (2021) The tangled history of mRNA vaccines. *Nature*. 597, 318-324.

3 Malone R.W. (1989) mRNA Transfection of Cultured Eukaryotic Cells and Embryos Using Cationic Liposomes. *Focus*. 11, 61 – 66.

4 Forbes (2023) Robert Langer PROFILE. https://www.forbes.com/profile/robert-langer/?sh=520a3dbc4537 (검색일: 2023.05.09.)

5 Jonathan Gardner (2015) VCs fall for Moderna love with record-setting round. *Evaluate*. https://www.evaluate.com/vantage/articles/analysis/vcs-fall-moderna-love-record-setting-round (검색일: 2023.05.05.)

6 Crunchbase. Moderna financials. https://www.crunchbase.com/organization/moderna-therapeutics/company_financials (검색일: 2023.05.08.); Meg Tirrell (2018) Biotech unicorn Moderna raises another $125 million in expanded Merck partnership. *CNBC*. https://www.cnbc.com/2018/05/03/biotech-unicorn-moderna-raises-another-125-million-in-expanded-merck-partnership.html (검색일: 2023.05.08.)

7 Ben Fidler (2023) After a record run, fewer biotechs are going public. Here's how they're performing. *BioPharma Dive*. https://www.biopharmadive.com/news/biotech-ipo-performance-tracker/587604/ (검색일: 2023.05.05.); Phil Taylor (2018) Moderna's cash juggernaut rolls on with record $604M IPO. *Fierce Biotech*. https://www.fiercebiotech.com/biotech/moderna-s-cash-juggernaut-rolls-record-604m-ipo (검색일: 2023.05.05.)

8 Boczkowski D. et al. (1996) Dendritic cells pulsed with RNA are po-

tent antigen-presenting cells in vitro and in vivo. *J Exp Med.* 184, 465-472.
9 Hoerr I. et al. (2000) In vivo application of RNA leads to induction of specific cytotoxic T lymphocytes and antibodies. *Eur J Immunol.* 30, 1-7.
10 Centers for Disease Control and Prevention (CDC) (2023) CDC Museum COVID-19 Timeline. https://www.cdc.gov/museum/timeline/covid19.html (검색일: 2023.05.08.); World Health Organization (WHO) (2020) WHO Director-General's opening remarks at the media briefing on COVID-19 - 11 March 2020. https://www.who.int/director-general/speeches/detail/who-director-general-s-opening-remarks-at-the-media-briefing-on-covid-19---11-march-2020 (검색일: 2023.05.08.); 서윤석 (2020) WHO, 코로나19 '팬데믹' 선언.."통제의지가 중요". *BioSpectator.* http://www.biospectator.com/view/news_view.php?varAtcId=9770 (검색일: 2020.03.12.)
11 미국 식품의약국 (FDA) (2023) Janssen COVID-19 Vaccine. https://www.fda.gov/vaccines-blood-biologics/coronavirus-covid-19-cber-regulated-biologics/janssen-covid-19-vaccine (검색일: 2023.05.08.); Janssen (2023) Janssen COVID-19 Vaccine EUA Fact Sheet for Healthcare Providers. https://www.janssenlabels.com/emergency-use-authorization/Janssen+COVID-19+Vaccine-HCP-fact-sheet.pdf (검색일: 2023.05.08.)
12 Angus Liu (2022) AstraZeneca withdraws US COVID vaccine application, shifts focus to antibody treatments. *Fierce Pharma.* https://www.fiercepharma.com/pharma/astrazeneca-withdraws-us-covid-vaccine-application-focus-shifts-antibody-treatments (검색일: 2023.05.08.)
13 Walsh E.E. et al. (2020) Safety and Immunogenicity of Two RNA-Based Covid-19 Vaccine Candidates. *N Engl J Med.* 383, 2439-2450.; 유럽 의약품청 (EMA). Comirnaty - SUMMARY OF PRODUCT CHARACTERISTICS. https://www.ema.europa.eu/en/documents/product-information/comirnaty-epar-product-information_en.pdf (검색일: 2023.05.09.);

유럽 의약품청 (EMA). Spikevax - SUMMARY OF PRODUCT CHARACTERISTICS. https://www.ema.europa.eu/en/documents/product-information/spikevax-previously-covid-19-vaccine-moderna-epar-product-information_en.pdf (검색일: 2023.05.09.); Li C. et al. (2022) Mechanisms of innate and adaptive immunity to the Pfizer-BioNTech BNT162b2 vaccine. *Nat Immunol.* 23, 543-555.

14 질병관리청(KDCA). 코로나19예방접종 - 바로알기 - 코로나19 예방접종은 효과가 있나요? https://ncv.kdca.go.kr/menu.es?mid=a20102000000 (검색일: 2023.05.09.)

15 Janssen (2023) Janssen COVID-19 Vaccine EUA Fact Sheet for Healthcare Providers. https://www.janssenlabels.com/emergency-use-authorization/Janssen+COVID-19+Vaccine-HCP-fact-sheet.pdf (검색일: 2023.05.09.); 유럽 의약품청 (EMA). Vaxzevria - SUMMARY OF PRODUCT CHARACTERISTICS. https://www.ema.europa.eu/en/documents/product-information/vaxzevria-previously-covid-19-vaccine-astrazeneca-epar-product-information_en.pdf (검색일: 2023.05.09.); 미국 식품의약국 (FDA). COMIRNATY® PRESCRIBING INFORMATION https://www.fda.gov/media/151707/download (검색일: 2023.05.09.); 미국 식품의약국 (FDA). Moderna COVID-19 Vaccine Health Care Provider Fact Sheet. https://www.fda.gov/media/144637/download (검색일: 2023.05.09.)

16 Statista (2023) Number of COVID-19 vaccine doses administered in the United States as of April 26, 2023, by vaccine manufacturer. https://www.statista.com/statistics/1198516/covid-19-vaccinations-administered-us-by-company/ (검색일: 2023.05.09.)

17 Centers for Disease Control and Prevention (CDC) (2023) End of the Federal COVID-19 Public Health Emergency (PHE) Declaration. https://www.cdc.gov/coronavirus/2019-ncov/your-health/end-of-phe.html (검색일: 2023.08.08.); Pfizer (2023) Global and U.S. Agencies Declare End of COVID-19 Emergency. https://www.pfizer.com/news/announcements/global-and-us-agencies-declare-end-covid-19-emergency

(검색일: 2023.08.08.)

18 Chen J.R. et al. (2020) Better influenza vaccines: an industry perspective. *J Biomed Sci.* 27, 33.; Soema P.C. et al. (2015) Current and next generation influenza vaccines: Formulation and production strategies. *Eur J Pharm Biopharm.* 94, 251-63.

19 유럽 의약품청 (EMA). Vaxzevria - SUMMARY OF PRODUCT CHARACTERISTICS. https://www.ema.europa.eu/en/documents/product-information/vaxzevria-previously-covid-19-vaccine-astrazeneca-epar-product-information_en.pdf (검색일: 2023.05.09.)

20 유양균 (2021) 국가신약개발재단(KDDF) 연구 · 산업 동향 기고문 - mRNA 생산. *KDDF.* https://kddf.org//ko/board/research/view/?bc_no=25&page=4 (검색일: 2023.08.08.)

21 김성민 (2022) 머크 "베팅 확인", mRNA '신항원 암백신' 2상 "성공". *BioSpectator.* http://www.biospectator.com/view/news_view.php?varAtcId=17878 (작성일: 2022.12.14.)

22 김성민 (2023) 머크 'mRNA 신항원 백신' 2b상 "다가온 게임체인저". *BioSpectator.* http://www.biospectator.com/view/news_view.php?varAtcId=18757 (작성일: 2023.04.18.)

23 BioNTech (2022) BioNTech Presents Positive Preliminary Phase 1/2 Data for First-in-Class CAR-T Program BNT211 at AACR. https://investors.biontech.de/news-releases/news-release-details/biontech-presents-positive-preliminary-phase-12-data-first-class/ (검색일: 2023.05.08.)

24 Moderna (2019) R&D Day presentation. https://s29.q4cdn.com/435878511/files/doc_presentations/2019/09/12/R-D-Day-2019-final.pdf (검색일: 2023.05.09.)

25 Moderna. Strategic Collaborators. https://www.modernatx.com/partnerships/strategic-collaborators (검색일: 2023.05.09.); Genetic Engineering & Biotechnology News (2016) Moderna Wins Initial $20M Grant from Gates Foundation. https://www.genengnews.com/topics/omics/moderna-wins-initial-20m-grant-from-gates-foundation/ (검색일:

2023.05.09.)

26 BioNTech (2019) BioNTech Announces New Collaboration to Develop HIV and Tuberculosis Programs. https://investors.biontech.de/news-releases/news-release-details/biontech-announces-new-collaboration-develop-hiv-and/ (검색일: 2023.05.09.)

09

RNAi & ASO

RNA interference & Antisense Oligonucleotide

페튜니아 꽃과 예쁜꼬마선충[1]

1990년 미국 애리조나 대학 실험실에서 흰색 페튜니아 꽃이 피었다. 아름다운 꽃이 피었다는 이야기는 이상할 것이 없지만, 실험실 연구자들은 꽃잎이 흰색이라는 점에 매우 놀랐다. 연구자들이 보라색 페튜니아의 꽃잎 색깔을 더욱 짙게 하려고, 꽃잎을 보라색으로 만드는 정보가 담긴 유전자를 페튜니아에 전달했다. 그런데 보라색이 더욱 짙어지기는커녕 흰색, 즉 색을 잃어버린 것이다.[2] 당시 과학으로는 이런 현상을 설명할 수 없었다. 1998년 미국 과학자 앤드루 파이어(Andrew Z. Fire)와 크레이그 멜로(Craig C. Mello)가 RNA 침묵(RNA interference, RNAi) 메커니즘을 발견하기 전까지는 말이다.

앤드루 파이어와 크레이그 멜로는 예쁜꼬마선충(*C. elegans*)을 가지고 유전자 발현이 어떻게 조절되는지 연구하고 있었다. 두 사람은 예쁜꼬마선충에 근육 단백질을 암호화하는 RNA를 넣는 실험을 했다. 예쁜꼬마선충에 mRNA 분자(sense)를 집어넣었을 때 아무 일도 일어나지 않았다. mRNA과 짝을 이루는 안티센스(antisense) RNA 분자를 주입했을 때도 아무런 반응이 없었다. 그런데 센스와 안티센스을 같이 넣어주자, 예쁜꼬마선충이 강한 경련을 일으켰다.

한 가닥의 안티센스 RNA가 mRNA와 결합했을 때, 해당 유전자 발현을 억제한다는 것은 알려져 있었다. 그런데 단일가닥의

RNA는 예쁜꼬마선충에서 아무 일도 일으키지 않았다. 오히려 RNA 단일가닥 센스와 안티센스가 만나 서로 결합해 이중가닥을 이뤘는데, 이렇게 하자 예쁜꼬마선충에 경련을 일으켰던 것이다. 앤드루 파이어와 크레이그 멜로는, 아직 알려지지는 않은 특정한 메커니즘으로 유전자가 침묵되는 현상이 나타났을 것으로 추측했다.

두 사람은 다른 유전자 서열에 대한 센스와 안티센스를 섞은 두 가닥 RNA(double-stranded RNA, dsRNA)를 전달해보았다. 그러자 표현형이 달라졌다. dsRNA가 한 가닥의 안티센스보다 표현형이 뚜렷해진다는 것을 확인한 파이어 앤드루와 크레이그 멜로는 dsRNA를 통한 유전자 침묵이 일어나며, 이는 세포질에서 일어나는 일이라고 추측했다. 또한 세포 당 단지 몇 개의 dsRNA 분자만으로 충분한 침묵이 유도되는 것으로 보아 촉매나 증폭되는 작용이 있었을 것으로 추측했다. 앤드루 파이어와 크레이그 멜로는 RNA 침묵이 생물학적인 목적으로 작동할 것이며 이는 '생명체에서 dsRNA가 유전자 침묵에 사용될 수 있다'는 가능성을 제시하며 결론을 냈다. 두 사람은 1998년 『네이처(*Nature*)』에 연구 결과를 발표했다.[3]

앤드루 파이어와 크레이그 멜로가 본 현상은 RNAi 메커니즘이었다. 먼저 dsRNA는 특정 효소 복합체(Dicer)에 결합하면 조각으로 잘린다. 이후 RISC(RNA-induced silencing complex) 효소가 RNA 한 가닥에 결합한 상태로 돌아다니며, 이와 짝이 맞는 표적 mRNA를 찾는다. 만약 RNA와 맞아떨어지는 mRNA를 찾게 되면, 효소가 이를 분해한다. RNAi 현상은 식물, 동물, 인간에게서 모두 일어나는 현상으로 밝혀졌다. 실제 생명체에서 RNAi 역할을 하는 miRNA(microRNA)가 발견된 것이다. 페튜니아 꽃에 전달한 보라색 색소 유전자의 작용이 흰색 꽃잎이라는 결과로 이어졌던 것과 예쁜꼬마선충이 경련을 일으켰던 것 모두 RNAi 현상 때문이었다. 연구자들은 의도적으로 RNAi 현상을 유도하기 위해 화학적으로 합성한 분자인 siRNA(small interfering RNA)도 만들었다.

2006년 두 사람은 'DNA가 단백질로 흘러가는 정보 흐름'에서, 이를 조절하는 근본적인 메커니즘을 밝힌 것을 인정받아 노벨 생리의학상을 받았다. 과학자가 어떤 이론을 발표하면 몇십 년의 검증을 거친 후 노벨상을 타는 것이 일반적이지만, RNAi는 발견된 지 8년 만에 노벨 생리의학상을 받을 수 있을 만큼 중요한 업적이었다. 머리가 희끗희끗한 연륜 있는 과학자들이 수상대에 오르는 것이 보통이었지만, 두 사람이 수상대에 오르는 것은 막 40대 중반을 넘은 젊은 나이였다.

버블

RNAi라는 메커니즘이 밝혀지자, 연구자들은 특정 단백질의 발현을 손쉽게 낮추는 도구로 siRNA를 이용하기 시작했다. 예를 들어 어떤 질환의 동물 모델에서 특정 단백질이 어떠한 역할을 하는지 알

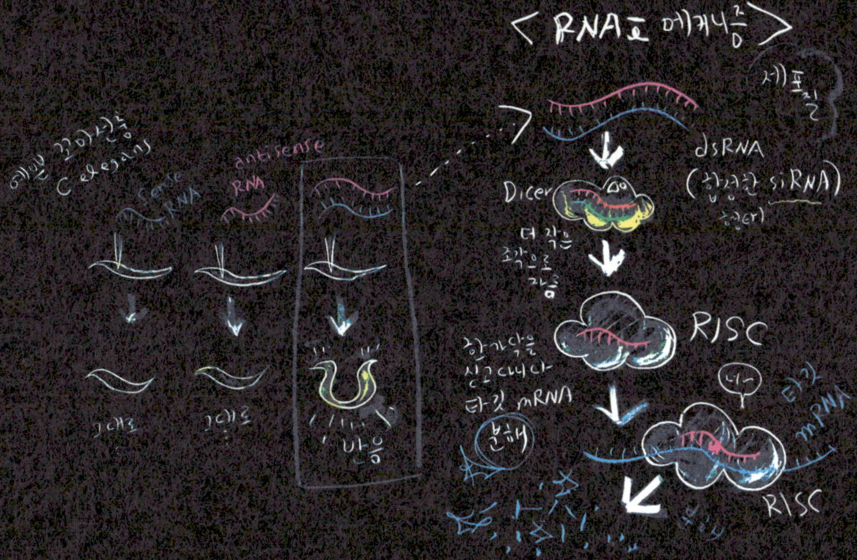

〔그림 09_01〕 예쁜꼬마선충과 RNAi 메커니즘

1990년대 예쁜꼬마선충을 관찰하던 두 과학자는 예상치 못한 현상을 발견한다. 한 가닥의 RNA를 집어넣었을 때는 아무 반응이 없었던 꼬마선충이, 두 가닥의 RNA를 주입하자 경련을 일으켰다. 이전까지 몰랐던 유전자 조절 메커니즘 가운데 하나인 RNA 침묵(RNA interferece, RNAi)이라는 현상을 발견하게 된 것이다. RNA가 유전자 발현에 중요한 역할을 한다는 사실을 깨닫기 시작한 사건이었다. 이는 희귀 유전질환을 타깃한 RNAi 약물 개발로 이어졌다.

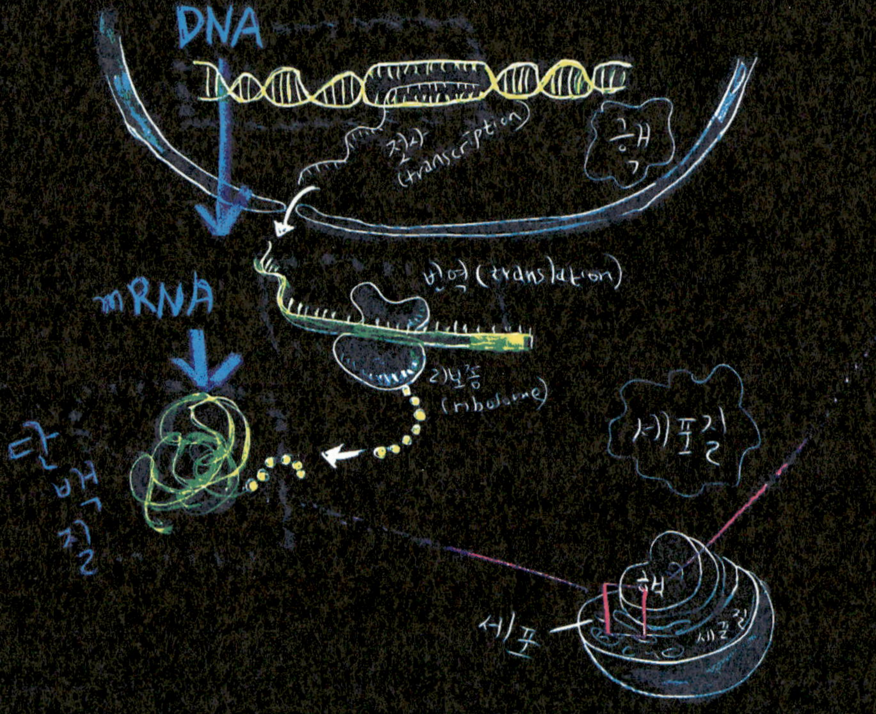
DNA
전사 (transcription)
핵
번역 (translation)
mRNA
리보솜 (ribosome)
단백질
세포질
핵
세포
세포질

〔그림 09_02〕 센트럴 도그마 모식도

유전 정보는 한쪽 방향으로 흐른다. 세포의 핵 속에 보관되어 있는 DNA의 유전자 염기서열은 생체활동에 필요한 단백질을 어떻게 설계할지 결정한다. 과학자들이 궁금해했던 것은 핵 안에 있는 유전자 정보가 어떻게 통제되어 핵 밖에서 단백질을 만들어내는가였다. 그리고 mRNA의 메커니즘을 밝히면서 조금씩 비밀이 풀리기 시작했다. 핵 안의 DNA 정보는 mRNA로 전사되어 핵 밖으로 빠져나온다. 그리고 세포질(cytoplasm) 공간에서 단백질 합성 기계(ribosome)에 단백질 합성 정보를 제공한다. 2진법의 코드가 컴퓨터 프로그램을 작동시키는 언어로 번역되는 것처럼, 유전자를 이루고 있는 4가지 염기인 A, G, C, T 서열 정보가 단백질 합성의 번역 코드가 된다. 4가지 염기로 구성된 서열 정보는, 'AAG'처럼 3개 단위로 묶여 20개 아미노산 가운데 하나의 정보가 되고, 아미노산들이 다시 모여 단백질이 만들어진다. 1958년 DNA 구조를 밝힌 프랜시스 크릭(Francis Crick)은 유전 정보의 흐름이 있다는 센트럴 도그마(central dogma) 개념, 즉 절대적인 원칙을 처음으로 제안했는데 이는 'DNA → mRNA → 단백질'의 흐름이다.

센트럴 도그마는 2023년 현재에도 분자 생물학 교과서의 첫 페이지에 등장하는 개념이다. 박테리아부터 사람까지 동일하게 적용되는 생명체의 기본원리이기 때문이다. 이후 핵 안의 pre-mRNA가 더 작은 분자인 mRNA로 만들어지며, 하나의 mRNA에서 여러 종류의 단백질이 나올 수 있다는 것(splicing), RNA 분자 자체가 효소처럼 작동해 스스로 복제하며 다른 RNA를 만들 수 있다는 것(ribozyme) 등이 밝혀지면서, RNA가 단순히 매개체가 아니라 진화적으로 최초의 유전물질일 수도 있다는 시각으로까지 넓혀지게 되었다.

아보고 싶을 때, 이전에는 특정 단백질이 발현하지 않도록 유전자(DNA) 변이를 만들어, 해당 단백질과 질환 사이의 관계를 연구했다. 시간과 돈이 많이 드는 일이다. 그런데 RNAi의 경우 유전자 변이를 만들 필요 없이, 동물 모델에 siRNA를 주입하면 곧바로 특정 단백질 발현이 줄어들 것이다. 해당 단백질과 질환 사이의 관계를 좀더 쉽게 연구할 수 있게 됐다.

이러한 개념은 연구를 넘어 신약개발에도 적용될 수 있다. 질병은 특정 단백질의 기능에 문제가 생기면서 일어난다. 이런 이유로 많은 신약개발은 문제가 되는 단백질의 활동을 어떻게 저해할 것인지로 집중되었다. 그런데 RNAi 메커니즘이라면 이야기가 달라진다. 문제가 되는 단백질의 염기서열 정보만 알 수 있다면, 해당 정보를 입력한 siRNA를 만들어서 환자에게 투여할 수 있을 것이다. 이렇게 되면 질병의 원인이 되는 단백질의 합성을 막을 수 있다. 만약 이런 형태의 신약이 가능해진다면, 거의 모든 질병을 RNAi 신약으로 치료할 수 있을 것이다. 다만 RNAi를 발견한 초기에는 신약개발에 적용될 수 있을지 의문을 가졌다. 당시까지만 해도 RNAi 연구는 식물이나 무척추동물을 대상으로 이루어졌기 때문이다.

그런데 포유류에서도 siRNA 분자가 유전자 침묵을 일으킬 수 있다는 연구 결과가 나오기 시작했다.[4]

동물에서도 siRNA를 도입해 유전자 침묵을 일으킬 수 있다는 사실은, 앨라일람 파마슈티컬스(Alnylam Pharmaceuticals)의 설립 배경이 되었다. 2002년 RNAi가 신약개발에 강력한 도구가 될 수 있다고 판단한 5명의 과학자가 모여 앨라일람을 설립했다. 이 가운데 노벨상 수상자이자 바이오젠(Biogen) 공동창업자 필립 앨런 샤프(Phillip Allen Sharp)와의 인연으로, 당시 밀레니엄 파마슈티컬스(Millennium Pharmaceuticals) 부사장으로 있던 존 마라가노(John Maraganore)가 CEO로 합류했다.

RNAi 기술이 가능성을 높게 평가하는 분위기도 좋았다. 2003년 여러 생명과학 저널과 매체는 RNAi에 '올해의 기술', '바이오테크의 새로운 돌파구'와 같은 수식어를 붙이며 소개했다. 여기에 RNAi를 발견한 앤드루 파이어와 크레이그 멜로가 노벨 생리의학상을 받으면서, 기대감은 더 크게 부풀었다. 당시는 유전체(genomics) 연구를 바탕으로 나타난 바이오테크들에 끼어 있던 버블이 터지고 있던 상황이었다. 새롭게 집중할 분야를 찾던 상황에서, RNAi에 새로운 버블이 만들어지기 시작했다. 앨라일람은 2004년 나스닥에서 9,800만 달러 기업가치로 평가되었고, 3,000만 달러의 자금을 조달하며 기업공개(IPO)를 했다. 이후 미국 머크(Merck & Co.), 노바티스(Novatis), 로슈(Roche) 등과 연이어 파트너십을 맺었다. 미국 머크는 한 발 더 나아갔다. siRNA를 이용해 황반변성 치료제를 개발하려고 설립된 서나 테라퓨틱스(Sirna Therapeutics)를 2006년에 인수했다. 인수 대금은 11억 달러였고, RNAi 신약개발에는 관심과 자원이 더욱 쏠렸다.

임상 실패

그러나 RNAi 기술에 대한 관심은 곧 사그라들었다. 거의 모든 질환 치료제를 만들 수 있을 것이라는 기대, 노벨상을 받은 기술이라는 점만 가지고 RNAi 신약개발에 수십억 달러가 투자됐지만, 막상 임상에서 환자를 치료하지 못했기 때문이다.

실패가 두드러졌던 부분은 안과 질환 치료제 개발이었다. siRNA가 세포 안으로 들어가면 RNAi 작용을 일으키는 것은 사실이었지만 이는 연구실에서 가능한 정도였다. 의약품이 되려면 일반적인 투여 방식으로 siRNA를 치료할 부위까지 보내야 했지만 쉽지 않았다. 그런데 안과 질환은 국소 부위인 눈에 투여하면 되기에, 치료제로 개발될 가능성이 상대적으로 높아 보였다.

2009년 앨러간(Allergan)은 습성 황반변성(AMD) 환자를 대상으로 VEGFR 저해 siRNA인 AGN-745와, VEGF 항체인 루센티스(LUCENTIS®, 성분명: Ranibizumab)를 3개월 동안 투여해 효능을 비교하는 임상2상을 진행했다. 황반변성은 비정상적인 혈관내피세포 성장인자(vascular endothelial growth factor, VEGF)를 원인으로 본다. 눈에 VEGF가 비정상적으로 많으면 비정상적으로 혈관이 만들어지는데, 이로 인해 시력이 나빠지다가 최악의 경우 실명에 이른다. 따라서 VEGF를 저해하는 항체 치료제가 처방된다. AGN-745는 앨러간이 2005년 서나 테라퓨틱스에서 계약금 포함 최대 2억 4,500만 달러에 인수했던 약물이었다.

그러나 임상시험 결과 AGN-745는 루센티스와 효능 차이가 없었다. 앨러간은 임상개발을 멈췄고,[5] 옵코 헬스(Opko Health), 화이자(Pfizer) 등의 VEGF 타깃 RNAi 약물도 연이어 임상개발을 멈췄다. RNAi 개념을 바탕으로 진행되던 암, 감염병, 자가면역질환 등을 타깃하는 신약의 임상개발도 중단이 이어졌다.[6]

기대가 클수록 실망도 크다. RNAi 신약개발에 대한 기대는 곧 의심으로 바뀌었다. 2010년에 들어서면서 노바티스, 로슈, 화이자, 애보트(Abott) 등은 물론 크고 작은 제약기업과 바이오테크들이 RNAi 신약개발 분야에서 떠났다. 특히 로슈의 결정은 파장이 컸다. 2010년 로슈는 3년 넘게 4억 달러를 쏟아부은 RNAi 연구를 중단했고, 전체 인력 6%에 해당하는 4,800명을 구조조정했다.[7] 당시 전 세계적인 경기침체의 영향도 있었지만, 최고 경영진의 판단은 'RNAi 신약개발에서 철수'였다.

이런 분위기에서 앨라일람도 예외일 수 없었다. 핵심 파트너였던 노바티스를 비롯한 제약기업들이 앨라일람을 떠났다. 앨라일람은 '하루라도 더 살기 위해' 2010년과 2012년 두 차례에 걸쳐 구조조정으로 인력 절반을 내보냈다. 마라가노는 'RNAi 치료제가 모든 곳에 적용될 수 있다는 다소 낭만적인 생각을 버리고, 실제 기술적으로 가능한 간(liver)에 RNAi를 전달하는 임상 파이프라인에 집중해야 할 때'라는 점에 주목했다.[8] 이 당시까지만 해도 앨라일람에는 임상개발에 들어간 RNAi 약물이 없었다. 마라가노는 '플랫폼을 파이프라인'으로 전환하기 위한 방법을 논의한다. 신뢰를 다시 얻는 길은 바로 임상에서 RNAi가 환자를 치료할 수 있다는 것을 확실하게 보여줄 개념입증 데이터를 얻는 것이었다.

지질나노입자

그리고 실제 개념입증은 2010년 초중반 '전달 기술'이 개발되면서 가능해졌다. 연구실 수준의 RNAi 개념을, 의약품 개념으로 구현하기는 어렵다. siRNA는 이중가닥으로 크기가 컸고, 높은 전하를 띠고 있었으며(지질로 이뤄진 세포막을 통과하지 못한다), 쉽게 분해되며, 물질 자체가 면역 체계를 자극했으며, 체내로 주입하게 되면 빠르게 제거됐다. 따라서 siRNA가 치료 효과를 발휘하려면 '전달'이 핵심이었다. 어쨌든 siRNA가 타깃하는 조직으로 가고, 타깃하는 세포 안으로 들어가야 질병을 일으키는 단백질 발현을 억누를 수 있다.

앨라일람이 설립되고 10년 동안 들였던 노력의 대부분도 '전달'이었다. 80%가 넘는 자원을 쏟아부었다. siRNA를 치료 타깃까지 전달할 수 있는 물질을 찾으려는 노력 끝에 콜레스테롤 접합체(conjugates)에서 가능성을 보기도 했다. 그러나 환자에게 적용하기 불가능한 용량을 투여해야 한다는 것을 확인하고 멈춰야만 했다. (영장류에 투여해 치료 효능을 보려면 몇십에서 몇백 mg/kg 수준까지 투여해야 했다.) 그러다 지질나노입자(lipid nanoparticles,

LNP)에 이르게 된다.

LNP는 앨라일람이 붙인 이름이다. 앨라일람은 미국 매사추세츠 공과대(MIT)의 밥 랭어(Bob Langer)와 댄 앤더슨(Dan Anderson) 연구팀, 캐나다의 바이오테크 프로티바(Protiva)와 협업을 펼쳤다. 이 과정에서 LNP를 만나게 된다. LNP는 100나노미터(nm)보다 작은 크기이며, 간세포가 표면에 발현하는 지질수용체(LDL receptor)에 잘 달라붙어 대부분 간으로 들어간다. 지질나노입자는 siRNA가 혈액에서 분해되지 않도록 보호했으며, 간 조직에서 siRNA를 세포 안으로 집어넣어 mRNA를 억제했다. 2006년 앨라일람과 프로티바는 원숭이에서 이온화 지질(ionizable lipid)을 포함한 LNP로 감싼 siRNA 약물이 간(liver)에서 타깃 RNA를 90%까지 억제한 결과를 발표했다.[9]

이번에도 문제는 독성이었다. LNP 투여량이 조금만 늘어도 독성이 나타나 치료지수(therapeutic index,TI)가 좁았다. 독성을 잡기 위한 노력도 쉽지 않았다. 실험을 거듭할수록 LNP의 특성을 개선시키기 위해서는 새로운 지질이 필요했다. 이를 위해 프로티바의 모회사인 이넥스(Inex)와 협력한다. (이후 이넥스와 프로티바가 합병하면서 텍미라[Tekmira]로 이름이 바뀌었고, 현재의 아뷰투스 바이오파마[Arbutus Biopharma]다.) 새로운 협업으로 상용화가 가능한 이온화지질(DLin-MC3-DMA)에 접근할 수 있었고, RNAi를 간에 전달하는 것이 가능해졌다. 이온화 지질은 환경마다(pH) 정전기적 특성이 달라진다. 혈액 안의 중성 환경에서는 중성

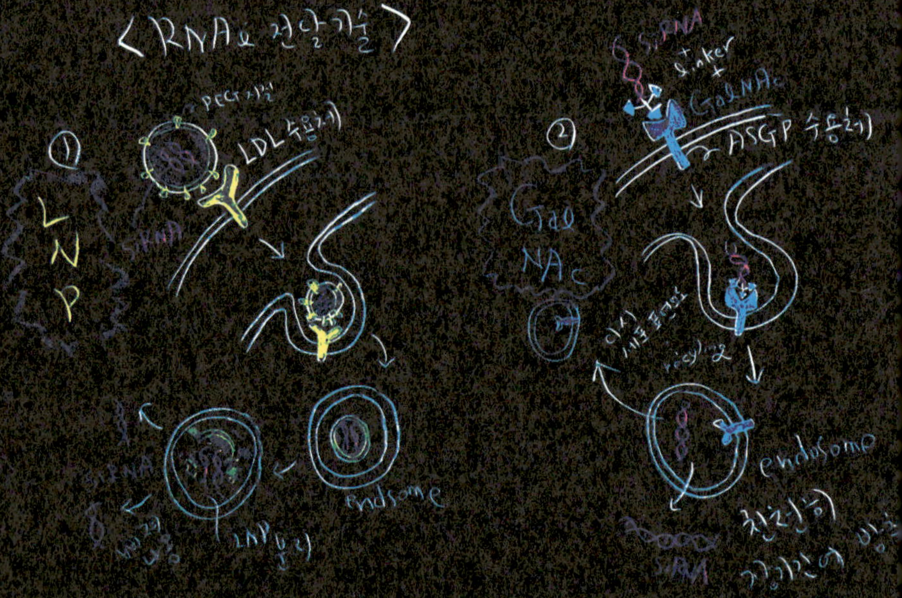

〔그림 09_03〕 **RNAi 전달기술**

RNAi는 유전자 발현을 효과적으로 조절할 수 있지만, 먼저 세포막이라는 일차 관문을 통과해야 한다. 오랫동안 RNAi가 약으로 개발되지 못했던 장벽이었다.
그러나 2010년대 초중반부터 효과적인 전달기술이 개발되면서, RNAi 신약개발에 돌파구가 생기기 시작했다. RNAi 신약개발 역사는 전달기술의 역사와도 같다. 2023년 현재 가장 일반적으로 이용하는 전달기술은 지질나노입자(왼쪽)와 GalNAc 접합체 전달기술(오른쪽)이다. 다만 두 전달 기술 모두 간(liver)으로 RNAi를 옮기는 특성을 띤다. 따라서 다른 장기나 조직에 RNAi를 전달할 수 있는 기술개발이 필요하다.

전하를 띄면서 안정성을 유지하고 독성은 최소화한다. 이를 기반으로 2018년 첫 번째 RNAi 치료제인 온파트로(ONPATTRO®, 성분명: Patisiran)가 탄생했다. 이후 앨라일람과 텍미라는 LNP는 권리 범위를 두고 법정 싸움을 벌였다. 2012년 앨라일람은 아뷰투스와 계약 사항을 조정하고 라이선스 계약을 맺으면서 마무리된다.[10] 그리고 2019년 코로나19 팬데믹 상황에서 mRNA 백신에 전달체로 LNP가 사용되었다.

GalNAc(N-acetylgalactosamine) 접합체

지질나노입자와 동시에 전달체 분야의 또 다른 진전은, 접합체 부문에서 일어나고 있었다. 앨라일람의 과학자 무티아 '마노' 마노하란(Muthiah 'Mano' Manoharan)은 siRNA를 간세포에 전달하는 방식을 연구했다. 그는 지질 기반 접합체 GalNAc(N-acetyl-galactosamine)을 붙여 간세포가 발현하는 수용체 ASGPR(asialoglycoprotein receptor 6)과 만나 결합해 세포 안으로 들어가는 메커니즘에 집중했다. 무티아 '마노' 마노하란은 안티센스 올리고뉴클레오타이드(Antisense oligonucleotides, ASO) 신약을 개발하는 대표적인 바이오테크 아이오니스 파마슈티컬스(IONIS Pharmaceuticals) 의약화학 책임자 출신이었고, 'RNA 약물을 바꾸면 독성이 나온다'는 것에 대한 선입견이 없었다. 그러나 앨라일람 내부 분위기는 그렇지 않았다. 오랫동안 접합체 연구에 투자했지만 성과가 없었기에 가능성이 없다는 의견이 강했다. 마노는 마지막으로 '딱 한 번만 실험해보고 그만두자'고 경영진을 설득했다. 그런데 이 마지막 실험이 흐름을 바꾸었다. 영장류에서 GalNAc을 적용한 siRNA는 한 자릿수의 mg/kg 용량만 투여했음에도 충분한 효능을 보여주었다.

앨라일람은 접합체 전달 방식의 RNAi 디자인을 바꿔가면서 GalNAc 플랫폼을 발전시켜갔다. 앨라일람이 GalNAc 전달 기술을 적용한 RNAi로 최초의 개념입증 임상1상에 들어간 것은 2013년이었는데, 첫 번째 RNAi 치료제이자 LNP를 적용한 온파트로는 이미 임상3상을 시작하고 있었다. 이런 이유로 2022년 GalNAc 기술을 적용해 온파트로와 타깃이 같은 암부트라(AMVUTRA®, 성분명: Vutrisiran)를 출시했다. 온파트로는 3주에 한 번 정맥주사로 전달하지만, 암부트라는 3개월에 한 번 피하투여(SC)하는 것이 장점이다.

GalNAc 기술은 1년에 1회 투여하는 기술로까지 발전하고 있다. 2023년 현재 기준 앨라일람이 내놓은 4개의 RNAi 신약 가운데 3개가 GalNAc 접합기술을 이용한 것이다. 이제 GalNAc은 ASO를 포함해 '거의 모든' RNA 치료제 개발 기업이 약물 전달에 이용하는 기술이다.

앨라일람은 접합체 전달 기술을 적용할 범위를 계속 넓히고 있다. 중추신경계(central nervous system, CNS)와 눈에 siRNA를 전달하는 C16 전달체 기술이 대표적이다. 앨라일람은 2018년 리제네론 파마슈티컬스(Regeneron Pharmaceuticals)와 CNS, 안과 질환을 대상으로 RNAi를 개발하는 계약금 8억 달러 규모의 파트너십을 맺었다. 2023년 7월 앨라일람은 유전성 알츠하이머병(Alzheimer's disease)의 원인으로 지목되는 아밀로이드 베타 전구체(APP) 발현을 낮추는 ANL-APP 임상1상에서 단 1회 투여만으로 6개월까지 뇌척수액(cerebrospinal fluid, CSF) 내 APP를 최대 80~90%까지 효과적으로 억제한 결과를 발표했다.

위기

RNAi 전달기술에 대한 전망이 어느 정도 선명해지면서 여러 프로젝트가 임상개발 단계로 넘어갈 수 있었다. 앨라일람은 선택과 집중을 위해 여러 파트너십을 맺으며 차근차근 앞으로 나갔다. 2013년 앨라일람이 GalNAc 접합체 기술을 적용한 PCSK9 프로그램을 라이선스 아웃했으며, 이 기술을 바탕으로 더 메디슨 컴퍼니(The Medicines Company)가 설립됐다. 앨라일람은 다른 바이오테크들이 임상개발에 들어간 PCSK9 항체가 이미 4개였던 것을 감안해 PSCK9 RNAi 프로그램의 매력이 떨어진다고 판단했다. 마라가노 대표가 바이오젠에서 있던 시절 개발했던 항응고제를 성공적으로 상업화한 클리브 민웰(Clive Meanwell)이 더 메디슨 컴퍼니의 대표를 맡았다.

2014년 앨라일람은 사노피 젠자임(Sanofi Genzyme)과 희귀 질환 RNAi 약물 개발 파트너십을 맺었다. 사노피는 계약금 7억 달러를 지급하고 앨라일람 지분 12%를 사들이는 조건이었다. 당시 사노피는 희귀질환 신약을 개발하는 젠자임을 200억 달러에 사들이는 계약을 막 마친 상태였다. 사노피와의 계약 소식이 전해지자, 앨라일람의 주가는 처음으로 주당 100달러를 넘어서기도 했다.

그러나 여러 파트너십을 좋은 조건으로 맺으며 개발을 이어가는 등 순조로워 보이던 앨라일람에 다시 위기가 찾아온다. 2016년 앨라일람은 RNAi 신약 프로젝트 레부시란(Revusiran)의 임상3상을 멈추기로 결정했다.[11] 레부시란은 유전성 트랜스티레틴(TTR) 매개(hATTR) 아밀로이드증 심근병증(ATTR-CM) 치료제로 개발하던 약물이었다. ATTR-CM은 심장 근육에 잘못 접힌 트랜스티레틴 단백질이 쌓이면서 심부전과 심장마비가 오는 질환이다. 트랜스티레틴 단백질이 주로 간에서 만들어지기 때문에, RNAi 메커니즘을 활용하면 트랜스티레틴 단백질 생성을 낮춰 질병 진행을 늦출 것으로 보았다. 그런데 레부시란의 ENDEAVOUR 임상3상 진행 과정에서, 레부시란 임상2상의 부작용 보고가 나왔다. 신경병증(neuropathy) 부작용이 발견된 것이다. 이에 따라 데이터 모니터링위원회(data monitoring committee, DMC)는 ENDEAVOUR 임상3상 데이터를 검토했고, 레부시란 투여에 따라 신경병증이 나타난다는 증거를 찾지는 못했다. 그런데 레부시란을 투여한 그룹에서 위약 대비 더 많은 환자가 사망했다는 것을 확인했다. 앨라일람은 레부시란이 이점보다 위험성이 크다고 판단해 개발을 멈추기로 했다. 이 소식이 알려지자 RNAi 약물 전반에 대한 의심이 다시 퍼졌다. 레부시란 임상3상 중단을 발표했던 단 하루 만에 앨라일람의 시가총액 70억 달러가 사라졌다. 이후 추가로 공개된 정보에 따르면 레부시란을 투여한 환자는 17명, 위약을 투여한 환자는 2명이 사망했다.[12]

그럼에도 앨라일람은 임상3상을 진행하고 있는 또 다른 TTR RNAi 프로젝트인 파티시란(Patisiran)의 개발을 그대로 밀고 나갔다. 또한 RNAi 임상개발 프로젝트도 계속 진행하기로 결정했다. 앨라일람이 더 메디슨 컴퍼니와 함께 진행하는 인클리시란(Inclisiran) 프로젝트를 포함해 800명 넘는 피험자에게 최대 34개월 동안 RNAi 약물을 투여했을 때 약물로 인한 신경병증이 관찰되지 않았기 때문이었다. 레부시란과 파티시란은 타깃 유전자 서열이 겹치지만(TTR로 동일), 약물 디자인에서 차이가 있었다. 레부시란은 1세대 RNAi 기술과 GalNAc 기술이 적용된 피하투여 약물이었고, 파티시란은 LNP 방식으로 정맥투여(IV)하는 형태였다. 앨라일람은 후속 RNAi 신약개발 프로젝트에 2세대 RNAi 기술이 적용돼 10~30배 낮은 용량을 투여해도 된다는 것도 강조했다. (이후 약물 안정성을 개선해 3세대 RNAi 기술까지 개발됐다. STC→ESC→ESC+).

여러 가지 근거와 앨라일람의 판단에도 레부시란 임상3상 중

앨라일람과 서나의 달라진 운명

2006년, 앨라일람과 서나 테라퓨틱스는 RNAi 신약개발 분야에서 경쟁하는 관계였다. 두 바이오테크는 100여 명 정도 규모, 5억 달러 정도의 시가총액, 전 세계적 규모의 제약기업들과의 파트너십 관계 등 비슷한 점이 많았다. 그런데 2006년까지 비슷했던 두 바이오테크가 달라지기 시작했다.

2006년 미국 머크(Merck & Co.)는 서나 테라퓨틱스를 11억 달러에 인수했다. 서나 테라퓨틱스는 RNAi 메커니즘으로 안과 질환 치료제 개발에 집중하고 있었다. 당시 RNAi 신약개발 바이오테크라면 면역원성(immunogenicity), 전달, 약물 안정성 등에 대한 문제를 풀 수 있냐는 질문에 답해야 했다. 그런데 눈과 관련된 질환은 이런 문제에서 상대적으로 자유로운 편이었고, 서나 테라퓨틱스는 이런 차원에서 전략적으로 접근하고 있었다. 그리고 미국 머크는 RNAi 신약개발에서 주도권을 잡기 위해 앨라일람과 파트너십을 맺고 있었지만 서나 테라퓨틱스까지 인수했다.[18]

그런데 2014년 미국 머크는 RNAi 분야 연구를 완전히 멈췄다. 머크는 서나 테라퓨틱스를 인수하면서 얻게 된 연구소를 폐쇄하고 연구 인력 또한 구조조정했다. 서나 테라퓨틱스가 인수합병과 구조조정을 겪는 동안, 앨라일람은 꾸준히 연구개발을 지속했다. R&D에 5억 달러 이상을 투자하면서 8개의 임상개발 프로젝트를 가진, 시가총액 40억 달러짜리 바이오테크로 성장한 것이다. 그리고 앨라일람은 2014년 미국 머크로부터 서나 테라퓨틱스를 1억 7,500만 달러에 인수했다.

단은 RNAi 약물이 안전하지 않다는 분위기에 힘을 실었다. 체내로 들어간 RNAi 약물이 마치 여러 mRNA에 결합하는 miRNA와 같이 작동해 비특이적인 '오프타깃(off-target)' 독성을 나타낼 것이라는 추측도 나왔다. 앨라일람은 임상 데이터를 분석해 몇 개월 안으로 레부시란 부작용의 원인을 밝히겠다고 했지만, 몇 년이 지난 후에도 정확한 원인은 알아내지 못했다. 1세대 RNAi 기술이 적용된 레부시란이 체내에서 불안정한 특성을 갖는 문제가 있었고, 사망한 환자의 대부분은 질병이 이미 많이 진행된 사례였다는 추측 정도를 할 뿐이었다.

그러나 앨라일람의 PCSK9 RNAi를 개발하기 위해 설립된 더 메디슨 컴퍼니도 임상에서 확인한 안전성 결과에 기반해 플랫폼의 문제가 아니라고 판단했고, 계속해서 임상시험을 진행했다. 결과적으로 PCSK9 RNAi 신약개발 프로젝트는 2019년 심혈관계 질환 대상 임상3상에서 성공했다. 인클리시란을 성분으로 하는 렉비오(LEQVIO®)를 1년에 2회 투여하며, 더 메디슨 컴퍼니는 인클리시란 임상3상 성공 후 2개월 만에 노바티스에 97억 달러에 인수됐다.

전환점

2017년 다시 한 번 분위기는 바뀐다. 2017년 파티시란의 임상3상이 성공한 것이다. 앨라일람과 사노피가 진행한 말초신경병증

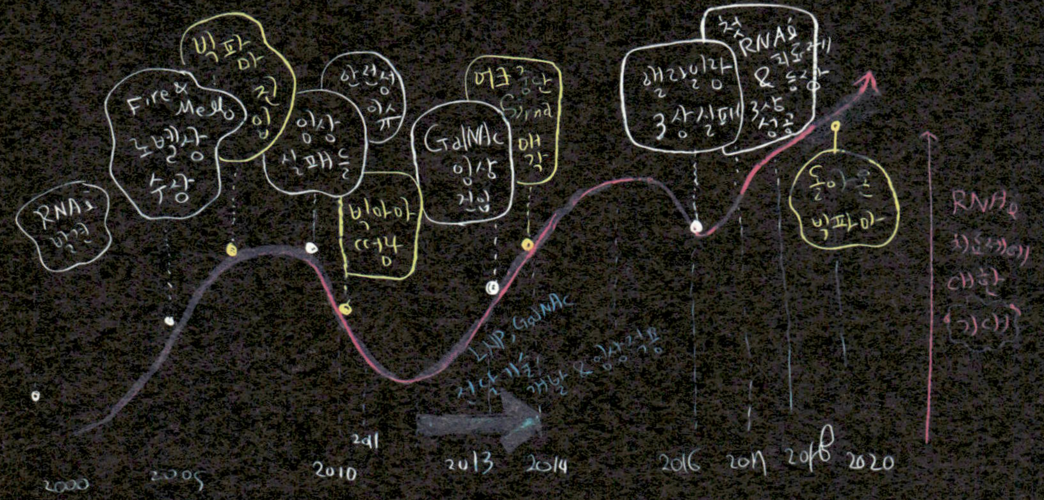

〔그림 09_04〕 앨라일람 스토리

앨라일람이 겪어낸 다사다난한 개발 과정은 RNAi 신약개발 역사와 동의어로 읽을 수 있다. 버블과 실패를 거쳐 성공이라는 단계를 밟아, 마침내 플랫폼 기술로 자리 잡은 사례다. 앨라일람 스토리는 하나의 기술이 성숙해가는 과정을 기술하는, 하이프 사이클(hype cycle)의 대표적인 예다.

(polyneuropathy)을 가진 hATTR 아밀로이드증(hATTR-PN) 대상 APOLLO 임상3상 결과에 따르면, 파티시란 첫 투여 후 18개월 시점에서 말초신경병증 진행을 크게 늦췄다. 임상시험에서 설정한 모든 1차, 2차 종결점에서 통계적으로 유의미하게 질병 진행을 늦추고, 부작용으로 인해 약물 투여를 중단한 사례도 적었으며, 환자의 삶의 질을 개선시켰다.[13] RNAi 메커니즘으로 질병 치료가 가능해진 것이다. APOLLO 임상3상 결과 발표 후 앨라일람의 주가는 50% 올랐다. 파티시란 임상에 참여했던 존스홉킨스 대학 마이클 폴리데프키스(Michael Polydefkis) 교수는 RNAi 메커니즘 신약을, '수술 없는 분자 간 이식(molecular liver transplant)'이라고 표현했다.

파티시란은 RNAi 약물이 임상3상에서 성공한 첫 사례로 남았다. 2018년 미국 FDA는 파티시란(제품명: 온파트로)을 hATTR-PN 치료제로 시판허가했다. RNAi 신약개발이 시작된 지 15년 후의 일이고, 모두 16억 달러를 투자한 결과였다. 2023년 기준 앨라일람은 온파트로를 포함해 GalNAc 접합체를 적용한 후속 TTR siRNA 신약인 암부트라 등 4개 제품을 출시했다. 암부트라는 GalNAc 접합체 기술을 적용해, 기존의 온파트로보다 투여 편의성을 개선시켰다(3주마다 정맥투여→3개월마다 피하투여). 암부트라는 온파트로와 달리 부작용을 줄이기 위한 코르티코스테로이드를 사용할 필요가 없다는 장점도 있었다.[14]

RNAi 신약이 개념입증에 성공하면서 관심은 다시 RNAi 쪽으로 쏠리고 있다. 앨라일람과 파트너십을 끝냈던 노바티스는, 더 메디슨 컴퍼니를 97억 달러에 인수하면서 RNAi 분야로 다시 뛰어들었다. 앨라일람과도 2022년에 다시 3년짜리 파트너십을 맺었다.[15]

노바티스는 앨라일람의 RNAi 기술로 간세포 성장을 촉진하는 재생의학 치료제를 테스트하는 것이 목표다. 나아가 노바티스는 2023년 siRNA 기반 신경질환 신약개발 회사인 DTx파마(DTx Pharma)를 총 10억 달러에 인수했다. DTx는 새로운 전달 플랫폼으로 '지방산 리간드가 접합된 올리고뉴클레오티드'를 링커로 siRNA에 결합시키는, 팔콘(FALCON, Fatty Acid Ligand Conjugated OligoNucleotides) 기술을 보유하고 있다.[16] 로슈도 2023년 앨라일람과 고혈압을 타깃하는 임상2상 RNAi 신약 질레베시란(Zilebesiran)을 공동개발, 상업화하는 파트너십을 맺었다. 계약금 3억 1,000만 달러를 포함해 최대 28억 달러 규모의 계약이다.[17] 노보노디스크(Novo Nordisk)와 다케다(Takeda), 암젠(Amgen) 등도 대사질환과 희귀질환을 적응증으로 하는 RNAi 신약개발에 뛰어들었다. 2023년 현재 앨라일람의 주가는 RNAi 버블이 끼어 있었다고 평가되던 시기인 2008년 대비 10배 정도 올라 있다. 2004년 앨라일람이 나스닥에 상장했을 때와 비교하면 증가 폭은 100배 정도다. 2022년 한 해 기준 앨라일람의 RNAi 신약 4개는 8억 9,400만 달러어치가 임상 현장에서 처방되었다.

앨라일람 이야기는 플랫폼 기술이 신약이 된다는 것이, 어떤 뜻인지를 보여준다. 노벨상을 탄 기술에 대한 관심은 버블로 이어지고, 이름만 들어도 알 수 있는 거대 제약기업과 바이오테크가 잇달아 뛰어들지만 버블이 터지면서 파트너십이 깨진다. 그러다 한계를 극복할 기술을 개발해내면 임상개발로 이어져 개념입증에 성공한다. 앨라일람은 이 모든 과정을 버텨냈다.

2011년 초 앨라일람의 마라가노 대표는 JP모건 컨퍼런스에서 5년 후 비전을 발표했다. 2015년 말까지 RNAi 신약개발 프로젝트 5개를 임상개발 단계까지 끌어올리겠다는 것이 핵심이었다. 이와 같은 비전은 앨라일람 내부에서 반발을 일으켰다. 2011년 당시 기준으로 봤을 때, 현실적으로 임상개발이 가능한 것으로 판단된 간세포 타깃 RNAi 프로젝트는 1개 뿐이었다(ALN-TTR01). 그러나 마라가노는 낮은 목표는 투자자도, 내부 구성원도, 그리고 그 누구도 움직일 수 없다며 설득을 이어갔다. 2011년 앨라일람은 임상 1상에서 첫 개념입증 결과를 얻을 수 있었고, 2015년 8개의 RNAi 신약 임상개발 프로젝트를 진행하게 되었다.

앨라일람이 버틸 수 있었던 데는 '바깥의 평가'에 휘둘리지 않고, '안에 있는 과학'에 기댔던 것이 힘이 되었을 것이다. 이는 상황을 뭉뚱그려 판단하지 않고, 알고 있는 것과 아직 모르는 것을 정확하게 검증해가는 태도다. 예를 들어 앨라일람은 2016년 레부시란 부작용 사태에 대해, 2022년 기고문에서 '7년이 지났지만 여전히 이유를 모른다'고 발표했다. 앨라일람은 2022년 현재 RNAi 신약개발 분야에서 가장 앞선 바이오테크지만, 여전히 모르는 것을 모른다고 얘기하는 과학적 태도에 대한 용기가 있었다. 이런 용기가 파티시란 임상3상을 진행하고, 후속 RNAi 임상개발도 그대로 추진할 수 있었던 힘이 되었다. '사이언스와 데이터로 확인한다'는 집념으로 개발한 RNAi 기술이기에 개념입증을 위한 단계로 나아갈 수 있었을 것이다. 그리고 앨라일람이 보여준 RNAi 신약개발 접근법은 이제 검증이 끝난 것으로 받아들여진다. 앨라일람의 RNAi 플랫폼 기술로 자리잡은 과정을 이끌어 온 존 마라가노가 19년 동안 수행한 대표이사(CEO) 자리에서 내려오면서 했던 말은 여러 가지를 생각하게 해준다.

> "해결책에 '직선'은 결코 없다. 사이언스와 비즈니스에서는 정말 없다. 결국 핵심은 인내하고, 사이언스를 따르고, 혁신적인 환경을 조성하는 것이다."

ASO

안티센스 올리고뉴클레오타이드(ASO)는 RNAi와 같이 RNA를 타깃하는 약물이라는 점, 그리고 화학적으로 변형한 올리고뉴클레오타이드를 이용하며, 세포가 가진 분해 메커니즘을 이용한다는 점, 세포 안으로 약물을 전달하기 위해 전달 방식에 대한 고민이 필요하다는 공통점이 있다. 차이는 ASO 약물은 단일가닥으로 되어 있는데 RNAi 약물은 이중가닥이라는 점이지만, RNAi와 ASO 신약개발에 도전하는 바이오테크들은 비슷한 어려움을 겪고, 비슷한 방식으로 문제를 극복해가는 모습을 보여준다.

ASO는 RNAi보다 더 먼저 발견되었고, 더 빨리 바이오테크들이 설립되어, 약물 개발도 먼저 시작했다. ASO라는 개념은 1978년에 제안되었다. 폴 자메니크(Paul C. Zamecnik)와 메리 스테판슨(Mary Stephenson)은 라우스 육종 바이러스(Rous sarcoma virus, RNA 유전체를 갖는 레트로바이러스)에 감염된 조직에 바이러스의 특정 RNA에 결합하는 짧은 단일가닥 RNA 조각(13개 안티센스 뉴클레오타이드[ASO])을 합성해 처리했더니, 바이러스의 복제가 억제된다는 것을 확인했다.[19] ASO가 바이러스 생산과 세포 감염에 중요한 특정 RNA를 억제하면서 생긴 결과였다.

폴 자메니크는 의사 출신으로 독학으로 생화학을 공부했다고 한다. 그는 1960년대 중반 mRNA가 아미노산으로 번역되는 데 필요한 어댑터 분자인 tRNA를 발견하기도 했다. 폴 자메니크와 메리 스테판슨은 자신들의 발견한 현상을 바탕으로, RNA 조각을 넣어 바이러스를 억제하거나 사람에게서 특정 단백질이 만들어지는 것을 억제할 수 있을 것이라는 가능성도 제시했다. 다만 이를 구현해볼 수 있는 구체적인 개념이나 도구는 아직 갖추어져 있지 않았다.

1980년대 중후반 안티센스를 화학적으로 변형하는 기술이 진전되면서, 유전자 코드 저해제(genetic code blockers)라는 안티센스 기술을 개념으로 잡은 바이오테크들이 설립되었다. 이들은 항바이러스 제제 개발에 집중했다. 사렙타 테라퓨틱스(Sarepta

Therapeutics)의 전신인 안티바이럴(Antivirals)은 1980년에 설립되었다. 안티센스 기술을 바탕으로 항바이러스제 신약개발을 목표로 했지만, 이후 희귀질환 치료제 개발로 전략을 바꾸었다. 사렙타 테라퓨틱스는 2023년 기준 뒤센근이영양증(DMD)을 포함한 근육 신경 희귀질환 치료제를 개발하고 있다. 길리어드 사이언스(Gilead Sciences)도, 1987년 설립된 안티센스를 이용한 항바이러스제 개발 바이오테크였던 올리고겐(Oligogen)에서 시작했다. 올리고겐은 1990년부터 갈락소 웰컴(Glaxo Wellcome, 현재 GSK)과 파트너십을 맺고 안티센스 연구를 이어갔다. 그러나 8년 후 파트너십이 종료되면서, 길리어드는 안티센스에 대한 모든 권리를 1998년 아이오니스에 600만 달러에 매각한다.[20]

ASO 신약개발을 대표하는 바이오테크인 아이오니스도 1989년에 설립되었다. 설립 당시에는 ISIS 파마슈티컬스였지만, 테러 조직을 떠올리게 하는 이름이라 2015년 아이오니스로 이름을 바꿨다. 아이오니스를 설립한 스탠리 크룩(Stanley T. Crooke)은 아이오니스를 설립하기 전 스미스클라인(SmithKline Beckman, 현재 GSK)와 브리스톨-마이어스(Bristol-Myers, 현재 BMS)에서 일했다. 그는 규모가 큰 제약기업 모델이 혁신적인 신약을 개발하는 데 적합하지 않으며, 생산성 또한 떨어지고 있다는 점을 고민했고, 새로운 형태의 약물 발굴 플랫폼이 돌파구가 될 것이라 믿었다.[21] 그는 안티센스가 거의 모든 질병을 고치는 데 적용될 수 있으며, 염기서열을 타깃해서 약물을 만들기 때문에 발굴 과정이 효율적이고,

저분자 화합물과 비교해 환자의 몸 안에서 어떻게 작용할지 비교적 쉽게 예측할 수 있다고 여겼다.

그러나 예상대로 되는 일은 많지 않다. 아이오니스는 1998년 미국 FDA로부터 최초로 시판허가를 받은 ASO 약물 포미버센(Fomivirsen)을 내놓았다. 포미버센은 인체면역결핍바이러스(human immunodeficiency virus, HIV)를 포함해, 면역이 저하된 환자가 거대세포바이러스(cytomegalovirus, CMV)에 걸렸을 때 나타나는 망막염(retinitis) 치료제였다. 포미버센은 CMV 복제에 핵심적인 단백질(immediate-early 2 protein)의 mRNA에 결합하는 방식으로 작동했다. 포미버센은 눈에 직접 주입하는 방식이었지만, 효과적인 HIV 항바이러스제(HAART)가 나오면서 CMV 망막염 자체가 줄었다. 포미버센은 2001년 미국, 2002년 유럽에서 시판 철회됐다.

포미버센의 실패 이후 20년 동안 ASO 신약개발은 실패를 반복했다. 그럼에도 ASO 메커니즘에 대한 과학적인 연구와 변형 기술에 대한 진전은 계속됐다. 특히 안티센스 기술의 경우 의약화학(medicinal chemistry) 분야 쪽에서 활발한 진전이 일어났다. 1990년 후반 ASO의 효능과 반감기를 개선하고 염증 반응을 낮추는 2'-MOE(2'-O-methoxyethyl) 변형 기술이 개발됐으며, 이후 투약 용량을 줄이는 기술, 안전성과 내약성을 개선하는 기술, RNAi 분야에서 개발된 전달기술인 GalNAc 접합체를 적용하면서 투약 편의성이 개선되었다.[22]

스핀라자

세포는 단백질 생산 공장이다. 세포가 특정 단백질을 만들어야 하는 상황이 되면, 해당 단백질을 합성할 수 있는 정보를 담고 있는 DNA의 특정 부분(exon, 엑손)이 전사(transcription)되어 pre-mRNA(precursor messenger RNA)가 만들어진다. 그런데 DNA에는 엑손만 담겨 있지 않고, 인트론(intron)이 섞여 있다. 인트론은 전사를 돕는 역할을 하지만 단백질 정보를 담고 있지 않으므로, 잘려 나가야 정상적인 단백질이 합성될 수 있다. 이렇게 pre-mRNA에서 인트론이 잘려 나가고 엑손만 남기는 과정이 스플라이싱(splicing)이다. 스플라이싱을 거치면 pre-mRNA에서 크기가 약 1/100로 줄어든 성숙한 mRNA(matrue mRNA)가 만들어지고, mRNA가 핵 밖으로 빠져나온다. 이후 mRNA는 번역(translation)되면서 필요한 단백질이 합성된다.

ASO 메커니즘은 크게 2개로 나뉜다. 첫째는, 타깃 RNA에 대한 분해다. 세포질과 핵에 있는 RNA 분해효소(RNase H)가 ASO-mRNA 이중가닥을 인지하면서 타깃 mRNA를 제거하는 방식이다. 이는 siRNA와 유사하지만, 핵 안에서도 작동할 수 있다는 이점이 있다. 둘째는, 타깃 RNA에 결합해 억제(steric hindrance)하는 메커니즘이다. 주로 핵 안에 있는 pre-mRNA의 스플라이싱을 조절하는 방식이다. ASO는 핵 속 pre-mRNA에 결합해 기존과는 다른 스플라이싱이 일어나도록 유도해, 특정 단백질 발현을 억제하거나 정상 단백질이 만들어지게 할 수 있다.

2016년 말 아이오니스는 최초의 척수성 근위축증(spinal muscular atrophy, SMA) 치료제 스핀라자(SPINRAZA®, 성분명: Nusinersen)의 미국 시판허가를 받는다. 2011년 SMA 환자를 대상으로 임상개발에 들어간 지 5년 만의 일이었다. 알츠하이머병 신약개발로 유명한 바이오젠은 2012년 아이오니스와 신경질환과 신경근육 질환 ASO 치료제를 개발하는 파트너십을 맺었고, 두 바이오테크는 스핀라자를 공동개발했다.

스핀라자가 타깃하는 SMA는 SMN1(survival motor neuron 1) 유전자 결실(deletion)로 SMN 단백질 기능에 결함이 생기거나 발현이 줄어들어 생기는 심각한 희귀 운동신경질환이다. 아이오니스는 SMA 환자를 치료하고자 SMN1이 아닌, SMN2 유전자에 집중했다. SMN2 유전자는 엑손7 결함(Δex7)으로 엑손7을 건너뛰는 엑손 스키핑이 일어나면서, 기능이 떨어지고 쉽게 분해되어버린다. 정상인의 경우 SMN1 유전자상 변이가 없기 때문에 문제가 되지 않는다. 스핀라자는 ASO가 SMN2의 pre-mRNA에 결합해 엑손7 부위를 건너뛰지 않게 만들 수 있다면(exon inclusion), 정상적으로 작동하는 SMN 단백질을 만들 수 있다는 아이디어다. 스핀라자는 2'-MOE 변형과 올리고뉴클레오타이드의 안정성(stability)과 약리학적 특성을 극적으로 개선시키는 포스포로티오에이트(phosphorothioate, PS)까지 추가했다. 기존 PS ASO 약물이 타깃 조직에 국소로 주입하는 방식으로 전달되었다면, PS 2′-MOE

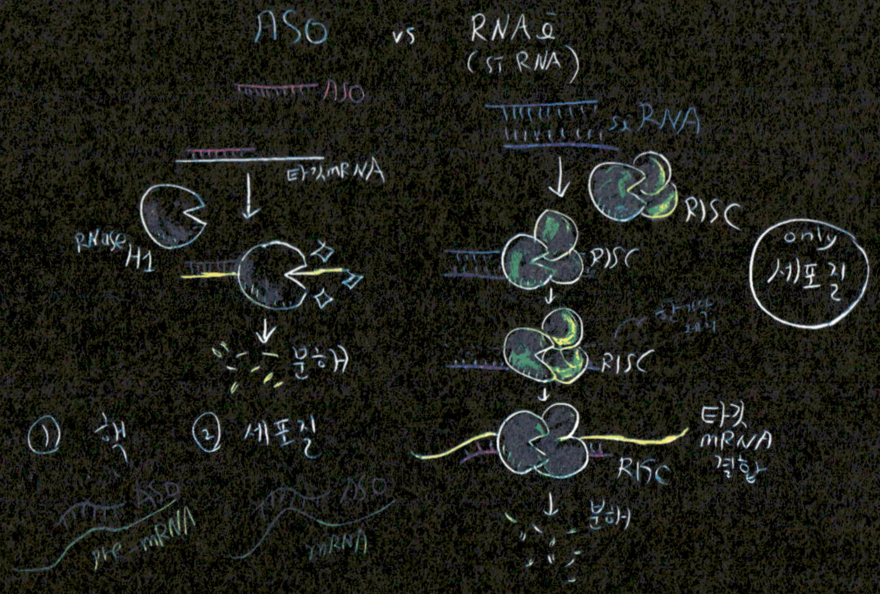

〔그림 09_05〕 ASO와 RNAi

ASO와 RNAi는 언뜻 비슷해 보이지만, 생김새부터 다르다. ASO는 한 가닥의 RNA라면, RNAi는 두 가닥의 RNA가 필요하다. 메커니즘을 놓고 보면 차이점은 더 크다. 유전자 발현을 조절하는 장소, 이용하는 효소, RNA를 조절하는 방식 등 여러 면에서 다르다. 이에 따라 타깃하기 적절한 유전자 표적과 질환도 다르다.

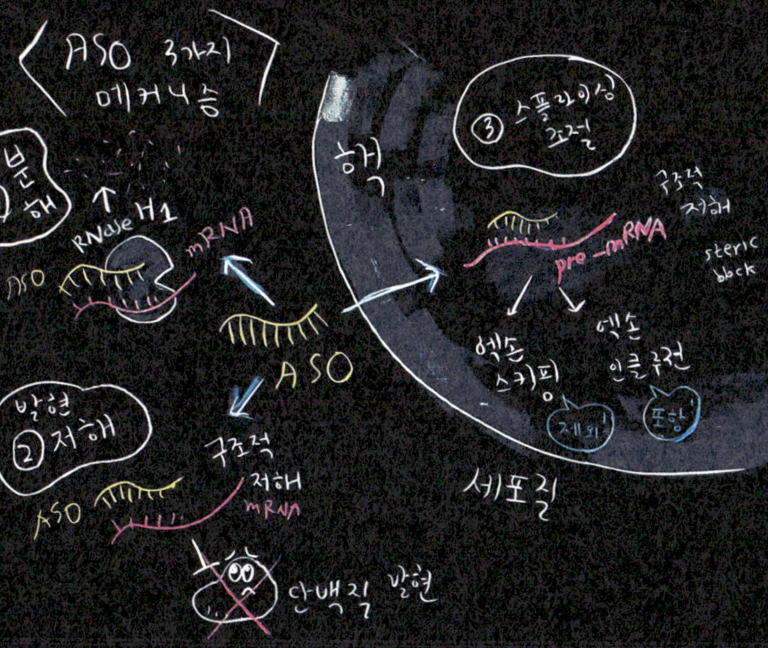

〔그림 09_06〕 ASO 메커니즘

ASO의 장점은 여러 메커니즘으로 작동할 수 있다는 것이다. 크게 세포질과 핵으로 구분할 수 있다. 세포질에서 ASO는 특정 효소(RNase H1)를 통해 특정 mRNA를 분해하기도 하며, mRNA에 달라붙어 구조적으로 전사를 방해하는 작전도 쓸 수 있다. 핵에서 작동할 때는 아직 완성되지 않는 pre-mRNA가 mRNA로 성숙되어가는 과정(스플라이싱)을 조절해 특정 유전자 발현을 높이거나 낮출 수 있다. 상대적으로 세포막 통과가 가능한 저분자 화합물로도 스플라이싱을 조절해보려는 노력도 있지만, 개발이 ASO만큼 수월하지 않다.

ASO 약물은 적은 빈도로 낮은 용량의 약물을 척수강 안으로(intrathecally) 전달할 수 있다. 이는 ASO 치료제의 적응증을 중추신경계(CNS) 질환으로 확대할 수 있다는 뜻이다.

스핀라자는 증상이 나타난 SMA 타입1 영아 환자(생후 7개월 이하)를 대상으로 한 임상3상에서, 투여 13개월 차에 51%(37/73)의 환자가 스스로 30초 이상 앉아 있을 수 있게 만들었다. 또한 투약 13개월 차에 61%의 환자가 영구적인 호흡 보조장치 없이 생존한 것을 확인했다. 이 결과를 바탕으로 스핀라자는 2016년 미국에서 최초의 SMA 치료제로 시판허가를 받았으며, 척추강 내 주사(intrathecal, IT)로 환자에게 투여한다. ASO 특성에 기반해 투약 첫해에 6회, 다음 해부터는 매년 3회 투여하는데, 1회 투여 비용은 12만 5,000달러다. 스핀라자 치료를 받기 위해 필요한 비용은 첫해 75만 달러, 다음 해부터 37만 5,000달러에 이른다. 스핀라자는 출시 후 3년 만인 2019년 한 해 매출액 20억 달러를 넘었다. 다만 이후 유전자 치료제와 경구용 약물 등의 경쟁 SMA 치료제가 출시된 이후 매출액이 줄어들어, 2022년 기준 매출액은 18억 달러였다.

바이오젠과 아이오니스는 계속해서 신경질환 포트폴리오를 넓혀가고 있다. 두 바이오테크는 2023년 4월 미국 FDA로부터 두 번째 신경질환 제품으로 루게릭병(ALS) 치료제 칼소디(QALSODYTM, 성분명: Tofersen)의 가속승인을 받았다. ALS 환자 가운데 5~10%는 유전적인 요인으로 걸리는데, 여기에는 30여 개의 서로 다른 유전자가 관여한다고 알려져 있다. SOD1(Superoxide dis-

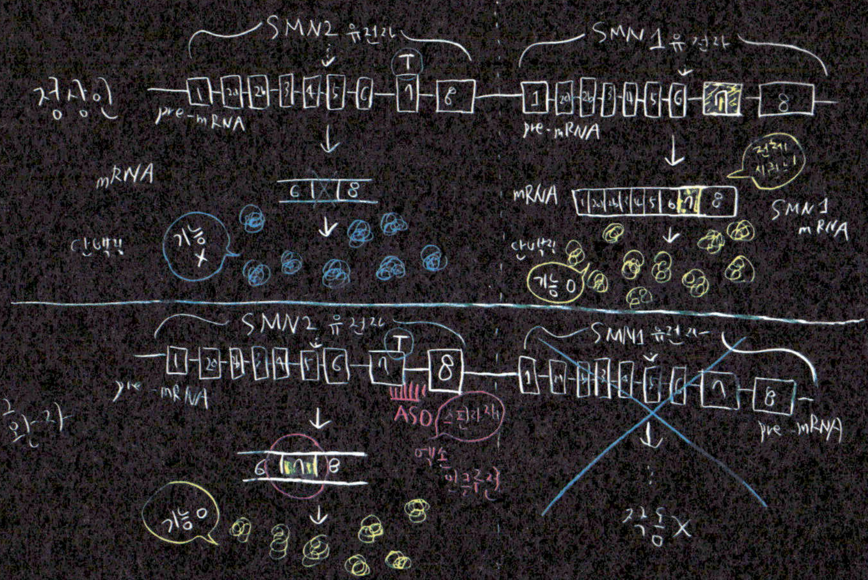

〔그림 09_07〕 스핀라자 메커니즘

스핀라자는 핵 속 pre-mRNA의 스플라이싱을 조절한다. 원래는 pre-mRNA가 mRNA로 가공을 거쳐나가면서 뛰어넘는 부분을, ASO 약물로 다시 포함시킨다(엑손 인클루전). 이렇게 되면 기능을 하지 못하고 사라졌던 단백질이, 기능을 하면서 작동하게 된다. 유전자 변이로 걸리는 희귀질환이 치료되는 원리다.

mutase 1)는 유전성 ALS에서 20% 수준으로 나타나 가장 흔한 타입이며, 전체 ALS에서는 2%를 차지한다. (미국을 기준으로 SOD1 변이 ALS 환자는 330명으로 추정된다.) 아직 정확한 메커니즘은 모르지만 SOD1 변이가 생기면, 독성 SOD1 단백질이 응집되고 쌓이면서 병이 악화된다. 칼소디는 SOD1 mRNA에 결합해 단백질 발현을 억제하도록 설계되었다. 칼소디는 ALS 환자에게서 증상을 개선하지 못했지만, 병리 바이오마커(혈장 NfL)를 개선한 근거로 가속승인을 받았다.[23] 이 밖에도 아이오니스는 2023년 기준 신경질환에서 10개가 넘는 임상개발 프로젝트를 진행하고 있다.

사렙타 테라퓨틱스

2023년 기준 아이오니스와 함께, ASO 신약개발에서 주목을 받는 곳은 사렙타 테라퓨틱스(Sarepta Therapeutics)다. 사렙타는 4개의 뒤센근이영양증(duchenne muscular dystrophy, DMD) 치료제를 시판했다. 이 가운데 3개가 안티센스 약물이며, 1개는 AAV 기반 유전자 치료제다. DMD는 근육을 구성하는 디스트로핀 단백질이 망가지는 유전자 변이가 생기면서 걸리는 X-염색체 연관 신경근육 질환으로, 질병의 원인은 1980년대에 이미 밝혀졌다. 사렙타에 따르면 DMD는 남아에서 3,500~5,000명에 1명 정도 발생하며, 전 세계적으로는 약 30만 명 정도의 환자가 있는 것으로 추정한다. 보통 영유아 시기에 증상이 나타나며 병기진행에 따라 3~5세에 팔과 다리 근육이 약해지는 것을 볼 수 있다. 10대부터 휠체어에서 생활하면서 독립적인 일상생활이 어려워진다. 이후 점차 호흡이 어려워지며, 심장 근육이 약해지면서 심부전이 일어나 20~30대에 생을 마감하게 된다. 아직까지는 스테로이드가 표준요법으로 처방된다.

2016년 사렙타는 DMD 치료제로 엑손디스51(EXONDYS51®, 성분명: Eteplirsen)의 미국 FDA 가속승인을 받는다. ASO 메커니즘을 바탕으로 한 엑손디스51은 약물 효능에 대한 논란이 있었다. 그러나 약물 투여 후 180주 차 디스트로핀 수치를 정상인 대비 미미하게 개선한 바이오마커 데이터를 바탕으로 반대 의견을 뚫었다. 엑손디스51은 첫 DMD 치료제로 기록되었다. 덕분에 전체 DMD 환자 가운데 약 13%를 차지하는 디스트로핀 유전자상 엑손51 스키핑에 변이가 생긴 DMD 환자에게 새로운 치료 옵션을 제공할 수 있게 됐다. 이후 사렙타는 엑손 스키핑 메커니즘의 DMD 신약 3개를 시판했다(2019, 2022년 추가 시판). 이들 제품은 특정 유전자 변이를 가진 환자만 처방받을 수 있으며, 전체 환자 가운데 약 30%에 해당한다. 다만 모두 확증임상에서 아직 이점을 확인하지는 못했다.

사렙타 테라퓨틱스는 타깃 RNA에 대한 결합력은 유지하면서, 뉴클리오타이드 사이에 결합을 만들어 안정화시키는 변형기술 PMO(phosphorodiamidate morpholino oligomer)을 이용한다. 아이오니스의 PS ASO는 타깃 분해와 엑손 스키핑이라는 2가지 메커니즘으로 작동하지만, PMO의 경우 타깃을 분해하지 못하며 모두 엑손 스키핑 메커니즘으로 작동한다. PMO는 피하투여 방식이 가능하며, 혈장 내 반감기는 2~15시간 정도다. 다만 뒤센근이영양증의 경우 중증질환이라 더 효과적인 정맥투여 방식을 따른다. PMO는 주로 골격근을 포함한 말초 조직에 분포하며, 반감기는 7~14일로 소변으로 제거된다. PMO는 체내에서 중성 성질을 띠는데, 전신 투여 시 세포 안으로 잘 들어가지 않는 편이라 많은 양을 투여해야 한다.

이렇게 사렙타 테라퓨틱스는 DMD에 대한 유전자 치료제 시판까지 성공했다. 사렙타 테라퓨틱스는 2023년 바이러스 벡터를 이용한 첫 유전자 치료제에 대해 미국 FDA 가속승인도 받았다. 그러나 증상은 개선하지 못했다.

〔표 09_01〕 RNAi와 ASO 신약개발 바이오테크 현황

모달리티	기업	시판 약물	승인 연도	성분명	타깃	메커니즘	질환	화학적 변형	전달 기술	비고
RNAi	앨라일람 파마슈티컬스	온파트로 (ONPATTRO®)	2018	patisiran	TTR	mRNA 분해	유전성 트랜스티레틴 아밀로이드증으로 인한 다발신경병증 (hATTR-PN)	2′-OMe	LNP	
		기브라리 (GIVLAARI®)	2019	givosiran	ALAS1		급성 간성 포르피린증	PS, 2′-OMe, 2′-F	GalNAc-siRNA conjugate	
		옥슬루모 (OXLUMO™)	2020	lumasiran	HAO1		1형 원발성 옥살산뇨증			
		암부트라 (AMVUTTRA®)	2022	vutrisiran	TTR		hATTR-PN			
	노바티스	렉비오 (LEQVIO®)	2021	inclisiran	PCSK9		고지혈증			더메디슨 컴퍼니 인수

모달리티	기업	시판 약물	승인 연도	성분명	타깃	메커니즘	질환	화학적 변형	전달 기술	비고
ASO	노바티스	비트라벤 (VIT-RAVENE®)	1998/ 2006 철회	fomivirsen	IE-2	mRNA 분해	AIDS 환자의 거대세포 바이러스 (CMV) 감염으로 인한 망막염	PS DNA	유리체 내 주사	아이오니스에서 L/I
	젠자임 (현 사노피)	카이남로 (KYNAM-RO®)	2013/ 2019 철회	mipomersen	apo B-100	mRNA 분해	동형접합 가족성 고콜레스테롤혈증 (HoFH)	PS, 2′-O-MOE (5-10-5 gapmer)	피하 주사	아이오니스에서 L/I
	사렙타 테라퓨틱스	엑손디스51 (EXON-DYS51™)	2016	eteplirsen	dystro-phin exon51	엑손 스키핑	뒤센 근이영양증	PMO	정맥 주사	FDA 가속승인
	바이오젠	스핀라자 (SPIN-RAZA®)	2016	nusinersen	SMN2	*엑손 인클루젼	척수성 근위축증	PS, 2′-O-MOE	척추강 내 주사	아이오니스에서 L/I

모달리티	기업	시판 약물	승인 연도	성분명	타깃	메커니즘	질환	화학적 변형	전달 기술	비고
ASO	아이오니스 파마슈티컬스	테그세디 (TEGSEDI®)	2018	inotersen	TTR	mRNA 분해	hATTR-PN	PS, 2′-O-MOE (5-10-5 gapmer)	피하 주사	
	사렙타 테라퓨틱스	비욘디스53 (VYONDYS53™)	2019	golodirsen	dystrophin exon53	엑손 스키핑	뒤센 근이영양증	PMO	정맥 주사	FDA 가속승인
	NS Pharma (일본 신약)	빌텝소 (VILTEPSO™)	2020	viltolarsen	dystrophin exon 53	엑손 스키핑	뒤센 근이영양증	PMO	정맥 주사	FDA 가속승인
	사렙타 테라퓨틱스	아몬디스45 (AMONDYS45™)	2021	casimersen	dystrophin exon 45	엑손 스키핑	뒤센 근이영양증	PMO	정맥 주사	FDA 가속승인
	바이오젠	칼소디 (QALSODY™)	2023	tofersen	SOD1	mRNA 분해	SOD1 돌연변이형 루게릭병	PS, PO, 2′-O-MOE (5-10-5 gapmer)	척추강 내 주사	아이오니스에서 L/I FDA 가속승인

*엑손 인클루전(exon inclusion): 엑손 스키핑은 문제가 있는 변이를 지나치도록 디자인한 약물이라면, 엑손 인클루전은 특정 엑손을 포함시키도록 유도하는 메커니즘의 약물.

〔표 09_02〕 RNAi와 ASO 개발 한국 바이오테크

기업	설립	모달리티	화학적 변형	전달 기술	리드 프로젝트	타깃	메커니즘	적응증	단계
올리패스	2006	ASO	*PNA (세포 투과성↑)	피하 주사	OLP-1002	SCN9A	엑손 스키핑	만성통증 신경병증 통증	호주 임상 2a상
올릭스	2010	RNAi	비대칭 siRNA (오프타깃↓) PS,2'-OMe (안정성↑)	콜레스테롤-siRNA conjugate(cp-asiRNA) GalNAc-siRNA conjugate (미국 AM케미컬에서 GalNAc 기술 L/I)	OLX101A(cp-asiRNA 적용)	CTGF	mRNA 분해	비대흉터	미국 임상 2a상
시선테라퓨틱스	2018	ASO	*PNA 백본변형 PNA나노 입자형성 (세포 투과성↑)	점안액	POL101	VEGF-A	mRNA 분해	습성 황반변성	전임상

*PNA(Peptide Nucleic Acid) 펩타이드 백본을 이용해 인공적으로 합성한 DNA 유사체로, 기존 핵산 물질 대비 안정성 개선

주

1 노벨상 홈페이지 (2006) The Nobel Prize in Physiology or Medicine 2006. https://www.nobelprize.org/prizes/medicine/2006/press-release/ (검색일: 2023.09.12.); 노벨상 홈페이지 - Advanced information- RNA INTERFERENCE. https://www.nobelprize.org/prizes/medicine/2006/advanced-information/ (검색일: 2023.09.12.)

2 Napoli C. et al. (1990) Introduction of a Chimeric Chalcone Synthase Gene into Petunia Results in Reversible Co-Suppression of Homologous Genes in trans. *The Plant Cell.* 2, 279 – 289.

3 Fire A. et al. (1998) Potent and specific genetic interference by double-stranded RNA in Caenorhabditis elegans. *Nature.* 391, 806 – 811.

4 Elbashir S. M. (2001) Duplexes of 21-nucleotide RNAs mediate RNA interference in cultured mammalian cells. *Nature.* 411, 494 – 498.

5 GenomeWeb (2009) Allergan Drops Development of siRNA Rx for AMD on Poor Phase II Data. https://www.genomeweb.com/rnai/allergan-drops-development-sirna-rx-amd-poor-phase-ii-data (검색일: 2023.09.26.)

6 Haussecker D. (2012) The Business of RNAi Therapeutics in 2012. *Mol Ther Nucleic Acids.* 1, e8.

7 Jennifer Couzin-Frankel (2010) Roche Exits RNAi Field, Cuts 4800 Jobs. *Science.* https://www.science.org/doi/10.1126/science.330.6008.1163?url_ver=Z39.88-2003&rfr_id=ori:rid:crossref.org&rfr_dat=cr_pub%20%200pubmed (검색일: 2023.09.05.)

8 John Maraganore (2022) Reflections on Alnylam. *Nature Biotechnology.* https://www.nature.com/articles/s41587-022-01304-3 (검색일: 2023.09.05.)

9 Zimmermann T. S. et al. (2006) RNAi-mediated gene silencing in non-

human primates. *Nature*. 441, 111 – 114.

10 Fierce Pharma (2012) Alnylam and Tekmira Restructure Relationship and Settle All Litigation. https://www.fiercepharma.com/partnering/alnylam-and-tekmira-restructure-relationship-and-settle-all-litigation (검색일: 2023.09.06.)

11 Alnylam Pharmaceuticals (2016) Alnylam Pharmaceuticals Discontinues Revusiran Development. https://alnylampharmaceuticalsinc.gcs-web.com/news-releases/news-release-details/alnylam-pharmaceuticals-discontinues-revusiran-development (검색일: 2023.09.13.)

12 Ken Garber (2016) Alnylam terminates revusiran program, stock plunges. *Nature Biotechnology*. https://www.nature.com/articles/nbt1216-1213 (검색일: 2023.09.13.)

13 D. et al. (2018) Patisiran, an RNAi Therapeutic, for Hereditary Transthyretin Amyloidosis. *N Engl J Med*. 379, 11-21.

14 신창민 (2022) 앨라일람, '2nd TTR siRNA' 다발신경병증 "FDA 승인". *BioSpectator*. http://m.biospectator.com/view/news_view.php?varAtcId=16514 (작성일: 2022.06.16.)

15 김성민 (2022) 노바티스, 앨라일람과 'RNAi 파트너십'.."13년만 재회". *BioSpectator*. http://www.biospectator.com/view/news_view.php?varAtcId=15214 (작성일: 2022.01.10.)

16 노신영 (2023) 노바티스, 'siRNA 플랫폼' DTx파마 "10억弗 인수". *BioSpectator*. http://www.biospectator.com/view/news_view.php?varAtcId=19473 (작성일: 2023.07.19.)

17 노신영 (2023) 로슈, 앨라일람과 28억弗 딜.."고혈압 RNAi 공동개발". *BioSpectator*. http://www.biospectator.com/view/news_view.php?varAtcId=19513 (작성일: 2023.07.26.)

18 Nature Biotechnology (2006) A billion dollar punt. https://www.nature.com/articles/nbt1206-1453 (검색일: 2023.09.13.)

19 Zamecnik P.C. and Stephenson M.L. (1978) Inhibition of Rous sarcoma virus replication and cell transformation by a specific oligodeoxynucle-

otide. *Proc Natl Acad Sci USA*. 75, 280-284.

20 Gilead Sciences (1998) Isis Acquires Antisense Patent and Technology Estate from Gilead Sciences. https://www.gilead.com/news-and-press/press-room/press-releases/1998/12/isis-acquires-antisense-patent-and-technology-estate-from-gilead-sciences (검색일: 0000.00.00.)

21 Stanley T Crooke (2011) The Isis manifesto. *Bioentrepreneur*. https://www.nature.com/articles/bioe.2011.7

22 Crooke S.T. et al. (2021) Antisense technology: an overview and prospectus. *Nat Rev Drug Discov*. 20, 427 – 453.

23 Biogen (2023) FDA Grants Accelerated Approval for QALSODY™(tofersen) for SOD1-ALS, a Major Scientific Advancement as the First Treatment to Target a Genetic Cause of ALS. https://investors.biogen.com/news-releases/news-release-details/fda-grants-accelerated-approval-qalsodytm-tofersen-sod1-als

5부

유전자 치료제

10

아데노연관바이러스 & 렌티바이러스

AAV(adeno-associated virus) & Lentivirus

인생을 바꾼 한 시간[1]

2019년 1월 미국 워싱턴주에 사는 아라벨라 스미고프(Arabella Smygov)는 생후 3개월에 척수성 근위축증(spinal muscular atrophy, SMA) 진단을 받았다. 근육이 소실되는 유전병으로 가장 치명적인 '타입I SMA'에 속했다. SMA는 대부분은 생후 3개월이 되기 전에 진단이 내려지며, 산모는 출생 마지막 달에 태동을 거의 느끼지 못한다. 아기가 태어나도 24개월을 넘기지 못하고 사망한다.

근육이 사라지는 SMA 환자는 음식을 삼키는 운동이 어려워서 영양 공급 튜브를 달고, 호흡을 하는 근육이 약해지면서 스스로 숨쉬기가 어려워 인공호흡기가 필요하다.[2] 신체의 모든 근육이 소실되면서 장기가 제 기능을 하지 못한다. 몇 년 전까지만 해도 타입I SMA으로 진단받으면 죽음을 받아들여야 했다.

그러나 희망이 생겼다. 2019년 2월 아라벨라는 노바티스(Novartis)가 시판허가 전에 제공하는 프로그램을 통해 유전자 치료제 졸겐스마(ZOLGENSMA®, 성분명: Onasemnogene abeparvovecxioi)를 투여받게 되었다. 아라벨라는 유전자 치료제 졸겐스마를 최초로 투여받은 아기들 가운데 한 명이 됐다.

아라벨라는 첫 진료를 받을 때만 해도 고개와 팔을 들지 못할 정도로 심각했지만, 졸겐스마를 투여받고 3개월이 지나자 눈에 띄게 달라졌다. 인공 튜브 없이 이유식을 먹을 수 있을 정도로 좋아졌다. 타입I SMA 아기에게서 보기 드문 일이었다.

졸겐스마는 바이러스 껍데기(capsid, 캡시드)로 둘러싼 SMN1 (survival motor neuron 1) 유전자를 아라벨라의 근육 뉴런으로 배달했다. 바이러스를 통해 유전자를 전달받은 세포는 유전 정보를 읽어 스스로 SMN 단백질을 합성했다. 그러자 정상적인 SMN 단백질이 만들어지고 근육 뉴런이 제대로 작동하기 시작했다. 세포핵으로 들어간 유전자는 원형 모양(episome)을 만들면서, 계속해서 SMN 단백질을 생산한다. 아라벨라의 엄마 사라는 당시를 이렇게 회상했다.

> "단순한 한 번의 정맥투여 주사에 불과했지만, 그 한 시간이 우리의 인생 전체를 바꿨다(While it was just a simple IV, that one hour changed our whole life)."

완치라는 개념은 가능할까?

어떤 질병의 원인을 정확하게 알 수 있다면, 그 원인에 대한 정확한 대책을 마련할 수 있을 것이다. 이런 점에서 유전자 치료는 이상적인 모델이다. 어떤 질병이 특정 유전자 또는 염기서열로 인해 생겼다면, 해당 유전자나 염기서열에 대한 대책을 마련하면 치료할 수 있을 것이기 때문이다. 현대 생명과학과 생명공학은 사람의 유전자를 다룰 수 있으니 치료할 도구도 갖춰진 셈이다. 질병의 원인과 치료의 도구가 있으니, 유전자 치료는 '완벽한 형태의 신약'일 것이다.

그러나 유전자를 꽤 정교한 수준에서 이해하고, 정교한 수준으로 다룰 수 있게 된 것은 비교적 최근의 일이다. 유전자라는 말을 쓰기 시작한 것이 1900년대 초로, 불과 100여 년 전 일이다. 1950년대 초 제임스 왓슨(James Watson)과 프랜시스 크릭(Francis Crick)이 유전정보를 담고 있는 DNA가 두 가닥으로 이루어져 있다는 것을 밝혀냈고, 1970년대에 비로소 유전자 치료라는 개념이 제시되었다. 이는 유전자를 조작하는 최소한의 기본 도구가 비로소 이때 갖추어졌기 때문이다. 1970년에 특정 유전자 서열을 자르는 제한효소(restriction enzyme)와 연결효소(ligation enzyme)가 등장했고, 1972년에 인위적으로 재조합된 첫 DNA(Recombinant DNA)가 나왔다. 그리고 1990년이 되어서야 유전병 환자를 대상으로 첫 유전자 치료제의 임상 연구가 진행됐다. 미국 국립보건원(NIH) 연구팀이 아데노신 탈아미노효소 결핍(adenosine deaminase[ADA] deficiency) 유전병을 가진 소아 환자 2명을 대상으로 정상 ADA 유전자를 넣어주는 임상시험이었다.[3] 같은 해 인간 유전체 프로젝트(Human Genome Project, HGP)도 시작했다. 그리고 2003년에 이르러 약 30억 쌍의 DNA가 어떤 염기 정보(A, T, G, C)로 이루어져 있는지 읽어냈다. 그러나 인간 DNA 전체 가운데 특정 기능을 하는 유전자는 전체의 1.5%에 해당하는 2만 개로 추정되는데, 이 가운데 6,000개는 어떤 기능을 하는지 여전히 모른다.

유전자 자체에 대한 이해가 비교적 최근의 일이기에, 질병의 원인을 유전자와 연결할 수 있게 된 것은 훨씬 최근의 일이다. 뒤센 근이영양증(duchenne muscular dystrophy, DMD)은 근육이 천천히 퇴화하는 유전질환이다. 환자는 보통 2~4세에 진단받으며 시간이 지날수록 팔다리 근육을 마음대로 쓰지 못한다. 결국에는 호흡이나 심장을 뛰게 만드는 근육까지 제대로 작동하지 않게 되고 환자는 20~30대에 사망한다. 표준 치료요법으로는 스테로이드가 투여된다.

DMD는 근육세포(근섬유) 유지에 중요한 단백질인 디스트로핀(dystrophin) 유전자가 변이를 일으켜 발생한다. 디스트로핀 유전자 변이로 디스트로핀 단백질이 결핍되면서 문제가 생기는데, 이 메커니즘이 밝혀진 것은 1987년 정도의 일이다. 다시 30여 년의 시간이 지난 2006년, 정상적인 디스트로핀 유전자를 만들어 DMD 환자에게 투여해서 치료해보려는 임상시험이 시작되었다.[4] 하지만 효과는 없었다. 그리고 다시 20여 년이 흘러 2023년 현재, DMD를 치료할 수 있는 최초의 유전자 치료제가 나왔다. 2023년 6월 미국 FDA는 사렙타 테라퓨틱스(Sarepta Therapeutics)의 유전자 치료제인 엘레비디스(ELEVIDYS®, 성분명: Delandistrogene moxeparvovec)를 가속승인했다.[5] 엘레비디스는 환자의 증상을 개선하지 못했지만, 체내에서 디스트로핀과 유사한 단백질을 만들어냈다.

롤러코스터

1960년대 과학자들은 환자의 세포에 '좋은' 외부 DNA 가닥을 넣어주면, 결함을 가진 DNA를 대체해 유전병을 고칠 수 있을 것이라 생각했다.[6] 테오도르 프리드만(Theodore Friedmann)은 1972년 『사이언스(*Science*)』에 단일 유전자 변이로 걸린 질환(monogenic disorder)을 DNA 조각을 직접 넣어주거나, 숙주 세포에 감염하는 특성을 가진 바이러스를 통해 DNA를 전달해 치료할 수 있을 것이라는 의견을 제시했다.[7] 혈액으로 들어간 단백질 의약품은 분해돼 반복해서 주입해야 하지만, 수명이 긴 세포가 단백질을 직접 만든다면 의약품을 추가로 투여하지 않아도 치료가 가능할 것이라는 기대였다.

1990년대가 되자 아데노연관바이러스(adeno-associated virus, AAV)나 자기복제 기능을 없앤 레트로 바이러스(retrovirus) 벡터(vector)로 특정 유전자를 전달하는 방식의 유전자 치료제가 환자에게 투여되기 시작했다. 그러나 면역체계가 바이러스를 알아보면서 면역 부작용으로 환자가 사망하고, 바이러스 벡터가 사람의 DNA에 끼어 들어가면서 발암 유전자를 활성화해 암을 일으키는 사례가 잇따랐다. 여기에 대부분의 초기 임상이 뚜렷한 이점을 보여주지 못하면서, 유전자 치료제 신약에 대한 분위기는 가라앉았다. 1996년 미국 국립보건원(NIH) 자문단은 유전자 치료제 임상시험의 실망스러운 결과가 바이러스 벡터에 대한 생물학적 지식과 타깃

세포와 조직에 대한 이해가 부족하기 때문이라고 결론지었고, 다시 실험실로 돌아가 기초과학에 집중하길 권했다. 이후 어느 정도 진전이 있었지만, 여전히 바이러스 벡터로 인한 독성 문제는 해결하지 못했다.[8] 2000년대 초까지는 유전자 치료제에 대한 희망과 실망이 엇갈렸다.

2010년대 초로 들어서면서 유전자 치료제 신약개발에 돌파구를 열 수 있을 것 같은 사건들이 발표됐지만 이전과 마찬가지로 실패로 끝맺고는 했다. 2012년 네덜란드 바이오테크 유니큐어(uniQure)는 희귀질환인 지질분해효소 결핍증(lipoprotein lipase deficiency, LPLD)을 타깃하는 유전자 치료제로 글리베라(GLYBERA®, 성분명: Alipogene tiparvovec)를 유럽에서 출시했다. 글리베라는 AAV를 이용해 LPLD 환자의 근육세포에 정상 지질분해효소 유전자를 전달한다. 글리베라는 LPLD 환자를 대상으로 한 임상시험에서 최대 6년 이상 치료 효능을 보이는 것을 확인했다.

그러나 유니큐어는 글리베라를 유럽에서 출시한 지 4년 만에 시장 철회를 결정했고, 미국에서는 출시하지 못했다. 유럽 기준 100만 유로에 이르는 치료제 가격이 큰 이유였을 것이다. 유럽 기준으로 LPLD 환자가 350~700명 정도로 추산되었고 이 환자들이 모두 글리베라를 사용하면 공급을 유지할 수 있을지 모르지만, 환자가 감당하기 힘든 가격이었다. 비용 문제는 쉽지 않았다. 글리베라의 원개발사인 암스테르담 몰레큘라 테라퓨틱스(Amsterdam Molecular Therapeutics, AMT)도 글리베라를 개발하는 과정에서 파산해 유니큐어에 인수된 터였다.[9] 이후 유니큐어는 다른 단일 유전자 변이로 걸리는 질환이자 더 넓은 시장을 가진, 혈우병 유전자 치료제로 시선을 돌렸다.

2010년대 후반이 되어서야 비로소 유전자 치료제 분야는 변곡점을 맞이했다. 2023년 현재 기준 미국에서 9개의 유전자 치료제가 시판됐으며, 이 가운데 7개가 2020년대에 출시됐다.

가이드라인

유전자 치료제 개발은 초기 단계다. 유전자 치료제는 저분자 화합물을 이용한 케미컬 의약품과는 비교할 수 없을 정도로 최신 개념이며, 항체 치료제와 같은 바이오 의약품들과 비교해도 최신 개념이다. 이런 이유로 유전자 치료제에 대한 개념은 아직 정립되어 가고 있는 중이다.

신약개발의 중요한 기준 가운데 하나로 미국 FDA 가이드라인이 있다. FDA의 가이드라인에 따르면 유전자 치료제는 '질병을 치료하기 위해 유전자를 변형'하는 것이다. 여기에는 유전자를 변형하거나 유전자 발현을 조절하고, 혹은 살아 있는 세포의 생물학적 특성을 바꾸는 것까지 포함한다.[10]

좀더 구체적으로 들어가보자. 유전자 치료제는 '질병을 치료할 수 있는 새로운 또는 변형된 유전자를 집어넣거나, 질병을 일으키는 유전자를 건강한 유전자로 바꾸거나, 질병을 일으키는 유전자를 불활성화하는 방식'으로 작동한다.

치료 유전자를 환자에게 전달하는 방식(transgene)일 때는, 즉 질병을 치료할 수 있는 유전자를 넣을 때는 바이러스 벡터를 이용하는 것이 일반적이다. 바이러스는 증식을 위해 숙주를 이용한다. 바이러스는 숙주(세포)에 침입해 숙주의 자원과 능력으로 증식한다. 이때 바이러스는 자신의 유전자를 숙주에 전달해 복제가 이루어지게끔 하는데, 이런 바이러스의 특징을 유전자 치료제에 활용할 수 있다. 치료 유전자가 포함된 바이러스를 만들고, 이 바이러스를 환자에게 투여하면, 바이러스는 환자의 문제가 되는 세포에 침입해 치료 유전자를 전달할 수 있다.

바이러스 벡터를 이용한 유전자 치료제 외에 유전자 자체를 직접 교정하는 방식은 유전자 편집(gene editing)이라고 부른다. 유전자 편집은 질병을 일으키는 유전자를 건강한 유전자로 바꾸거나, 문제를 일으키는 유전자를 불활성화하는 방식이다. 유전자 편집을 하는 익숙한 기술로 크리스퍼(CRISPR) 유전자 가위가 있다.

미국 FDA 가이드라인을 기준으로 유전자 치료제를 다시 2개로 나눠볼 수도 있다. 환자의 몸에서 세포를 꺼내서 유전자를 변형하고 이를 다시 환자에게 전달하는 엑스비보(ex vivo) 유전자 치료제와, 환자의 몸 안에서 세포 유전자 변형이 일어나게끔 하는 인비보(in vivo) 유전자 치료제다.

유전자 치료제는 미국 FDA의 바이오 의약품 평가연구센터(Center for Biologics Evaluation and Research, CBER)에서 규제검토를 받는다. CBER은 유전자 치료제, 세포 치료제, 백신, 혈액제제 등 바이오 의약품을 담당한다. 이러한 측면에서 환자의 세포를 꺼내 유전자를 변형한 이후 다시 주입하는 CAR-T 세포치료제도 유전자 치료제에 속하며, 더 정확히는 세포·유전자 치료제(cell and gene therapy)로 불린다.

반면 저분자 화합물 의약품 등 사람에게 사용하는 의약품의 인허가를 담당하는 곳은 의약품 평가연구센터(Center for Drug Evaluation and Research, CDER)다. 그런데 2018년 미국 FDA로부터 시판허가를 받은 RNAi(RNA interference) 치료제는 세포 내 RNA를 '저해/분해'하는 메커니즘으로 환자를 치료한다. 넓은 의미에서 유전자 치료제로 분류되지만, 화학 물질로 구성돼 있다는 점에서 CDER에서 허가 검토가 이뤄진다. RNA에 결합해 이를 저해하는 ASO도 CDER에서 담당한다. 이것이 유전자 치료제와 RNA 치료제를 구분하는 가이드라인 상의 기준이 된다.

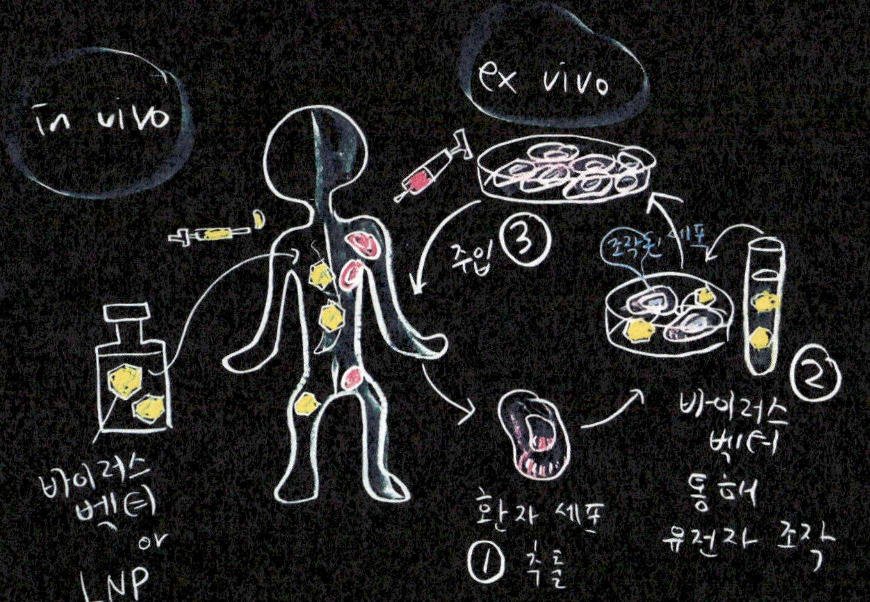

(그림 10_01) 인비보(in vivo)와 엑스비보(ex vivo)의 차이

유전자 치료제는 크게 2가지 방식으로 나뉜다. 인비보(in vivo)는 치료 유전자(transgene)를 실은 바이러스 벡터를 그대로 체내에 주입해서 치료 작용을 발휘하게 하는 방식이다. 그런데 엑스비보(ex vivo) 방식은 먼저 환자의 세포를 몸 밖으로 꺼내야 한다. 바이러스 벡터로 환자의 세포에 치료 유전자를 전달하는 등의 조작을 거친 다음 다시 환자에게 조작한 세포를 주입하는 방식이다. 언뜻 인비보 방식이 간단해 보이지만, 엑스비보 방식이 치료 유전자 전달에 더 유리하다.

가장 비싼 의약품

아라벨라가 걸린 SMA는 환자의 근육세포가 점점 기능을 잃어가는 희귀 유전병이다. 전 세계적으로 8,000~1만 명 당 1명꼴로 나타난다. 근육세포가 기능을 잃어가면 환자의 운동 능력도 점점 줄어든다. 결국 환자의 심폐 기능과 관계된 근육도 기능을 잃게 되며 환자는 사망한다.[11]

SMA의 원인은 환자의 SMN1 유전자 이상이다. SMN1 유전자에서 발현된 SMN 단백질은 운동뉴런(motor neuron)이 정상적인 수명을 유지할 수 있게 하는 기능을 한다. SMN 단백질이 부족해지면 운동뉴런이 죽는데, 이로 인해 근육이 뇌의 명령을 전달받지 못하며, 근육은 운동 능력을 잃어버린다.[12]

SMN 단백질 생산과 관련된 정보는 SMN1, SMN2 유전자에 입력되어 있다. 다만 SMN 단백질은 주로 SMN1 유전자로 인해 발현되는 것들이 작동한다. SMN2 유전자가 만들어내는 SMN 단백질은 몸속에서 쉽게 분해되어 그 역할이 제한적이기 때문이다. SMA 환자는 SMN1 유전자에 문제가 있어 충분한 SMN 단백질이 발현되지 못한다.

따라서 SMA 유전자 치료제는 SMN 유전자 서열을 만들어 환자의 운동뉴런에 투여하는 것이 목표다. 정상적인 SMN 유전자를 환자의 비정상적인 운동뉴런에 집어넣는 역할은 AAV가 맡는다.

AAV는 1960년대 아데노바이러스를 관찰하던 중 바로 옆에 크기가 작은 다른 바이러스를 발견하고 붙인 이름이다. 아데노바이러스와 같은 다른 바이러스(helper virus)의 도움을 받아 증식하는 특징을 가진다. AAV는 다른 바이러스와 달리 질병을 일으킬 위험이 적어 유전자 치료제 벡터로 널리 이용된다.

SMA 환자를 치료할 유전자 치료제의 메커니즘을 보자. 우선 정상 SMN 유전자를 AAV에 넣고, 이 AAV를 환자에게 투여한다. AAV는 환자의 운동뉴런으로 침입해 SMN 유전자를 투입한다. 새로 투입된 정상적인 SMN 유전자는 환자의 운동뉴런에서 정상적으로 기능할 수 있는 SMN 단백질을 만들고, 환자의 SMA는 치료된다.

이런 메커니즘의 치료제가 노바티스의 졸겐스마다. 졸겐스마는 미국에서 시판허가를 받기 위한 임상3상에서 환자의 운동 능력과 생존율을 개선시켰다. 졸겐스마 임상시험에 참여한 환자는 SMA 환자 가운데도 가장 심각한 증상의 타입1 SMA에 속하는 영아였으며(평균 생후 3.7개월), 이미 SMA 증상이 나타난 상태였다. 그런데 임상시험에 참여한 환자들 가운데 생후 14개월이 됐을 때 영구적인 호흡 보조 장치 없이 생존한 비율이 91%(20/22)였다. 보통 SMA 환자는 생후 14개월을 기준으로, 25%의 환자만이 이 정도의 무사건생존율(EFS)을 나타낸다고 한다. 한편 타입1 SMA에 속하는 환자는 근육 기능이 낮아져, 혼자 힘으로 앉아 30초 이상 버티는 것이 어렵다. 그런데 임상시험에 참여한 환자들은 졸겐스마를 투여받은 뒤 생후 18개월이 됐을 때 59%(13/22)가 다른 이의 도움 없이 30초 이상 앉아 있을 수 있었다.[13]

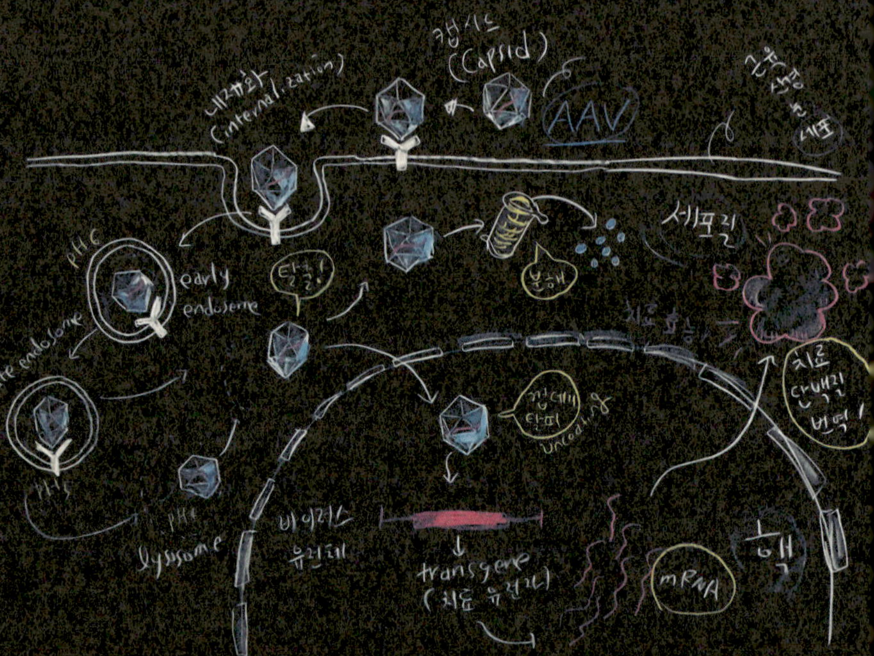

〔그림 10_02〕 AAV를 이용한 유전자 치료제

유전자 치료제는 치료 유전자를 AAV 안에 넣는 것으로 시작한다. 치료 유전자를 AAV 안에 넣은 다음 환자에게 투여하면, AAV 캡시드 특성에 따라 특정 조직으로 이동한다. 이후 AAV는 타깃 조직의 세포 표면에 있는 수용체와 결합하면서, 세포 안으로 들어간다(internalization). 이후 세포 안으로 들어간 AAV는 자신을 둘러싸고 있던 세포막을 탈출해 핵 안으로 들어가서 치료 유전자를 전달한다. 무사히 전달된 치료 유전자 정보로 정상 단백질이 만들어지면서 치료 효과를 나타낸다. 다만 어떤 AAV는 핵 안으로 들어가지 못하고 세포질에서 분해되어버리기도 한다.

졸겐스마는 유럽, 일본 등에서 시판허가를 받아, 2023년 5월 기준 47개국에서 3,000명 이상의 소아 환자에게 투여되었다. 졸겐스마는 생후 2살 미만의 소아 SMA 환자에게 1회 투여하는 편의성도 갖추었는데, 정맥주사 방식으로 졸겐스마를 1회 투여받으려면 212만 5,000달러가 필요하다. 졸겐스마는 지구상에서 가장 비싼 치료제였다.

계속되는 기록 경신

'지구상에서 가장 비싼 치료제'라는 타이틀은 유전자 치료제에서 유전자 치료제로 넘겨진다. 졸겐스마는 그 자리를 스카이소나(SKYSONA®, 성분명: Elivaldogene autotemcel)에 물려주었다. 블루버드 바이오(bluebird bio)의 스카이소나는 대뇌 부신백질이영양증(cerebral adrenoleukodystrophy, CALD) 치료제로 1회 투여에 300만 달러가 필요하다.

CALD는 부신백질이영양증(ALD)의 하위 유형 가운데 하나로, ALD 가운데 가장 흔하다. ALD는 로렌조 오일(Lorenzo's oil) 병으로도 알려져 있는데,[14] 전 세계적으로 1만 5,000명당 1명꼴로 나타난다. ALD는 X염색체에 있는 ABCD1(ATP binding cassette subfamily D member 1) 유전자에 돌연변이가 생겨 발병한다. ABCD1 유전자는 VLCFA(very long-chain fatty acid)라는 지방을 분해하는 데 필요한 ALDP(adrenoleukodystrophy protein) 단백질을 만들어낸다. 이 ALDP 단백질에 이상이 생기면 VLCFA가 분해되지 않고 세포 안에 쌓인다. 그리고 이렇게 쌓인 VLCFA는 신경세포의 수초(myelin sheath)와 부신(adrenal gland)에 독성을 일으키게 된다. CALD는 ALDP 가운데서도 가장 심각한 증상을 일으킨다. CALD는 신경세포 수초가 손상되며 발병하는데, 수초는 뇌와 척수에 있는 신경세포의 신호전달에서 중요한 역할을 한다. 즉 수초가 망가진 신경세포는 신호를 제대로 전달하지 못해 신체 기능에 심각한 문제가 생긴다.[15]

스카이소나가 개발되기 전까지 CALD의 진행을 막을 수 있는 유일한 치료는 동종 조혈모세포이식(allogeneic hematopoietic stem cell transplant, allo-HSCT)이었다. allo-HSCT는 환자에게 이식할 수 있는 조혈모세포를 기증받아야 한다. 조혈모세포를 이식받으면 정상적인 ALDP를 생산할 수 있는 면역세포가 기존 면역세포를 대체해 염증을 막고 질병 진행을 억제한다.[16] allo-HSCT을 받은 환자는 12~24개월 이내에 질병 진행이 억제되고 증상도 완화된다. allo-HSCT는 초기 환자에게는 효과가 좋은 편이다.

그러나 allo-HSCT를 받기 위해 정상적인 조혈모세포를 이식해줄 수 있는, 적합한 공여자를 찾는 건 쉬운 일이 아니다. CALD 환자 가운데 최대 30% 정도만이 면역거부반응 위험이 낮은 기증자로부터 조혈모세포를 이식받을 수 있다. 또한 면역거부반응 위험이 낮은 기증자가 있어도 모든 CALD 환자가 조혈모세포를 이식

받을 수는 없다. 신경과 관련된 증상이 아직 나타나지 않은 초기 소아 환자들만 allo-HSCT를 받을 수 있다. 따라서 allo-HSCT에서는 조기 진단이 중요하다.[17] allo-HSCT를 받은 환자의 5년 생존율은 50~70% 정도다.[18]

스카이소나는 환자에게 조혈모세포를 채취해 제작하는 자가 유래(autologous) 기반 치료제다. 우선 환자에게 조혈모세포를 채취한다. 그리고 렌티바이러스(lentivirus)에 ABCD1 유전자를 넣은 렌티바이러스 벡터(lentiviral vector, LVV)가 환자에게 얻은 조혈모세포로 들어간다. 환자의 조혈모세포는 정상적인 ABCD1 유전자를 갖게 됨에 따라 정상적인 ALDP 단백질을 생산할 수 있게 된다. 그리고 이 조혈모세포를 다시 환자에게 투여한다. 이 조혈모세포는 미세아교세포(microglia)로 분화되는데, 중추 신경계에서 특이적인 면역 활동을 하는 미세아교세포가 정상적인 ALDP 단백질을 생산하며 치료 효과를 나타낸다.

CALD 환자 가운데 allo-HSCT를 받지 못했던 70% 정도의 환자는 스카이소나의 치료 효과를 볼 수 있게 되었다. 임상시험에서 스카이소나를 투여받은 11명의 환자의 경과는 긍정적이었고, 2022년 미국 FDA는 스카이소나를 가속승인했다.[19]

상상할 수 없는 수준의 가격 어쩔 수 없는 위험의 부작용

스카이소나는 아직 완벽한 약이 아니다. 예를 들어 혈액암과 같은 심각한 부작용이 일어날 수 있다. 스카이소나가 이용하는 LVV는 환자 세포의 유전체에 끼어 들어가는데(integration), 이때 LVV가 삽입된 근처 부위의 유전자에 영향을 줄 수 있다. 만약 LVV가 암 발생과 관련된 유전자 근처에 삽입된다면 해당 세포는 암세포로 변할 수가 있다. 실제로 임상에서 스카이소나를 투여받은 67명의 환자 가운데 3명(4.4%)에게 악성골수종양(myeloid malignancy)인 골수형성이상증후군(myelodysplastic syndrome, MDS)이 발병했다.[20] 그러나 allo-HSCT를 받을 수 없는 환자에게 CALD는 이외에 다른 대책이 없기에 스카이소나를 투여한다. 혈액암에 걸릴 위험을 무릅쓰고라도 처방하는 것이다.

스카이소나가 완벽한 약이 아닌 이유는 또 있다. 바로 가격이다. 스카이소나는 지구에서 가장 비싼 약이자 유전자 치료제였던 졸겐스마보다 비쌌다. 2022년 9월 미국 FDA 시판허가 당시 기준 스카이소나는 1회 투여를 받는데 300만 달러였다. CALD 환자가 느끼는 고통, 곧 도래할 환자의 사망과 치료제의 가격을 단순 비교하기는 어렵다. 그럼에도 환자 1명, 1회 투여에 300만 달러라는 돈은, 여러 가지를 생각하게 만든다.

블루버드 바이오의 또 다른 유전자 치료제인 진테글로(ZYN-

TEGLO®, 성분명: Betibeglogene autotemcel)의 가격은 280만 달러다. 진테글로는 베타 지중해성 빈혈(transfusion-dependent beta thalassemia, TDT) 치료제다. TDT은 베타글로빈(β-globin) 유전자에 돌연변이가 일어나며 발병하는 유전병이다. 혈액 안의 헤모글로빈이 부족해 빈혈이 일어나는데, 증상이 가장 심각한 TDT 환자의 경우 평생 2~5주 간격으로 수혈을 받거나 조혈모세포이식을 받아야 한다. TDT 환자가 수혈받을 때는 철분이 쌓이는 것에 대한 치료도 함께 진행해야 한다. 수혈로 인해 철분이 심장, 간, 췌장 등의 주요 장기에 지나치게 쌓일 수 있으며, 이는 환자의 생명을 위협하기도 한다. TDT 환자의 주요 사망 원인이 철분 축적으로 인한 심장마비로 알려져 있으며,[21] 수혈 치료를 받아도 30세까지 생존할 확률은 55% 정도다. 조혈모세포이식을 받으면 생존기간이 늘어나지만, CALD와 마찬가지로 조혈모세포이식을 받을 수 있는 환자의 수는 제한적이다.[22]

진테글로도 스카이소나와 비슷한 메커니즘으로 환자를 치료한다. TDT 환자의 조혈모세포를 채취한 뒤 베타글로빈을 합성할 수 있는 유전자를 넣은 LVV를 만든다. 이를 다시 환자에게 투여하면 정상적으로 기능하는 베타글로빈 단백질이 합성되면서 치료 효과를 나타낸다. 진테글로도 1회 투여로 치료 효과를 거둘 수 있다. 그러나 1회 투여에 280만 달러가 필요하다.

스카이소나의 기록도 깨졌다. CSL베링(CSL Behring)의 B형 혈우병(hemophilia B) 치료제 헴제닉스(HEMGENIX®, 성분명:

Etranacogene dezaparvovec)는 2022년 미국 FDA의 승인을 받았다. 헴제닉스의 가격은 350만 달러로 2023년 6월 현재 기준 세상에서 가장 비싼 치료제다. B형 혈우병 치료제들의 평균 가격은 1년에 20만 달러 정도며, 중증 환자는 63만 달러가 넘는다.[23] 혈우병 환자는 몸속에서 치료제를 무력화시키는 중화항체(anti-drug antibody, ADA)가 형성되면 중화항체를 희석하는 면역관용요법(immune tolerance induction, ITI)을 써야 한다. 혈우병 내성 환자에 대한 면역관용요법은 1년에만 약 100만 달러가 들어가는 것으로 알려져 있다. 헴제닉스를 개발한 CSL베링은 1명의 환자가 쓰는 평생 치료 비용으로 2,000만 달러(254억 원) 가량을 사용한다고 본다.[24] 이렇게 계산하면 장기적으로 볼 때 단 1회 투여로 혈우병을 치료할 수 있는 헴제닉스가 오히려 저렴할 수도 있다는 시선도 있다.[25]

왜 이렇게 비쌀까

유전자 치료제의 천문학적인 가격은 바이오 의약품을 개발하는 연구자와 연구자들에게 주어진 또 다른 도전이다. 유전자 치료제 개발의 핵심 가운데 하나는 유전물질의 전달이다. 환자에게는 없거나, 부족하거나, 문제를 일으키는 특정 유전자가 있는데, 이를 대체할 특정 유전물질을 환자에게 투여해 질병을 치료한다. 이때 유전물질 전달은 주로 바이러스를 이용하는데, 바이러스와 관련된 비용은 첫 번째 도전이 될 수 있다.

현재 유전자 치료제에서 가장 널리 쓰이는 방식은 AAV 벡터를 이용하는 것이다. AAV는 인체에서 질병을 유발하지 않는다고 알려져 있으며, 발견된 이후 지난 40년 동안 활발하게 연구하는 과정에서 조작도 쉬워졌다. 지금까지 임상개발에 들어간 바이러스 벡터 기반의 유전자 치료제 가운데 1/3이 AAV이며, 그 비중은 계속 늘고 있다.[26] AAV 개발에서 가장 중요한 것은 눈, 근육, 뇌, 간 등으로 선택적 전달을 결정짓는 바이러스 껍데기인 캡시드(capsid)이며, 도달해야 하는 조직까지 정확하게 갈 수 있는 방법들도 다양하게 개발되고 있다.[27] AAV 벡터 개발 역사를 캡시드 발굴의 역사로 보는 시각도 있는데, 2000년대 초만 해도 6개에 불과한 캡시드 혈청형(serotype)이 2023년 현재는 수백 개로 늘어났다.

다만 극복해야 할 것들도 있다. AAV에 대한 선천성 면역체계를 가진 경우다. 캡시드 타입에 따라 최대 50%까지 혈액 안에서 치료제가 제거된다. 만약 선천성 면역체계의 감시를 피해 갈 방법이 있다면, 더 많은 환자에게 AAV 유전자 치료제를 투여할 수 있으며, 치료 효과가 떨어진 환자에게 여러 번 투여할 수 있다.

또 다른 한계는 AAV 방식의 안전성이다. AAV 방식 치료제에서 부작용을 일으키는 사례가 발표되고 있다. DMD AAV를 개발하는 화이자(Pfizer), 사렙타 테라퓨틱스, 제네톤(Genethon), 솔리드 바이오사이언스(Solid Biosciences) 등 연구진을 포함한 전문가들은 AAV 방식에서 나타나는 부작용의 원인을 분석했다(미국 유전자 세포치료제학회 [ASGCT, 2022]). 이들 4개 기업이 개발하는 DMD AAV는 같은 메커니즘의 유전자 치료제를 개발하는데, 나타나는 부작용도 모두 비슷했다. 심장에 부작용이 나타나면서 근육이 약화되었는데, 모두 유전자 치료제 후보물질을 투여하고 3~7주 사이에 증상이 나타났다. 부작용이 생긴 경우 면역 기능을 억제하는 치료를 받은 후 6~8주 후에 근육 기능과 심장 관련 바이오마커 수치가 정상으로 돌아왔다. 즉 AAV 유전자 치료제가 발현하는 단백질이, 특정한 경우 환자의 면역 시스템과 충돌을 일으킨 것이었다.[28] 이러한 심각한 부작용 문제는 T세포가 관여하는 것으로 여겨지며,[29] 특정 유전자 변이를 가진 환자를 투여 대상에서 제외하는 식으로 해결됐다. 이렇게 한계점이 있지만 AAV는 유전자 치료제 개발을 고려할 때 우선순위에 놓인다.

AAV는 환자에게 직접 주입하는 방식인 인비보 방식으로 개발된다. 졸겐스마, 헴제닉스 모두 AAV를 이용하며, 2023년 6월 현재 기준 미국 FDA 승인을 받은 인비보 기반 유전자 치료제 7개 가운데 5개가 AAV를 이용한다.[30]

LVV도 유전자 치료제 개발에서 중요하다. LVV는 인간 세포 유전체에 끼어들어가 오랫동안 안정적으로 치료 단백질을 발현시킬 수 있다. 또한 AAV보다 큰 유전체를 전달할 수 있다. 옥스퍼드 바이오메디카(Oxford Biomedica)는 파킨슨병(Parkinson's disease) 치료제를 유전자 치료제로 개발하고 있다. 파킨슨병은 뇌

〔표 10_01〕 미국 FDA 승인 바이러스 벡터 기반 유전자 치료제

기업	치료제	질환	발현 단백질	벡터	벡터 전달 방식	승인 연도	투여 방식	투여 횟수	가격
유니큐어 (uniQure)	글리베라 (GLYBERA®)	지단백 지질 분해효소 결핍증	LPL	AAV	in vivo	2012 (유럽)/ 2017 (철회)	근육 주사 (IM)	1회	140만 달러
스파크 테라퓨틱스 (Spark Therapeutics)	럭스터나 (LUXTURNA®)	망막 이영양증	RPE65	AAV	in vivo	2017	망막 하주사 (subretinal)	1회	안구당 42만 5,000달러
노바티스 (Novartis)	졸겐스마 (ZOLGENSMA®)	척수성 근위축증	SMN	AAV	in vivo	2019	정맥 주사 (IV)	1회	212만 5,000달러
블루버드 바이오 (bluebird bio)	스카이소나 (SKYSONA®)	대뇌 부신백질 이영양증	ALDP	LVV	ex vivo	2022	정맥 주사	1회	300만 달러
	진테글로 (ZYNTEGLO®)	베타 지중해성 빈혈	β-globin	LVV	ex vivo	2022	정맥 주사	1회	280만 달러

기업	치료제	질환	발현 단백질	벡터	벡터 전달 방식	승인 연도	투여 방식	투여 횟수	가격
CSL베링 (CSL Behring) *유니큐어에서 도입	헴제닉스 (HEMGENIX®)	B형 혈우병	FIX	AAV	in vivo	2022	정맥 주사	1회	350만 달러
페링 파마슈티컬스 (Ferring Pharmaceuticals)	애즈틸라드린 (ADSTILADRIN®)	방광암	IFNα2b	아데노 바이 러스	in vivo	2022	방광 내 (intra-vesical)	3개월 1회	2023년 하반기 출시 (가격 미정)
크리스탈 바이오텍 (Krystal Biotech)	비주벡 (VYJUVEK®)	표피박리증	COL7	HSV-1	in vivo	2023	피부 도포	주 1회	연간 63만 1,000달러
사렙타 테라퓨틱스 (Sarepta Therapeutics)	엘레비디스 (ELEVIDYS®)	뒤센 근이영양증	micro-dystro-phin	AAV	in vivo	2023	정맥 주사	1회	320만 달러
바이오마린 파마 슈티컬(BioMarin Pharmaceutical)	록타비안 (ROCTAVIAN®)	A형 혈우병	FVIII	AAV	in vivo	2023	정맥 주사	1회	290만 달러

에서 도파민(dopamine)을 분비하는 신경세포가 줄어드는 퇴행성 뇌질환이다. 옥스퍼드 바이오메디카는 도파민 합성에 필요한 3가지 효소를 발현시킬 수 있게 유전자 치료제를 개발한다. 도파민을 합성하려면 TH(tyrosine hydroxylase), AADC(aromatic amino acid decarboxylase), CH-1(GTP-cyclohydrolase 1) 등 3가지 효소를 발현시켜야 하는데 하나의 AAV에는 이 3가지를 모두 담을 수 없다.[31] 그런데 LVV를 이용하면 3가지 유전자를 모두 담을 수 있다. AAV는 최대 5kb(kilobase) 크기의 치료용 유전자를 전달할 수 있는데, LVV는 최대 9kb까지 전달할 수 있기 때문이다.[32] 옥스퍼드 바이오메디카는 인비보 방식으로 LVV를 활용한다.

스카이소나와 진테글로는 엑스비보 방식의 치료제인데 LVV를 이용한다. 오차드 테라퓨틱스(Orchard Therapeutics)는 2018년 GSK로부터 신경대사장애(neurometabolic disorder)인 이염성 백질이영양증(metachromatic leukodystrophy, MLD) 유전자 치료제 리브멜디(LIBMELDY™, 성분명: Atidarsagene autotemcel) 등을 인수했다. 리브멜디는 2020년 유럽에서 시판허가를 받아 처방되고 있는데, 이 또한 엑스비보 방식으로 LVV를 이용한다.[33]

LVV의 한계는 가격이다. 진테글로를 처방하기 위해서는 환자에게서 조혈모세포를 꺼내 변형한 후 다시 주입해야 하는데 유전자 치료제 제작에 필요한 cGMP 재조합 바이러스의 대규모 제조가 어려우며, 공급도 제한적이다. 진테글로의 제조와 배송에는 70~90일이 걸린다. 전 세계적으로 LVV를 상업적으로 생산할 수 있는 곳은

[표 10_02] 유전자 치료제 벡터

특성	AAV	렌티바이러스	아데노바이러스
크기(nm)	26	80~100	90~100
유전체 종류	ssDNA	ssRNA	dsDNA
트랜스진 크기(kb)	5	9	36
트랜스진 발현 기간	장기적(수년)	안정적(영구 발현 가능)	일시적(수개월)
숙주 유전체 삽입	X	0	X
암유발 가능성	X	0	X
인체 면역원성	낮음	낮음	높음

렌티젠(Lentigen), 옥스퍼드 바이오메디카 등 몇 곳뿐이다. 이렇게 LVV를 다룰 수 있는 곳에 생산을 의뢰하면, 100명에게 투여할 수 있는 LVV를 만드는 데 수십억 원 정도 비용을 지불해야 한다. 유전자 치료제 이외에도 CAR-T 세포치료제 등 LVV를 이용하는 바이오 의약품은 LVV의 비싼 가격의 영향권 아래 놓여 있다.

이런 조건은 LVV를 좀더 싸게, 좀더 많이, 좀더 안전하게 생산할 수 있다면 유전자 치료제에 대한 접근이 달라질 수 있는 기회를 뜻하기도 한다. 항체 치료제도 비싼 바이오 의약품이었지만, 바이오시밀러라는 개념을 입증하면서 상황이 달라졌다. 바이오시밀러는 항체 치료제의 값을 85%까지 낮췄는데, 코히러스 바이오사이언스(Coherus BioSciences)는 자가면역질환 환자에게 처방되는 항체 치료제 휴미라(HUMIRA®, 성분명: Adalimumab) 바이오시밀러 가격을 955달러로 매겼다. 원래 휴미라는 약 7,000달러에 팔리는 바이오 의약품이다.[34]

이런 일이 유전자 치료제에서 일어나지 말라는 법은 없다. 2021년 SK는 프랑스의 세포·유전자 치료제(Cellular & Gene Therapy, CGT) 위탁생산(Contract Manufacturing Organization, CMO) 기업인 이포스케시(Yposkesi)를 인수했다. 이포스케시는 CGT 벡터 생산기술을 가진 CMO로, AAV와 LVV 플랫폼을 갖고 있다.[35] SK는 2022년에는 미국의 CGT 위탁개발생산(Contract Development & Manufacturing Organization, CDMO) 기업인 CBM(The Center for Breakthrough Medicines)에 3억

5,000만 달러를 투자해 2대 주주가 되었다. SK는 2023년 추가 투자로 CBM의 1대 주주가 되어 경영권도 확보했다.[36] SK는 유전자 치료제 CDMO 자회사인 SK팜테코를 통해 영역을 넓혀가고 있다.[37] 한국의 바이오테크들이 바이오시밀러 개념입증에 성공했다는 것을 감안하면, 이와 같은 움직임은 LVV 생산에서도 새로운 시작일지 모른다고 조심스럽게 내다볼 수 있을 것이다.

삶을 바꾸기 위한 투자

유전자 치료제가 환자들에게 되찾아줄 수 있는 것들은 많다. 대표적인 유전질환인 혈우병 환자는 농구나 축구를 할 수 없다. 운동을 하다가 눈에 보이지 않는 몸속 어디에선가 작은 출혈이 생기는 것만으로도 환자가 목숨을 잃을 수 있기 때문이다. 주기적으로 혈액응고인자 대체요법과 같은 치료제를 투여받으면 되지만, 1주일에 3회씩, 1년이면 27만 달러를 내는 일이 쉽지 않다. 비용도 문제지만 '평생'이라는 단어 또한 거대하다. 평생 치료를 받아야 한다.

그런데 B형 혈우병 유전자 치료제 헴제닉스는 한 번 투여를 받으면 평생에 걸쳐 효과가 이어진다. 평생 매주 3번씩을, 단 한 번 투여로 해결하는 데까지는 성공한 것이다.[40] 그러나 헴제닉스를 한 번 맞으려면 350만 달러가 있어야 한다. 300만 달러의 스카이소나, 280만 달러의 진테글로는 약이라고 할 수 있을까 아니면 아직 약이

희귀 유전질환 임상시험

많은 유전자 치료제가 희귀 유전질환 치료제로 개발된다. 희귀 유전질환의 경우 원인이 되는 유전자의 이상을 특정하기가 상대적으로 쉽다. 환자의 숫자가 적기 때문에, 이들에게만 공통적으로 나타나는 특별한 유전자 이상을 잡아내기가 쉬운 것이다. 치료제 개발에서 핵심이 되는 타깃 설정이 쉽고, 따라서 먼저 개발에 들어갈 수 있었고, 먼저 치료제가 나오고 있다.

그러나 개발을 시작하기 쉬웠던 '희귀'라는 장점은, 치료제의 가격 문제로 넘어오면 단점으로 바뀐다. 우선 임상시험 대상자가 적다. 심혈관계 질환의 경우 임상시험에 보통 몇만 명 이상의 대상자가 참여한다. 반면 희귀 유전성 질환은 몇십 명에서 몇백 명 수준이다.[38] 약으로 승인을 받을 수 있는 충분한 임상시험 대상자를 찾기가 어렵고, 이런 저런 이유로 임상개발 기간도 2배 정도 길어진다.[39]

이렇게 늘어난 임상개발 기간이 비용에 반영되지만, 정작 치료제를 투여받을 환자의 수는 많지 않다. 결국 환자 한 사람에 처방되는 유전자 치료제 가격은 천문학적인 수준으로 올라간다.

되어 가는 중이라고 해야 할까?

스카이소나와 진테글로를 개발한 블루버드 바이오는 유전자 치료제를 미국에서 시판하기까지 구조조정과 유럽 시장철회, 허가 거절, 임상보류, 부작용 이슈 등 힘든 과정을 겪어야 했다. 블루버드 바이오는 미국 시장에 진출하기 전 유럽에서 진테글로를 시판허가 받았지만, 비싼 가격 때문에 보험 적용에 실패했다. 미국에서의 허가 과정도 순탄치 않았다. 2021년 블루버드 바이오가 스카이소나로 진행하던 CALD 임상3상에서 대상자에게 혈액암이 발생해 임상시험을 멈춰야 했다.[41] 블루버드 바이오는 우여곡절 끝에 스카이소나와 진테글로의 시판허가 신청서를 미국 FDA로부터 검토받게 됐지만, 두 약물 모두 LVV 벡터와 관련된 암 발생 위험으로 인해 허가 여부를 두고 미국 FDA 자문위원회까지 열렸다. 마침내 2022년 TDT의 첫 유전자 치료제로 진테글로의 미국 FDA 승인을 받았고, 한 달 뒤 스카이소나 또한 첫 CALD 유전자 치료제로 미국 FDA의 승인을 받았다.

스카이소나, 진테글로의 천문학적인 가격에는 유전자 치료제를 개발하면서 블루버드 바이오가 겪은 '우여곡절의 비용'이 포함되어 있을 것이다. 그러니 유전자 치료라는 분야를 개척하고 있는 이들이, 우여곡절 끝에 성공시킨 결과에 매겨놓은 가격을 탓할 수만은 없다. 중요한 것은 이런 비용을 누가 어떻게 나누어서 짊어질 것이냐 하는 대목이다.

유전자 치료라는 분야를 개척하려는, 엄청난 위험을 감수하려는 바이오테크에 이 모든 비용을 떠넘기면, 우리는 말도 안 되는 값을 주고 기적의 신약을 사야 할 것이다. 그러나 그 우여곡절의 비용을 미리 누군가와 나누어진다면, 즉 공공 영역이든 공익 재단이든 누가 되었건 나누어질 수 있다면 어떻게 될까? 약을 개발하는 것은 과학이지만 혜택을 받는 것은 우리이다. 지금 당장 과학에게만 짐을 지운다면 우리는 나중에 한꺼번에 부담을 져야 할 것이고, 눈앞에 치료제가 놓여 있어도 쓸 수 없게 될 것이다.

항암 바이러스

바이러스는 숙주(host)의 유전체로 치료 유전자(transgene)를 전달하는 개념에만 국한되지 않는다. 바이러스가 숙주세포에 침투해 증식하는 과정에서, 침투한 세포를 터뜨리면서(lytic) 이웃 세포로 퍼져나가는 특성을 항암제에 적용하는 개념이다. 바이러스가 침투해 터뜨려 사멸시키는 타깃을 암세포로 설정하는, 항암 바이러스(oncolytic virus)다.

정상세포는 바이러스에 감염되더라도 이에 대비하는 항바이러스 메커니즘이 있다. 그런데 암세포에서는 항바이러스 메커니즘이 고장난 경우가 있다. 추가로 항암 바이러스로 인해 암세포가 터지면서 암 항원이 밖으로 나오면, 암 항원이 면역 시스템을 작동시킬 수 있다. 면역원성을 띄는 세포사멸(immunogenic cell death)을 유도해 '천연 백신'으로 작동하는 것이다.

2015년 미국 FDA는 첫 항암 바이러스 항암제로 암젠의 티벡(talimogene laherparepvec[T-VEC], 제품명: IMLYGIC®)의 시판을 허가했다. 티벡은 피부암의 일종인 전이성 흑색종 치료제로 처방되며, 암 부위에 약물을 직접 주입한다. 티벡은 사람의 피부와 점막에 흔히 감염되는 헤르페스바이러스 타입1(herpes simplex virus type 1, HSV-1)을 활용한다. HSV-1의 유전자에 면역 시스템을 자극할 수 있는 사이토카인(GM-CSF) 유전자를 추가한 형태이다. HSV-1이 암세포를 터뜨리면서, GM-CSF가 수지상세포

(dendritic cell)와 대식세포(macrophage)를 종양 부위로 불러들이고, 이는 암세포를 없앨 수 있는 면역 시스템을 활성화시킨다. 흑색종 환자 436명을 대상으로 진행한 임상3상에서 티벡 또는 GM-CSF를 투여해(2:1 비율) 비교하자, 티벡을 투여한 경우 전체 반응률(ORR)이 더 높았고 장기적인 효능도 확인됐다.[42]

티벡은 고형암 환자에게서 항암 바이러스가 치료제로 작동할 수 있다는 개념입증에 성공했지만 한계도 있었다. 수송과 보관 온도가 -90~-70℃로 관리가 어렵고, 종양에 직접 투여하는 방식도 까다로운 편이다. 여기에 흑색종 치료제로 키트루다와 같은 PD-1 면역관문억제제, 즉 효과적인 치료 옵션이 나오면서 티벡의 우선순위는 뒤로 밀렸다.

그러나 항암 바이러스가 PD-1 면역관문억제제로 인해 억울한 일(?)만 당한 것은 아니다. 2010년대 중후반, 면역관문억제제 임상개발이 폭발적으로 늘어나면서 항암 바이러스가 암을 터뜨려 면역원성을 높이는 메커니즘이 면역관문억제제와 함께 쓰였을 때 효과가 있을 것이라는 주목을 받았다. 티벡에 면역관문억제제를 병용투여하는 초기 임상에서도 유망한 결과가 나오는 듯했다. 미국 머크(Merck & Co.)와 BMS(Bristol Myers Squibb), 존스앤드존슨(J&J) 등도 파트너십을 맺는 방식으로 항암 바이러스 분야에 뛰어들었다.

2023년 기준 현재 임상에서 뚜렷한 성적을 낸 항암 바이러스의 임상결과는 아직 없다. 다만 끝날 때까지 끝난 것이 아니다. 항암 바이러스의 효능을 높이기 위해 유전자 조작을 하는 기술,

국소 부위에 제한됐던 항암 바이러스를 정맥투여 가능하게 하는 전신투여 기술, 인체에 적용할 수 있는 안전한 신규 항암 바이러스 발굴 등의 차세대 기술을 개발하는 움직임은 여전히 현재 진행형이다.

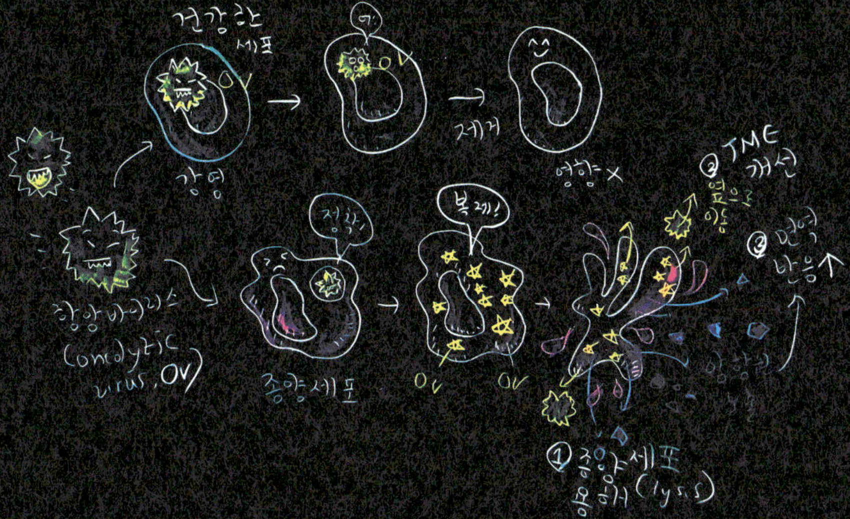

〔그림 10_03〕 항암 바이러스의 암 치료 개념

바이러스는 숙주 안에서 증식한다. 바이러스는 숙주에 감염해 증식이라는 목적을 달성하면 숙주를 터뜨리고 바깥으로 나오는데, 항암 바이러스도 마찬가지다.

암세포가 아닌 정상 세포는 바이러스에 감염되면 이를 제거하는 능력이 있다. 그러나 암세포는 무한히 증식하는 특성을 얻으면서 바이러스를 없애는 특정 기전을 잃어버리기도 한다. 항암 바이러스는 암세포에 감염해 암세포를 터뜨리고 나오는데, 이때 암세포가 터지면서 암 항원이 주위로 퍼진다. 이렇게 외부로 노출된 암 항원이 면역체계를 활성화시키면 암세포를 더 잘 제거할 수 있다. 일석이조의 효과다.

주

1 Seattle Children's (2019) 'Like Looking at a Miracle': Baby Blossoms Thanks to Gene Therapy. https://pulse.seattlechildrens.org/like-looking-at-a-miracle-baby-blossoms-thanks-to-gene-therapy/ (검색일: 2023.08.14.)

2 서울아산병원 질환백과 - 척수근육위축(Spinal muscular atrophy) https://www.amc.seoul.kr/asan/healthinfo/disease/diseaseDetail.do?contentId=32413 (검색일: 2023.08.14.)

3 미국 국립인간유전체연구소(National Human Genome Research Institute, NHGRI) (1995) Results From First Human Gene Therapy Clinical Trial. https://www.genome.gov/10000521/1995-release-first-human-gene-therapy-results (검색일: 2023.08.09.)

4 Nationwide Children's Hospital (2006) First U.S. Trial of DMD Gene Therapy. https://www.nationwidechildrens.org/newsroom/news-releases/2006/03/first-us-trial-of-dmd-gene-therapy (검색일: 2023.06.13.); ClinicalTrials.gov (2007) Safety Study of Mini-dystrophin Gene to Treat Duchenne Muscular Dystrophy. NCT00428935. https://clinicaltrials.gov/ct2/show/NCT00428935?term=Asklepios+Biopharmaceutical&recrs=eghi&draw=2&rank=1 (검색일: 2023.06.13.)

5 김성민 (2023) "막판반전" 사렙타, '첫 DMD 유전자치료제' 美가속승인. *BioSpectator*. http://www.biospectator.com/view/news_view.php?varAtcId=19285 (작성일: 2023.06.23.)

6 Dunbar C.E. et al. (2018) Gene therapy comes of age. *Science*. 359, eaan4672.

7 Friedmann T. and Roblin R. (1972) Gene therapy for human genetic disease?. *Science*. 175, 949-955.

8 Arabi F. et al. (2022) Gene therapy clinical trials, where do we go? An

overview. *Biomed Pharmacother.* 153, 113324.

9 Amsterdam Molecular Therapeutics (2012) Amsterdam Molecular Therapeutics Business to be Acquired by uniQure BV. https://www.prnewswire.co.uk/news-releases/amsterdam-molecular-therapeutics-business-to-be-acquired-by-uniqure-bv-144519595.html (검색일: 2023.08.15.)

10 미국 식품의약국(FDA) (2018) What is Gene Therapy? https://www.fda.gov/vaccines-blood-biologics/cellular-gene-therapy-products/what-gene-therapy (검색일: 2023.06.13.)

11 미국 국립의학도서관(NLM) MedlinePlus. Spinal muscular atrophy. https://medlineplus.gov/genetics/condition/spinal-muscular-atrophy/#frequency (검색일: 2023.06.09.)

12 Cleveland Clinic (2021) Spinal Muscular Atrophy (SMA). https://my.clevelandclinic.org/health/diseases/14505-spinal-muscular-atrophy-sma (검색일: 2023.06.09.)

13 졸겐스마 미국 홈페이지. Symptomatic clinical study results - Event-free survival, Motor milestones. https://www.zolgensma.com/clinical-studies/symptomatic-study-results (검색일: 2023.06.12.)

14 Paul Vitello (2013) Augusto Odone, Father Behind 'Lorenzo's Oil,' Dies at 80. *The New York Times.* https://www.nytimes.com/2013/10/29/world/europe/augusto-odone-father-behind-real-life-lorenzos-oil-dies-at-80.html (검색일: 2023.06.19.)

15 미국 국립의학도서관(NLM) MedlinePlus. X-linked adrenoleukodystrophy. https://medlineplus.gov/genetics/condition/x-linked-adrenoleukodystrophy/#inheritance (2023.06.12.)

16 Biffi A. (2017) Hematopoietic Stem Cell Gene Therapy for Storage Disease: Current and New Indications. *Mol Ther.* 25, 1155-1162.

17 미국 희귀질환기구(National Organization for Rare Disorders, NORD). X-Linked Adrenoleukodystrophy. https://rarediseases.org/rare-diseases/adrenoleukodystrophy/ (검색일: 2023.06.12.)

18 Shapiro E. et al. (2000) Long-term effect of bone-marrow transplantation for childhood-onset cerebral X-linked adrenoleukodystrophy. *Lancet*. 356, 713-718.

19 bluebird bio (2022) bluebird bio Receives FDA Accelerated Approval for SKYSONA® Gene Therapy for Early, Active Cerebral Adrenoleukodystrophy (CALD). https://investor.bluebirdbio.com/news-releases/news-release-details/bluebird-bio-receives-fda-accelerated-approval-skysonar-gene (검색일: 2023.06.19.)

20 미국 식품의약국(FDA) (2022) Cellular, Tissue, and Gene Therapies Advisory Committee June 9, 2022- June 10, 2022 Meeting Briefing Document- FDA- 125755. https://www.fda.gov/media/159010/download (검색일: 2023.06.19.)

21 Cleveland Clinic (2022) Beta Thalassemia. https://my.clevelandclinic.org/health/diseases/23574-beta-thalassemia (검색일: 2023.06.13.)

22 신창민 (2022) 블루버드, "remarkable" '베티셀'도 "FDA자문위 찬성". *BioSpectator*. http://www.biospectator.com/view/news_view.php?varAtcId=16515 (작성일: 2022.06.17.)

23 O'Hara J. et al. (2017) The cost of severe haemophilia in Europe: the CHESS study. *Orphanet J Rare Dis*. 12, 106.

24 Zoey Becker (2022) Sporting a $3.5M price tag, CSL and uniQure's hemophilia B gene therapy crosses FDA finish line. *Fierce Pharma*. https://www.fiercepharma.com/pharma/csl-and-uniqures-hemophilia-b-gene-therapy-scores-approval-35-million-price-tag (검색일: 2023.06.19.)

25 Melanie Senior (2023) Fresh from the biotech pipeline: fewer approvals, but biologics gain share. *Nature Biotechnology*. https://www.nature.com/articles/s41587-022-01630-6 (검색일: 2023.06.19.)

26 Bulcha J.T. et al. (2021) Viral vector platforms within the gene therapy landscape. *Signal Transduct Target Ther*. 6, 53.

27 김성민 (2019) 'AAV 권위자' 구아핑가오 "차세대 AAV 핵심, 캡시드 발

굴". *BioSpectator*. http://www.biospectator.com/view/news_view.php?varAtcId=9065 (작성일: 2019.12.11.)
28 김성민 (2022) 화이자·사렙타 등 4社, AAV 부작용 "class effect". *BioSpectator*. http://www.biospectator.com/view/news_view.php?varAtcId=16313 (작성일: 2022.05.20.)
29 Li C. and Samulski R.J. (2020) Engineering adeno-associated virus vectors for gene therapy. *Nat Rev Genet*. 21, 255-272.
30 미국 식품의약국(FDA) (2023) Approved Cellular and Gene Therapy Products. https://www.fda.gov/vaccines-blood-biologics/cellular-gene-therapy-products/approved-cellular-and-gene-therapy-products (검색일: 2023.06.16.)
31 Stewart H.J. et al. (2016) Optimizing Transgene Configuration and Protein Fusions to Maximize Dopamine Production for the Gene Therapy of Parkinson's Disease. *Hum Gene Ther Clin Dev*. 27, 100-110.
32 Zhao Z. et al. (2021) Viral vector-based gene therapies in the clinic. *Bioeng Transl Med*. 7, e10258.
33 Orchard Therapeutics (2020) Orchard Therapeutics Receives EC Approval for LibmeldyTM for the Treatment of Early-Onset Metachromatic Leukodystrophy (MLD). https://ir.orchard-tx.com/news-releases/news-release-details/orchard-therapeutics-receives-ec-approval-libmeldytm-treatment/ (검색일: 2023.06.19.)
34 김성민 (2023) 코히러스 "판 바꾸나?", 휴미라시밀러 85% 할인 출시. *BioSpectator*. http://m.biospectator.com/view/news_view.php?varAtcId=19149 (작성일: 2023.06.02.)
35 김성민 (2021) SK, '이포스케시' 인수..유전자·세포치료제 CMO "확장". *BioSpectator*. http://m.biospectator.com/view/news_view.php?varAtcId=12859 (작성일: 2021.04.01.)
36 김성민 (2022) SK, 美 세포·유전자 CDMO 'CBM'에 3.5억弗 투자. *BioSpectator*. http://www.biospectator.com/view/news_view.php?varAtcId=15220 (작성일: 2022.01.09.)

37 김성민 (2023) SK팜테코, 美세포·유전자 CDMO 'CBM' "경영권 확보". *BioSpectator*. http://www.biospectator.com/view/news_view.php?varAtcId=19879 (작성일: 2023.09.20.)
38 Gillespie E. et al. (2019) Orphan Drug Development – What are the Real Costs?. *Health Advances Blog*. https://healthadvancesblog.com/2019/04/10/orphan-drug-development-what-are-the-real-costs/ (검색일: 2023.08.10.)
39 Jayasundara K. et al. (2019) Estimating the clinical cost of drug development for orphan versus non-orphan drugs. *Orphanet J Rare Dis*. 14, 12.
40 헴제닉스 미국 HCP 사이트. Efficacy. https://www.hemgenix.com/hcp/about-hemgenix/efficacy (검색일: 2023.08.10.)
41 노신영 (2021) 블루버드 "또 임상중단"..CLAD '엘리셀' "혈액암 발생". *BioSpectator*. http://www.biospectator.com/view/news_view.php?varAtcId=13885 (작성일: 2021.08.12.)
42 Andtbacka R.H.I. et al. (2019) Final analyses of OPTiM: a randomized phase III trial of talimogene laherparepvec versus granulocyte-macrophage colony-stimulating factor in unresectable stage III–IV melanoma. *J Immunother Cancer*. 7, 145.

11

유전자 편집

Gene Editing

세균에게 빌린 유전자 가위[1]

1993년 스페인의 미생물학자 프란치스코 모히카(Francisco Mojica)는 염분 농도가 진한 호수에서 살아가는 고세균(archaea)을 연구하고 있었다. 프란치스코 모히카는 이 정도로 염도가 높은 곳에서 고세균이 어떻게 적응해서 살아가는지 궁금했다. 연구를 하던 중 고세균 DNA에서 마치 나이테처럼 규칙적으로 반복되는 서열을 찾았다. 프란치스코 모히카는 이미 이러한 패턴을 발견한 연구가 있었던 것도 확인했다. 그리고 고세균뿐만 아니라 진화의 경로에서 서로 떨어져 있는 다른 세균(bacteria)들에서도 이런 패턴은 찾을 수 있었다. 프란치스코 모히카는 이런 현상을 '짧고 규칙적으로 떨어져 있는 반복(short regularly spaced repeats, SRSR)'이라고 불렀다. 그리고 비슷한 연구를 하고 있던 다른 연구 그룹과 용어를 통일하기로 한다. '주기적 간격으로 분포하는 짧은 회문(回文) 구조 반복 서열(Clustered Regularly Interspaced Short Palindromic Repeats, CRISPR)'이라는 이름이 2002년 처음 등장했다.

세균의 DNA에서 이런 현상이 나타난다는 것은 알게 되었지만, 도대체 왜 이런 일이 벌어지는지에 대해 알게 되기까지는 몇 년이 더 걸렸다. 프란치스코 모히카가 연구팀을 꾸린 1990년대 말 2000년대 초까지만 하더라도, DNA 서열이 밝혀진 세균은 20여 개 남짓이 전부였다. 그러던 것이 2000년대 중반부터 DNA 염기서열 분석 기술이 발전하면서 DNA 서열 정보가 폭발적으로 늘었다. 연구팀은 대장균(*E. coli*)에서 보이는 크리스퍼(CRISPR)가 바이러스에서도 보인다는 것을 확인했다. 연구팀의 가설은 이랬다. '세균이 바이러스에 감염되어 이런 서열이 흔적으로 남는 것이 아닐까?'

연구팀은 CRISPR가 바이러스 감염으로부터 세균을 보호한다는 것을 알게 되었다. 다른 종류의 세균들이 같은 DNA 서열을 가졌던 것은, 같은 바이러스에 감염되었기 때문이었다. 또한 DNA 서열로 남는다는 것은 세균들이 후손들에게 해당 바이러스 감염에 대한 대비책을 유전하고 있다는 뜻이었다.

세균도 사람처럼 자신을 방어할 수 있는 시스템을 갖추고 있다. 세균에게 바이러스는 위험한 존재인데, 바이러스가 자기 증식을 위해 세균을 숙주로 삼으면 죽을 수 있기 때문이다. 바이러스의 침입을 이겨내고 살아남은 세균은 해당 바이러스의 특정 유전자에 대한 정보를 자기 안에 남겨둔다. 그리고 이 유전자 정보는 다음 세대 세균에게로 유전된다. 따라서 다음 세대 세균에는 이전 세대 세균들이 감염되었던 바이러스의 유전자 서열들이 차곡차곡 남아 있다. 이 유전자 정보는 책장에 꽂힌 책처럼, 주기적인 간격의 CRISPR 서열로 자리잡고 있었던 것이다.

이제 바이러스가 세균으로 침입하면 CRISPR 시스템이 작동한다. 바이러스는 자신의 DNA로부터 RNA 복사본을 만든다. 그런데 세균은 바이러스의 RNA와 세균이 CRISPR로 기억해두었던 염기서열을 비교한다. 맞아 떨어지는 부분이 있으면, 즉 예전에 침입

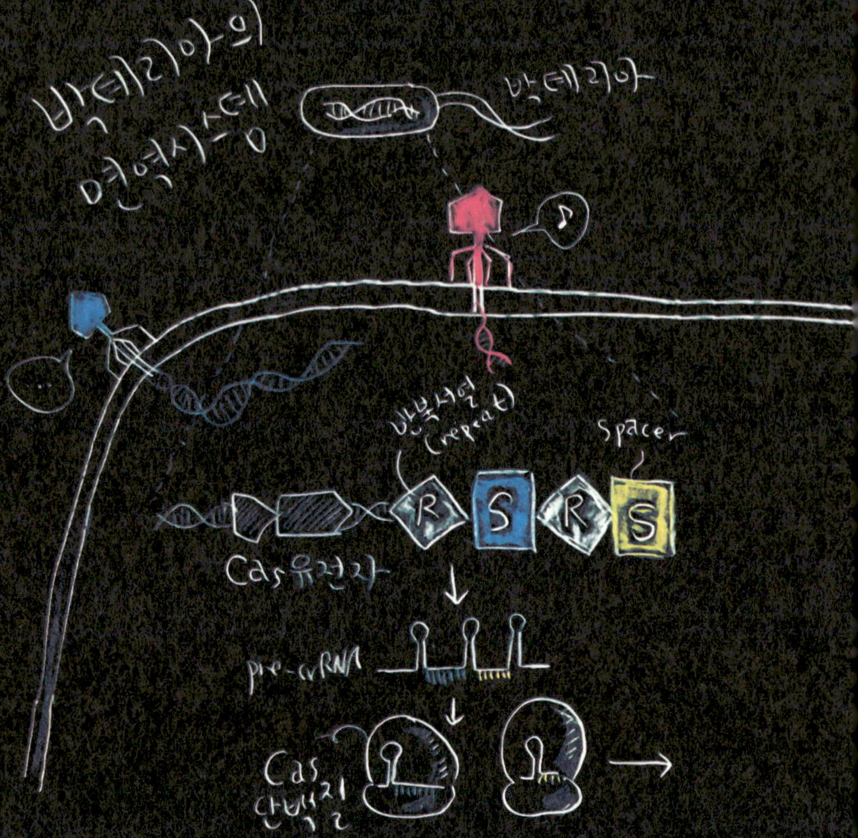
박테리아의
면역시스템
박테리아
반복서열
(repeat)
Spacer
R
S
R
S
Cas유전자
pre-crRNA
Cas
단백질

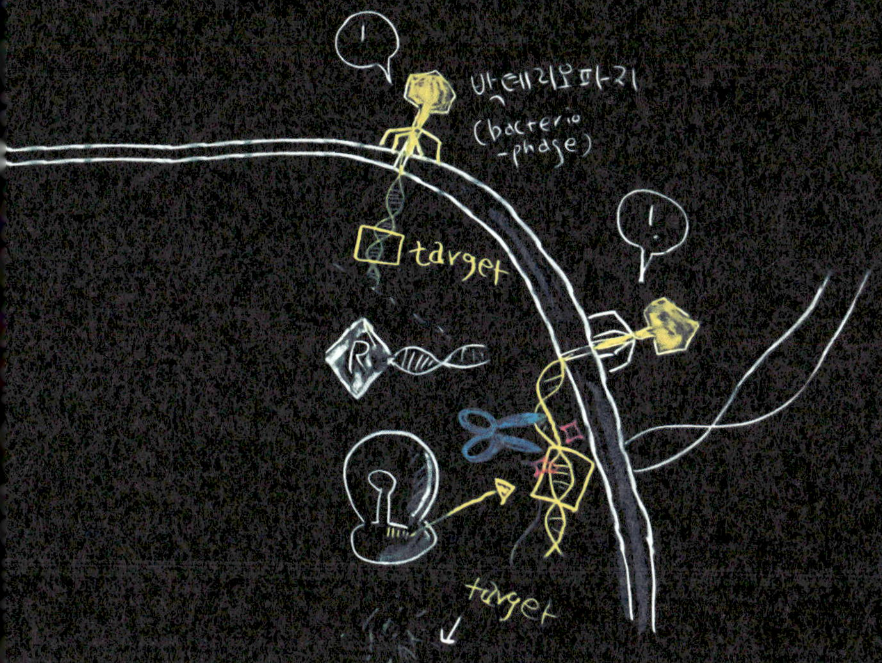

〔그림 11_01〕 CRISPR-Cas9 개념

CRISPR-Cas9 시스템은 세균이 바이러스 감염으로부터 자신을 지키는 방어 시스템이다. 세균은 평소에 바이러스의 염기서열을 CRISPR로 저장하고 있다가, 다시 바이러스가 침입하면 바이러스의 염기서열을 Cas9 유전자 가위로 잘라버린다.

〔표 11_01〕 과학자가 설립한 CRISPR 분야 바이오테크

설립자	기업	설립 / 상장	핵심기술	비고
제니퍼 다우드나	Caribou Biosciences	2011 / 2021	RNA/DNA 혼합 가이드	오프타깃↓ 타깃 특이성↑ CAR-T 기술개발 적용
	Intellia Therapeutics	2014 / 2016	CRISPR-Cas9	in vivo, ex vivo 치료제 개발 (1200~1400개 아미노산)
	Mammoth Biosciences	2017(비상장)	초소형 Cas 유전자 편집	Cas14, Casϕ 초소형 Cas로 세포 내 전달능력 향상 (400~700개 아미노산)
	Scribe Therapeutics	2018(비상장)	소형 Cas 유전자 편집	CasX(Cas12e) 소형 Cas로 세포 내 전달능력 향상 (1,000개 이하 아미노산)
에마뉘엘 샤르팡티에	CRISPR Therapeutics	2013 / 2016	CRISPR-Cas9	in vivo, ex vivo 치료제 개발
펑 장	Arbor Biotechnologies	2016(비상장)	신규 Cas 발굴	질병별 최적 Cas 단백질 이용. Cas12c, Cas12g 등 신규 Cas 발굴
펑 장-데이비드 리우	Editas Medicine	2013 / 2016	Cas9, Cas12a(Cpf1)	Cas12a 활용해 기존 Cas9 대비 편집 가능 영역 확대
	Beam Therapeutics	2017 / 2020	염기편집	단일 염기를 편집(DSB 절단 X)
데이비드 리우	Prime Medicine	2019 / 2022	프라임 에디팅 (prime editing)	모든 경우의 염기 편집 가능(DSB 절단 X)
김진수	ToolGen	1999 /*2014	변이형/소형 Cas9	오프타깃 활성 개선, 소형 Cas9으로 전달능력 향상

*툴젠은 코스닥(KOSDAQ) 시장에 기업공개(IPO)

했던 바이러스 염기서열 정보와 일치하는 부분이 있으면 그 부분을 정확하게 잘라낸다. 바이러스의 DNA를 정확하게 잘라내어 세균 안에서 복제와 증식을 못하게 하는 것이다. 이 작업은 세균 안에 있는 효소들의 몫인데, 이 효소 가운데 제일 유명한 것이 카스9(Cas9)이다. 즉 Cas9가 가위 역할을 하는 것이다. 그리고 특정한 DNA를 정확하게 인지하고 잘라내는 CRISPR-Cas9 시스템을 활용하면 특정한 유전자를 정확하게 잘라낼 수 있다. 말 그대로 유전자 가위(genetic scissors)다.

2012년 미국 UC버클리의 제니퍼 다우드나(Jennifer Doudna) 교수와 스웨덴 우메오 대학의 에마뉘엘 샤르팡티에(Emmanuelle Charpentier) 교수는 CRISPR-Cas9을 유전자 편집 도구로 활용해 원하는 DNA 서열을 정확하게 잘라낼 수 있다는 것을 밝혔고, 2020년에 노벨화학상을 받는다. 2013년 하버드 대학 브로드 연구소(Broad Institute of MIT and Harvard)의 펑 장(Feng Zhang) 연구팀은 CRISPR-Cas9로 인간과 마우스 세포에서 유전자를 편집하는 데 성공했다. 세균과 같은 원핵생물이 아닌 진핵생물의 세포에서도 유전자 가위를 쓸 수 있다는 점을 보여준 것이다.

CRISPR를 포유류 세포에서도 쓸 수 있다는 것이 밝혀진 2010년대 초중반, 유전자 가위를 이용하는 바이오테크가 만들어지기 시작했다. 2013년 하버드 대학교 브로드 연구소의 펑 장과 데이비드 리우(David Liu)는 에디타스 메디슨(Editas Medicine)을 설립했다. 같은 해 에마뉘엘 샤르팡티에도 크리스퍼 테라퓨틱스(CRISPR

Therapeutics)를 공동 창업했다. 2014년 제니퍼 다우드나는 인텔리아 테라퓨틱스(Intellia Therapeutics)를 공동창업했다. 1999년 한국에서도 기초과학연구원(IBS)의 김진수 박사가 1세대 유전자 가위인 징크핑거 단백질(ZFP) 연구를 바탕으로 툴젠(ToolGen)을 설립했으며, 2012년에는 CRISPR 유전자 가위 기술에 대한 특허를 출원했다.

다만 CRISPR을 두고 특허 분쟁은 여전히 진행되고 있다. 2022년 미국 특허청은 펑 장의 MIT-브로드 연구소와, 제니퍼 다우드나와 에마뉘엘 샤르팡티에 교수의 UC버클리-빈 대학 사이에 벌어진 특허 분쟁에서 펑 장의 손을 들어줬다. 그러나 제니퍼 다우드나와 에마뉘엘 샤르팡티에 교수 측은 판정에 이의을 제기하고 있다.

우회 전략

DNA를 직접 수리하는 유전자 편집(gene editing) 치료제는 CRISPR 유전자 가위가 등장하자, 아이디어에서 현실이 되었다. 유전자 가위로 환자의 DNA에서 질병을 일으키는 유전자만 잘라내면 치료될 것이기 때문이다. 이상헤모글로빈증(hemoglobinopathy)은 산소를 운반하는 헤모글로빈을 구성하는 베타 글로빈(β-globin)에 대한 정보를 담고 있는 유전자에 문제가 생겨 발병한다. 많은 경우 베타 글로빈을 암호화하는 HBB 유전자에서 한 개의 염기에 돌연변이 일어난 결과이다. 이로 인해 환자의 적혈구 모양이 달라진다. 원래 동그란 원반 모양이어야 하는 적혈구가 사각형으로 찌그러진 모양을 띠거나, 낫 모양을 띠면서 적혈구가 충분한 양의 산소를 운반하지 못한다. 찌그러진 사각형 모양의 적혈구인 경우 베타 지중해 빈혈(transfusion-dependent β-thalassemia, TDT), 낫 모양인 경우 겸상 적혈구병(sickle cell disease, SCD)이다.

TDT와 SCD는 많은 경우 단일 유전자 변이(monogenic diseases)로 일어난다. 모두 11번째 염색체의 짧은 팔 쪽(p)에 위치하고 있는 HBB 유전자상의 염기서열 변이로 인해 생긴다. 둘 다 희귀질환이지만, 유전자 변이 질환 가운데는 가장 흔한 편이다. 전 세계적으로 TDT 환자는 6만 명, SCD 환자는 30만 명 정도 있는 것으로 추정한다. TDT와 SCD 모두 심한 빈혈이 나타나는데, 환자는 평생 동안 수혈을 받아 정상적인 헤모글로빈을 보충해야 한다. 환자는 심한 통증을 느끼고, 장기가 망가진다. 두 질병을 앓는 환자의 기대수명은 30~50세 정도에 그친다.

이상헤모글로빈증이 유전자 변이 때문에 생긴다는 것을 알게 된 지 수십 년이 되도록 확실한 치료법은 없었다. 정상 헤모글로빈을 가진 적혈구가 만들어지는 골수를 이식받는 치료법이 있지만, 80% 정도의 환자는 이식을 받지 못하며 이식을 받는다고 해도 면역거부반응으로 인한 부작용을 감수해야 한다. 그런데 유전자 가위를 이용한 유전자 편집으로 문제가 되는 유전자를 손볼 수 있다면 어떻게 될까?

드문 사례이기는 하지만 이상헤모글로빈증 환자 가운데 어른이 되어서도 태아형 헤모글로빈(fetal hemoglobin, HbF) 수치가 높게 유지되는 경우가 있다. 이런 환자의 경우 증상이 덜하거나 아예 증상이 없기도 했다. 태아형 헤모글로빈 유전적 지속성(hereditary persistence of fetal hemoglobin, HPFH)이라 불리는 경우다.

태아는 출산일이 다가오면 HbF는 줄어들고, 성인형 헤모글로빈(adult hemoglobin, HbA)이 늘어난다. HbF는 HbA보다 산소와 더 잘 결합하는 성질이 있다. 태아는 엄마의 혈액으로부터 산소를 전달받아야 한다. 즉 스스로 호흡하는 것보다 산소가 부족한 환경에 놓여 있는 셈이므로, 산소와 좀더 잘 결합하는 것이 생존에 유리하다. TDT, SCD 환자도 태아일 때는 정상인 태아와 마찬가지로 HbF가 높게 유지되어 증상이 나타나지 않다가, 성인이 되어가면서 비정상적인 HbA가 늘어나고 이상헤모글로빈증 증상이 나타나기 시작한다.

만약 성인이 된 이상헤모글로빈증 환자에게 HbF가 높게 발현될 수 있게 유전자를 편집하면 어떤 일이 벌어질까? 산소와 좀더 잘 결합하는 헤모글로빈이 만들어질 것이고, 운반하는 산소의 양이 늘어날 것이다. 환자의 증상은 나아질 것이다.[2] 버텍스 파마슈티컬스(Vertex Pharmaceuticals)의 엑사셀(Exa-cel)은 CRISPR-Cas9 유전자 편집 기술을 이용해 BCL11A 발현을 억제한다. BCL11A는 태아형 헤모글로빈 발현을 억제하는 전사인자다. 따라서 BCL11A 발현을 억제하면 태아형 헤모글로빈이 만들어진다.

물론 환자가 실제로 엑사셀을 처방받는 과정은 복잡하다. 우선 환자 혈액에서 특정 성분을 뽑는다(apheresis). 이 성분에 약물을 투여해 혈액세포를 만드는 조혈 줄기세포와 전구세포(hematopoietic stem and progenitor cells, HSPC)를 모은다. 이 세포에 높은 전류를 가해 세포막에 구멍을 만드는 전기천공법(electroporation)을 실시한다. 이제 BCL11A 발현을 낮추는 염기서열로 편집할 수 있는 CIRSPR-Cas9 유전자 가위를 HSPC에 넣는다. 유전자 가위가 작동하면 BCL11A 발현을 낮아지고, 유전자가 편집된 줄기세포를 얻는다. 이 줄기세포를 냉동시킨 다음 병원으로 운반해 환자에게 이식하면, 골수에서 태아형 헤모글로빈이 만들어진다. 환자의 세포를 꺼내 유전자를 편집한 후 다시 투여하는 엑스비보(ex vivo) 치료 방식이다.

엑사셀

2019년 엑사셀은 2명의 이상헤모글로빈증 환자를 대상으로 첫 개념입증에 성공한다.[3] 1명은 TDT 환자로, 태어날 때부터 수혈을 받기 시작해 매년 16~17회 수혈을 받아 온 19세 여성이었다. 다른 1명은 33세 여성 SCD 환자로, 임상시험에 참여하기 2년 전부터 매년 평균 7번의 혈관막힘위기(vaso-occlusive crisis, VOC)를 겪었다. VOC가 나타나면 뼈에 심각한 통증과 함께 발작이 2~7일 동안

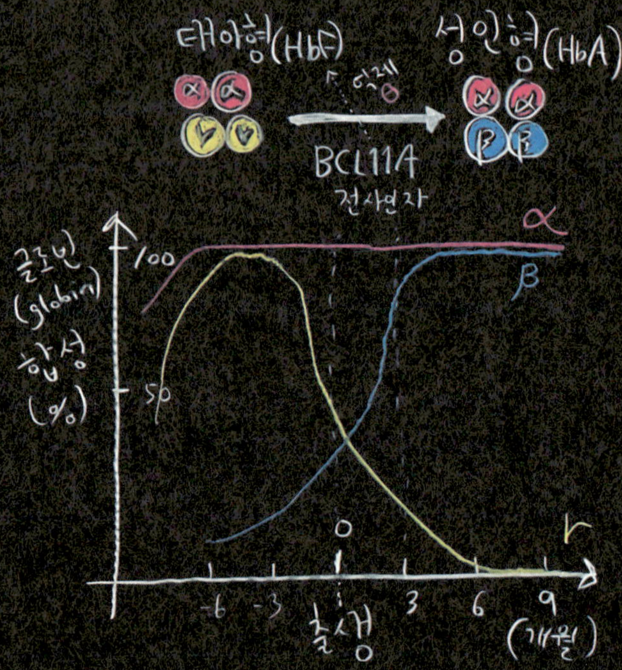

태아형(HbF)
성인형(HbA)
억제
BCL11A
전사인자
글로빈
(globin)
합성
(%)
100
50
α
β
γ
-6
-3
0
3
6
9
출생
(개월)

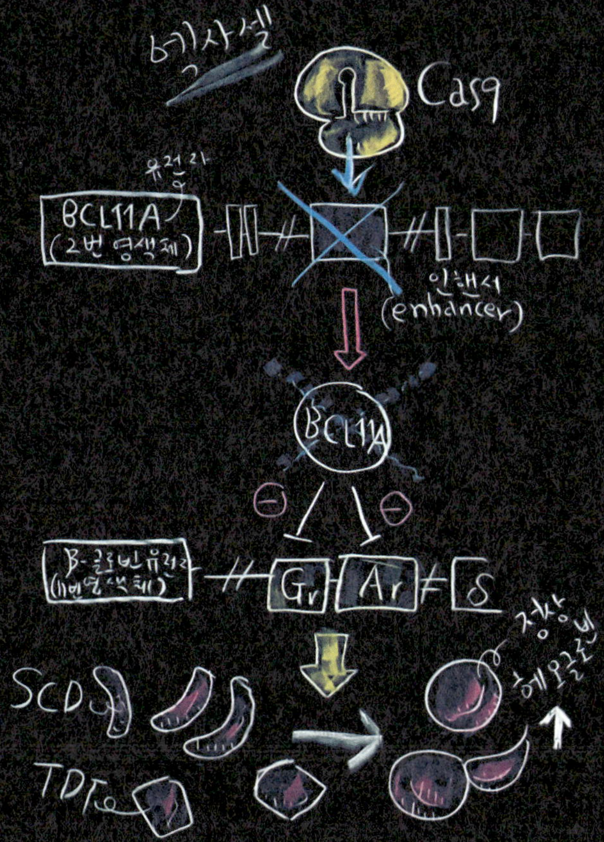

[그림 11_02] 엑사셀의 메커니즘

엑사셀의 핵심은 이상헤모글로빈증 환자의 태아형 헤모글로빈 발현을 억제하는 전사인자 활성을 낮추게끔, CRISPR-Cas9 유전자 가위로 편집하는 것이다. 유전자 편집에 성공하면 산소를 운반하는 태아형 헤모글로빈이 늘어나고, 환자는 수혈을 받지 않아도 된다.

계속되며 호흡곤란도 일어난다. 일반적으로 1년에 3번 이상 혈관 막힘위기가 발생하면 환자의 기대 수명은 35세로 짧아진다.

TDT 환자는 엑사셀을 투여받고 헤모글로빈 수치가 투여 전 0.3g/데시리터(dL)에서 4개월 시점부터 12.1g/dL로 늘었다. SCD 환자는 엑사셀 투여 후 3개월 시점에서 헤모글로빈(HbF) 수치가 10.1g/dL에 도달했다. 헤모글로빈이 9g/dL이면 수혈을 받지 않아도 된다. 시간이 지나면서 두 환자 모두 태아형 헤모글로빈이 혈액 내 헤모글로빈의 절반을 차지하게 됐으며, 더 이상 수혈을 받지 않아도 되는 단계에 이르렀다.

2022년 버텍스는 엑사셀이 실제 이상헤모글로빈증의 질병 부담을 낮출 수 있다고 발표한다.[4] 엑사셀을 투여받은 TDT 환자 44명, SCD 환자 31명을 추적한 결과였다. 추적관찰을 하는 3년 동안 엑사셀을 투여받은 TDT 환자는 수혈을 받지 않았다. SCD 환자는 엑사셀 투여 전에는 평균 3.9회 정도 혈관막힘위기가 일어났지만, 추적관찰을 하는 동안 혈관막힘위기가 한 번도 일어나지 않았다. 이는 엑사셀이 '1회 투여만으로 기능적 치료(one-time functional cure)'가 이루어졌다고 말할 수 있는 수준이다. 추적관찰이 길어질수록 치료효과는 점점 더 좋아지고 있다. 엑사셀을 투여받은 TDT 환자의 89%가 투여 후 1년 동안 수혈을 받지 않았는데, 최대 40.7개월 동안 수혈을 받지 않아도 되었다. 엑사셀을 투여받은 SCD 환자의 94%는 투여 후 1년 동안 혈관막힘위기를 겪지 않았다. 2023년 현재 엑사셀은 유전자 편집 약물로는 처음으로 미국 FDA의 시판 검토를 받고 있으며, 시판 여부는 2023년 말까지 결정될 예정이다.

버텍스 파마슈티컬스는 유전질환 치료제 개발에 오랫동안 집중해온 경험이 있다. 낭포성 섬유증(cystic fibrosis, CF)은 단일 유전자 변이로 인한 대표적인 유전질환이다. 낭포성 섬유증은 세포의 염소 이온, 나트륨 이온 등의 농도를 조절하는 채널인 CFTR(cystic fibrosis transmembrane conductance regulator) 단백질을 발현하는 유전자에 생긴 문제가 원인이다. 세포의 안과 밖에는 여러 이온이 있다. 그리고 세포막을 기준으로 적절한 이온 농도 차이를 유지해야 한다. CFTR 단백질은 호흡기관(폐), 소화관, 피부 상피세포 표면에서, 세포 안에 있는 염소 이온과 나트륨 이온 등을 세포 밖으로 내보내는 역할을 한다. 그런데 CFTR 단백질에 문제가 생기면 세포 밖으로 이온들이 방출되지 못하고, 오히려 세포 밖에 있는 물을 세포 안으로 끌어들인다. 이로 인해 비정상적으로 점액이 많이 만들어지고, 이 점액이 여러 장기가 제대로 작동하는 데 문제를 일으킨다.

2012년 칼리데코(KALYDECO®, 성분명: Ivacaftor)는 버텍스 파마슈티컬스가 미국 시판허가를 받은, 첫 낭포성 섬유증 치료제다. 칼리데코는 망가진 이온 조절 채널의 기능을 되살리는 약물이다. 이후 버텍스는 2019년까지 모두 4개의 낭포성 섬유증 치료제를 출시했고, 낭포성 섬유증을 일으키는 1,700여 개에 이르는 CFTR 변이 가운데 90%까지 대응할 수 있게 되었다.

2012년에 첫 치료제가 나왔지만 2023년 현재 기준 버텍스 파마슈티컬스 말고 유의미한 낭포성 섬유증 치료제를 출시한 곳이 없다. 많은 경우 질병 치료를 위한 약물은 특정 단백질을 억제해 특정 기능을 하지 못하게 하는 방식이며, 역시 많은 제약기업과 바이오테크가 이런 방식으로 신약개발에 접근한다. 반면 버텍스 파마슈티컬스의 접근법은 달랐다. 저분자 화합물로 CFTR 단백질의 망가진 기능을 다시 되살리는 방법을 찾았다. 예를 들어 약물로 CFTR 채널이 열린 시간을 늘려주거나, CFTR 단백질이 제대로 합성되게 도와준다. 이와 같은 접근법은 질병을 근본적으로 치료하는 개념으로 평가받았다.

그런데 유전자 편집은 문제가 생긴 유전자를 직접 건드려 해당 기능을 살려내는 방식이다. 칼리데코의 효과를 확인한 버텍스 파마슈티컬스가 유전자 편집을 이용한 치료제 개발에 집중하는 것은 당연해 보인다. 이런 이유로 버텍스 파마슈티컬스는 차세대 유전자 편집 기술 확보에 나선다. 특정한 활성을 켜고 끌 수 있는 on/off CRISPR 기술, 인비보(in vivo) 전달 기술, 염기 하나만 바꾸는 염기 편집(base editing) 기술 등 여러 방향으로 유전자 편집 기술개발에 접근하고 있다.

〔표 11_02〕 버텍스 파마슈티컬스의 CRISPR 유전자 편집 기술 라이선스 계약

기업	연도	약물/기술	적응증	규모
크리스퍼 테라퓨틱스 (CRISPR Therapeutics)	2015년 최초 계약, 2021년 권리 확대	ex vivo 엑사셀(exa-cel, CTX001)	겸상적혈구병(SCD), 베타 지중해성 빈혈(TDT)	계약금 9억 달러 포함 최대 11억 달러 (2021년 기준)
옵시디안 테라퓨틱스 (Obsidian Therapeutics)	2021년	'on/off' 제어 CRISPR	비공개	최대 13억 7,500만 달러(계약금 비공개)
아버 바이오테크놀러지 (Arbor Biotechnologies)	2021년	ex vivo CRISPR 세포치료제	제1형 당뇨병, 겸상적혈구병 등 7개 질환	최대 12억 달러 (계약금 비공개)
맘모스 바이오사이언스 (Mammoth Biosciences)	2021년	in vivo 초소형 Cas 단백질 (Cas14/CasΦ)	비공개	계약금 4,100만 달러 포함 최대 6억 9,100만 달러
버브 테라퓨틱스 (Verve Therapeutics)	2022년	in vivo 유전자편집	간질환	계약금 6,000만 달러 포함 최대 4억 6,600만 달러
크리스퍼 테라퓨틱스 (CRISPR Therapeutics)	2023년	CRISPR 세포치료제	제1형 당뇨병	계약금 1억 달러 포함 최대 3억 3,000만 달러

DNA 절단 없이 서열을 바꾸는 염기편집

CRISPR 유전자 가위는 DNA의 일정 구간을 잘라내거나 바꿀 수 있다. 이를 위해 CRISPR 기술은 DNA 이중가닥을 모두 잘라 유전자를 편집한다. 잘려간 곳에는 틈(double-strand break, DSB)이 생기는데, 이런 형태로 DNA에 변형이 일어나는 것은 생명체 입장에서는 위험한 일이다. 따라서 우리 몸에는 DNA가 끊어지거나 잘려 나간 자리를 이어 붙이는 수선 방법이 마련되어 있다. DNA를 수선하는 방법은 크게 두 가지다. DNA에서 벌어진 두 틈을 그대로 이어 붙이는 비상동말단접합(non-homologous end joining, NHEJ)과, 정확하지만 비효율적인 상동직접수선(homology directed repair, HDR)이다.

대부분의 경우 NHEJ로 DNA를 수리한다. NHEJ로 수리할 때 작은 삽입과 결실(imprecise insertion and deletion, indel)이 일어나는데, 이는 유전자 발현을 억제하는 효과로 이어진다. HDR 수리 방식은 정밀하지만, DNA 복구 서열(DNA repair template)이 필요해 더 까다롭다. HDR 수리는 이상적이지만 추가로 염기서열을 넣어줘야 하며, 세포 안에서 NHEJ 수리 메커니즘과 경쟁한다. 또한 분열하지 않는 세포에서는 효율이 낮다.

몸속에서는 대부분 NHEJ로 먼저 DNA를 고친다. 그러나 DNA를 이어 붙이는 과정에서 다시 DSB가 생기면 DNA에 또 다른 오류가 발생하게 되고, 이는 세포 사멸 또는 유전체 불안정성으로 이어질 수 있다. 그런데 '염기 편집'이라고 불리는 기술을 이용하면, DNA 두 가닥을 모두 잘라 편집하는 CRISPR 기술이 가진 한계를 극복할 수 있다. 염기편집은 DSB를 만들지 않으면서 특정 염기서열 하나만 바꿀 수 있기 때문이다. 염기서열 한 곳에 일어난 점 돌연변이(point mutation)를 교정할 수 있다는 뜻이다. CRISPR-Cas9 편집이 DNA 이중가닥을 통째로 잘라 수리하는 '가위'라면, 염기편집은 DNA를 자르지 않고 염기서열 하나를 바꾸는 '지우개와 연필'이다. 그러면서 CRISPR 유전자 편집에서 나타날 수 있는 부작용은 낮출 수 있다.

5만 5,000개에 이르는 유전질환의 약 58%는 점 돌연변이 때문에 발생하는 것으로 여겨진다. 즉 염기편집으로 유전자를 고칠 수 있다면 유전질환의 절반 이상을 치료할 수도 있다는 말과 같다. TDT와 SCD도 대부분 베타글로빈(β-globin)의 점 돌연변이로 일어난다. 따라서 하나의 염기를 다른 염기로 바꿀 수 있는 단일 염기편집은 정밀하고 효율적인 치료 방법이 될 수 있다. 무엇보다 CRISPR와 같은 유전자 가위보다 부작용이 적을 것으로 기대된다.

염기편집은 기존에 CRISPR가 타깃 DNA를 특이적으로 인지하는 특성은 그대로 이용하면서, DNA DSB가 일어나지 않도록 변형한 기술이다. 변형된 CRISPR는 이중가닥을 끊지 않고 느슨하게 풀어낸다. CRISPR가 4~5bp 염기를 바깥으로 노출시키면, 노출된 염기서열에서 체내 효소인 탈아미노효소(deaminase)를 통해 염

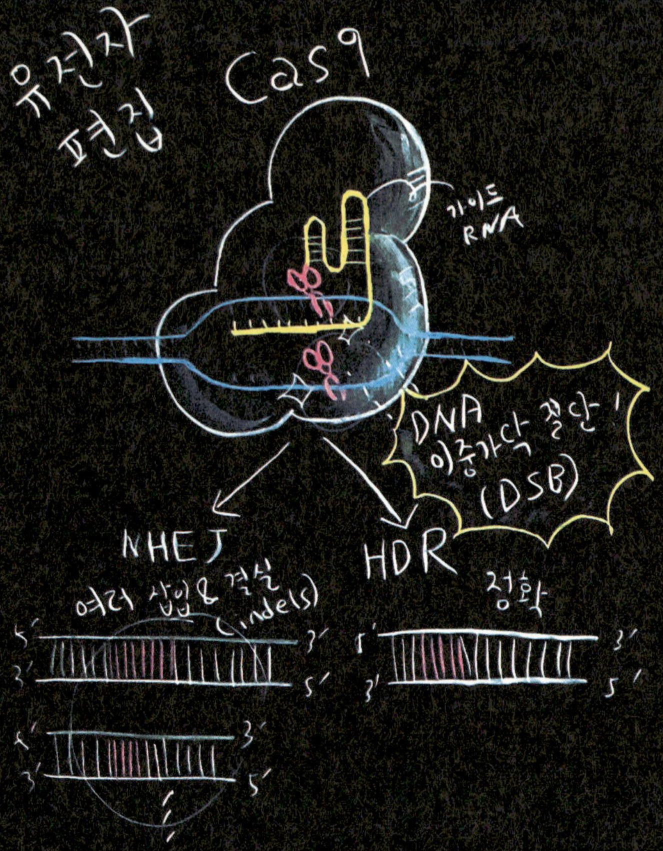
유전자 편집
Cas9
가이드 RNA
DNA 이중가닥 절단!
(DSB)
NHEJ
여러 삽입& 결실 (indels)
HDR
정확

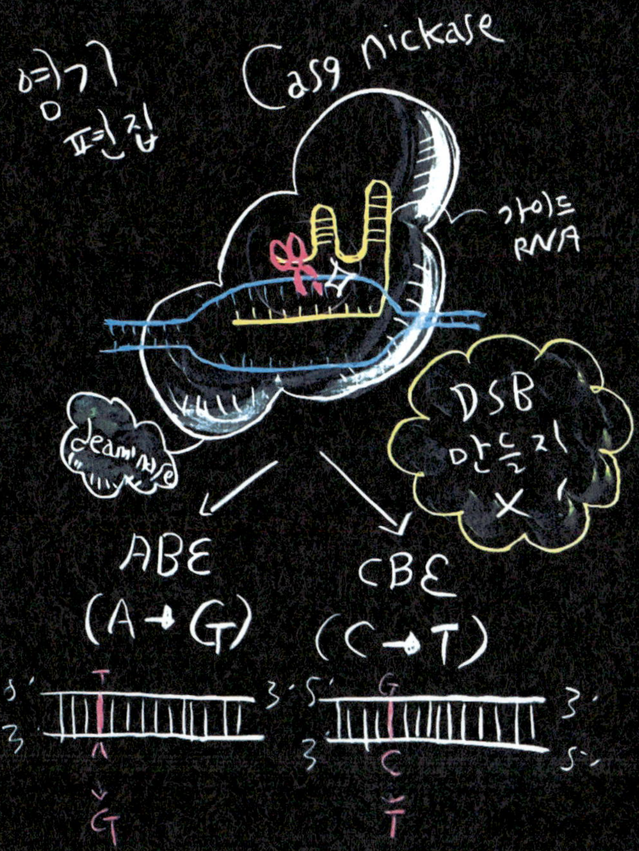

〔그림 11_03〕 유전자 편집 메커니즘(왼쪽)과 염기편집 메커니즘(오른쪽)

유전자 편집과 염기편집은 작동 메커니즘이 다르다. CRISPR를 이용해 신약개발을 할 때 가장 우려되는 부분은 예상치 못한 '오프타깃(off-target)'에 대한 부작용이다. 이런 측면에서 볼 때 유전자 편집을 하는 과정은 두 가닥의 DNA가 절단되는, 즉 DSB 발생이라는 리스크가 생긴다. 그러나 염기편집은 DSB 없이 유전자 서열을 바꿀 수 있다.

기편집이 일어난다. 탈아미노효소는 DNA 서열의 염기에 있는 아민기(amino group)를 가수분해(hydrolysis)해서 염기를 바꾼다. 탈아미노효소가 염기를 가수분해하면 염기인 시토신(C)은 우라실(U)로, 우라실을 다시 티민(T)으로 바꾼다. 결국 시토신을 티민으로 바꿀 수 있다. 또 아데닌(A)에 효소가 작용하면 이노신(I)으로, 이노신에서 다시 구아닌(G)으로 염기가 바뀐다. 결국 아데닌이 구아닌으로 변한다. 즉 'C→T', 'A→G'으로 바꾸는 염기편집이 가능하다. 또한 기존의 CRISPR 기술과 달리 세포 분열 여부와 상관없이 일관된 편집 효율을 나타낼 것으로 기대하고 있다.

염기편집 가운데에는 RNA를 편집하는 개념도 있다. 세포에 원래 있는 염기편집 시스템을 이용하는 방식이다. ADAR(adenosine deaminases acting on RNA)은 RNA 염기를 편집한다. ADAR1, ADAR2 2종류의 ADAR 효소로 구성된 시스템이다. ADAR은 표적서열 내 아데닌(A)을 이노신(I)으로 바꾸며, 해당 이노신은 구아닌(G)으로 번역된다. 결과적으로 'A→G'로 바꾸어 준다. 인간 전사체(transcriptome)에는 400만 개의 ADAR 사이트가 있으며 뇌, 간, 폐 등 여러 조직에서 비슷한 정도로 유전자 편집이 일어난다. ADAR 작용 메커니즘을 이용해 인간에서 질환으로 이어지는 약 2만 개 이상의 'G→A' 유전자 돌연변이에 적용될 수 있을 것으로 기대된다. 예를 들어 망막 관련 유전자에서 'G→A' 변이로 생기는 질환은 약 1,100개 이상으로 추정된다.[5]

한국의 바이오테크 알지노믹스(Rznomics)는 이성욱 단국대학교 생명융합학과 교수가 개발한 RNA 플랫폼 기술을 기반으로 설립되었다. RNA 치환효소(trans-splicing ribozyme) 개념은 20년 전 처음 제안되었으나 치료제에 적용하기에는 특이성과 효능이 매우 낮았다. 그러나 이성욱 교수 연구팀은 1997년부터 RNA 치환효소가 실제 질병 치료에 적용되도록 효능과 특이적 표적능을 최적화하였으며, 이 기술을 기반으로 알지노믹스를 세웠다. 연구팀은 인비보 모델에서 RNA 치환효소의 치료제로서 가능성을 확인했다. 알지노믹스는 RNA 치환효소가 특정 RNA를 표적해 자르면서 유전자 발현을 저해하고, 동시에 잘린 RNA 부위에 다른 RNA를 '1:1로 치환'하는 메커니즘에 집중했다. 치료제로 적용할 경우 질환을 일으키는 RNA는 억제하면서, 치료 유전자를 발현하는 개념이다. 알지노믹스는 RNA 치환효소로 암 질환과 유전자 변이로 일어나는 안과 질환 치료제를 개발하고 있다.

초소형 유전자 가위

염기편집 기술과 더불어 초소형 유전자 가위에 대한 연구도 주목받는다. 유전자 편집 치료제는 세포를 환자의 몸 밖으로 꺼내 CRISPR로 조작한 후 환자에게 다시 투여해주는 엑스비보 방식과, CRISPR 자체를 환자의 몸에 투여하는 인비보 방식으로 나눌 수 있다. 엑스비보 방식은 환자에게 세포를 추출하고, 이것을 조작해 다시 투여하므로 과정이 복잡하고 까다롭다. 그러나 인비보 방식은 이런 과정 없이 곧바로 투여해 환자 몸속에서 CRISPR가 반응을 일으켜 치료 효과를 나타내므로 더 간단하다.

문제는 전달체다. CRISPR을 체내 세포로 전달하기 위해서는 전달체가 필요하다. 간으로 전달할 때는 비바이러스성(non-viral) 지질나노입자(lipid nanoparticle, LNP)를 주로 이용하며, 눈이나 뇌와 같은 조직으로 보낼 때는 조직 특이성을 갖는 AAV(adeno-associated virus)를 이용한다. 그런데 AAV가 벡터로 전달할 수 있는 유전자의 크기가 4.7kb로 작아, CRISPR 유전자 가위를 한꺼번에 전달하기가 어렵다. CRISPR 유전자 가위를 쪼개서 전달하는 방법도 있지만, 여러 벡터에 나누어 넣은 CRISPR 유전가 가위가 한 세포에 모두 들어가야만 CRISPR가 작동할 수 있기 때문에 효율이 떨어지는 문제가 생긴다.

이에 따라 더 작은 Cas로 AAV에 한꺼번에 전달하겠다는 개념이 등장했다. 대표적인 기업으로 제니퍼 다우드나 교수가 2018년 창업한 맘모스 바이오사이언스(Mammoth Biosciences)가 있다. 맘모스 바이오사이언스는 초소형(ultracompact) Cas를 활용한 기술을 바탕으로 설립됐다. 맘모스 바이오사이언스의 CRISPR 기술은 보통의 Cas9보다 크기가 작은 카스14(Cas14), 카스Φ(Cas-phi) 등 초소형 Cas를 이용한다. 기존 CRISPR 유전자 가위에 사용하던 Cas9 단백질은 1,200~1,400개 아미노산으로 이루어져 있는 반면, Cas14와 CasΦ는 400~700개 아미노산으로 이루어져 있어,

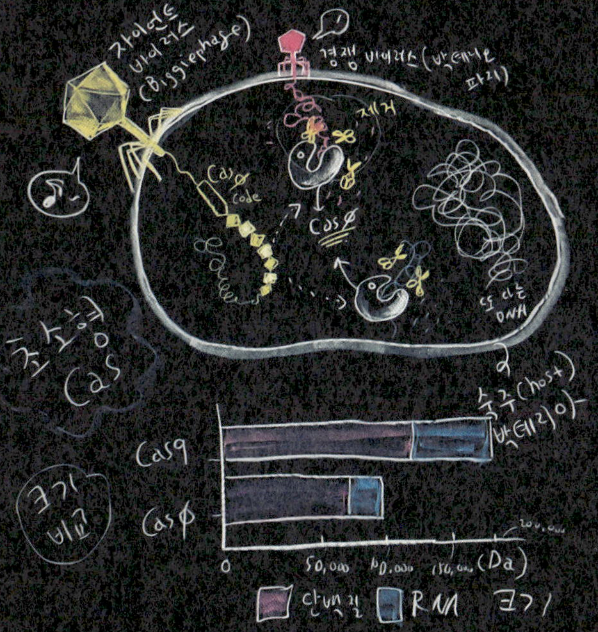

[그림 11_04] CASΦ 메커니즘(위), 기존 Cas9와 크기 비교(아래)

기존의 CRISPR-Cas9 유전자 편집 도구는 박테리아가 바이러스 침입에 대항하기 위한 면역 시스템에서 발견됐으며, 초소형 CasΦ는 거대 바이러스(자이언트 바이러스)에서 발견됐다. CasΦ는 거대 바이러스가 숙주(박테리아)를 놓고 벌이는 경쟁에서 다른 바이러스의 유전자를 제거하기 위해 갖춘 시스템이다. 거대 바이러스는 유전체 크기가 크기 때문에 다양한 도구를 갖고 다닐 수 있다.

기존 Cas 단백질 크기의 절반 수준이다. 초소형이라는 말을 붙이는 이유다.

초소형 Cas 단백질 가운데 하나인 CasΦ는 바이러스인 '거대 박테리오파지(huge bacteriophage)'에서 찾았다. 세균이 바이러스 침입으로부터 자신을 지키기 위해 가지고 있는 시스템이 CRISPR 시스템인데, 침입의 주체인 바이러스가 Cas 단백질을 가지고 있는 셈이다. 거대 박테리오파지는 숙주(host)가 되는 세균에 침입해서, 해당 숙주를 장악하기 위해 다른 바이러스와 경쟁하려고 CasΦ를 가지게 된 것으로 보인다. 거대 박테리오파지는 숙주에 자신의 DNA를 주입해 CasΦ를 만들게 하고는, CasΦ로 다른 바이러스의 DNA를 제거한다. 거대 박테리오파지 유전체 안에는 경쟁해서 없애야 할 다른 바이러스들의 DNA 서열이 광범위하게 암호화되어 있었는데, 보통 박테리오파지 바이러스보다 15배 정도 큰 규모였다. Cas 단백질이 작다면 생각해볼 수 있는 장점은 AAV와 같은 전달체에 모두 들어갈 수 있어, 타깃 세포 안으로 효율적으로 전달할 수 있다는 점이다.

임상에서 우려되는 면역원성도 낮을 것으로 기대한다. CasΦ는 박테리아 바이러스에서 유래한 것이다. 반면 Cas9는 인간과 교류가 잦은 미생물인 화농성연쇄상구균(*S. pyogenes*)에서 찾은 효소로, 절반 이상의 인구가 이미 감염된 적이 있다. 즉 절반 이상의 인구가 Cas9에 대한 면역을 갖고 있기 때문에, 약물 주입 시 면역반응이 일어나 효능이 떨어질 우려가 있었다.

한국의 바이오테크 진코어(GenKOre)도 CRISPR-Cas12f1로 초소형 유전자 가위 기술에 도전하고 있다. Cas12f1은 기존 Cas9 대비 1/3 크기다. 진코어는 2021년 유전자 편집 활성이 없는 Cas12f1에 엔지니어링한 가이드 RNA(augment RNA)를 적용한 CRISPR-Cas12f1 기술의 유전자 편집 효과를 확인한 결과를 국제 학술지 『네이처 바이오테크놀로지(*Nature Biotechnology*)』에 발표했다.[6] 기존 CRISPR-Cas9와 동등 이상의 유전자 편집 효율이었다. 또한 진코어는 2022년 『네이처 케미칼바이올로지(*Nature Chemical Biology*)』에 Cas12 계열 TnpB(Transposon-associated transposase B)에 아데닌 탈아미노효소(adenine deaminase)를 결합시킨 초소형 염기편집 가위 기술에 대한 연구를 발표했다.[7]

어쩌면 유전질환에
가장 근본적인 치료제

2023년 말을 기점으로, 유전자 치료제를 넘어서 유전자 편집 기술을 적용한 치료제가 나올 것으로 기대되고 있다. 첫 CRISPR 유전자 편집 치료제 엑사셀의 등장이다. 물론 엑사셀보다 먼저 나온 유전자 치료제가 있다. TDT와 SCD 치료제로, 2022년 미국에서 시판된 블루버드 바이오(bluebird bio)가 개발한 진테글로(Zynteglo®, 성분명: Beti-cel)다. 진테글로는 1회 투여 유전자 치료제로 정상 유전자를 전달한다. 그러나 진테글로는 렌티 바이러스(lentivirus) 벡터를 통해 전달하기 때문에 암이 발생할 수도 있는 부담을 평생 안고 가야 한다.

버텍스 파마슈티컬스의 엑사셀은 이보다 더 희망적인 상황이다. 태어날 때부터 수혈이 필요하고, 생명을 위협하는 합병증으로 상시적으로 병원에 입원해야 하는 환자를 대상으로 한 임상시험에서 엑사셀이 긍정적인 결과를 냈다. 엑사셀 투여 1년이 된 시점에서 본 임상시험 결과는 SCD 환자 10명 가운데 9명에게 수혈 없이, 거의 대부분의 TDT 환자가 생명을 위협하는 혈액막힘위기를 겪지 않고도 삶을 살아갈 수 있다는 희망을 준 것이었다.

CRISPR 유전자 편집 기술은 이제 막 시작되는 분야이자 유전자 치료제보다 최신 기술이다. 2010년대 중후반 CRISPR을 이용한 수많은 바이오테크가 탄생했다. 그러나 2020년대 초로 들어오면서 임상 중단과 효능 부족으로 인해 기대감은 사그라들었다. 여기서 눈여겨보아야 할 것이 있다. 당장의 실패와 불안 요소가 아니라, CRISPR라는 기술 안에서의 이루어진 작은 진전이다.

이 같은 움직임이 던지는 또 다른 시사점도 있다. '노벨상을 받은 CRISPR 기술'이라는 화려한 타이틀 속에 많은 바이오테크가 대규모 투자를 유치했다. 그러나 다른 한편에서는 CRISPR 특허 싸움이 이어졌고, '원천 기술 보유'라는 목표에만 몰두한 나머지 임상개발과 상업화에 소홀했다. 새롭게 나온 최첨단 기술이 개발되어 새로운 치료제로 자리잡아 환자에게 처방되기까지는 최소한 몇십 년의 시간이 필요하다. 임상시험으로 기술의 효능을 입증하고, 이를 바탕으로 안정적인 플랫폼 기술로 성장하는 시간이다.

그런 면에서 첫 CRISPR 치료제를 출시하는 회사가 버텍스 파마슈티컬스라는 점에 주목해보자. 버텍스 파마슈티컬스는 유전질환에 대한 높은 이해도를 갖고 있었다. 많은 CRISPR 바이오테크가 '최첨단 기술'로 임상시험에 들어가려고 집중하는 동안, 버텍스 파마슈티컬스는 더 근본적인 고민을 했을 것이다. 어떤 문제를 풀기 위해 어떤 새로운 기술을 적용할 수 있을지에 대한 고민이다. 첨단 기술은 늘 화려하다. 그러나 첨단 기술은 연구실을 벗어나 현장에서 더 큰 빛을 발한다. 기술과 상업화는 다른 영역이다. 연구실에서 기술이 가진 가능성을 확인했다면, 현장에서는 어떻게 하면 환자를 고칠 수 있을지 더 많이 고민하고 더 많은 시간을 써야 한다.

모두 비슷한 선상에 있는 현재, 기초 연구에 대한 적극적인 투자도 중요하다. 미국 국립보건원(NIH)은 2021년부터 체세포 유전체 편집(somatic cell genome editing, SCGE) 컨소시엄에 6년 동안 1억 9,000만 달러를 쏟아 붓고 있다.[8] 다양한 조직과 질환에서 인비보 유전자 편집이 가지는 전달(delivery) 안전성과 같은 문제를 해결하기 위해서다. 미국 FDA는 유전자 편집에 대한 안전성 논란이 일자 어떠한 항목에 더 초점을 두고 연구 데이터를 내라는 가이드라인을 제시했다. 이렇듯 규제기관이 적극적으로 개발을 주도하고 있다는 점도 눈여겨볼 대목이다.

유전자 편집을 대하는 미국 FDA의 가이드라인[9]

유전자 편집은 이제 시작하는 분야다. 모든 시작은 불안하기에 유전자 편집도 불안한 구석이 있다. 대표적으로 안전성 문제다. 유전자 편집은 환자의 유전자에서 특정 서열을 인식하고, 편집해서 고치려고 한다. 그리고 이 모든 단계에서 안전성이 걱정된다. 특정 서열을 타깃하는 것, 그 부분 유전자만 원하는 대로 편집하는 것이 100% 안전하게 이루어질까? 만약 다른 유전자에서 원하지 않았던 편집을 한다면 어떤 일이 벌어질까?

미국 FDA를 기준으로 보면, 유전자 치료제와 유전자 편집 가운데 안전성에 대한 우려로 임상시험이 지연된 사례는 있지만 멈춘 적은 없다. 다만 안전에 대한 가이드라인을 세우는 것은 필요하다. 가이드라인은 넘으면 안 되는 중앙선이고 지켜야 할 차선과 같다. 중앙선과 차선을 지키는 것이 답답해보일지 모르지만, 중앙선과 차선에 따라 운전할 때 모든 차량이 가장 빠르게 목적지에 도착할 수 있다. 가이드라인이 구체적이고 명확하면, 가이드라인에 따라 신약 또한 빠르게 개발될 수 있다.

2022년 미국 FDA는 유전자 편집 치료제 개발을 위한 가이던스 초안을 발표했다. FDA는 개발단계, 전임상단계, 임상단계로 나눠 각 단계에서 고려해야 할 사항들에 대해 밝혔다.

▲ZFN, TALEN, CRISPR-Cas, 염기편집 등 DNA 유전자 변경기술 ▲HDR, NHEJ 등 DNA 수리 시스템 ▲지질나노입자(LNP), 바이러스 벡터 등 전달 시스템을 소개하며 기본적으로 고려해야 할 사항들에 대해 설명했다.

FDA는 개발단계에서 유전자 편집 치료제를 구성하는 각각의 요소를 어떻게 디자인하고 스크리닝했는지 근거와 함께 유전자 편집 치료제 구성요소의 시퀀스를 밝힐 것을 권했다. 또한 유전자 편집 치료제의 오프타깃(off-target) 효과를 줄이기 위해 어떤 전략을 가지고 있는지도 명시할 것을 권고했는데, 이러한 데이터가 임상시험 계획 승인신청서(IND)에 포함되어야 한다고 설명했다. 유전자 편집 치료제의 인비보와 엑스비보 방식에 따른 CMC(Chemistry, Manufacturing and Controls) 가이던스도 제안되었다. 인비보 방식의 유전자 편집 치료제는 곧바로 체내로 투여되므로 전달체 안에 포함된 유전자 편집 구성 요소들이 모두 원료의약품(API 혹은 DS)에 해당하며, 이에 준하는 제조공정을 거쳐야 한다. 엑스비보 방식은 유전자 편집 치료제가 최종 제품인 세포 치료제에 의약품적 특성을 갖게 만드는 것이므로 유전자 편집 구성 요소는 품질이 결정적인 요인으로 평가될 것이라고 설명했다.

FDA는 유전자 편집 치료제로 전임상시험 진행할 때, 기존의 세포·유전자 치료제 전임상개발 가이던스에 따라 진행할 것을 권했다. 여기에 더해 인비트로(in vitro), 인비보 실험으로 유전자 편집 치료제가 사람에게 투여 가능한지에 대한 과학적 근거를 밝힐 것도 당부했다. 예를 들면 유전자 편집 치료제가 타깃 세포에만 특이적인 효능을 보이는지, 실제로 유전자 편집이 잘 이루어지는지, 유전자 편집이 치료 효능을 갖는지, 효능이 지속되는지, 다양한 유전자 풀(pool)에서 유전자 편집 치료제가 어떤 영향을 미치는지에 대한 실험을 진행할 것을 권했다.

또한 FDA는 유전자 편집 약물로 발생할 수 있는 위험(부작용) 평가 실험에서는 여러 실험을 거쳐 잠재적인 오프타깃 문제에 대해 분석하고, 여러 공여자로부터 제공받은 타깃 인간 세포를 활용한 분석을 수행할 것을 권했다. 유전자 편집 치료제의 조직 특이성을 확인할 수 있는 분포(distribution), 지속성, 분해와 같은 체내분포(biodistribution) 실험도 진행할 것을 권했다.

임상시험에서는 유전자 편집 치료제의 치료 메커니즘과 과학적 근거를 바탕으로 효능은 극대화하면서 위험성은 최소화할 수 있는 환자를 대상으로 임상을 진행할 것을 권했다. 특정 유전자 편집 치료제로 진행하는 환자 대상 첫 임상시험에서는 다른 치료 옵션이 없는 환자를 대상으로 해야 한다고 규정했다. 다만 상황에 따라 질병이 덜 진행되거나 증상이 심하지 않은 환자를 대상으로 할 수도 있다.

FDA는 유전자 편집 치료제의 온타깃(on-target), 오프타깃 부작용에 대해 알려진 바가 없기 때문에 유전자 편집 치료제 임상 시 오프타깃 유전자 편집을 모니터링하고 대처할 수 있는 적절한 방안에 대해 고려할 것도 당부했다. 그 외에도 온타깃, 오프타깃으로 인한 부작용은 전임상시험으로 예상되어야 하며, 이를 관리할 수 있는 방법을 임상 프로토콜에 제시할 것을 권했다. 또한 임상에 참여한 환자들은 적어도 15년의 장기 추적 관찰이 필요하다고 설명했다.

주

1 The Broad Institute of MIT and Harvard. CRISPR Timeline. https://www.broadinstitute.org/what-broad/areas-focus/project-spotlight/crispr-timeline (검색일: 2023.08.16.); 김성민 (2017) 크리스퍼 시장선점 위해 뛰는 글로벌 선두기업들. BioSpectator. http://www.biospectator.com/view/news_view.php?varAtcId=2626 (작성일: 2017.01.30.); Clara Rodríguez Fernández (2019) Francis Mojica, the Spanish Scientist Who Discovered CRISPR. *Labiotech*. https://www.labiotech.eu/interview/francis-mojica-crispr-interview/ (검색일: 2023.08.16.)

2 Steinberg M.H. (2020) Fetal hemoglobin in sickle cell anemia. *Blood*. 136, 2392-2400.

3 Frangoul H. et al. (2021) CRISPR-Cas9 Gene Editing for Sickle Cell Disease and β-Thalassemia. *N Engl J Med*. 384, 252-260.

4 김성민 (2022) 버텍스, 'ex vivo CRISPR' "1회 기능적 치료"..'또 진전'. *BioSpectator*. http://www.biospectator.com/view/news_view.php?varAtcId=16488 (작성일: 2022.06.14.)

5 김성민 (2021) 릴리 "또 RNA"..'RNA 염기편집' ProQR와 13억弗 딜. *BioSpectator*. http://www.biospectator.com/view/news_view.php?varAtcId=14126 (작성일: 2021.09.09.)

6 Lee J.M. et al. (2022) Efficient CRISPR editing with a hypercompact Cas12f1 and engineered guide RNAs delivered by adeno-associated virus. *Nat Biotechnol*. 40, 94-102.

7 Kim D.Y. et al. (2022) Hypercompact adenine base editors based on a Cas12f variant guided by engineered RNA. *Nat Chem Biol*. 18, 1005–1013.

8 Saha K. et al. (2021) The NIH Somatic Cell Genome Editing program. *Nature*. 592, 195-204.

9 미국 식품의약국(FDA) (2022) Human Gene Therapy Products Incorporating Human Genome Editing- Draft Guidance for Industry. https://www.fda.gov/media/156894/download (검색일: 2023.08.18.)

6부

가능해진 개념

12

비만 치료제

Obesity

비만은 처음부터 질병이었다

세계보건기구(World Health Organization, WHO)는 1948년 유엔(UN) 산하기구로 시작했다. WHO의 임무는 질병과 의약품에 대한 기준을 제시하는 것인데, WHO는 출범과 동시에 비만(obesity)을 질병으로 정의했다.[1] 이후 1997년에는 비만을 만성질환(chronic disease)으로 인식했고, 2021년 만성질환으로 정의를 내렸다.[2] 비만은 심혈관 질환이나 당뇨와 같은 대사질환은 물론, 관절염이나 암(cancer) 발생 위험을 높인다. 과체중이나 비만 환자의 90%는 체중과 관련된 만성질환을 같이 앓는 것으로 알려져 있다.

WHO는 체질량지수(body mass index, BMI, 몸무게를 키의 제곱으로 나눈 값[kg/m^2])가 25 이상이면 과체중, 30 이상이면 비만으로 규정한다.[3] WHO의 기준에 따르면 2016년 기준 전 세계적으로 19억 명이 과체중, 6억 5,000만 명 이상이 비만인 것으로 추정된다. 전체 성인의 39%가 과체중, 13%는 비만인 상황이다. 비만은 성인만의 문제가 아니다. 2016년 기준 5~19세 인구 가운데 3억 4,000만 명 정도가 과체중 또는 비만인 것으로 추정되었다.

전 세계적으로 비만은 꾸준히 그리고 빠르게 늘어나고 있다. 1975년과 비교해 2016년에는 비만 환자가 3배 늘었다. 비만 환자가 늘어나는 것은 다른 질병 환자도 함께 늘어난다는 뜻이다. 2017년을 기준으로 보면 400만 명 이상의 사람이 과체중이나 비만과 관

계된 질병으로 사망한 것으로 나타난다.[4]

비만 문제는 한국도 예외가 아니다. 한국은 WHO보다 엄격한 기준을 비만에 적용한다. BMI가 25 이상이면 한국에서 비만으로 분류되는데, 한국에서 비만 환자는 2009년 31.3%에서 2021년 37.1%로 늘었다. 특히 남성에게서 두드러지게 늘어나고 있는데, 2009년에는 35.8%였던 것이 2021년에는 46.3%로 늘었다.[5]

상황이 이렇다 보니 보건 의료 체계가 비만이라는 질병에 대응하는 데도 재정적인 부담이 늘어난다. 미국에서만 한 해에 비만과 관련된 질병에 약 1,900억 달러가 쓰인다고 한다.[6]

대부분의 만성질환이 그렇듯 비만도 마땅한 치료제가 개발되지 않았었다. 비만을 비롯한 대사질환 치료에 식단 관리와 꾸준한 운동이 처방되어 온 데는 합당한 면이 있었지만, 처방할 치료제가 없었기 때문이기도 하다. 그러나 비만 문제가 점점 더 심해지면서 치료제가 필요한 상황이 되었다. 전 세계적인 규모의 제약기업과 바이오테크들은 비만 치료를 위한 신약개발에 도전하고 있다.

비만 유전자 렙틴[7]

1949년 미국의 잭슨 연구소(Jackson Laboratory) 연구원들은 어미가 같은 여러 마리 쥐 가운데 특별히 뚱뚱한 쥐가 있다는 것을 발견했다. 쥐들이 태어난 지 4~6주 정도 지났을 때 뚱뚱한 쥐와 그렇지 않은 쥐의 차이가 뚜렷해졌는데, 식욕이 왕성한 뚱뚱한 쥐는 보통 쥐에 비해 몸무게가 4배 더 많이 나갔다. 연구진은 교배 실험으로 특별히 뚱뚱한 형질이 열성 유전으로 후대로 이어진다는 것을 알게 되었다. 그리고 이 뚱뚱한 쥐를 비만(Obese)의 앞 글자를 따서 ob/ob 변이 쥐로 이름을 붙였다. 그러나 당시에는 비만과 관련해서 어떤 유전자에 문제가 생긴 것인지 알 수는 없었다.

1986년 제프리 프리드만(Jeffrey Friedman) 록펠러 대학교 교수는 ob/ob 변이를 일으키는 유전자의 정체를 밝히기로 마음을 먹었다. 제프리 프리드만은 연구를 시작한 지 8년 후인 1994년, 에너지 균형을 조절하며, 지방 조직(adipose tissue)에서 분비되는 '식욕 억제 호르몬' 합성에 관계된 ob 유전자를 밝혔다.[8] 제프리 프리드만은 ob 유전자로 인해 합성되는 호르몬에 렙틴(leptin)이라는 이름을 붙였다. 렙틴은 그리스어 렙토스(leptos)에서 유래했는데 '마른'이라는 뜻이다.

렙틴의 발견이 이야기하는 바는 두 가지였다. 우선 지방세포에서 호르몬이 만들어진다는 것이었다. 이전까지 지방세포는 그저 에너지를 저장하는 곳으로만 여겨졌는데, 알고 보니 생명활동에 필수적인 호르몬을 생성하는 기관이었다.[9] 렙틴의 발견이 이야기해준 또 하나는, 비만이 특별히 게으르거나 많이 먹는 나쁜 습관으로 인해서만 생기는 질병이 아니라는 것이었다. 유전자에 변이가 일어나도 비만 환자가 될 수 있다는 점. 즉 유전자 변이로 인해 렙틴 생성에 문제가 생겨 비만이 되었다면, 정상적인 렙틴을 인위적으로 투여해 비만을 치료할 수 있을 것이었다. 혈당을 낮추는 호르몬인 인슐린을 만들어 투여하면 당뇨병을 치료할 수 있게 된 것처럼, 비만을 줄이는 호르몬인 렙틴을 투여하면 환자는 치료되지 않을까? 실제로 비만 쥐(ob/ob)에 렙틴을 28일 동안 투여하자 음식 섭취가 줄어들었고, 몸무게와 체지방도 줄어들었다.

1995년 암젠(Amgen)은 제프리 프리드만 교수가 소속된 록펠러 대학으로부터 렙틴을 비만 치료제로 개발해 상업화는 권리를 2,000만 달러에 사들였고, 1996년에 임상시험에 들어갔다. 1999년 암젠은 임상1상 결과를 발표했다.[10] 최고 용량의 렙틴을 투여받은 비만 환자 8명 가운데 2명만 몸무게가 줄어드는 효과를 보였다. 오히려 몸무게가 빠르게 늘어난 사례도 있었다. 또한 렙틴은 환자가 자가주사로 투여했는데, 주사 투여가 힘들어 투약을 멈춘 환자도 있었다. 렙틴 임상시험은 실패했다.

렙틴이 실패한 이유는 나중에 밝혀졌다. 우선 렙틴 생성에 문제가 되는 유전자 변이가 사람에게는 드물었다. 즉 렙틴이 모자라서 비만 상태가 된 것이 아니었다. 문제는 렙틴에 대한 저항성(leptin resistance)이었다. 렙틴은 지방세포가 뚱뚱해지면 내보내는 '그만 먹으라'는 신호였고, 지방의 양이 많은 사람일수록 렙틴 수치도 높아졌다. 따라서 렙틴 신호에 무뎌지면서 비만이 되는 것이었다.

아밀린 파마슈티컬스(Amylin Pharmaceuticals, 2012년에 아스트라제네카에 인수합병)는 렙틴을 인공적으로 합성한 마이알립

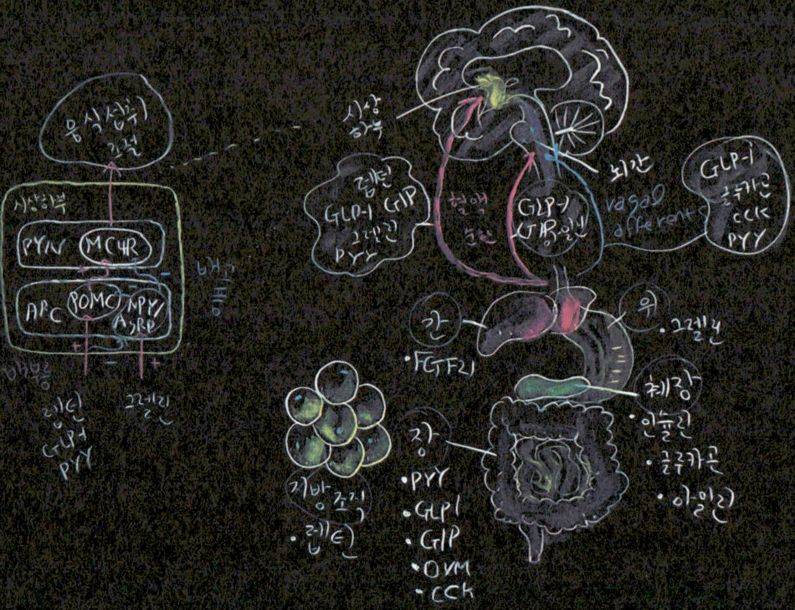

(그림 12_01) 비만과 관계된 생체 메커니즘

장-뇌 식욕조절 호르몬

장과 뇌 사이에 음식 섭취를 조절하는 호르몬에 대한 연구는 위에서 분비되는 그렐린(Ghrelin), 장에서 분비되는 호르몬(PYY, GLP-1, GIP, OXM, CCK), 췌장에서 분비되는 호르몬(인슐린, 글루카곤, 아밀린), 간에서 분비되는 호르몬(FGF21) 등의 메커니즘을 밝혔다. 이 호르몬들은 모두 장에서 분비되어 뇌와 상호작용을 일으키며, 식욕과 에너지 소비를 조절한다.[11]

아밀린(amylin)

췌장의 β세포(β-cell)에서 인슐린과 함께 분비되는 펩타이드 호르몬이다. 뇌의 맨 아래구역(area postrema, AP)에 작용해 식욕을 억제한다. 식욕을 억제하므로 몸무게를 줄이는 역할을 하는데, 주로는 뇌에서 느끼는 포만감(satiety)을 높이는 방식이다. 아밀린은 섭식 보상(feeding reward)에 관여하는 신경회로(neurocircuit)를 줄여 쾌락적 식습관(hedonic eating behaviour)에도 영향을 미치는 것으로 알려져 있다.

비만 치료제로 아밀린 유사체 개발이 시도되어 왔다. 아밀린 파마슈티컬스의 심린(SYMLIN®, 성분명: Pramlintide)은 2005년 미국 FDA로부터 당뇨병 치료제로 승인돼 시판되고 있다. 심린은 아밀린 유사체로 당뇨병 치료에 효과를 보여주었으나 많이 처방되는 의약품은 아니었다. 2000년대 중후반 아밀린을 투여한 당뇨병 환자에게서 체중감소 효과가 보고되었다. 이후 비만 치료제에 대한 관심이 높아지면서 아밀린과 GLP-1 약물의 병용투여 또는 단독투여로 비만 환자에게 치료효과를 확인하는 임상시험이 진행되고 있다. 덴마크의 바이오테크 노보노디스크(Novo Nordisk)도 장기지속형 아밀린 유사체를 임상단계에서 개발하고 있다. 노보노디스크는 아밀린 유사체 카그릴린타이드(Cagrilintide)를 개발해 2023년 현재 비만과 당뇨병에 대한 임상2상까지 진행했다.

PYY

PYY(peptide tyrosine tyrosine)는 장에서 분비되는 단백질이며, 시상하부에 있는 NPY/AgRP 뉴런을 억제하는 기능을 한다. 시상하부는 식욕을 조절하는 곳으로 알려져 있는데, 시상하부에 있는 NPY/AgRP 뉴런과 POMC/CART 뉴런 등 2가지 세포의 활성을 통해 음식 섭취가 조절된다. NPY/AgRP 뉴런은 NPY(neuropeptide Y)와 AgRP(agouti-related peptide)라는 신경펩타이드가 함께 발현되는 세포이며, POMC/CART 뉴런은 POMC(pro-opiomelanocortin)와 CART(cocaine- and amphetamine-regulated transcript) 단백질이 함께 발현되는 세포다.

NPY/AgRP 뉴런이 활성화되면 AgRP가 분비된다. AgRP는 시상하부의 다른 부위에 있는 뉴런으로 분비되며, 해당 뉴런에 있는 MC4R(melanocortin 4 receptor)을 억제한다. 그리고 MC4R의 억제는 음식 섭취를 촉진하게 된다. 반대로 POMC/CART 뉴런이 활성화될 때 α-MSH(alpha-melanocyte-stimulating hormone)의 분비가 일어나고, α-MSH는 AgRP와 달리 MC4R을 활성화시킨다. MC4R이 활성화된 뉴런은 음식 섭취를 줄이도록 유도한다. 따라서 장에서부터 분비된 PYY가 NPY/AgRP를 억제하게 됨으로써 식욕을 저해하는 효과를 일으키게 된다. 또한 NPY/AgRP 뉴런은 POMC/CART 뉴런을 억제하는 기능도 하기 때문에, PYY를 통해 POMC/CART 뉴런을 간접적으로 활성화시키는 효과가 나타난다.

PYY의 이 같은 섭식조절 기능을 바탕으로 PYY 유사체(analogue) 개발이 시도되고 있다. 일라이릴리(Eli Lilly)는 PYY 유사체인 니소티로스타이드(Nisotirostide)로 당뇨병 임상1상을 진행 중이다. 노보노디스크는 2023년 5월 장기지속형(long-acting) PYY 유사체인 PYY 1875의 비만 임상1/2상을 완료했으나, 기대에 미치지 못한 치료효과로 인해 PYY 유사체 개발을 중단했다.[12]

트(MYALEPT®, 성분명: Metreleptin)의 미국 시판허가를 받는다. 렙틴이 결핍된 지방이영양증(lipodystrophy) 환자에게 부족한 렙틴을 보충해주는 대체요법 치료제(replacement therapy)였다. 그러나 마이알립트는 렙틴 결핍증이 있는 환자에게만 효과가 있을 뿐 일반적인 비만 환자에게는 뚜렷한 치료 효능을 보여주지 못했다. 오히려 렙틴 결핍증 환자에게서 체중감소와 저혈당증이라는 부작용이 나타날 수 있다는 경고 문구가 포장에 부착되기도 했다.

부작용의 역사

렙틴 이전에도 비만 치료제를 개발하려는 노력은 있었다. 디니트로페놀(2,4-dinitrophenol), 줄여서 DNP로 불리는 노란색 가루 형태의 물질은 건조한 상태에서 폭발하는 성질을 가진 독성 물질이다. 1차 대전이 한창이던 때 프랑스에서는 DNP와 피크르산(picric acid)을 섞어 폭발물로 사용했다. 그런데 DNP로 폭발물을 만들던 프랑스 군수 공장에서 노동자 수십 명이 DNP에 노출되면서 사망하는 일이 있었다. 이 사고를 조사하던 중 이상한 점이 발견되었다. DNP에 노출된 사람은 쉽게 피로해지고, 땀을 흘렸으며, 체온이 높아졌다. 이런 특징 때문에 2차 대전 때는 추위를 견디기 위한 용도로 DNP를 사용하기도 했다.[13]

1930년대가 되자, DNP는 살 빼는 약으로 알려지기 시작했다.

1933년 스탠퍼드 대학교의 모이스 테인터(Maurice Tainter)와 윈저 커팅(Windsor Cutting)은, DNP가 체내 대사를 현저하게 높인다는 점을 발견했다. 예를 들어 동물에 DNP를 10mg/kg 정도 먹이자, 대사 작용이 최대 50%까지 늘어났다. 사람의 경우는 몸에 저장된 지질과 탄수화물을 활활 태우면서 1주일 동안 최대 1.5kg까지 몸무게가 줄었다.[14]

DNP가 위험한 독성 물질임에도, 다이어트 약으로 소개되면서 많은 사람들이 복용했다. 복용 초기에는 문제없이 살만 빠지는 듯했지만 백내장이 생기거나, 체온이 43.3°C까지 오르다 사망하는 등의 일이 벌어졌다. 결국 1938년 미국 규제당국은 DNP 판매를 금지했다. 그러나 1990년대까지도 다이어트 약으로 암시장에서 거래되었다.

DNP 사건 이후로도 비만 치료제에 대한 관심은 이어졌다. 예를 들어 각성제로 쓰이는 암페타민(Amphetamine)이 몸무게를 줄여주는 효과가 있다는 것이 알려지면서 역시 비만 치료제로 개발되었다. 그러나 뇌 보상 시스템에 작용해 중독과 학대, 심장 독성 등의 문제를 일으켰다. 카나비노이드1 수용체(CB1 receptor) 저해제인 리모나반트(Rimonabant)는 자살을 포함한 정신질환 위험을 높이는 부작용으로 출시된 지 3년 만에 유럽 시장에서 퇴출당했으며, 미국에서는 시판되지 못했다. 그 밖에도 교감신경에 작용하는 향정신성 약물인 시부트라민(Sibutramine)과 펜플루라민(Fenfluramine)/덱스펜플루라민(Dexfenfluramine), 여러 약을 섞은 레인

〔표 12_01〕 체중 감소 의약품의 시판과 철회

계열	약물	기업	승인	체중 감량 (위약/활성약물)	부작용	비고
미토콘드리아 언커플러	DNP	스탠퍼드 대학교	1933~1938(미국)	52주 이상의 평가 데이터 부재	고열, 빈맥, 빠른 호흡, 사망	철회
교감신경흥분제	디에틸 프로피온/암페프라몬	머렐 내셔널 드러그	1959~현재(유럽)	52주 이상의 평가 데이터 부재	메스꺼움, 변비, 불면증, 긴장, 발작	
	메스 암페타민	애보트	1947~1979(미국)	52주 이상의 평가 데이터 부재	높은 남용 및 중독 위험	철회
	펜메트라진	시바-가이기	1956~현재(미국)	52주 이상의 평가 데이터 부재	메스꺼움, 설사, 구강 건조	
	펜디메 트라진	카닉 래버러 토리스	1959~현재(미국)	52주 이상의 평가 데이터 부재	메스꺼움, 설사, 구강 건조	
	페닐프로판 올아민	톰슨 메디컬	1960~2000(미국)	52주 이상의 평가 데이터 부재	출혈성 뇌졸중	철회
	펜플루라민, 덱스펜플 루라민	와이어스	1973~1997(미국)	−2.8%/−5.4%	심장판막 기능부전, 폐고혈압	철회
	케친	렘저 파마	1975~현재(유럽)	−2.4%/−6.6~−9.9%	빈맥, 혈압 상승, 안절부절증, 수면 장애, 우울증	

계열	약물	기업	승인	체중 감량 (위약/활성약물)	부작용	비고
교감신경흥분제	시부트라민	애보트	1997~2010 (미국, 유럽)	+0.7%/−1.7%	심근경색, 뇌졸중	철회
	펜터민	테바 파마슈티컬스	1959~현재(미국)	−1.7%/−6.6~−7.4%	가슴 두근거림, 혈압 상승	
다제병용	레인보우 필	클락앤드클락	1961~1968(미국)	52주 이상의 평가 데이터 부재	불면증, 가슴 두근거림, 불안, 혈압 상승, 사망	철회
CB1 수용체 차단제	리보나반트	사노피	2006~2009(유럽)	−1.6%/−6.4%	우울증, 자살 충동	철회
췌장 리파아제 저해제	오르리스타트	로슈	1999~현재 (미국, 유럽)	−6.1%/−10.2%	간 손상, 위장관 증상	
5-HT2c 세로토닌 작용제	로카세린	아레나 파마슈티컬스	2012~2020(미국)	−2.2%/−5.8%	우울증, 자살 충동, 가슴 두근거림, 암 발생 위험	철회
교감신경흥분제+ 항경련제	펜터민+ 서방형 토피라메이트	비버스	2012~현재(미국)	−1.2%/−7.8%~−9.3%	우울증, 자살 충동, 심혈관계 사건, 기억 상실, 출생 결함	
오피오이드 수용체 길항체/도파민 및 노르아드레날린 재흡수 저해제	서방형 날트렉손+서방형 부프로피온	오렉시젠 테라퓨틱스	2014~현재 (미국, 유럽)	−1.3%/−5.0~−6.1%	발작, 가슴 두근거림, 일시적 혈압 상승	
GLP1R 작용제	리라글루타이드	노보노디스크	2014~현재 (미국, 유럽)	−2.6%/−8%	메스꺼움, 구토, 설사, 변비, 췌장염, 담석	
	세마글루타이드	노보노디스크	2021~현재 (미국, 유럽)	−2.4%/−14.9%	메스꺼움, 구토, 설사, 변비	

보우필(rainbow pill)은 심장 독성을 비롯한 부작용 문제로 퇴출당했다.

GLP-1

2023년 기준 가장 확실하게 비만을 치료하는 방법은 비만대사 수술(bariatric surgery)을 받은 것이다. 치료 효과가 뚜렷해 BMI가 35 이상인 고도비만 환자에게 외과적 수술 치료를 권고한다. BMI 35 이상이면 비수술적 치료가 가능한 임계점을 지났다고 본다. 보통 BMI가 35 이상이 되면 고혈압, 당뇨병, 지방간과 같은 합병증을 갖고 있는 경우가 많다. 환자는 그렇지 않은 정상인에 비해 적게는 5년, 많게는 20년까지 수명이 짧아진다.

비만대사 수술을 받은 환자의 몸무게가 줄어들면 혈압과 혈당, 지질대사가 좋아진다. 덕분에 심혈관 질환, 제2형 당뇨병, 암 발생률도 낮아진다. 30년에 걸친 장기 추적연구에서 비만대사 수술은 심혈관 질환으로 사망할 위험을 30%, 암에 걸릴 위험을 23% 줄이는 것으로 나타났다.[15]

비만대사 수술은 위를 잘라 내어 영양분 섭취를 줄이거나, 소장을 잘라내어 영양분 흡수를 제한한다. 보통 복강경 수술로 진행하는데, 6개월 정도 지나면 몸무게가 30%가량 줄어든다. 그러나 외과적 수술이라는 점에서 수억 명에 이르는 전 세계 비만 환자가 모두 수술을 받는 것은 불가능하다. 근본적인 문제는 부작용이다. 영양분 흡수 능력이 떨어지므로 평생 영양제를 먹어야 한다.

외과적인 수술로 모든 문제를 해결할 수 없다면 치료제 개발이 필요하지만, 비만 치료제 개발은 안전성과 효능이라는 두 가지를 동시에 달성하지 못했다. 그러다 글루카곤 유사 펩타이드 1(glucagon like peptide-1, GLP-1)을 타깃으로 하면서 상황이 달라지기 시작했다. GLP-1은 인크레틴(incretin) 호르몬 가운데 하나다. 인크레틴은 당 대사를 활성화시키는 인슐린 분비를 촉진하고, 혈중 포도당 농도를 올리는 글루카곤을 억제해 결과적으로 혈당을 떨어뜨리는 호르몬들을 일컫는다. 인크레틴의 대표적인 종류인 GLP-1은 당뇨병 치료와 관련해 출발했다.

아밀린 파마슈티컬스(Amylin Pharmaceuticals)는 일라이 릴리(Eli Lilly)와 파트너십을 맺고 엑세나타이드(Exenatide)를 개발했다. 엑세나타이드는 도마뱀의 독에서 분리한, 39개 아미노산으로 이뤄진 펩타이드로 체내 GLP-1과 서열이 53% 일치한다(천연 GLP-1은 30개 아미노산으로 이뤄져 있다). 엑세나타이드는 GLP-1처럼 GLP-1 수용체에 결합해 이를 활성화시킨다. 엑세나타이드가 GLP-1 수용체에 결합하면 GLP-1이 작동하기 시작해 당 대사가 이루어지고, 혈당 수치가 낮아진다. 이처럼 GLP-1 수용체(GLP-1R)를 활성화하는 약물은 GLP-1R 작용제(agonist)로 부르며, 넓게는 GLP-1 약물 또는 GLP-1 작용제라고도 부른다.

엑세나타이드는 최초로 GLP-1 메커니즘을 이용한 당뇨병 치료 물질이 되었다. 2005년 아밀린 파마슈티컬스와 일라이릴리는 하루에 2회 피하주사 방식으로 투여하는 바이에타(BYETTA®, 성분명: Exenatide)를 개발했고,[16] 2012년 일주일에 1회 주사로 투여하는 바이두레온(BYDUREON®, 성분명: Exenatide)을 출시했다.

2006년에는 미국 머크(Merck & Co.)가 디펩티딜펩티다제-4(dipeptidyl peptidase-4, DPP4)를 저해해 GLP-1 수치를 높이는 방식으로 당뇨병을 치료하는 자누비아(JANUVIA®, 성분명: Sitagliptin)를 출시했다.[17] DPP4는 인크레틴 호르몬을 분해해 포도당 합성을 돕는다. 따라서 DPP4를 억제하면 인크레틴이 분해되지 않고, 늘어난 인크레틴은 혈당 수치를 낮춘다. DPP4 저해제는 먹는 약으로 개발이 가능하고, 혈당을 간접적으로 낮추기 때문에 급작스러운 저혈당 상황이 일어나는 것도 피할 수 있다. 한국에서는 2013년 LG화학이 DPP4을 저해하는 방식의 당뇨병 치료제인 제미글로(ZEMIGLO®, 성분명: Gemigliptin)를 출시하기도 했다.

그런데 GLP-1과 비슷한 물질인 엑세나타이드를 투여해 GLP-1을 직접 보충하는 방식과, DPP4와 비슷한 물질을 투여해 GLP-1이 분해되는 것을 막는 간접적인 방식 가운데, GLP-1 유사체를 직접 투여하는 방식의 치료 효과가 더 좋았다. 이후 GLP-1 치료제는 호르몬 유사체 중심으로 개발 방향이 모였다. 예를 들어 노보노디스크의 리라글루타이드(Liraglutide) 같은 물질이다.

리라글루타이드는 1~2분 정도에 그치는 GLP-1의 체내 반감기를 12시간까지 늘린 물질이다. 리라글루타이드는 GLP-1에 지방

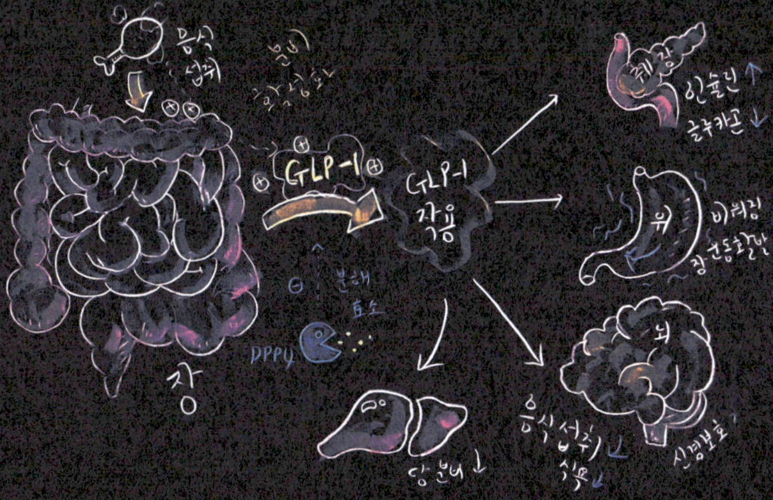

〔그림 12_02〕 GLP-1의 작용

장에서 분비되는 인크레틴 호르몬인 GLP-1은 여러 대사작용에 관계한다. 뇌에서는 식욕을 떨어뜨리며, 위장에서는 장 운동 활성화, 췌장에서는 인슐린 분비를 늘리고 글루카곤 분비를 줄이며, 간에서는 당의 분비를 낮춘다. 이런 이유로 GLP-1은 비만을 포함한 대사질환 메커니즘으로 주목받는다.

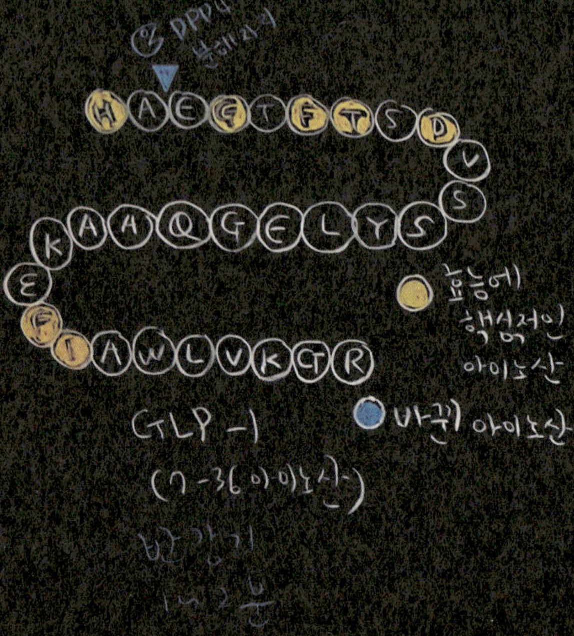

〔그림 12_03〕 엑세나타이드, 세마글루타이드, 리라글루타이드

GLP-1 메커니즘을 활용하는 엑세나타이드, 세마글루타이드, 리라글루타이드의 구조적 특징은 다르다. 엑세나타이드는 도마뱀 독에서 발견된 물질로 39개 아미노산으로 이루어져, 세 개 물질 가운데 가장 길다. 엑세나타이드 아미노산 서열은 체내 GLP-1과 절반 정도만 일치해 장기간 투여할 경우 부작용을 일으킬 위험도 있다. 반면 리라글루타이드와 세마글루타이드는 체내 GLP-1 구조와 가깝다. 몇 개의 염기서열에 변화를 주는 방식으로 체내 반감기를 크게 늘렸다.

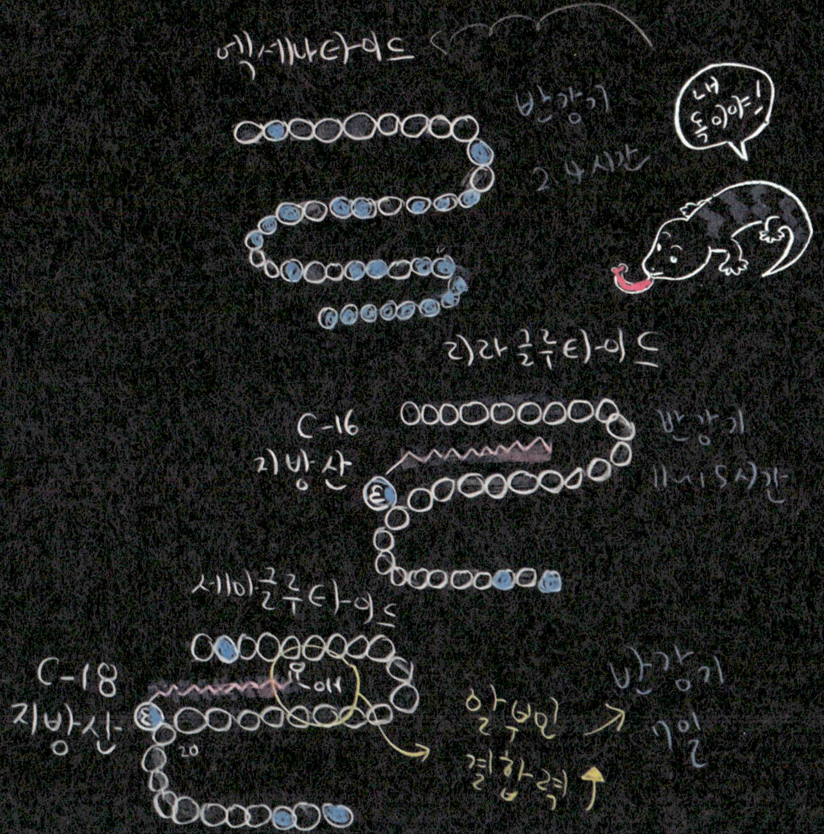
엑세나타이드
반감기
2.4시간
내 독이야!
리라글루타이드
C-16
지방산
반감기
11~15시간
세마글루타이드
C-18
지방산
알부민
결합력 ↑
반감기
7일

산을 결합시킨다. 지방산은 다시 혈액 내 알부민(human serum albumin, HSA)과 결합하는데, 알부민이 안정화되면서 GLP-1도 안정화되고 반감기도 길어진다. 리라글루타이드는 임상시험에서 엑세나타이드보다 혈당을 더 효과적으로 낮췄다.

위고비

GLP-1이 오랫동안 체내에 머물 수 있게 되자 당뇨병 환자의 몸무게가 줄어드는 효과가 있었다. 단순히 몸무게가 줄어드는 정도가 아니었다. 오랫동안 비만 치료제가 실패해왔던 몸무게 10% 이상 줄이기에 성공한 것이다.

2014년 노보노디스크는 리라글루타이드를 매일 1회 투여하는 비만 치료제 삭센다(SAXENDA®, 성분명: Liraglutide)로 개발하는데 성공했다. 삭센다는 3mg의 리라글루타이로 구성돼 있는데, 이는 당뇨병 치료에 쓰이는 최대 용량인 1.8mg보다 더 많은 양을 투여한 것이다. 임상시험에서 비만 환자에게 삭센다를 투여하자 몸무게가 8% 감소했는데, 위약은 2.6% 수준이었다. 식욕과 에너지 소비가 줄어들면서 나타난 변화였다. 삭센다 투여로 오심, 구토, 설사, 변비와 같은 위장관과 관련된 부작용이 나타났지만, 퇴출될 만큼 심각한 부작용이 있었던 그동안의 비만 치료제와 다른 수준이었다. 적어도 계속 투여가 가능했다.[18]

2021년 노보노디스크는 비만 환자의 몸무게를 10% 줄이는 데까지 성과를 낸다. 세마글루타이드(Semaglutide)를 활용한 비만 치료제를 개발한 것이다. 세마글루타이드도 GLP-1 유사체로, 2017년 오젬픽(OZEMPIC®)이라는 이름으로 제2형 당뇨병 치료제로 미국에서 시판허가를 받았다. 그런데 세마글루타이드를 처방받은 환자들에게서 몸무게가 줄어드는 현상을 확인하고, 비만 치료제로도 개발에 도전한 것이다.

세마글루타이드와 리라글루타이드의 차이는 두 가지다. GLP-1에 결합하는 지방산 종류를 바꾸었고(C16:0→C18:0), 아미노산의 서열 하나를 인공 아미노산(unnatural amino acid)으로 바꾸었다. 이런 차이를 주자 DPP4가 GLP-1을 분해하는 현상을 더 떨어뜨릴 수 있었다. 세마글루타이드의 반감기는 160시간에 이르렀는데, 이는 주 1회 투여할 수 있는 정도였다.

세마글루타이드로 비만을 치료할 때(2.4mg)도 당뇨병을 치료할 때(0.5mg/1mg/2mg)보다 더 많은 양을 투여하는 것으로 설계되었다. 2021년 임상3상에서 세마글루타이드를 68주 동안 투여하자 몸무게가 최대 15%까지 줄어들었다.(위약은 2.4% 감소) 세마글루타이드 투여군 가운데 몸무게가 20% 이상 줄어든 환자의 비율은 34.8%였다. 줄어든 몸무게로 계산해보면 세마글루타이드 투여군은 15.3kg, 위약군은 2.6kg 감량한 것이었다. 좀더 자세히 살펴보면 세마글루타이드 투여군의 3/4는 10% 이상, 1/3은 20% 이상의 체중감량 효과가 있었다.[19] 다만 세마글루타이드는 투여를 중단하면 다시 원래 몸무게로 돌아오는 문제가 있었다. 비만을 치료하려면 계속 치료제를 투여받아야 했고, 부작용은 기존 GLP-1 약물과 비슷한 정도였다.

2021년 세마글루타이드는 비만에서 위고비(WEGOVY®)라는 이름으로 처방되기 시작했는데, 처방되기 시작한 지 5주 만에 삭센다의 처방 수를 넘어섰다. GLP-1 메커니즘을 이용한 비만 치료제가 뚜렷한 성과를 보여준 것은 사실이지만, 이것만으로는 충분하지 않다. 비만은 체중을 유지하는 항상성이 깨져서 생기는 만성질환이다. 그리고 만성질환 치료제는 항상성 자체를 회복시키는 것이 아니라, 항상성을 유지할 수 있는 약물을 투여하는 방식이다. 즉 혈압약, 당뇨병 치료제처럼 오랫동안 복용해야 하며, 이로 인한 부작용과 문제가 없어야 한다. 기존 비만 치료제들이 퇴출된 이유도 대부분 부작용 때문이었다. 예를 들어 몸무게를 줄였는데, 혈관이 나빠진다든지 하는 문제가 발생할 수 있다. 비만 환자의 경우 대부분 환자가 심혈관계 질환으로 사망한다. 따라서 몸무게를 줄이는 것이 심장마비나 뇌졸중 등의 위험요소까지 줄일 수 있다는 점을 증명해야 한다. 그렇지 못하면 단순히 살 빼는 약에 그칠 것이기 때문이다.

2023년 8월 노보노디스크는 위고비가 심장질환에서 효과가 있다는 결과를 발표했다. 이미 세마글루타이드는 당뇨병 환자에게서 심장질환 보호 효과를 입증했었다. 그런데 당뇨가 없는 비만 환자 1만 7,600명을 대상으로 한 임상3상에서 심장마비와 뇌졸중을 예방하고, 주요 심혈관계 질환(major adverse cardiovascular event, MACE) 위험을 20% 낮춘 결과를 확인했다. 이는 비만 환자를 최대 5년 동안 추적한 결과였다. 노보노디스크는 미국과 유럽 규제당국에 위고비의 적응증을 심혈관계 질환으로 확장하기 위한 허가서류를 제출할 계획이다.[20] 그리고 심혈관계 질환에 이어 신장 질환에 걸릴 위험까지 낮추는 효능이 확인됐다.

다만 GLP-1 작용제들이 만능은 아니다. 대사질환 치료제의 특성인 장기 투여 문제다. GLP-1 작용제들의 장기 투여 부작용에 대해서는 확인해야 하는 과정이 남아 있다. 당뇨병 환자에게 GLP-1 작용제를 장기 투여했을 때 갑상선암 발병 위험이 올라간다는 것이 알려져 있다. 또한 2023년 유럽 EMA는 GLP-1 작용제를 투여한 비만 환자에게 자살과 자해 충동 위험이 올라간다는 보고를 접수받아 조사에 들어갔다. 특히 비만 환자 치료제는 GLP-1 투여량이 많기에 장기 안전성은 여전히 평가 단계에 있다.[21]

시작된 경쟁

인크레틴 호르몬 유사체를 이용한 비만 치료제에 대한 가능성이 확인되자, 인크레틴 호르몬 유사체로 당뇨병 치료제 개발 파이프라인에 비만 치료제 개발 파이프라인이 증설되기 시작했다. 일라이릴리는 터제파타이드(Tirzepatide) 약물을 72주 동안 투여해 비만 환자의 몸무게를 20%까지 줄이는 임상시험에 성공했는데, 고용량을 투여한 경우 22.5%까지 감량 효과가 있었다.

터제파타이드는 GLP-1과, 또 다른 인크레틴 호르몬인 포도당 의존성 인슐린 친화 폴리펩타이드(glucose dependent insulinotropic polypeptide, GIP)에 동시에 작용하는 이중작용제다. GIP도 GLP-1처럼 인슐린 분비를 높여 혈당을 낮추지만, 치료 타깃으로 주목받지는 못했다. GLP-1이 글루카곤 분비를 효과적으로 억제했던 것에 비해, GIP는 제2형 당뇨병 환자에게서 혈당을 효과적으로 낮추지 못했기 때문이다.[22] 다만 GIP와 GLP-1을 함께 투여하면 GLP-1로 인한 부작용이 줄어들었다. GIP만으로보다는 GLP-1/GIP 이중작용제로 개발하는 것이 자연스러운 흐름이었다. 2022년 터제파타이드는 제2형 당뇨병 약물로 승인됐으며(제품명: MOUNJARO®), 2023년 현재 비만 치료제로 미국 FDA 시판허가 검토를 받고 있다.

인크레틴 호르몬에 작용하는 비만 치료제 개발 경쟁이 막 시작되고 있다는 점은 해결해야 할 문제가 아직 있다는 이야기이고, 해결해야 하는 문제는 다시 연구개발 경쟁이 벌어지는 영역이 있다는 이야기다. 예를 들어 인크레틴 호르몬에 작용하는 비만 치료제의 경우 부작용으로 근육이 손실되는 문제가 있다. 몸무게가 빠르게 줄어들면서 근육량이 같이 줄어드는데, 풀어야 할 문제다.

노바티스(Novartis)는 액티빈(activin) 약물인 비마그루맙(Bimagrumab)을 개발했다. 비마그루맙은 액티빈 타입IIA/B 수용체(activin type II A/B receptor, ActRII)에 결합하는 단일클론항체이다. ActRII의 리간드에 액티빈, 마이오스타틴(myostatin)이 결합하면 골격근 성장이 저해된다. 그런데 비마그루맙이 결합하면 액티빈과 마이오스타틴 신호전달을 억제해 골격근 성장을 촉진할 것으로 기대했다. 노바티스는 중년 이상 남성에게서 나타나는 전신 근육 약화 질환인, 산발성봉입체근염(inclusion body myositis) 치료제로 비마그루맙의 임상2/3상에 들어갔지만(2013년), 52주 투여 후 효능을 평가하는 1차 종결점(6분 동안 걷기)에 도달하지 못하면서(2016년) 실패했다.

그러나 게임이 끝난 것은 아니었다. 노바티스는 비마그루맙이 지방조직 손실을 유도하고, 인슐린 저항성을 개선시킨 결과를 바탕으로 추가 임상2상에 들어간다. 2017년 제2형 당뇨병과 비만을 앓고 있는 환자에게 비마그루맙을 48주 동안(4주마다 정맥투여) 투여한 결과 체지방의 양(total body fat mass, FM)을 20.5% 줄이면서, 지방을 제외한 체성분(lean mass, LM)은 3.6% 증가한 임상2상 결과를 확인했다.[23] 여기에 GLP-1 약물의 부작용, 즉 투여를 중단하면 몸무게가 다시 늘어나는 현상도 없었다. 비미그루맙은 임상2상에서 약물 투여 중단 후 12주 동안 환자를 추적 관찰한 결과, 비마그루맙을 투여받은 환자의 몸무게가 다시 늘어나지 않았다.

비마그루맙이 근손실, 투여 중단 시 몸무게 증가 등의 부작용을 극복할 수 있는 가능성을 확인했지만 노바티스는 개발을 중단한다. 대신 버사니스 바이오(Versanis Bio)가 2021년 비마그루맙의 권리를 사들여 비만 치료제로 개발을 시작했고, 다시 일라이릴리가

2023년에 버사니스 바이오를 최대 19억 2,500만 달러에 인수해 개발을 이어가고 있다.

투여 방식을 두고 벌어지는 경쟁도 있다. 2019년 노보노디스크는 경구용 GLP-1 약물인 리벨서스(RYBELSUS®, 성분명: Semaglutide)를 출시한다. 세마글루타이드는 펩타이드 물질이라 먹으면 위에서 소화가 된다. 따라서 피하주사로 투여해야 하지만, 피하주사 투여는 환자에게 불편함을 끼친다. 리벨서스는 위장에서 약물 분해가 일어나는 것을 막아 흡수를 높이는 물질 SNAC(sodium N-(8-[2-hydroxybenzoyl] amino)caprylate)를 접목해 경구투여가 가능하게 설계되었다. 다만 일반적인 경구투여 방식보다는 불편하다. 리벨서스는 반 컵 정도의 물과 약을 함께 복용해야 한다. 흡수될 때까지 30분을 기다려야 하는데, 그 동안은 음식을 먹을 수 없다. 일라이릴리와 화이자(Pfizer)도 먹는 약이 가능한 저분자 화합물 제형의 GLP-1 약물을 개발하고 있다.

끝나지 않았다

특정한 질병을, 특정한 메커니즘으로 치료하는, 특정한 의약품이 개발되면 마치 영화가 끝나듯 신약개발의 호흡이 잠시 멈춘다. 비만 치료제 분야에서는 GLP-1 약물이 표준치료제로 자리 잡으며, 영화의 엔딩 크레딧이 올라가는 것 같은 분위기가 돌기도 한다. 그런데 정말 영화가 끝난 것일까?

엔도카나비노이드(endocannabinoid) 시스템은 대사 항상성과 균형을 조절한다. 이를 통해 에너지 섭취, 저장, 전반적인 소비에 영향을 미치며, 렙틴, 인슐린, 그렐린을 포함한 다른 대사 신호전달과 관계를 맺는다. 엔도카나비노이드와 카나비노이드 1(CB1) 수용체를 보자. CB1 수용체는 뇌에 가장 많이 발현하며, 간세포, 베타세포(β-cell), 지방세포, 위장관 상피세포 등에서도 발현된다. 그런데 엔도카나비노이드가 CB1에 결합하면 배고픔을 느껴 음식을 찾게 된다. 따라서 CB1 수용체를 저해하면 배고픔을 느끼지 않을 것이고, 비만은 치료될 수 있을 것이다.

이런 메커니즘을 바탕으로 CB1 수용체 저해 방식의 비만 치료제 개발 시도가 있었지만 실패했었다. CB1 수용체 저해제는 투여받은 환자가 자살하는 등 여러 부작용 문제로 유럽 시장에서만 허가를 받았지만 3년 만에 퇴출되었다. 그런데 캐나다의 바이오테크 인버사고 파마(Inversago Pharma)가 CB1 치료 타깃이 가진 효능에 집중했다. 뇌에 노출되지만 않는다면 부작용 문제를 해결하고 치료 효능을 볼 수 있을 것이라고 생각한 것이다.

인버사고 파마의 INV-202는 경구용 CB1 역작용제(inverse agonist; 작용제 메커니즘으로 작동하지만 저해제 효과를 나타내는 약물)다. 뇌에는 최소한으로 작용하면서, 말초에서 최대로 작용하도록 설계했다. NV-202는 지방조직, 위장관, 신장, 간, 췌장, 근육, 폐 등의 말초조직(peripheral tissue)에서 작동하도록 디자인했다.

이러한 특성을 기반으로 인버사고 파마는 CB1 저해제를 대사질환과 섬유증 치료제로 개발하고 있다. 인버사고는 임상1상에서 대사질환 환자에게 INV-202가 안전하며, 체중 감소, 지질과 혈당 조절 작용을 하는 것을 확인했다.

인버사고 파마는 CB1 수용체 전문가인 조지 쿠노스(George Kunos) 박사가 2015년 미국 국립보건원(NIH)에서 기술을 도입하면서 설립됐으며, 인수 계약이 체결할 당시 22명이 근무하고 있던 회사였다. 그런데 위고비 개발에 성공한 노보노디스크가, 2023년 8월 CB1 수용체 저해제를 확보하기 위해 인버사고 파마를 최대 10억 7,500만 달러에 인수했다. 노보노디스크는 CB1이 식욕조절 뿐만 아니라 심장대사 신호전달을 조절하는 핵심 인자라고 봤다. 즉 진정으로 치료제를 개발하려는 고민이 있고, 이를 해결할 수 있는 아이디어 그리고 임상에서 초기 데이터를 확보한다면, 한정된 자원을 가진 한국 바이오테크에게도 기회가 있을 것이다.

노보노디스크는 2023년 9월 현재 시가총액 기준으로 전 세계 3위 제약기업이 되었다. 노보노디스크의 시가총액은 본사가 있는 덴마크의 GDP를 넘어섰다. 모두 GLP-1 기반 비만 치료제인 위고비 덕분이다. 그런데 노보도디스크는 다시 도전하기 위해, 한 번 실패했던 약물까지도 뒤지고 있다. 신약의 성공적인 개발은 영화의 엔딩 크레딧이 아니라, 예고편에 불과할지도 모른다. 비만 치료제는 아직 끝나지 않았다.

MC4R 작용제

미국 바이오테크인 리듬 파마슈티컬스(Rhythm Pharmaceuticals)는 특정 유전자 변이로 인해 MC4R(melanocortin 4 receptor) 신호전달경로가 억제된 유전성 비만 치료제를 개발하고 있다. MC4R은 뇌의 시상하부에서 식욕 조절 기능을 수행하는 수용체 단백질이다. 지방조직에서 분비되는 펩타이드 호르몬인 렙틴은 MC4R 신호를 조절해 식욕 억제 효과를 일으킨다. 렙틴이 시상하부에 도달해 POMC/CART 뉴런에 작용하면 MSH(melanocyte-stimulating hormone)가 분비된다. MSH는 하위 경로에 있는 뉴런의 MC4R에 작용하며 MC4R을 활성화시킨다. MC4R이 활성화되면 식욕이 억제된다.

따라서 신호전달경로에 문제가 생겨 MC4R이 활성화되지 않을 경우 음식 섭취가 조절되지 않는다. 예를 들어 POMC/CART 뉴런에 있는 렙틴 수용체(leptin receptor, LEPR)나 MSH의 전구물질인 POMC(pro-opiomelanocortin)에 문제가 생기면 MC4R이 활성화되지 않고 비만이 유도된다.

리듬 파마슈티컬스는 LEPR이나 POMC 등에 문제가 생겨도 MC4R이 활성화될 수 있도록 MC4R 작용제를 개발했다. MSH 유사체인 세트멜라노타이드(Setmelanotide)다. 2020년 세트멜라노타이드는 POMC, PCSK1(proprotein convertase subtilisin/

kexin type 1) 혹은 LEPR 변이로 인한 6세 이상 비만에 대한 첫 치료제로 미국 FDA의 승인을 받았다. 이어 2022년에는 희귀 유전질환인 바르데-비들 증후군(Bardet-Biedl syndrome, BBS) 치료제로 시판허가를 받았다. 세트멜라노타이드는 제품명 임시브리(IMCIVREE®)로 시판되고 있다.

LG화학도 유전성 비만 질환 치료제로 경구용 MC4R 작용제 LB54640(LR19021)을 개발하고 있으며, 임상1상까지 완료한 상태이다.

GPR75 저해제

리네제론 파마슈티컬스(Regeneron Pharmaceuticals)와 아스트라제네카(AstraZeneca)가 공동개발 중인 GPR75 저해제는 리제네론 파마슈티컬스가 발견한 타깃이다. 모두 65만 명의 유전자를 시퀀싱해 분석한 결과 GPR75 유전자에 변이가 있는 사람의 경우 비만에 걸릴 확률이 줄어든다는 것이 확인됐다. 또한 동물실험에서 GPR75 유전자에 변이가 있는 개체에서 몸무게 감소 효과와 인슐린 감수성(insulin sensitivity)이 개선되는 것으로 나타났다. 리제네론 파마슈티컬스는 이를 바탕으로 2021년 아스트라제네카와 GPR75를 저해하는 저분자 화합물 공동 개발 파트너십을 맺었다.[24] 리제네론 파마슈티컬스는 차세대 비만 치료제 개발에서 '유전학'이라는 키워드로 기회를 보고 있으며, 계속해서 비만 포토폴리오를 넓혀가고 있다.

지투지바이오와 펩트론

국내 바이오테크인 지투지바이오(G2GBIO)와 펩트론(Peptron)은 미립구(microsphere, 200μm 이하)를 이용한 약효지속기술을 바탕으로 1개월 지속형 GLP-1 유사체 세마글루타이드 개발에 도전한다. 미립구는 약물을 생분해성 고분자와 섞어 균일한 크기의 구형 입자로 만들어 체내에서 약물이 서서히 방출되게 제어하는 기술이다. 생분해성 고분자를 구성하는 성분의 비율에 따라 체내에서 약효 성분이 녹는 속도를 조절하며, 1주일에서 최대 몇 개월 단위로 약효를 유지시키는 것이 목표다. 두 바이오테크 모두 1개월 지속형 GLP-1 개발 가능성을 보여주는 전임상시험 결과를 확보하고 있다.

지투지바이오는 2023년 미국 당뇨병학회(ADA)에서 약효지속 미립구 기술을 적용한 1개월 지속형 세마글루타이드 GB-7001를 공개했다. 18%의 고함량 세마글루타이드가 함유된 미립구 GB-7001을 쥐(랫트)와 미니 피그에 피하주사한 후 약물의 혈중농도를 관찰한 결과, 급격한 초기 방출 없이 28일 동안 일정 농도 이상을 유지하면서 약물을 지속적으로 방출했다. 세마글루타이드는 2달 가까이 체내에 남아 있었다. 미립구 내 약물 함량이 높을수록 약물의 생체이용률(drug bioavailability)도 높아져 더욱 적은 양의 미립구로도 체내에 일정한 약물 농도를 유지할 수 있다. 1세대 GLP-1 유사체 미립구인 바이두레온(BYDUREON®, 성

분명: Exenatide)은 약물 함량이 5%이며, 경쟁 약물의 경우 10% 이하이다. 다른 데이터로는 주사 부작용에 대한 것이 있었다. GB-7001을 반적인 미립구와 비교했을 때, 주사 부위 부작용이 줄었다. 다른 미립구를 주사제로 투여했을 때 주사 부위 염증 반응이 발생했는데, 이는 미립구 주사제의 상업화에 걸림돌이다.

펩트론도 2023년 미국 당뇨병학회(ADA)에서 1~2개월 지속형 GLP-1R 작용제 후보물질 2종의 전임상시험 결과를 발표했다. 펩트론의 약물전달기술인 스마트데포(SmartDepot) 기술을 적용했다. 스마트데포는 초음파 분무건조 과정을 거쳐 생성되는 작은 구슬방울에 약물을 저장하는 기술로, 환자에게 투여하면 약물 성분이 혈액에서 천천히 방출된다. 펩트론은 두 후보물질의 1개월 혹은 2개월 지속형 제제 적용 여부를 탐색하고 있다. 이를 위해 동물실험으로 약동학(PK) 데이터, 생체이용률 등을 확인하고 있다.

주

1 James W.P.T. (2008) WHO recognition of the global obesity epidemic. Int J Obes (Lond). 32, S120-126.; Malomo K. and Ntlholang O. (2018) The evolution of obesity: from evolutionary advantage to a disease. *Biomed Res Clin Prac*. 3.

2 Burki T. (2021) European Commission classifies obesity as a chronic disease. *Lancet Diabetes Endocrinol*. 9, 418.

3 세계보건기구(WHO) (2021) Obesity and overweight. https://www.who.int/news-room/fact-sheets/detail/obesity-and-overweight (검색일: 2023.05.03.); 세계보건기구(WHO). Obesity – Overview. https://www.who.int/health-topics/obesity#tab=tab_1 (검색일: 2023.05.03.)

4 세계보건기구(WHO). Obesity – Overview. https://www.who.int/health-topics/obesity#tab=tab_1 (검색일: 2023.05.03.)

5 국가지표체계(Kindicator) (2023) 국민 삶의 질 지표 – 비만율. https://www.index.go.kr/unify/idx-info.do?idxCd=8021 (검색일: 2023.05.03.); 국가통계포털(KOSIS). 통계표 검색 – 비만. https://kosis.kr/search/search.do?query=%EB%B9%84%EB%A7%8C (검색일: 2023.05.03.)

6 Cawley J. and Meyerhoefer C. (2012) The medical care costs of obesity: an instrumental variables approach. *J Health Econ*. 31, 219-230.

7 Castracane V.D. and Henson M.C. (2006) The Obese (ob/ob) Mouse and the Discovery of Leptin. Leptin (Endocrine Updates, vol 25), pp 1–9. *Springer*, Boston, MA.

8 Zhang Y. et al. (1994) Positional cloning of the mouse obese gene and its human homologue. *Nature*. 372, 425-432.

9 Norra MacReady (2014) Leptin: 20 years later. Lancet Diabetes Endocrinol. https://www.thelancet.com/journals/landia/article/PIIS2213-8587(14)70224-4/fulltext (검색일: 2023.08.22.); Singh H.J. (2001) The

Unfolding Tale of Leptin. *Malays J Med Sci.* 8, 1 – 6.

10 The Pharma Letter (1996) Amgen Starts First Leptin Trials In Humans. https://www.thepharmaletter.com/article/amgen-starts-first-leptin-trials-in-humans (검색일: 2023.08.22.)

11 Müller T.D. et al. (2022) Anti-obesity drug discovery: advances and challenges. *Nat Rev Drug Discov.* 21, 201-223.

12 김성민 (2023) 노보노, "CB1 부활" 비만회사 11억弗 인수.."새 국면". *BioSpectator.* http://m.biospectator.com/view/news_view.php?varAtcId=19625 (작성일: 2023.08.14.)

13 Philip Strange (2014) DNP: the return of a deadly weight-loss drug. Guardian News & Media. https://www.theguardian.com/science/the-h-word/2014/feb/06/dnp-deadly-weight-loss-drug-science-history (검색일: 2023.08.23.)

14 Cutting W.C. et al. (1993) Actions and Uses of Dinitrophenol - Promising Metabolic Applications. *JAMA.* 101, 193-195.

15 Carlsson L.M.S. et al. (2020) Life Expectancy after Bariatric Surgery in the Swedish Obese Subjects Study. *N Engl J Med.* 383, 1535-1543.

16 Bill Berkrot (2009) Amylin CEO sees once-weekly sales surpassing Byetta. *Reuters.* https://www.reuters.com/article/amylin-idUSN0938138220090609 (검색일: 2023.08.23.)

17 S&P Global Market Intelligence (2006) New Blockbuster Baby Joins Merck & Co's Portfolio, with Approval and Pricing of First DPP-IV Inhibitor. https://www.spglobal.com/marketintelligence/en/mi/country-industry-forecasting.html?id=106598814 (검색일: 2023.10.14.)

18 Pi-Sunyer X. et al. (2015) A Randomized, Controlled Trial of 3.0 mg of Liraglutide in Weight Management. *N Engl J Med.* 373, 11-22.

19 서윤석 (2021) 노보노, '세마글루타이드' 비만3상 체중15%↓.."게임 체인저". *BioSpectator.* http://www.biospectator.com/view/news_view.php?varAtcId=12518 (작성일: 2021.02.16.)

20 노신영 (2023) 노보노, GLP-1 '위고비' 비만환자 "MACE 위험 20%↓".

BioSpectator. http://m.biospectator.com/view/news_view.php?varAtcId=19610 (작성일: 2023.08.10.);

21 노신영 (2023) EMA, 'GLP-1약물' 안전성자료 요청.."발암위험 우려". *BioSpectator*. http://www.biospectator.com/view/news_view.php?varAtcId=19295 (작성일: 2023.06.26.); 신창민 (2023) EMA, 'GLP-1' 또 안전성 우려.."자살충동 위험 검토". BioSpectator. http://www.biospectator.com/view/news_view.php?varAtcId=19468 (작성일: 2023.07.17.)

22 Heymsfield S.B. et al. (2021) Effect of Bimagrumab vs Placebo on Body Fat Mass Among Adults With Type 2 Diabetes and Obesity: A Phase 2 Randomized Clinical Trial. *JAMA Netw Open*. 4, e2033457.

23 Lach-Trifilieff E. et al. (2014) An antibody blocking activin type II receptors induces strong skeletal muscle hypertrophy and protects from atrophy. *Mol Cell Biol*. 34, 606-618.

24 Regeneron Pharmaceuticals (2021) Regeneron and AstraZeneca to Research, Develop and Commercialize New Small Molecule Medicines for Obesity. https://investor.regeneron.com/news-releases/news-release-details/regeneron-and-astrazeneca-research-develop-and-commercialize-new/ (검색일: 2023.08.23.)

13

비알코올성 지방간염 치료제

Non-alcoholic Steatohepatitis

술 없이 생기는 치명적인 지방간

술을 마시면 간(liver)은 술에 들어 있는 알코올을 분해한다. 소주를 기준으로 하면 1잔(50mL)에 들어 있는 알코올은 10g 정도인데, 정상적인 간이라면 보통 1시간 정도에 걸쳐 분해할 수 있다. 간세포가 알코올을 분해하는 과정은 복잡한 화학 반응의 연속이다. 간세포의 알코올 탈수소효소(alcohol dehydrogenase, ADH)나 미소체 에탄올 산화 체계(microsomal ethanol oxidizing system, MEOS) 등에 의해, 알코올(C_2H_5OH)은 아세트알데히드(CH_3CHO)로 분해된다. 아세트알데히드는 독성이 있는데, 다시 독성이 없는 아세트산(CH_3COOH)으로 바뀐다. 이후 아세트산은 아세틸코에이(acetyl-CoA)로 바뀐 다음 콜레스테롤과 지방산 합성에 참여한다. 그리고 간세포가 알코올을 분해하는 화학 반응을 진행하는 과정에는 환원형 물질인 NADH($C_{21}H_{27}N_7O_{14}P_2$)도 쌓인다.

알코올 대사 과정에서, 독성을 띄는 아세트알데히트는 대부분 간에서 발현되기 때문에 간세포에 직접적인 영향을 끼친다. 그 결과로 활성산소(reactive oxygen species, ROS)가 지나치게 쌓이고 간세포 이곳저곳으로 퍼져나가, 염증반응과 세포사멸을 일으킨다. 죽은 세포 조각들은 다시 염증반응을 일으키고, 이는 세포 스트레스로 이어진다. 결과적으로 간세포에서 지방이 제대로 대사되지 못해 간 조직에 쌓이며 세포 손상, 염증, 산화스트레스가 복합적으

로 일어난다. 이와 같은 현상이 알코올성 지방간이다.[1]

알코올성 지방간은 지방간염(steatohepatitis), 간경화(간경변, cirrhosis)을 거쳐 간암(liver cancer)으로 진행될 가능성이 있다. 간 조직에 지방이 쌓이면 간세포가 정상적인 활동을 하기 어려워진다. 이때 다시 술을 마시면, 즉 알코올을 분해하는 능력이 떨어진다. 알코올 분해 과정의 한 단계인 아세트알데히드가 제대로 분해되지 않은 상태로 머물고, 간세포는 아세트알데히드의 독성에 노출되어 염증이 생긴다. 알코올성 지방간염의 시작이다.

알코올성 지방간은 발생하는 메커니즘이 명확하므로 예방법도 정확하다. 술을 마시지 않으면 예방할 수 있다. 그런데 전체 지방간 환자 가운데 알코올성 지방간 환자는 20%이며, 나머지 80%는 비알코올성 지방간(non-alcoholic fatty liver disease, NAFLD) 환자다. NAFLD는 알 수 없는 원인으로 지방간이 생기고, 간염에서 간경변으로 진행되다 마지막에 간암으로 이어진다. NAFLD는 간세포 안에 지방이 지나치게 쌓이는 지방증(steatosis)과, 이로 인해 염증이 생기고 간세포가 부풀어 오르는 풍선 병변 간세포 팽창(ballooning)을 일으킨다. 이 단계가 비알코올성 지방간염(non-alcoholic steatohepatitis, NASH)이다. 전 세계 인구 가운데 25% 정도가 NAFLD 환자인 것으로 추정되며, NAFLD 환자 가운데 20% 정도가 NASH로 진행되는 것으로 알려져 있다. 그리고 NASH 환자 가운데 최대 20% 정도는 치료제가 없는 간경변으로 진행된다.[2]

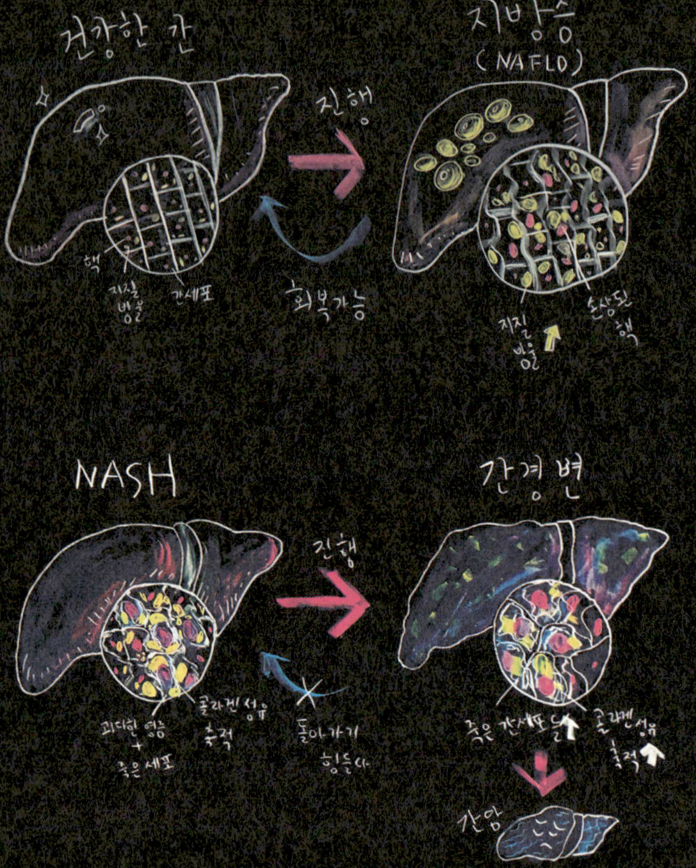

건강한 간
지방증
(NAFLD)
진행
회복가능
핵
지질 방울
간세포
지질 방울
손상된 핵
NASH
간경변
진행
과다한 염증
+
죽은 세포
콜라겐섬유 축적
돌아가기 힘들다
죽은 간세포들
콜라겐섬유 축적
간암

〔그림 13_01〕 NASH 진행 단계별 병변과 진행 메커니즘

비알코올성 지방간염은 간(liver)에 지방이 지나치게 쌓이는 것부터 시작한다. 몸속으로 들어온 영양분이 우선 쌓이는 장소는 지방조직(adipose tissue)이다. 지방조직을 이루는 지방세포(adipocyte)는 영양분을 중성지방(triglyceride, TG) 형태로 저장한다. 그러나 영양분이 지방조직에 계속해서 쌓이면 지방세포가 점차 커지고(hypertrophy, 비대), 세포 수도 늘어난다(hyperplasia, 과다형성). 계속 비대해진 지방세포는 더 이상 커질 수 없는 한계점에 이르는데, 결국 지방세포가 스트레스로 사멸한다.

스트레스로 지방세포가 사멸하면, 세포 안을 채우고 있던 물질들이 밖으로 흘러나온다. 이를 없애기 위해 대식세포(macrophage)와 같은 염증성 세포들이 모여든다. 또한 지나치게 지방이 쌓여 스트레스를 받은 지방세포도 염증성 물질과 함께 면역세포를 불러 모으는 케모카인(chemokine)을 분비한다. 죽은 지방세포의 잔여물과 지방세포 자체가 분비한 염증성 물질로 대식세포가 활성화되고 염증반응은 더욱 강해진다.

지방조직에서 발생한 염증은 지방세포에서 인슐린 저항성(insulin resistance)을 일으킨다. 염증반응이 일어난 지방세포 안에서는 JNK, NF-kB 신호전달경로가 활성화되는데, 이 신호전달이 인슐린 신호를 전달하는 경로를 억제해 인슐린 저항성을 일으킨다. 인슐린 저항성이 생긴 지방세포는 인슐린에 잘 반응하지 못하게 되며, 지방세포가 지방산(fatty acid)을 더욱 많이 방출하도록 만든다. 혈액으로 방출된 지방산은 다시 간으로 들어가 지방이 되어 쌓인다. 쌓이는 지방의 양이 일정 수준 이상으로 많아지면 지방간(hepatic steatosis, fatty liver)이 발생한다.

문제는 이렇게 간에 쌓인 지방이 산화스트레스, 미토콘드리아 기능 이상, 세포사멸, 염증, 섬유증 등 다수의 독성을 일으키며 비알코올성 지방간염으로 진행한다는 것이다. 염증과 섬유증은 비알코올성 지방간염에서 나타나는 대표적인 증상이다. 염증반응을 일으키는 주된 요인은 간에 있는 대식세포다. 지방으로 인한 독성이 간에서 대식세포를 활성화하며, 활성화된 대식세포는 다른 면역세포를 간으로 불러들일 수 있는 케모카인을 분비한다. 이 과정을 거쳐 간으로 불려 온 단핵구(monocyte)는 염증성 대식세포로 분화한다. 대식세포로부터 시작된 염증반응은 더 다양한 면역세포와 상호작용하며 염증이 악화된다. 간 염증이 만성적으로 발생함에 따라 섬유증이 유도되는 것으로 보고 있다. 또한 대식세포는 간에 있는 특정 세포를 근섬유아세포(myofibroblast)로 분화되도록 유도하며, 분화된 근섬유아세포는 섬유증을 일으키는 일차적인 요인으로 알려져 있다.

NASH는 단순한 지방간을 넘어선다. 염증으로 간세포에 손상이 생기며 면역세포가 모여 있는 염증성 병변이 관찰된다. NASH에 섬유증이 동반될 수 있는데 섬유증이 없는 초기, 섬유증이 동반된 중기, 섬유증이 악화되어 간경변으로 진행된 후기 상태로 나뉜다. 섬유화가 진행될수록 간 조직은 딱딱해지며 결국 기능을 잃는다.

아직 이름을 정하고 있다

2023년 6월, NASH에 대한 가이드라인을 정리하고 발표하는 미국간학회(American Association for the Study of Liver Diseases, AASLD)는 발병에 관여하는 여러 원인을 포괄해 표기하기 위해 NAFLD와 NASH의 변경된 이름을 발표했다.[3] NAFLD는 MASLD(metabolic dysfunction-associated steatotic liver disease), NASH는 MASH(metabolic dysfunction-associated steatohepatitis)로 바꾸겠다는 의견이었다. 이 명명법을 개정한 'NAFLD 명명법 합의 그룹(NAFLD Nomenclature consensus group)'은 기존에 사용되던 비알코올(non-alcoholic)과 지방(fatty)이라는 단어가 질병의 인식을 국한시키고(stigmatising), 질병의 원인을 정확하게 대변하지 못한다고 지적했다.

대사질환
그리고 NASH

NASH는 환자 입장에서 말 그대로 날벼락이다. 뚜렷한 이유 없이 간에 문제가 생겼다는 점에서도 그렇지만, 증상이 없었다는 점에서도 그렇다. 간이 있는 복부 오른쪽 상단에 통증이 나타나지만, 이것만 가지고 NASH라고 생각하기 어렵다. 더 큰 문제는 NASH 발병 원인을 아직 정확하게 모른다는 점이다. 알코올성 지방간은 간세포가 알코올을 분해하는 복잡한 화학 반응을 따라가다 보면 왜 생겨나는지 알 수 있다. 반면 NASH는 원인을 아직 정확하게 모른다. '전 세계 인구 가운데 25% 정도가 NAFLD 환자인 것으로 추정한다'는 애매한 표현을 쓰는 것도, 질병의 원인을 모르니 '추정'할 수밖에 없다는 뜻이다.

다만 NASH는 대사질환(metabolic syndrome)의 전형적인 특징을 보여준다. 대표적인 대사질환인 당뇨나 비만의 경우, 나이가 들수록 발병 확률이 높아지며, 발병하는 기간이 길고, 한 번 발병하면 완치가 어렵다. 마찬가지로 NASH도 나이가 들수록 발병 확률이 높아지며, 발병하는 기간이 길고, 한 번 발병하면 완치가 어렵다. 실제로 NASH는 비만, 당뇨, 고지혈증을 앓고 있는 환자에게 좀 더 많이 나타난다.

그러나 NASH가 일반적인 대사질환과 다른 점도 있다. 당뇨병과 같은 대사질환은 일찍 찾아내어 잘 관리하면 환자가 치명적

간 수치

간 수치로 불리는 AST, ALT는 아스파테이트 아미노 전이효소(aspartate aminotransferase, AST), 알라닌 아미노 전이효소(alanine aminotransferase, ALT)라는 긴 효소 이름의 줄임말이다. 이 효소들은 간세포가 파괴되면 혈액으로 흘러나온다. 따라서 혈액에서 AST와 ALT가 많이 검출될수록 그만큼 간세포가 많이 파괴되었다는 뜻으로 볼 수 있다. 다만 급성 여부나 질병의 진행, 세부적인 간질환 등에 따라서는 차이가 있다. NASH는 기본적으로 ALT 비율이 높다. 그런데 NASH가 진행되면서 AST가 ALT보다 높아져, AST/ALT 비율(ratio)을 질병의 진행 지표로 삼는다.[4] 참고로 알코올성 지방간에서는 NASH와는 반대로 AST가 ALT보다 높아, 이 둘을 구분하는 지표로도 쓰인다. AST/ALT 비율이 1보다 낮으면 NASH, 2보다 높으면 알코올성 지방간으로 추정한다.

인 상황에 이르지 않지만 NASH는 다르다. 한편 당뇨병은 소변검사 등 비교적 쉬운 진단검사로 찾아낼 수 있다. 알코올성 지방간염도 환자가 건강검진을 받을 때 의료진의 문진에서 단서를 잡아낼 수 있다. 환자의 음주 횟수, 음주량과 과체중 정도를 살펴보고, 피로

감을 느끼고 있는지도 점검한다. 혈액 검사에 포함된 간수치 등을 확인하고, 당뇨 등의 다른 대사질환이 있는지 종합해보면 지방간을 의심해볼 수 있다.

그러나 NASH는 환자와 음주 사이의 관계가 뚜렷하지 않기 때문에 질병을 초기에 의심하기 어렵다. 피로감이나 약간의 과체중이 현대인에게는 어느 정도 일반적(?)이라는 것도, 문진에서 NASH를 찾아내기 어렵게 만든다. 결정적으로 NASH를 찾아내려면 간의 모양을 보는 초음파검사, 컴퓨터 단층촬영(CT), 자기공명영상(MRI)처럼 복잡하고 비싼 이미지 검사나 환자의 간 조직을 떼어내어 검사하는 조직검사를 해야 한다. 의료진이 특별한 증상이 없어 보이는 환자에게 복잡하고 비싸고 어려운 진단검사를 적극적으로 처방하기 어렵다. 결국 병기가 꽤 진행되고 난 다음에서야 NASH인 것을 알게 된다.

NASH 환자의 20%는 10년 안에 간이 딱딱하게 섬유화되는 간경변으로 이어진다. 간 조직 섬유화 정도는 1단계에서 4단계(F1~F4)로 구분하는데, 간 섬유화가 없는 단계부터 심각한 단계까지 NASH는 모든 단계에서 나타날 수 있다(F0~F3). F4 단계는 이미 되돌릴 수 없을 만큼 섬유화 정도가 심해진 간경변이다.[5] 간경변으로 진행된 이후에는 정상적인 간을 이식받는 것 말고 다른 치료법이 없다. 미국에서 실시되는 간 이식 수술은 NASH 때문인 경우가 많다. 특히 여성 환자가 간 이식 수술을 받는 이유 1위는 NASH 때문이다.[6]

그러나 간 이식은 위험하고 어려운 수술이다. 간 이식을 받은 사람의 5년 생존율은 75% 정도로 알려져 있으며, 간 이식 수술을 받은 후 이식거부반응을 일으키는 경우도 30% 정도로 알려져 있다.[7] 물론 간을 이식해줄 공여자를 찾는 것은 아예 차원이 다른 문제다. 2018년을 기준으로 미국에서 간 이식이 필요한 환자 약 2만 명 가운데 8,000명(약 40%) 정도만 간 이식을 받을 수 있었다.[8]

간경변 환자의 1~2%는 간암으로 진행된다. 간암 환자의 80%가 간경변을 앓았을 정도로 간암을 일으키는 결정적인 요인이다. 간암 환자의 5년 후 생존율은 20% 정도다.[9] 수술을 하더라도 1년 이내 재발하는 비율은 10~30% 정도로 높으며, 치료제도 치료법도 제한적이다. NASH에 대해 유일하게 정확하게 알고 있는 것은 '치명적인 질병'이라는 것뿐이다. 미국 기준 NASH 환자는 65만~163만 명, 전 세계를 기준으로 보면 성인 1,150만 명일 것으로 추정한다.[10] 그리고 NAFLD 환자 치료에 매년 들어가는 직접적인 의료 비용은 미국 기준 1,030억 달러에 이른다.[11]

NASH처럼 상황이 심각하지만 마땅한 신약이 개발되어 있지 않는 현상은, 다른 만성 대사질환에서도 어느 정도 비슷하게 일어난다. 전 세계적으로 5억 명 정도의 성인이 당뇨병을 앓고 있지만 이 가운데 15%만이 적절한 치료를 받는 것으로 추정된다. WHO가 1997년에 질병으로 규정한 비만도 마찬가지다. 전 세계적으로 7억 명 넘는 비만 환자가 있지만 이 가운데 2% 정도의 환자만 치료를 받고 있다. 그런데 2023년 기준, 천문학적 규모로 R&D 비용을 쓰는 제약기업들의 신약개발 파이프라인의 절반은 항암제 분야에 집중되어 있다. 반면 대사질환을 포함한 심혈관계 질환 신약개발 파이프라인은 5% 정도에 그친다. 즉 NASH를 포함한 대사질환 분야는 여전히 신약을 기다리는 환자들이 많고, 신약을 개발할 기회도 충분히 남아 있다.

NASH 신약개발은 항암 신약개발 초기와 어느 정도 닮았다. 암도 초기에는 근치적 수술 이외에 별다른 방법이 없었다. 그러다가 연구자들이 끊임없이 세포 분열을 이어가는 암의 특징을 이해하게 되면서 세포 분열을 막는 화학 항암제를 개발했고, 암 유전자에 대해 이해하기 시작하면서 표적 항암제를 개발할 수 있었다.

NASH 신약개발도 비슷하다. 항암제 개발 초기처럼 NASH는 '어디를 타깃해야 하는가?'에 대한 의견도 모이지 않았다. 면역 항암제라고 하면 PD-1, PD-L1, CTLA-4, LAG-3 등 타깃하는 대상이 어느 정도 정리되어 있다. 그런데 NASH는 50~60군데 제약기업과 바이오테크가 서로 다른 30여 개에 이르는 타깃을 두고 임상개발을 진행하고 있다. 모두가 저마다 신약개발의 단서가 될 만한 것을 뒤지고 있는 셈이다.[12]

NASH도 간 이식 등 외과적 수술 외에 방법이 없었지만, 유전학적인 특징을 이해하려는 도전이 이제 막 시작하고 있다. 2014년 리제네론 파마슈티컬스(Regeneron Pharmaceuticals)는 인간 유전자 정보를 분석해 질병의 타깃을 찾는 유전자 센터(Regeneron Genetics Center, RGC)를 세웠다. 리제네론은 하이드록시스테로이드 17-베타 탈수소효소 13(hydroxysteroid 17-beta dehydrogenase 13, HSD17B13) 기능에 문제를 일으키는 유전자 변이가 생기면, NASH를 비롯한 간 질환에 걸리는 가능성이 낮아진다는 것을 알게 되었으며, 2018년에 해당 연구 결과를 『뉴잉글랜드 저널 오브 메디슨(*The New England Journal of Medicine, NEJM*)』에 발표했다.[13] 2023년 현재까지도 이와 관련된 정확한 메커니즘이 밝혀지지 않았지만, NASH 치료제 개발 타깃으로는 가능성이 있다.

2010년대 중반, 앨라일람 파마슈티컬스(Alnylam Pharmaceuticals)는 계속된 실패를 딛고 간(liver)에 안정적으로 RNAi를 전달할 수 있는 기술(GalNAc)을 개발했다.[14] 아무리 좋은 치료제라고 하더라도 치료할 곳으로 정확하게 가지 못한다면 치료 효능은 떨어질 것이다. 그런데 간세포에 정확하게 도착하는 물질이 있다면, 간 질환을 치료하는 데 효율적으로 활용될 수 있을 것이다. 리제네론이 찾은 HSD17B13의 기능을 저해하게 만드는 유전자 서열을, 앨라일람의 RNAi 기술로 제작해 NASH 환자에게 투여하면 NASH를 치료할 수 있지 않을까? 2018년 리제네론과 앨라일람은 NASH 치료제 개발 파트너십을 맺는다. 두 기업은 2023년 비알코올성 지방간염 환자 300여 명을 대상으로 HSD17B13 RNAi 약물로 임상2상을 시작했다.

오베티콜릭산, THR-β 작용제
FGF21 유사체, GLP-1 수용체 작용제

여러 도전 가운데 마드리갈 파마슈티컬스(Madrigal Pharmaceuticals)가 NASH 신약개발에서 앞서고 있다. 마드리갈 파마슈티컬스는 THR(thyroid hormone receptor)-β 작용제(agonist)로 NASH 신약개발에 도전하고 있다. THR-β는 간에 있는 미토콘드리아 활성을 조절해 지방 분해를 촉진하고, 미토콘드리아를 정상적인 상태로 유지시킨다.[15] THR-β는 간에서 주로 발현되는데, 갑상선 호르몬(thyroid hormone)에 의해 활성화된다.[16] 그런데 NASH 환자에게도 THR-β 활성이 낮아져 미토콘드리아 기능에 문제가 생기고, 지방이 쌓이면서 생겨나는 독성이 악화되는 것으로 알려져 있다. 따라서 THR-β를 활성화시키면 NASH가 치료될 것으로 기대해볼 수 있다.

마드리갈 파마슈티컬스는 고지혈증 등 대사질환을 적응증으로 임상개발이 진행되던 레스메티롬(Resmetirom)에 주목했다.[17] 레스메티롬은 먹는 약물로, 체내 흡수되어 THR-β에 결합하고 이를 활성화시킨다. 마드리갈 파마슈티컬스는 레스메티롬을 이용한 NASH 임상3상에서 간 섬유화를 개선했다고 발표했다.[18] 또한 염증과 지방 축적 정도를 측정하는 NASH 해소(NASH resolution) 지표도 나아진 것을 확인했다.

마드리갈 파마슈티컬스는 2023년 6월부터 레스메티롬의 시

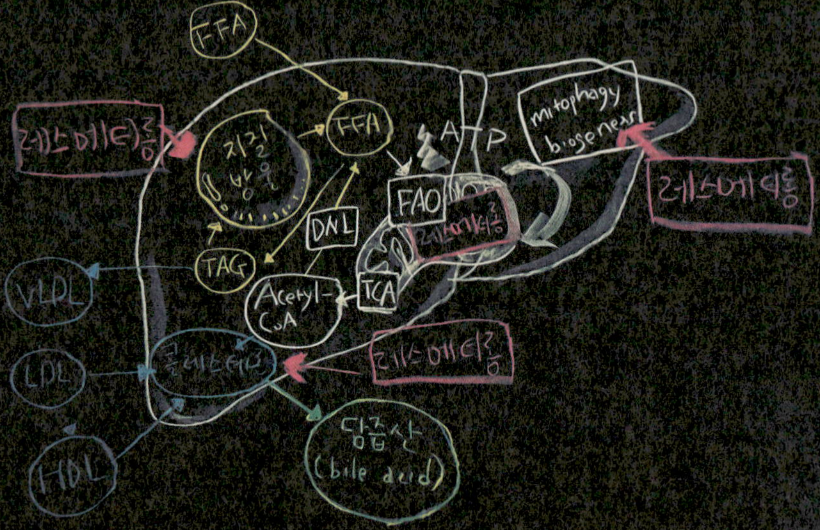

[그림 13_02] 레스메티롬의 작용 메커니즘

마드리갈 파마슈티컬스의 THR-β 작용제인 레스메티롬은 NASH 임상3상에서 NASH 해소와 간 섬유증 개선에 모두 성공한 약물이다. 레스메티롬은 간에 있는 미토콘드리아의 활성을 조절해 지방 분해를 촉진하고, 미토콘드리아를 정상적으로 유지시킨다.

판허가를 받기 위해 미국 FDA로부터 신약허가신청서(New Drug Application, NDA)에 대한 검토 절차를 시작했다.[19] 미국 FDA는 레스메티롬 시판허가 여부를 2024년 3월까지 결정할 예정인데, 시판허가가 난다면 첫 NASH 치료제가 된다.

아케로 테라퓨틱스(Akero Therapeutics)는 섬유아세포 성장 인자 21(fibroblast growth factor 21, FGF21)의 유사체인 에프룩시퍼민(Efruxifermin, EFX)으로 NASH 신약개발에 도전한다. FGF21은 간에서 주로 합성되는 호르몬이며, 여러 생체 조직에서 에너지 대사에 참여한다. FGF21은 간에서 지방 생성을 줄이고, 지방산의 산화를 도와 지방간이 되는 것을 막는다. 한편 지방조직에서 항염증, 항섬유화 기능을 하는 아디포넥틴(adiponectin) 호르몬 분비를 늘리는데, 이는 간 섬유화를 억제하는 것으로 알려져 있다.[20] 아디포넥틴은 인슐린 저항성을 낮춰주는 호르몬인데, 인슐린 저항성이 낮아지면 인슐린의 기능이 올라간다. 그리고 FGF21은 아디포넥틴을 유도하므로 제2형 당뇨병 치료제로 개발할 수 있을 것이었다. 일라이릴리(Eli Lilly), 화이자(Pfizer) 등은 FGF21 메커니즘을 바탕으로 제2형 당뇨병 치료제를 개발한 적이 있다.[21] 아케로 테라퓨틱스는 FGF21과 비슷한 물질 EFX를 제2형 당뇨병 치료제가 아닌 NASH 치료제로 개발하고 있다.[22]

노보노디스크(Novo Nordisk)는 글루카곤 유사 펩타이드 1(glucagon-like peptide-1, GLP-1) 수용체 작용제를 가지고 NASH 치료제 개발에 도전한다. GLP-1은 음식물이 장으로 들어올

때, 장내분비세포의 하나인 L세포(enteroendocrine L-cell)가 분비하는 호르몬이다. GLP-1은 인슐린 분비를 촉진하며, 인슐린은 체내 에너지원 저장을 촉진한다. 췌장의 베타세포(β cell)에서 인슐린이 나오면, 포도당과 지방산이 근육과 간, 지방세포 등에 저장되면서 혈당이 떨어진다. 또한 GLP-1은 글루카곤(glucagon, GCG) 분비를 억제하는데, GCG는 인슐린과 반대 작용을 한다. GCG는 저장된 글리코겐을 포도당으로 분해해 혈당을 높여준다. 이런 이유로 GLP-1 메커니즘을 이용하는 당뇨병 치료제 개발이 활발하다. 그리고 GLP-1의 작용을 활성화시키는 GLP-1 수용체(GLP-1R) 작용제는 제2형 당뇨병, 비만 치료제로 처방되고 있다.[23]

노보노디스크는 GLP-1 수용체가 ALT 등 간 수치를 낮추고, 염증을 개선하며, 간에 쌓인 지방을 줄이는 것에 주목했다.[24] 그리고 GLP-1R 작용제인 세마글루타이드(Semaglutide)를 NASH 치료제에 적용하는 임상개발을 진행하고 있다.[25] 세마글루타이드는 노보노디스크가 개발한 약물로, 당뇨와 비만 치료제로 처방되는 오젬픽(OZEMPIC®), 위고비(WEGOVY®), 경구용 당뇨병 치료제인 리벨서스(RYBELSUS®)의 성분이다.

인터셉트 파마슈티컬스(Intercept Pharmaceuticals)는 NASH를 치료하기 위해 FXR(farnesoid X receptor) 작용제 개발을 시도했으나 결국 시판허가에 실패했다. FXR은 간, 창자(intestine) 등에서 주로 발현되는 핵수용체(nuclear receptor)다. FXR은 포도당 및 지방 대사, 염증반응 등과 관련된 유전자 발현을 조절한다. FXR에는 활성화된 담즙산(bile acid)이 리간드로 결합해, 담즙산 합성이 억제된다. 원발성 담즙성 담관염(primary biliary cholangitis, PBC)의 경우 정확한 발병 이유는 모르지만, 담관 내 염증으로 인해 상처가 생기고 담관이 막힌다. 이때 FXR이 활성화되면 담즙산 생산이 줄어들고, 질병 진행이 억제된다.[26] 이런 이유로 FXR을 효과적으로 활성화시키는 오베티콜릭산(obeticholic acid, OCA)을 PBC 환자에게 투여하는 방식으로 치료한다. 인터셉트 파마슈티컬스는 2016년부터 OCA를 PBC 치료제로 출시해 팔고 있다.

그런데 동물 모델에서 FXR을 활성화시키자 간염과 간 섬유증이 개선된 것을 확인했다.[27] 인터셉트 파마슈티컬스는 이를 바탕으로 OCA를 가지고 NASH 신약 임상시험을 진행해 섬유화를 개선했다. 그러나 부작용 문제가 있었다. 임상3상에서 OCA를 고농도로 투여했을 때 간 섬유증을 완화시켰지만 병원 입원이 필요할 정도로 가려움증이 발생했다. 농도를 줄이자 가려움증 부작용이 사라졌지만, 간 섬유증을 유의미한 수준으로 개선하지 못했다.[28]

허가 절차에 차질이 생기면서 인터셉트 파마슈티컬스는 유럽에서 OCA의 NASH 허가절차를 철회했다. 약물 투여에 따른 간 손상 부작용 문제도 떠올랐다. 인터셉트 파마슈티컬스는 추가로 임상을 진행해 다시 허가신청서를 냈지만, 미국 FDA는 OCA를 NASH 치료제로 승인하는 것을 거절했다. 결국 인터셉트 파마슈티컬스는 OCA를 NASH 치료제로 개발하는 것을 포기했다.[29]

인크레틴

NASH 치료제가 필요한 환자는 많지만, NASH 치료제 개발은 초기 단계이며, 전 세계적 규모의 제약기업을 비롯해 크고 작은 바이오테크들이 이제 막 신약개발을 시작하는 단계다. 이런 조건이라면 한국의 제약기업과 바이오테크에게도 기회가 열려 있다고 볼 수 있지 않을까? NASH를 포함한 대사질환 분야에서 신약을 개발하려는 움직임이 항암 신약개발 분야보다 덜 한 것은 사실이다. 한국의 신약개발 제약기업과 바이오테크가 주로 수행하는 국책과제인 국가신약개발사업(KDDF) 2021~2022년 과제 227건을 보면, 항암제 과제가 전체의 53%였고 대사질환 과제는 12%였다.[30]

NASH 신약개발에 도전하고 있는 한국의 제약기업으로 한미약품이 있다. 한미약품이 처음부터 NASH 치료제 개발을 목표로 잡았던 것은 아니었다. 한미약품은 2000년대 중반 바이오 의약품의 체내 지속성을 늘리는 랩스커버리(LAPSCOVERY™) 기술을 개발했고, 초기 당뇨병 치료제로 인크레틴(incretin) 약물 개발에 집중해왔다.

인크레틴은 혈당을 낮추는 대사 호르몬을 통틀어 부르는 명칭이다. 대표적으로 GLP-1과 GIP(glucose-dependent insulinotropic polypeptide) 등이 인크레틴에 속한다. 한미약품은 랩스커버리를 적용한 인크레틴 약물로 2010년 GLP-1 수용체(GLP-1R)를 활성화시키는 엑세나타이드(Exenatide)에 적용해 에페글레나타이드(Efpeglenatide)를 개발했다. 기존에는 하루에 두 번 피하투여해야 했지만, 1주일에 한 번 투여할 수 있는 방식으로 개선한 것이었다. 에페글레나타이드는 2015년 임상1상 결과를 바탕으로 사노피에 기술수출되었지만, 2020년 임상3상이 종료되고 다시 반환됐다. 그러나 한미약품은 2023년 에페글레나타이드의 적응증을 당뇨병에서 비만으로 바꿔, 국내 임상3상 개발에 들어갔다.

한미약품은 랩스커버리를 이용해, GLP-1/GCG 이중 작용제(dual agonist)와 GLP-1/GCG/GIP 삼중 작용제(triple agonist) 방식으로 NASH 치료제를 개발하고 있다. GIP는 장에 있는 K세포가 분비한다. GLP-1과 GIP 역시 인크레틴 호르몬인데, GLP-1은 식욕을 억제하고 GCG 분비를 억제하고, GIP은 염증을 낮추는 효과가 있다. 혈당이 낮으면 췌장의 알파세포(α cell)는 GCG를 분비하는데, GCG는 세포에 저장해 놓은 글리코겐을 포도당으로 분해하면서 혈당을 높인다. 한편 GCG는 여러 종류의 콜레스테롤 수치를 낮추며, 지방 분해를 촉진하는 역할도 한다.

GCG는 GLP-1과 같은 전구 단백질이 잘려 나가면서 만들어진다. 이런 이유로 GCG와 GLP-1의 구조는 58% 정도가 같다. 만약 GCG와 GLP-1을 모두 타깃할 수 있는 구조로 의약품의 펩타이드 서열을 디자인하면, 몸무게와 식욕을 줄이고, 지질 대사를 개선시키며, 전반적인 에너지 소비를 높일 수 있을 것이다. GLP-1 작용으로, GCG 투여에 따른 혈당이 지나치게 올라가는 문제도 해결할 수 있을 것이다. GLP-1/GCG 이중 작용제는 비만과 당뇨병 등 치료제로 주로 개발되고 있는 중이었다. 그리고 NASH 치료제로의 가능성도 보여주고 있다.

한미약품의 GLP-1/GCG 이중 작용제 에피노페그듀타이드(Efinopegdutide, HM12525A)는 옥신토모듈린(Oxyntomodulin, OXM)에서 아이디어를 얻었다. OXM은 음식물이 장에 들어오면 장의 L세포에서 분비되는 호르몬이다. 37개 아미노산으로 이뤄진 펩타이드 호르몬으로, GLP-1 수용체(GLP-1R)와 글루카곤 수용체(GCGR)를 모두 활성화할 수 있다. 한미약품은 OXM의 서열을 바꿔 에피노페그듀타이드라는 물질을 설계했다. 여기에 랩스커버리 기술을 적용해 반감기를 늘려 1주일에 1회 투여하는 방식으로 디자인했다. 이러한 아이디어는 2015년에 존슨앤드존슨(J&J)의 제약 부문 얀센(Janssen)과 계약금 1억 5,000만 달러를 포함해 총 9억 1,500만 달러의 라이선스 아웃 계약으로 이어졌지만, 4년 뒤인 2019년 얀센으로부터 권리를 반환받았다. 얀센은 에피노페그듀타이드를 당뇨와 비만 치료제로 사들여 임상개발에 들어갔고, 12%의 체중감소 효과를 보였지만 혈당 감소 효능이 얀센 내부 목표치에 미치지 못했다.[31]

그러나 한미약품은 적응증을 바꿔 다시 기술수출에 성공했다. 2015년부터 NASH 치료제로서 에피노페그듀타이드의 효능을 평가한 전임상시험 데이터가 근거가 됐다. NASH 동물 모델에서 GLP-1과 GCG를 동시에 억제하자 중성지방 수치가 낮아지고, 간 조직에서 염증과 지방증이 줄어드는 효과를 확인했다. 그리고 미국 머크(Merck & Co.)가 에피노페그듀타이드를 NASH에 적용하는 권리를 계약금 1,000만 달러를 포함해 임상개발, 허가, 상업화에 따른 마일스톤까지 총 8억 7,000만 달러 규모로 사들였다. 2022년, 미국 머크는 NAFLD 환자 145명을 대상으로 에피노페그듀타이드의 임상2상을 마치고, NAFLD 환자에게 에피노페그듀타이드를 24주 동안 투여하자 지방간이 72.7% 줄어든 결과를 발표했다.[32] 임상에서 대조약으로 투여한 노보노디스크의 GLP-1 작용제 세마글루타이드(1mg)에서 확인한 42.3%보다 효능이 높았다. 2023년 미국 머크는 NASH 환자를 대상으로 에피노페그듀타이드와, 비만에서 시판 용량의 세마글루타이드(2.4mg)를 비교하는 임상2b상을 시작했다.

한미약품은 GLP-1/GCG/GIP까지 타깃하는 삼중 작용제로 NASH 치료제 개발도 도전하고 있다. 에포시페그트루타이드(Efocipegtrutide, LAPSTriple agonist)는 3가지 타깃에 동시에 작용하는데, 전임상시험에서 GLP-1 작용제 대비 간 지질대사, 염증, 섬유증 지표에서 효능을 확인했다. 한미약품은 이 결과를 바탕으로 섬유증을 동반한 NASH 환자를 대상으로 미국과 한국에서 위약과 비교하는 임상2b상을 진행하고 있다.[33] 한미약품은 다른 인크레틴 약물과 비교해 에포시페그트루타이드가 섬유화 개선 효능이 있을 것으로 본다.

유한양행은 2019년 베링거인겔하임(Boehringer Ingelheim)에 GLP-1/FGF21 이중작용제 YH25724를, 계약금 4,000만 달

러를 포함해 최대 8억 7,000만 달러 규모에 팔았다. YH25724는 GLP-1과 FGF21을 동시에 활성화하는 메커니즘으로, 전임상시험에서 지방간염, 항섬유화, 항염증 효과를 확인했다. YH25724는 일주일에 한 번 투여하도록 디자인했다. 베링거인겔하임은 2023년 2분기에 건강한 피험자에게 YH25724의 안전성과 내약성을 평가하는 유럽 임상1상 개발을 완료했다.

특발성 폐섬유증

NASH가 간이 섬유화되는 질병으로 발병 원인을 모르지만 환자에게 치명적인 질병이라면, 특발성 폐섬유증(idiopathic pulmonary fibrosis, IPF)은 폐 질환 가운데 NASH와 비슷한 지위(?)를 가진다. IPF는 환자의 폐 조직이 섬유화되는 질병이다. 그러나 IPF도 생기는 원인을 아직 정확하게 모른다. 특발성(idiopathic)이라는 말에는 '원인을 모른다'는 속뜻이 담겨 있다. IPF 환자의 폐는 오랜 기간 동안 섬유화가 진행되는데, 폐가 두꺼워지고 탄력을 잃으면서 기능을 잃어간다. 주로 50~70세 사이에 발병하는데, 5년 후 생존율은 20~30% 수준이다. 이 정도의 생존율은 웬만한 암보다 심각한 정도다. 미국과 유럽 기준으로 약 20만 명의 IPF 환자가 있는 것으로 알려져 있는데,[34] '원인불명', '섬유화', 그리고 '치명적'이라는 점에서 NASH와 IPF는 비슷한 면이 있다.

IPF도 원인을 모르니 치료제 개발이 어렵다. 2014년부터 병기 진행을 늦추는 용도로 로슈(Roche)의 에스브리에트(ESBRIET®, 성분명: Pirfenidone)와 베링거인겔하임의 오페브(OFEV®, 성분명: Nintedanib)가 처방되기 시작했지만, 2023년을 기준으로 보면 더 개발된 의약품은 없다.

에스브리에트와 오페브는 섬유증과 염증을 억제하는 약물이다. 에스브리에트는 항섬유화(antifibrotic) 및 항염증(anti-inflammatory) 약물로, 아직 정확한 치료 메커니즘이 밝혀지지 않았지만 염증 및 섬유증과 관련된 사이토카인(cytokine)인 TGF-β(transforming growth factor β)와 TNF-α(tumor necrosis factor-α)를 저해해 IPF의 진행을 늦추는 것으로 추정하고 있다.[35]

오페브는 RTK(receptor tyrosine kinase)를 포함한 다수의 인산화효소(kinase)를 저해하는 약물이다. 오페브가 저해하는 RTK에는 섬유증을 유도하는 PDGFR, FGFR(fibroblast growth factor receptor), VEGFR(vascular endothelial growth factor receptor), CSF1R(colony stimulating factor 1 receptor) 등이 있다. 전임상시험에서 오페브를 처리하자 TGF-β 발현량이 줄어들거나, TGF-β에 의한 콜라겐 분비, 섬유아세포(fibroblast)의 근섬유아세포(myofibroblast)로의 분화 등이 억제되는 현상을 관찰했다. 이 결과를 바탕으로 TGF-β를 억제하는 효과도 가지고 있을 것으로 보고 있다.[36]

에스브리에트와 오페브는 임상에서 경증(mild) 내지 중등도

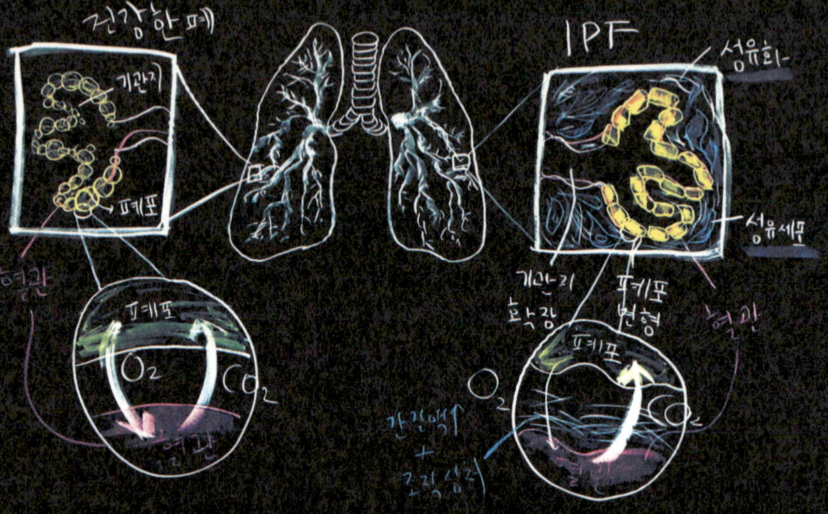

[그림 13_03] 특발성 폐 섬유증

특발성 폐섬유증은 폐 조직에서 섬유화가 일어나면서 생긴다. 섬유화가 일어나 폐가 상처를 입으면서 폐 조직이 탄성을 잃게 된다. 이 때문에 폐 기능의 기본 단위인 폐포가 변형되고 결국 기체 교환이라는 폐의 기능을 잃는다. O_2-CO_2의 정상적인 기체 교환에 문제가 생기는 것이다. 또한 폐 조직 섬유화에 따라 공기가 들어오는 통로인 기관지가 확장되면서 호흡이 어려워진다. 특발성 폐 섬유증 환자는 점차 호흡 기능을 잃어가다가, 결국에는 사망에 이르게 된다.

(moderate) IPF 환자에게 FVC(forced vital capacity)가 줄어드는 정도를 플라시보 약물 대비 45~50% 가량 늦췄으며, 사망률도 낮췄다. FVC는 가능한 크게 숨을 들이쉬고 내뿜을 때의 공기량인데, IPF 환자는 폐 기능에 문제가 생기므로 FVC가 줄어든다.[37]

에스브리에트와 오페브가 IPF 환자에게 처방되고 있지만 한계는 명확하다. 오페브를 투여받은 환자의 약 26%에게 설사 부작용, 에스브리에트를 투여받은 환자의 약 20%에게 위장관(gastrointestinal, GI) 및 피부 관련 부작용 등이 나타나 약물 투약을 멈추게 된다. 두 의약품 모두 간 기능에 이상을 줄 수 있어 약물 투여 전후로 주기적인 간 기능 검사를 받아야 한다. 실제 임상 현장에서 약물 투여를 멈춘 경우에, 투여 용량을 줄이는 경우까지 더하면 40~50% 수준으로 부작용 문제가 발생한다. 그러나 가장 중요한 것은 에스브리에트와 오페브가 환자의 질병 진행을 늦출 뿐, 건강한 상태로 되돌리는 근본적인 치료제가 아니라는 점이다. 임시방편이고, 이런 상황은 바이오테크들이 도전할 만한 충분한 조건이다.

IPF 치료제 개발에서 긍정적인 임상 결과를 보여주는 바이오테크로 플라이언트 테라퓨틱스(Pliant Therapeutics)가 있다. 플라이언트 테라퓨틱스는 αvβ6, αvβ1 인테그린을 억제하는 이중저해제 벡소테그라스트(Bexotegrast, PLN-74809)를 개발하고 있다. αvβ6과 αvβ1은 폐와 같은 상피세포 표면에 많이 발현해 TGF-β를 활성화하는 역할을 하는 것으로 알려져 있다. 그런데 섬유증이 있는 경우 αvβ6과 αvβ1이 많이 발현하기도 한다. 플라이언트 테라퓨틱스는 이런 단서들을 조합해보았을 때, αvβ6과 αvβ1을 저해하는 방식으로 TGF-β의 활성을 억제하면 IPF 치료에 도움이 될 것이라고 보았다. 일반적인 TGF-β 저해제를 사용하면, 환자의 온몸에 있는 TGF-β에 영향을 주기 때문에 부작용과 독성 문제가 있다. 그런데 폐에 주로 발현하는 αvβ6과 αvβ1을 저해하면 부작용과 독성 문제도 해결할 수 있을 것이다. 벡소테그라스트로 진행한 IPF 임상2a상 결과, 벡소테그라스트 투여군은 위약을 투여한 대상자들보다 FVC 변화량에서 64.7~140.2mL의 차이를 보여주었다. 임상시험에 참여한 IPF 환자의 폐활량을 개선한 것이다. 약물과 관련된 심각한 부작용도 없었으며, 확인된 부작용은 모두 경증에서 중등도 수준이었다.[38]

IPF 치료제로 주목받던 것으로 오토택신(autotaxin, ATX) 저해제도 있다. ATX는 인지질의 한 종류인 LPA(lysophosphatidic acid)를 생성하는 효소다. LPA는 조직이 손상되었을 때 회복 반응을 일으키는 신호전달 물질로 기능하지만, 과도하게 발현되면 섬유증을 일으킬 수 있다고 알려져 있다. IPF 환자의 폐 조직에도 정상인의 폐 조직보다 많은 양의 ATX와 LPA가 있다. 이런 이유로 벨기에의 바이오테크 갈라파고스(Galapagos)는 ATX 저해제로 IPF 치료제 개발에 도전했지만 부작용과 독성 문제로 임상3상에 실패했다. 그러나 한국의 바이오테크 브릿지 바이오테라퓨틱스(Bridge Biotherapeutics)는 ATX 저해제로 IPF 치료제 개발에 다시 도전하고 있다. 브릿지바이오 테라퓨틱스의 ATX 저해제 BBT-877은 임상1상에서 혈중 LPA 수치를 90%까지 억제하는 것을 확인했다.[39] 브릿지 바이오테라퓨틱스는 임상1상 결과를 바탕으로 베링거인겔하임에 2019년 BBT-877을 기술 수출했으나 1년 후 독성 우려로 다시 반환받았다. 그러나 브릿지 바이오테라퓨틱스는 임상 개발을 포기하지 않았고, 데이터를 보강해 2022년 FDA로부터 임상2상을 진행해도 좋다고 승인받았다. 브릿지 바이오테라퓨틱스는 IPF 환자 120명을 대상으로 BBT-877을 24주 동안 투여해 효능을 평가하는 임상2상을 진행하고 있다.

BMS(Bristol Myers Squibb)는 LPA를 억제하는 정공법으로 계속 도전한다. BMS가 개발 중인 약물은 LPA1(lysophosphatidic acid receptor 1) 길항제(antagonist)인 BMS-986278이다. LPA1은 IPF 환자의 폐 조직 샘플에서 발현량이 증가해 있고, 폐를 포함한 신장, 간 등의 여러 조직에서의 섬유증 발생과 관련되어 있어 IPF 치료제로 개발해 온 타깃이다. ATX는 혈중에서 LPA1의 리간드(ligand)인 LPA를 생성하는 기능을 한다. BMS는 BMS-986278을 개발하기 이전, 2013년부터 1세대 LPA1 길항제로 IPF 임상2상 개발을 진행했으나 간담도(hepatobiliary) 관련 부작용으로 인해 해당 약물의 개발을 중단한 바 있다. 그러나 BMS는 추가 연구로 해당 1세대 길항제의 구조를 변형해 간담도 부작용과 관련된 오프타깃(off-target)을 개선한 2세대 LPA1 길항제인 BMS-986278을 발굴해 개발을 이어오고 있다. BMS-986278은 임상2상에서 투약 26주차에 폐 기능 지표인 ppFVC(percent predicted forced vital capacity) 감소 비율을 위약군 대비 최대 54% 개선시켰다.[40]

대웅제약도 IPF 치료제 후보물질 베르시포로신(Bersiporocin, DWN12088) 다국가 임상2상을 진행하고 있다.[41] 염증이 일어나 조직이 상처를 입으면 해당 부위는 세포외기질 등으로 채워진다. 쉽게 말해 상처에 흉터가 생기는 것인데, 이 흉터를 이루는 물질 가운데 섬유의 형태를 가진 콜라겐(collagen)이 있다. IPF 환자 폐의 섬유화에도 콜라겐이 투입되므로, IPF 환자의 콜라겐 합성을 저해하는 방식의 치료제도 가능할 것이다. 베르시포로신은 콜라겐 합성을 막는 방식의 IPF 치료제 후보 물질이다. 베르시포로신은 PRS(prolyl-tRNA synthetase)를 저해한다. PRS는 mRNA가 번역되는 과정에 tRNA에 아미노산 프롤린(proline)의 부착을 돕는다. 프롤린은 섬유증의 원인이 되는 콜라겐(collagen)의 주요 구성 물질이다. 따라서 PRS를 저해해 섬유화를 일으키는 콜라겐이 합성되는 과정을 막는 메커니즘이다.

규제기관과 신약개발

2018년 미국 FDA는 NASH 치료제 임상개발 가이드라인을 발표했다. 「간경화가 아닌 섬유증이 수반된 비알코올성 지방간염 신약개발을 위한 가이던스(*Noncirrhotic Nonalcoholic Steatohepatitis With Liver Fibrosis: Developing Drugs for Treatment Guidance for Industry)*」라는 가이드라인의 핵심은 간 조직에 생긴 병리학적 섬유증 개선 혹은 NASH 해소(NASH resolution)를 신약개발 지표로 권고한 것이었다. NASH의 원인을 아직 정확하게는 모르지만, 간에 생긴 섬유증을 개선하거나 NASH 해소가 보이면 신약으로 인정할 수 있다는 뜻이다. NASH 해소는 2가지 조건 중 하나 이상 지표를 충족해야 한다. 첫째로, 지방간이 완전히 사라지는 것이며, 둘째로, 지방간이 있더라도 섬유증이 악화되는 것 없이 염증이 거의 없어야 하고, 간세포 팽창(ballooning)이 없어야 한다.

미국 FDA의 가이드라인 제시는 계속되었다. 2019년 「대상성 간경변을 가진 비알코올성 지방간염 신약개발을 위한 가이던스(*Nonalcoholic Steatohepatitis with Compensated Cirrhosis: Developing Drugs for Treatment Guidance for Industry)*」라는 가이드라인이 발표되었는데, 여기서 핵심은 NASH 환자군에서 되돌릴 수 없는 섬유화가 진행된 간경변 환자를 구분한 것이었다. 즉 질병을 세분화하고, 이에 따라 시판허가 기준을 제시했다.

이는 규제기관인 미국 FDA의 NASH 치료제 임상개발 가이드라인이 NASH 치료제 개발을 이끌어가는 방식이다. 2018년 가이드라인 덕분에 제약기업과 바이오테크들은 간 섬유증 개선 혹은 NASH 해소라는 정확한 목표를 가질 수 있었고, 이로 인해 두 가지 지표의 개선을 확인하는 임상 결과가 만들어지고 있다. 가이드라인 발표 전에는 질병에 대해 밝혀진 것이 많지 않았기에, 신약개발을 지표화할 수 있는 뚜렷한 바이오마커는 물론, NASH의 진행 여부를 판단하는 것조차 어려웠다. 그런데 가이드라인은 '간 섬유증을 없애라!' 또는 '간 지방과 염증을 낮춰라!'라는 큰 목표와 함께 초기임상, 후기임상별로 달성해야 하는 구체적인 목표를 제시했다.

미국 FDA 가이드라인 발표 이후 여러 제약기업과 바이오테크들은 구체적인 목표를 달성하는 데 자원을 쏟을 수 있게 되었다. 인터셉트, 마드리갈 등 NASH 치료제 개발에서 앞서가는 바이오테크 모두 미국 FDA 가이드라인을 바탕으로 임상3상을 진행했다. 즉 간 섬유화 지표를 개선하는 데 집중하고 있다.

이렇게 미국 FDA 가이드라인이 NASH 신약개발을 이끌고 있다. 모든 신약은 규제기관으로부터 승인받는 것을 목표로 한다. 규제기관이 신약개발 기업이 달성해야 하는 목표를 구체적으로 제시해주고 있으니, 신약개발의 시작과 끝을 규제기관이 담당하고 있는 셈이다.

미국 FDA는 2018년 NASH 가이드라인을 발표할 때, 그리고 같은 해 알츠하이머병(Alzheimer's disease) 신약개발 가이드라인을 낼 때 '질환에 대한 과학적인 이해와 신약개발 사이에 지식적인 간극(knowledge gaps)이 있음'을 인정하는 것에서 시작했다. 단순히 신약개발 바이오테크가 규제기관이 제시하는 기준을 충족시키지 못했다고 탓하는 것이 아니라, 바이오테크 입장에서 목표에 도달하는 것이 어렵다는 것에 대한 공감이다. 그리고 목표에 도달하기 어렵다면 더 세분화된 확실한 기준을 제시하거나, 부족할 수는 있지만 지금 당장 도달할 수 있는 새 기준을 제시하고, 그에 따른 위험 부담은 규제당국이 책임지겠다는 선언이기도 했다. 규제기관이 가지고 있을 것만 같은 보수적인 모습에 대한 선입견을 무너뜨리는 대표적인 모습이다.

심지어 미국 FDA의 적극적이고 과감한 결정은 논란을 불러일으키기도 한다. 2018년 미국 FDA는 '0%의 성공률'을 보이는 알츠하이머병 신약개발 분야에서 새 가이드라인을 발표했다. 당시 가이드라인은 알츠하이머병 신약 후보물질이 시판허가를 받기 위해서는 효능이 있어야 하고, 효능의 기준은 인지저하 회복이라는 이분법은 부적절하다는 입장이 담겨 있었다. 알츠하이머병에 대한 과학적인 이해가 깊어지고 있으며, 뚜렷하게 증상이 개선되는 변화가 없다고 해도 병리생리학적인 바이오마커는 나타나고 있다는 의견이었다. 따라서 이미 되돌리기 어려운 알츠하이머병 증상이 나타나기 전인 초기 단계에 치료제가 목표가 되어야 하며, 전에 없던 바이오마커를 기준으로 가속승인을 내겠다는 것이었다.

당시 알츠하이머병 신약개발에 적극적으로 나서는 바이오테크가 없었다. 잇따른 임상시험 실패로 알츠하이머병 신약개발 투자가 주춤해졌는데, 이는 신약을 개발해도 보험사가 받아들이지 않을 것이라는 예상 때문이었을 것이다. 이때 나선 것도 규제기관이었다. 2022년 미국 FDA는 바이오젠(Biogen)의 아밀로이드 베타 항체 아두카누맙(Aducanumab)이 독립적인 임상3상에서 효능을 재현하지 못했지만, 뇌 속 아밀로이드 베타 플라크를 줄인 데이터를 바탕으로 가속승인을 내렸다.[42] 어떻게 보면 무리한 결정이었고, 이런 미국 FDA 결정은 비판을 받았다. 아두카누맙 가속승인을 한 미국 FDA 책임자는 사임했고, 미국 정부의 조사까지 받았다. 그러나 애브비(AbbVie)와 BMS, 머크 등은 다시 알츠하이머병 신약개발을 시작했다.

2023년 기준 바이오마커를 기준으로 미국 FDA 가속승인을 받은 약물은 아두카누맙과, 역시 아밀로이드 베타 항체인 레카네맙(Lecanemab) 2건이다.[43] 그리고 레카네맙은 확증 임상3상에서 효능을 확인한 결과를 바탕으로, 아밀로이드 베타 항체로는 처음으로 FDA의 정식승인을 받게 됐다. 알츠하이머병 환자의 병기진행을 늦추고, 인지기능 저하를 줄이는 최초의 약물 시판허가 건이었다.[44] 미국 FDA는 비판을 견디면서 허가 기준을 바꾸었고, 바이오테크는 새 기준에 맞춰 도전을 이어가 결국 정식 시판허가라는 성공을 거둘 수 있게 된 것이다. 2023년 현재 기준으로 NASH 치료제나 알츠하이머병 치료제처럼, 개발에 어려움을 겪고 있는 분야에서 개발을 이끌고 있는 것이 미국 FDA다. 이는 신약개발에서 규제기관과 정부의 역할이 무엇이어야 하는지에 대해 이야기하고 있다.

정부와 규제기관이 신약을 개발할 수 있는 환경을 만든다는 것은, 단순히 제도를 정비하고 연구비 지원에 머무르는 것을 뜻하지 않는다. 최고 전문가로 구성된 규제기관의 역량을 키우고, 적극적으로 신약개발의 흐름을 만들어가는 것. 신약은 함께 만드는 것이다.

〔표 13_01〕 국내 NASH 치료제 임상개발 현황

기업	프로젝트	타깃	임상	돌입 시점, 완료 시점	임상 결과	NCT#	비고
한미 약품	에피노페그 듀타이드	GLP-1/GCG 이중작용제	NASH(F2~3) 단계 환자 대상 다국가 (미국, 국내 포함) 임상2b상	임상 시작~ 완료 예정 (2023.06~ 2025.12)	NAFLD 2a상 결과 24주차에 간 지방량 최대 72.7% 감소	NCT05877547	미국 머크 (국내 제외 전 세계 권리 보유) 진행
	에포시페그 트루타이드	GLP-1/GCG/GIP 삼중작용제	NASH(F1~3) 단계 환자 대상 미국, 국내 임상2b상	임상 시작~ 완료 예정 (2020.07~ 2025.11)	NAFLD 2a상 결과 12주차에 최고 용량 투여군에서 간 지방량 최대 81.2% 감소	NCT04505436	
유한 양행	YH25724	GLP-1/FGF21 이중작용제	건강한 과체중 남성 대상 유럽 임상1상	임상 시작 ~완료 (2021.09~ 2023 2Q)			베링거인겔하임 (국내 제외 전 세계 권리 보유) 진행
동아 에스티 뉴로보	DA-1241	GPR119 작용제 (저분자 화합물)	NASH 환자 대상 미국 임상2상	임상 시작 ~완료 예정 (2023.09~ 2024.12)		NCT06054815	동아에스티 자회사 뉴로보 파마슈티컬스 진행
LG화학	LG203003	DGAT2 저해제 (저분자 화합물)	건강한 성인, NAFLD 환자 대상 미국 임상1상	임상 시작 (2022.07)			

기업	프로젝트	타깃	임상	돌입 시점, 완료 시점	임상 결과	NCT#	비고
LG화학	LG303174	VAP-1 저해제 (저분자 화합물)	건강한 성인 대상 미국 임상1상	임상 시작 (2021.02)		NCT04730050	중국 트랜스테라 바이오사이언스로부터 글로벌 권리 (중국, 일본 제외) L/I
일동 제약	ID119031166	FXR 작용제 (저분자 화합물)	건강한 성인 대상 미국 임상1상	임상 시작~ 완료 예정 (2022.10~ 2024.01)		NCT05604287	
제이디 바이오 사이언스	GM-60106	HTR2A 저해제 (저분자 화합물)	건강한 성인 대상 호주 임상1a/1b상	임상 시작~ 완료 예정 (2022.08~ 2023.12)		NCT05517564	
J2H 바이오텍	J2H-1702	11β-HSD1 저해제 (저분자 화합물)	NASH 환자 대상 국내 임상2a상	임상 시작~ 완료 예정 (2023.02~ 2024.03)			

주

1 Louvet A. and Mathurin P. (2015) Alcoholic liver disease: mechanisms of injury and targeted treatment. *Nat Rev Gastroenterol Hepatol.* 12, 231-242.

2 Sheka A.C. et al. (2020) Nonalcoholic Steatohepatitis—A Review. *JAMA.* 323, 1175-1183.

3 Multinational Liver Societies (2023) Multinational liver societies announce new "Fatty" liver disease nomenclature that is affirmative and non-stigmatising. https://easl.eu/news/new_fatty_liver_disease_nomenclature-2/ (검색일: 2023.08.21.)

4 Sorbi D. et al. (1999) The Ratio of Aspartate Aminotransferase to Alanine Aminotransferase: Potential Value in Differentiating Nonalcoholic Steatohepatitis From Alcoholic Liver Disease. *Am J Gastroenterol.* 94, 1018-1022.

5 Nasir M. et al. (2020) Analysis Of The Non-alcoholic Steatohepatitis (NASH) Drug Pipeline & Market: Sizing Up The First Wave. *Pharmaceutical Online.* https://www.pharmaceuticalonline.com/doc/analysis-of-the-non-alcoholic-steatohepatitis-nash-drug-pipeline-market-sizing-up-the-first-wave-0001 (검색일: 2023.05.02.)

6 Madrigal Pharmaceuticals (2022) NASH 교육 정보 사이트 - About NASH – Liver Transplant. https://www.nashexplored.com/about-nash/ (검색일: 2023.05.02.)

7 영국 국민보건서비스 혈액 및 이식(NHS Blood and Transplant). Rejection of a transplanted liver. https://www.nhsbt.nhs.uk/organ-transplantation/liver/benefits-and-risks-of-a-liver-transplant/risks-of-a-liver-transplant/rejection-of-a-transplanted-liver/ (검색일: 2023.05.02.)

8 Mayo Clinic (2022) Liver transplant. https://www.mayoclinic.org/tests-

procedures/liver-transplant/about/pac-20384842 (검색일: 2023.05.02.)

9 Calderon-Martinez E. et al. (2023) Prognostic Scores and Survival Rates by Etiology of Hepatocellular Carcinoma: A Review. *J Clin Med Res.* 15, 200 – 207.

10 American Liver Foundation (2023) NASH Definition & Prevalence. https://liverfoundation.org/liver-diseases/fatty-liver-disease/non-alcoholic-steatohepatitis-nash/nash-definition-prevalence/ (검색일: 2023.05.02.)

11 Younossi Z.M. et al. (2016) The economic and clinical burden of non-alcoholic fatty liver disease in the United States and Europe. *Hepatology.* 64, 1577-1586.

12 Nasir M. et al. (2020) Analysis Of The Non-alcoholic Steatohepatitis (NASH) Drug Pipeline & Market: Sizing Up The First Wave. *Pharmaceutical Online.* https://www.pharmaceuticalonline.com/doc/analysis-of-the-non-alcoholic-steatohepatitis-nash-drug-pipeline-market-sizing-up-the-first-wave-0001 (검색일: 2023.05.02.)

13 Regeneron Pharmaceuticals (2018) Regeneron Genetics Center® Publication in New England Journal of Medicine Identifies New Genetic Variant Providing Protection from Chronic Liver Disease. https://investor.regeneron.com/news-releases/news-release-details/regeneron-genetics-centerr-publication-new-england-journal/ (검색일: 2023.08.16.)

14 Maraganore J. (2022) Reflections on Alnylam. *Nat Biotechnol.* 40, 641-650.; Zimmermann T.S. et al. (2017) Clinical Proof of Concept for a Novel Hepatocyte-Targeting GalNAc-siRNA Conjugate. *Mol Ther.* 25, 71 – 78.

15 Madrigal Pharmaceuticals 홈페이지 – Resmetirom. https://www.madrigalpharma.com/our-programs/resmetirom/ (검색일: 2023.05.02.)

16 Zhao M. et al. (2022) Development of Thyroid Hormones and Synthetic Thyromimetics in Non-Alcoholic Fatty Liver Disease. *Int J Mol Sci.* 23, 1102.

17 Jakobsson T. et al. (2017) Potential Role of Thyroid Receptor β Agonists in the Treatment of Hyperlipidemia. *Drugs*. 77, 1613–1621.; Hatziagelaki E. et al. (2022) NAFLD and thyroid function: pathophysiological and therapeutic considerations. Trends Endocrinol *Metab*. 33, 755-768.

18 김성민 (2022) 마드리갈, NASH 3상 "전례없는 성공"..'터닝포인트'. *BioSpectator*. http://www.biospectator.com/view/news_view.php?varAtcId=17913 (작성일: 2022.12.20.)

19 Madrigal Pharmaceuticals (2023) Madrigal Pharmaceuticals Completes Submission of New Drug Application Seeking Accelerated Approval of Resmetirom for the Treatment of NASH with Liver Fibrosis. https://ir.madrigalpharma.com/news-releases/news-release-details/madrigal-pharmaceuticals-completes-submission-new-drug (검색일: 2023.08.18.)

20 Kumar P. et al. (2014) Adiponectin Agonist ADP355 Attenuates CCl4-Induced Liver Fibrosis in Mice. *PLoS One*. 9, e110405.

21 Geng L. et al. (2020) The therapeutic potential of FGF21 in metabolic diseases: from bench to clinic. *Nat Rev Endocrinol*. 16, 654-667.

22 서윤석 (2022) 아케로, 'FGF21 유사체' NASH "기대이상"..주가 137%↑. *BioSpectator*. http://www.biospectator.com/view/news_view.php?varAtcId=17200 (작성일: 2022.09.15.)

23 Gastaldelli A. and Cusi K. (2019) From NASH to diabetes and from diabetes to NASH: Mechanisms and treatment options. *JHEP Rep*. 1, 312-328.; Novo Nordisk 제품 정보 사이트 - semaglutide. https://www.novomedlink.com/semaglutide.html. (검색일: 2023.08.16.)

24 Newsome P.N. et al. (2021) A Placebo-Controlled Trial of Subcutaneous Semaglutide in Nonalcoholic Steatohepatitis. *N Engl J Med*. 384, 1113-1124.; Armstrong M.J. et al. (2016) Liraglutide safety and efficacy in patients with non-alcoholic steatohepatitis (LEAN): a multicentre, double-blind, randomised, placebo-controlled phase 2 study. *Lancet*. 387, 679-690.

25 김성민 (2020) 노보노 'GLP-1 약물', NASH 2상서 "유의미한 효능". *BioSpectator.* http://www.biospectator.com/view/news_view.php?varAtcId=10266 (작성일: 2020.05.07.)

26 Nevens F. et al. (2016) A Placebo-Controlled Trial of Obeticholic Acid in Primary Biliary Cholangitis. *N Engl J Med.* 375, 631-643.

27 Adorini L. et al. (2012) Farnesoid X receptor targeting to treat nonalcoholic steatohepatitis. *Drug Discov Today.* 17, 988-997.

28 Younossi Z.M. et al. (2019) Obeticholic acid for the treatment of non-alcoholic steatohepatitis: interim analysis from a multicentre, randomised, placebo-controlled phase 3 trial. *Lancet.* 394, 2184-2196.

29 노신영 (2023) '재도전' 인터셉트, NASH 'OCA' "또 거절"..'아예 포기'. *BioSpectator.* http://www.biospectator.com/view/news_view.php?varAtcId=19286 (작성일: 2023.06.26.)

30 『국가신약개발사업단 출범2주년 기자간담회 발표자료』(2023.04.05.)

31 노신영 (2023) '반환서 L/O까지' 한미, 머크 딜서 얻은 "교훈 2가지". *BioSpectator.* http://www.biospectator.com/view/news_view.php?varAtcId=19604 (작성일: 2023.08.09.)

32 김성민 (2023) 머크 "NASH 본 게임", 한미 'GLP-1/GCG' "GLP-1 능가". *BioSpectator.* http://www.biospectator.com/view/news_view.php?varAtcId=19226 (작성일: 2023.06.15.)

33 미국 임상정보 사이트(ClinicalTrials.gov) (2023) Study to Evaluate Efficacy, Safety and Tolerability of HM15211 in Subjects. https://clinicaltrials.gov/ct2/show/NCT04505436?term=HM15211&draw=2&rank=1 (검색일: 2023.05.02.)

34 김성민 (2019) 치료제 없는 IPF시장..임상3상 경쟁 '오토택신 vs CTGF'. *BioSpectator.* http://www.biospectator.com/view/news_view.php?varAtcId=8137 (작성일: 2019.07.30.)

35 Selvaggio A.S. and Noble P.W. (2016) Pirfenidone Initiates a New Era in the Treatment of Idiopathic Pulmonary Fibrosis. *Annu Rev Med.* 67:487-495.; Spagnolo P. et al. (2021) Mechanisms of progressive

fibrosis in connective tissue disease (CTD)-associated interstitial lung diseases (ILDs). *Ann Rheum Dis.* 80, 143-150.

36 Wollin L. et al. (2015) Mode of action of nintedanib in the treatment of idiopathic pulmonary fibrosis. *Eur Respir J.* 45, 1434-1445.; Boehringer Ingelheim Portal for HealthCare Professionals. OFEV® IPF mechanism of action. https://pro.boehringer-ingelheim.com/products/ofev/ipf-overview/mechanism-of-actions (검색일: 2023.08.21.)

37 Rochwerg B. et al. (2016) Treatment of idiopathic pulmonary fibrosis: a network meta-analysis. *BMC Med.* 14, 18.

38 김성민 (2022) 플라이언트, "실패속" 'TGF-β 저해제' IPF 2상 '긍정결과'. *BioSpectator.* http://www.biospectator.com/view/news_view.php?varAtcId=16706 (작성일: 2022.07.19.); 신창민 (2023) 플라이언트, '인테그린 저해제' IPF 2a상 "추가 히트". *BioSpectator.* http://www.biospectator.com/view/news_view.php?varAtcId=18138 (작성일: 2023.01.27.)

39 김성민 (2023) 브릿지바이오, '오토택신 저해제' IPF 2상 "첫 투약". *BioSpectator.* http://www.biospectator.com/view/news_view.php?varAtcId=18754 (작성일: 2023.04.13.); 김성민 (2019) 브릿지바이오, BBT-877 1상 "PD데이터, LPA 80~90% 억제". *BioSpectator.* http://www.biospectator.com/view/news_view.php?varAtcId=8585 (작성일: 2019.09.30.)

40 신창민 (2023) BMS "재도전", '2세대 LPA1 길항제' IPF 2상 "긍정적". *BioSpectator.* http://www.biospectator.com/view/news_view.php?varAtcId=19075 (작성일: 2023.05.25.)

41 서윤석 (2023) 대웅제약, 'PRS 저해제' IPF 2상 "첫 투약 개시". *BioSpectator.* http://www.biospectator.com/view/news_view.php?varAtcId=18212 (작성일: 2023.02.06.)

42 김성민 (2021) FDA "역사적 결정" 아두카누맙 승인.."최초 AD치료제". *BioSpectator.* http://www.biospectator.com/view/news_view.php?varAtcId=13353 (작성일: 2021.06.08.)

43 김성민 (2023) '꺾이지 않는 의지' 레카네맙 초기 AD "FDA 가속승인".

BioSpectator. http://www.biospectator.com/view/news_view.php?varAtcId=18038 (작성일: 2023.01.07.); 김성민 (2023) 에자이, '가속승인 당일' 레카네맙 "美정식허가 신청". *BioSpectator*. http://www.biospectator.com/view/news_view.php?varAtcId=18041 (작성일: 2023.01.09.)

44 김성민 (2023) FDA, '레켐비' AD치료제 "정식승인"..기념비적 마일스톤. *BioSpectator*. http://www.biospectator.com/view/news_view.php?varAtcId=19411 (작성일: 2023.07.07.)

14

알츠하이머병 치료제

Alzheimer's disease

관계가 무너지는 병

알츠하이머병(Alzheimer's disease)은 환자, 환자 가족, 환자가 살아가고 있는 사회 모두가 함께 앓는 질병으로, 1901년 독일의 정신과 의사인 알로이스 알츠하이머(Alois Alzheimer) 박사가 처음으로 보고했다. 흔히 치매라고 불리는 증상 가운데 60~80%가 알츠하이머병으로 발생한다. 알츠하이머병 환자는 기억력이 떨어지다가 결국 사라지고, 자녀와 배우자와 가까웠던 사람들도 알아보지 못한다. 언어기능과 판단력과 같은 인지기능이 떨어지고, 시간 인지에도 문제가 생긴다. 심하게는 낮과 밤을 혼동하는 등 전반적인 일상생활이 어려워진다. 때로는 환청과 환각에 시달리며, 보고 듣는 것을 이해하기 어려워진다. 도움을 완강히 거부하고 공격성을 보이며, 남의 물건을 훔치고 자신을 해치려 한다는 의심과 피해망상에 사로잡힌다.[1] 수면장애도 흔히 나타나는데 저녁이 되면서 혼돈이 심해지는 일몰 증후군(sundowning)도 보인다.

알츠하이머병이 뇌의 어느 부위에서 발병하느냐에 따라 초기부터 신체 활동 기능에 이상이 생기기도 하지만, 몸이 점점 뻣뻣해지고 보행이 어려워지는 등 신체 기능 이상이 늦게 오는 경우도 있다. 알츠하이머병으로 진단받은 환자는 4~8년 내 사망하지만, 다른 질병을 앓고 있지 않다면 20년까지 알츠하이머병과 함께 살아가기도 한다. 그리고 일상생활을 할 수 없는 환자를 돌보아야 할 기간이 몇십 년 단위로 길어지게 되면, 간병에 드는 비용과 노력이 현실적인 문제가 된다.

알츠하이머병은 노화가 가장 직접적인 위험 인자다. 보통 65세 이상부터 걸리기 시작하며, 그 이전에 나타나는 경우는 유전적 요인이 작용하는 알츠하이머병으로 여겨진다. 65세 이후 나이가 5세 증가할 때마다 발병 환자 비율이 2배씩 증가한다. 65세 이상 인구에서 10명 가운데 1명이 알츠하이머병을 앓고 있다면, 85세 이상에서는 그 숫자가 3명 가운데 1명으로 늘어난다. 환자 숫자는 미국 내 650만 명, 전 세계적으로 2,400만 명으로 추정된다.

평균 수명이 늘어나고 고령화 사회가 되면서 알츠하이머병은 보편적인 질병이 되었다. 이는 공공의료 체계에 부담으로 이어진다. 2023년 한 해 미국 기준 알츠하이머병을 포함한 치매로 인해 국가가 부담해야 하는 비용은 3,450억 달러 수준으로 추정되며,[2] 2050년까지 1조 달러로 늘어날 것으로 전망하고 있다. 환자 요양을 둘러싼 재정적, 정책적인 논쟁이 붙는 것도 자연스럽다. 그렇게 환자와 사회의 관계가 무너진다. 이제 환자의 알츠하이머병을 환자 가족이 앓는 단계를 넘어, 사회가 함께 앓기 시작한다.

알츠하이머병은 인격이 사라지고 관계를 무너뜨리는 두려운 질병이지만, 병에 대해 밝혀진 것은 많지 않다. 아직도 노화 이외에 정확한 원인으로 정리된 것은 없으며, 환자들에게 나타나는 여러 증상들을 정리해 원인을 추측하는 정도다. 원인을 찾는다는 것은 근본적인 치료제 개발을 위해 처음으로 밟아야 하는 계단이지만, 아직 우리는 계단 아래에 서 있다.

다시 아밀로이드 가설

1992년 존 하디(John A. Hardy)와 제럴드 히긴스(Gerald A. Higgins)는 『사이언스(*Science*)』에 아밀로이드 가설('The Amyloid Cascade Hypothesis')을 발표했다.[3] 알츠하이머병 환자의 뇌는 복잡하다. 환자의 뇌를 찍은 사진을 보면 신호를 전달하는 뉴런(neuron)을 아밀로이드 플라크가 솜뭉치 모양으로 둘러싸고 있고, 뉴런 안에는 뭉쳐 덩어리진 타우 단백질로 인해 발생하는 신경섬유(neurofibrillary tangle)가 있으며, 혈관이 망가져 있고 곳곳에서 죽은 뉴런이 관찰된다. 알츠하이머병에서 이들 각각이 어떻게 상호작용하며, 어떤 영향을 미치는지 몰랐다.

그런데 아밀로이드 가설에서는 아밀로이드 베타(Aβ)가 이런 병리학적 연쇄 반응을 일으키는 시작점이라고 제시했다. 아밀로이드 전구체 단백질(APP)이 잘리면서 끈적끈적한 특성을 가지는 아밀로이드 베타가 만들어지는데, 이들이 뭉치면서 플라크로 쌓이는 것이 문제가 된다는 것이다. 뉴런 사이에 쌓인 아밀로이드 플라크는 세포 사이에서 일어나는 신호전달을 막고, 뇌 면역세포를 만성적으로 활성화시키며, 차츰 뇌 세포가 죽어가면서 뇌를 망가뜨린다.

알츠하이머병 치료를 위해 아밀로이드 베타를 타깃하는 것은 자연스러운 일이었지만, 아밀로이드 베타를 타깃하는 치료제 개발은 이후 20년 동안 실패를 반복한다. 1990년대 후반부터 아밀로이드 베타 타깃 치료제에 대한 가능성을 보여주는 여러 연구 결과가

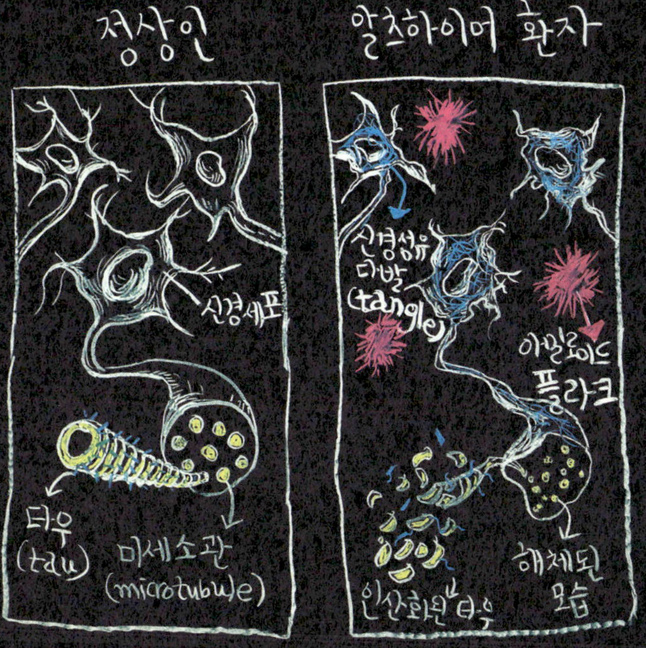

〔그림 14_01〕 정상인과 알츠하이머병 환자의 신경세포

정상인의 뇌에는 건강한 신경세포들로 채워져 있다.(왼쪽) 알츠하이머병 환자의 뇌에는 망가진 신경세포들이 채워져 있다.(오른쪽) 독성을 띠는 아밀로이드 베타 단백질이 서로 뭉쳐 아밀로이드 플라크를 형성해 신호전달을 방해한다. 신경세포에서 신경전달물질의 통로가 되는 미세소관도 망가져 있다. 이는 미세소관을 지탱하는 타우(Tau) 단백질에 문제가 생겼기 때문이다. 망가진 신경세포들이 제 기능을 하지 못하면서 알츠하이머병 증상이 나타나기 시작한다.

나오기 시작했다. 이 가운데 두 가지 접근법이 주목을 받았다. 첫째는, 감염병 백신처럼 환자의 면역 시스템을 이용하는 방식이다. 능동적 면역방법(active immunization)으로, 아밀로이드 베타 펩타이드를 인위적으로 주입하고 면역 시스템이 이를 스스로 제거하는 면역 반응을 유도해 알츠하이머병을 치료하는 컨셉이다.

아일랜드 바이오테크인 엘란(Elan)의 AN-1792 프로젝트는 대표적인 능동적 면역방법 방식이었다. AN-1792는 아밀로이드 베타 펩타이드와 면역을 활성화시키는 물질(adjuvant)로 사포닌(QS-21)을 같이 넣은 것이었다.[4] 2000년에 AN-1792의 임상1상이 시작했는데, 임상2a상에서는 임상시험에 참여할 알츠하이머병 환자 375명을 몇 주 만에 모으는 등 기대를 받았다.[5]

그러나 AN-1792의 임상2a상 과정에서 일부 환자에게 수막뇌염(meningoencephalitis)과 같은 부작용이 나타났고, 이로 인해 2002년 1월 임상2a상을 끝내야 했다. 임상시험을 멈춰야 하는 상황이었지만 어떤 면역 세포가 부작용을 일으켰는지, 아밀로이드 베타에 대한 항체가 만들어지면 환자에게 이점이 있는지, 아밀로이드 베타가 쌓여 만들어진 플라크가 줄었는지 등에 대해서는 확인하지 못했다. 당시까지만 해도 알츠하이머병 환자의 뇌에서 아밀로이드 베타가 어떤 상황인지 확인할 수 있는 방법이 없었다. 확인할 수 있는 유일한 방법은 환자가 사망하고 난 후 뇌를 부검해보는 것뿐이었다. AN-1792 임상1상에 참여한 환자를 대상으로 알츠하이머병과 관계된 사후 뇌 병리 바이오마커를 분석한 논문은 임상시험이

진행된 지 8년이 지나서야 발표될 수 있었다.[6]

능동적 면역방법이 면역 시스템을 이용하는 것이라면, 아밀로이드 베타 단백질에 직접 결합하는 항체를 만드는 수동적 면역방법(passive immunization)도 주요한 개발 방향이었다. 뇌에서 아밀로이드 베타 단백질이 뭉치는 것이 원인이라면, 항체로 단백질 응집 과정을 억제하면 병을 막을 수 있을 것이다.

그러나 2010년대를 시작으로 2020년대 초반까지 일라이릴리(Eli Lilly), 로슈(Roche) 등 전 세계적 규모의 제약기업들도 잇달아 아밀로이드 베타 항체 치료제 개발에 실패했다. 아밀로이드 베타를 만드는 효소를 저해하는 방법 등으로 아밀로이드를 제거하겠다고 나선 약물도 예외 없이 실패했다. 학계와 업계에서 모두 20년 동안 이어지는 실패 속에서 '아밀로이드 가설은 끝났다'라는 의심이 커져 갔고, 아밀로이드 가설은 설 자리를 잃어갔다. 그러나 아밀로이드 베타를 대신할 마땅한 대안도 없었다. 여러 제약기업들은 '성공률 0%'라는 딱지가 붙은 알츠하이머병 신약개발에서 점점 멀어져 갔고, 항암제와 같은 확실한 분야로 투자를 확대해 나갔다.

그러나 2023년 현재, 알츠하이머병 치료제로 아밀로이드 베타 항체 2개가 시판됐다. 이 가운데 레카네맙(Lecanemab)은 확증 임상3상(confirmatory trial)에서 인지저하를 늦추는 효과를 입증하면서, 아밀로이드 가설를 바라보는 분위기를 바꿨다. 레카네맙은 2023년 아밀로이드 베타 타깃 약물로서는 첫 정식 승인을 받는 알츠하이머병 치료제다. 아밀로이드 가설이 다시 주목받고 있다.

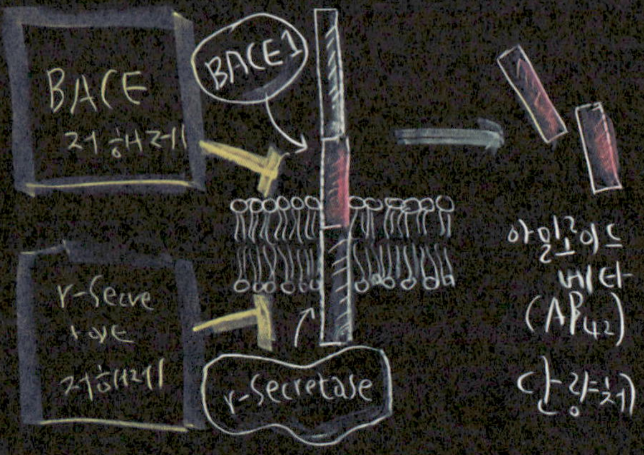

(그림 14_02) 알츠하이머병의 진행과 치료 타깃

아밀로이드 베타가 만들어지는 과정에서부터 이로 인해 타우 병리가 시작되는 지점까지, 알츠하이머병이 진행되는 전체 과정 모두가 약물개발 타깃이 될 수 있다.
아밀로이드 베타가 전구체에서 만들어지는 과정을 억제하는 것이 BACE 저해제와 감마 세트리타아제(γ-secretase) 저해제다. 이후 뭉치기 시작해 쌓인 플라크를 아밀로이드 항체로 제거할 수도 있다. 이 단계가 지나가면 타우가 타깃이 된다. 지금까지 임상에서는 아밀로이드 항체 접근법만 성공했다.

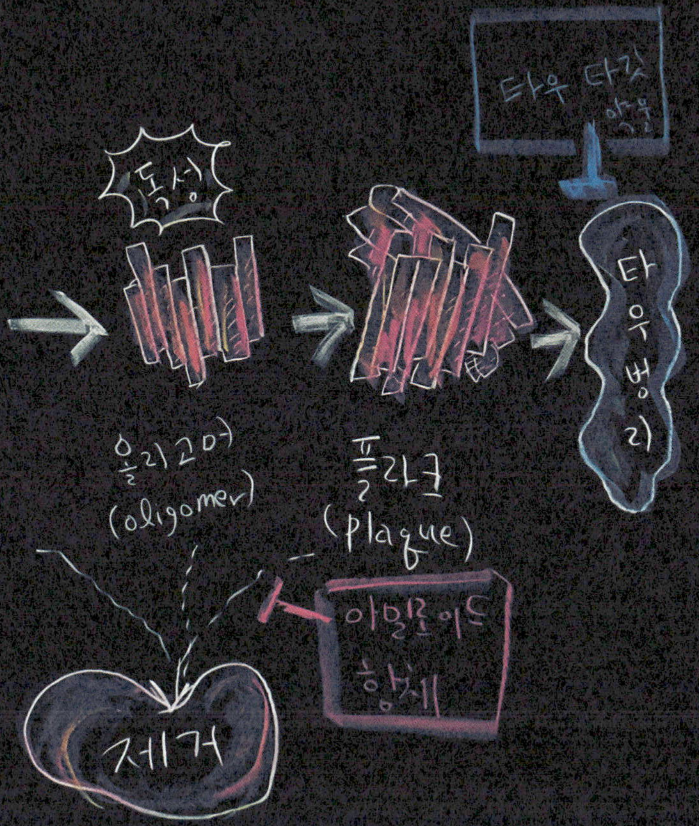

독성
올리고머
(oligomer)
플라크
(plaque)
타우 다짐
타우 병리
아밀로이드
항체
제거

알츠하이머병과 바이오마커

인간의 뇌는 복잡하며, 아직 모르는 것이 많다. 물론 알츠하이머병 환자의 뇌에 대해 알려지지 않은 부분이 더 많으며, 이는 알츠하이머병 신약개발을 어렵게 만드는 이유다.

그래서 알츠하이머병 신약개발에는 주의할 부분이 있다. 첫째, 알츠하이머병은 오랜 기간에 걸쳐 일어난다는 점이다. 알츠하이머병은 65세 이상에서 진단되는 경우가 많지만, 이미 수년에서 수십 년 전부터 천천히 뇌의 변화가 축적되고, 그 결과로 증상이 나타나는 것으로 보고 있다. 즉 시간의 문제다. 예전에는 병리 현상의 변화를 볼 방법이 없어 환자가 사망하면 부검 후에 뇌를 관찰했지만, 이미징 기술이 발달하면서 환자의 뇌에서 실시간으로 병리 바이오마커 변화를 측정할 수 있게 됐다. 예를 들어 양전자 방출 단층촬영(positron emission tomography, PET)으로 아밀로이드와 타우, 뉴런 사이의 틈인 시냅스 기능 이상 등을 보는 것이 가능해졌고, 이를 활용하는 것이 중요하다.

둘째, 증상의 정도에 따라 두드러지게 나타나는 병리 현상이 다르다. 알츠하이머병은 크게 2개의 병리 단백질이 비정상적으로 쌓이면서 발병한다고 본다. 뉴런 밖에서는 아밀로이드 베타가 플라크 형태로 쌓이고, 뉴런 안에서는 타우가 뭉치고(tangle) 축적되면서 병이 악화된다. 아밀로이드 베타와 타우 사이의 상호작용이 완전히 밝혀지지는 않았지만, 최신 연구에 따르면 두 단백질이 함께 작용해 뉴런을 망가뜨린다는 쪽으로 의견이 모아지고 있다.

아밀로이드 플라크가 타우보다 먼저 쌓이기 시작한다. 증상이 없으나 병리학적 현상이 진행되는 시기로, '전임상(preclinical)' 단계라고 부른다. 전임상 단계를 지나 이미 경미한 증상이 시작되는 경도인지장애(MCI)에서 경증(mild)으로 넘어가는 단계에서 아밀로이드 베타 축적이 최대치에 이른다. 반면 타우는 아밀로이드 플라크보다 상대적으로 늦게 쌓이기 시작해 증상이 심해짐에 따라 계속해서 증가한다. 그래서 아밀로이드는 불씨를 만드는 '성냥', 타우는 불을 키우는 '목재'로 비유하기도 한다. 쌓이는 위치도 다르다. 아밀로이드 플라크는 주로 대뇌 피질에 쌓이는 반면 타우는 학습과 기억에 중요한 뇌 부위에서 시작해 뇌 전체로 퍼져 나간다. 타우가 어디까지 퍼졌는가에 따라 나타나는 증상의 종류와 심각도(severity)가 달라, 타우 축적을 병기 진행 정도를 가늠하는 바이오마커로도 본다.

셋째, 다양한 방향에서 알츠하이머병에 접근할 필요가 있다. 아밀로이드 플라크 축적이라는 한 가지 현상도 여러 각도에서 볼 수 있다. 이미 쌓인 것을 면역 시스템이 제거하게 만들거나, 애초에 단백질이 쌓이는 과정을 억제하거나, 단백질 발현 자체를 억제하거나, 단백질이 만들어지는 초기에 면역 시스템이 이를 없애도록 하는 등 접근 방법에 따라 신약개발 방향이 달라질 수 있다.

아두카누맙
첫 바이오마커 기반 치료제

월터 길버트(Walter Gilbert)는 1980년에 노벨 화학상을, 필립 샤프(Phillip Sharp)는 1993년 노벨 생리의학상을 받았다. 이 두 사람이 포함된 5명의 과학자 그룹은 1978년 바이오젠(Biogen)을 설립했다. 바이오젠은 1세대 생명공학 기업이다. 2003년 아이덱(Idec)과 합병하면서 바이오젠 아이덱(Biogen Idec)으로 이름을 바꾸었고, 당시 암젠(Amgen)과 제넨텍(Genentech)에 이어 세계에서 세 번째로 큰 바이오테크가 되었다. 이후 바이오젠은 텍피데라(TECFIDERA®, 성분명: Dimethyl fumarate)와 티사브리(TYSABRI®, 성분명: Natalizumab)와 같은 다발성경화증(multiple sclerosis) 블록버스터 의약품을 발판 삼아 성장해, 점차 신경질환 신약개발 바이오테크로 바뀌어 갔다. 바이오젠은 알츠하이머병 환자 뇌 속에 쌓인 아밀로이드 베타 단백질을 없애는 방법을 찾기 시작한다. 그리고 2021년에 드디어 미국 FDA로부터 아두헬름(ADUHELM®, 성분명: Aducanumab)을 최초의 알츠하이머병 치료제로 가속승인을 받았다. 아두카누맙은 스위스의 바이오테크 뉴리뮨(Neurimmune)이 개발한 항체다. 알츠하이머병 증상이 나타나지 않는 사람에게도 아밀로이드 베타 단백질은 발현된다. 다만 정상적인 경우 발현된 아밀로이드 베타 단백질을 제거하는 면역 기능이 있다. 바로 이 정상적인 면역 시스템에 있는 B세포가 만들어

내는, 아밀로이드 베타 단백질에만 결합하는 B세포 수용체에서 아이디어를 얻어 만든 항체가 아두카누맙이다.

알츠하이머병 환자의 뇌에서 발견되는 응집된 아밀로이드 베타 단백질이 질병과 관계가 있다면, 그리고 이런 아밀로이드 베타 단백질을 타깃하는 항체를 개발했다면, 깔끔하게 문제가 해결될 것만 같다. 그러나 신약을 만든다는 것이 그리 간단하지만은 않다. 알츠하이머병 환자의 뇌에서 아밀로이드 베타 단백질이 발견되는 것은 사실이며, 환자의 뉴런에 엉겨 붙어 뉴런을 파괴하는 것도 사실이다. 그러나 아밀로이드 베타 단백질이 쌓였는데도, 알츠하이머병 증상이 일어나지 않는 경우도 있다. 즉 아밀로이드 베타 단백질과 알츠하이머병 사이의 원인과 결과, 그리고 상관관계가 명확하지 않았다. 그러니 아두카누맙으로 아밀로이드 베타 단백질을 없앨 수는 있으나, 환자의 증상을 개선하는 것까지는 장담하기 어렵다고 여겼다.

다른 한편으로는 기간의 문제가 있다. 아밀로이드 베타 단백질은 환자의 뇌 속에서 장기간에 걸쳐 쌓인다. 거의 20여 년에 걸쳐 서서히 쌓이는데, 환자나 환자 주변에서 알츠하이머병을 의심하기 시작하는 정도가 되었을 때는 이미 아밀로이드 베타 단백질이 쌓인 정도가 걷잡을 수 없이 늘어난 상태다. 단순한 사실을 기억하는 것이 점점 어려워지거나, 사고의 흐름을 종종 놓치거나, 약속이나 예정된 일을 잊는 등 가벼운 인지능력 손상(mild cognitive impairment, MCI)이 왔을 때 병을 의심하지만 이때는 이미 아밀로이드 베타 단백질이 너무 많이 뇌에 쌓인 상태다. 그리고 뉴런의 손상이 너무 심각해 아밀로이드 베타 단백질을 없애도 뉴런이 정상으로 작동하지 않는다. 뉴런은 거의 재생되지 않기 때문이다.

임상시험 자체가 어려운 문제도 지나칠 수 없다. 약물을 처리했을 때 효과가 있는지 살펴봐야 한다. 즉 알츠하이머병 신약 후보물질이, 환자의 뇌 속에서 어떤 일을 일으키는지 살펴봐야 한다. 가장 좋은 방법은 후보물질을 투여한 다음, 환자의 뇌를 열어보고 직접 확인하는 것이다. 그러나 이런 방식의 확인은 불가능하므로 PET로 뇌 이미지를 찍거나, 환자 척수에 바늘을 찔러 넣어 뇌척수액을 빼고, 그 안에서 아밀로이드 베타 단백질이 어떤 경향성을 보이는지 확인한다. 그러나 미국 기준으로 한 번 촬영할 때마다 4,000~5,000달러가 들어가는 PET 촬영을 부담 없이 결정하거나,[7] 환자의 척추에 바늘을 찔러 넣는 것 모두 쉽지 않은 일이다.

그럼에도 바이오젠은 알츠하이머병과 아밀로이드 베타 단백질 사이의 관계, 아밀로이드 베타와 아두카누맙 사이의 관계에서 치료제 개발을 시작하기로 한다.

2011년 바이오젠은 아두카누맙의 특성과 안전성을 테스트하는 첫 임상시험을 시작했지만,[8] 개발 과정에서 우여곡절이 많았다. 예상대로 아두카누맙은 알츠하이머병 환자의 뇌에서 아밀로이드 베타 단백질의 응집을 줄이는 데 성공했지만 환자의 인지저하 속도를 늦추는 등의 증상 개선에서 효과를 보여주지 못했다. 대신 부작용 문제가 이어졌다. 임상시험에서 아두카누맙 투여를 받은 환자들의 자기공명영상(magnetic resonance imaging, MRI) 검사에서 이상이 발견되었다. 아밀로이드 계열의 약물을 투여할 때 나타나는 '아밀로이드 관련 영상 이상(amyloid-related imaging abnormalities, ARIA)'이라 부르는 이 현상은, 뇌혈관 미세출혈, 뇌부종 등이 MRI에 찍힌 것이다. 아직까지 ARIA가 어떤 식으로 나타나는지 알려지지 않았다. 다만 뇌 혈관에 쌓인 아밀로이드 플라크가 제거되면서 염증반응을 일으키고 혈관벽이 약해지는 메커니즘으로 해석하는 수준이다.[9] 최근에는 알츠하이머병 환자를 치료하기 위해 뇌 면역세포 미세아교세포(microglia)를 활성화하는 TREM2 항체 AL002를 테스트하는 임상시험이 있었다. 여기에서도 ARIA 부작용이 보고돼, 염증을 일으키는 메커니즘과 연결 고리가 있을 것으로 보고 있다.[10]

아두카누맙이 알츠하이머병 환자의 증상 개선에 뚜렷한 성과를 보여주지 못하고 부작용 문제도 계속되었지만, 수많은 논란 속에서 2021년 미국 FDA는 바이오젠의 아두카누맙을 알츠하이머병 치료제로 가속승인했다. 미국 FDA는 그동안 알츠하이머병 치료제 분야에서는 증상 개선이라는 임상 종결점(clinical endpoint)을 기준으로 신약 시판허가 결정을 내렸는데, 증상 개선이 아닌 알츠하이머병 환자 뇌 속의 아밀로이드 베타 단백질 감소를 대리 표지자(surrogate marker)로 삼은 결정이었다.

아두카누맙 임상3상에서 10mg/kg을 78주간 투여받은 환자의 뇌 PET 영상을 확인한 결과, 아밀로이드 플라크가 25~30% 줄어들었다. 아두카누맙이 아밀로이드 플라크를 줄였다는 사실은 확실하지만, 지금까지 플라크를 줄인 것이 증상 개선으로 이어진다고 인정받지 못했다. 그러나 미국 FDA는 치료 이점을 예측할 수 있는 바이오마커라고 판단해 아두카누맙을 승인한 것이었다. 항암제의 경우 종양 크기 감소라는 대리 표지자로 가속승인을 받으며, 이후 병기 진행을 늦추거나 환자의 사망률을 낮춘 결과로 정식 승인을 받는 사례가 일반적이다.

원래대로라면 미국 FDA가 알츠하이머병 신약을 허가하려면 독립적인 2개의 임상3상에서 증상 개선 효과를 재현해야 한다. 그런데 아두카누맙은 이 조건을 충족하지 못했다. 그럼에도 미국 FDA는 심각한 질병이지만 마땅한 대책이 없으며, 동시에 병리학적 바이오마커에 대한 과학적 이해가 진전된 알츠하이머병의 고유한 상황을 고려했다. 다만 미국 FDA는 조건부 허가라는 점을 밝혔다. 이전 임상에서 아두카누맙을 투여받았던 환자에게 다시 약물을 투여하는 임상3b상과 추가로 진행하는 확증 임상4상에서 직접적이고 구체적인 임상적 이점을 입증해야 한다는 조건이었다.

규제기관인 미국 FDA의 가속승인은 여러 가지를 말해준다. 무엇보다 알츠하이머병과 아밀로이드 베타 플라크 사이의 임상적인 관계를 인정했다. 이제 알츠하이머병 치료제를 개발하려면, 완전히 새로운 메커니즘으로 접근하지 않는 이상 아밀로이드 베타 플라크를 최소한의 부작용으로 없애는 데 집중하면 된다. 아밀로이드 베타 단백질을 새로운 바이오마커로 정하고, 새 바이오마커가 대리 표지자임에도 가속승인을 내는 등의 행동은 '서둘러 알츠하이머병 치료제를 개발하라'는 의지를 밝힌 것이기도 하다. 미국 FDA는 많은 논란과 비판 속에서도, 제약기업들이 알츠하이머병 연구에 뛰어들 수 있도록 알츠하이머병 신약개발의 불씨를 살리는 결정을 했다.

2021년 바이오젠은 아두카누맙을 성분으로 하는 아두헬름을 알츠하이머병 치료제로 내놓았다. 그러나 임상 현장에서 아두헬름에 대한 반응은 좋지 않았다. 미국에서 처방이 시작되고 첫 3개월 동안 판매는 30만 달러 수준에 그쳤다. 상황은 나아지지 않았고, 2022년 한 해 동안 매출액은 480만 달러였다. 바이오젠은 보험 적용을 염두해 아두헬름의 가격을 50%까지 내렸지만 불발되었고, 유럽에서는 아예 출시되지 못했다. 아두헬름 상업화 실패의 여파로 바이오젠은 결국 대규모 인력 구조조정을 겪었으며, 최고경영책임자(CEO)마저 자리에서 물러났다. 이런 움직임은 '무리해서 약을 출시시켰다'는 비판 속으로 미국 FDA를 밀어 넣었다. 이 가운데 바이오젠의 오랜 파트너사인 에자이(Eisai)는 아두헬름에 대한 계약을 수정해 상업화 리스크를 줄이고, 바이오젠과 협력하는 다른 아밀로이드 베타 항체인 레카네맙 개발에 집중하기로 결정했다.

레카네맙

2001년 스웨덴에서 4세대에 걸쳐 알츠하이머병이 발생한 가족이 보고되었다. 평균 57세라는 이른 나이부터 인지저하가 관찰되는 가족성 알츠하이머병이었는데, 환자들은 아밀로이드 베타 전구체 유전자 서열에 변이(Arctic mutation, APP E693G)를 가지고 있었다. 이 변이로 인해 프로토피브릴이 더 많이 생겼고, 뇌 아밀로이드 베타 플라크가 더 많이 쌓였으며, 혈관 벽에 많은 아밀로이드 플라크가 축적된 현상이 관찰됐다.[11]

프로토피브릴(protofibril, 75~5,000kDa)은 아밀로이드 베타 플라크의 전구체다. 끈적끈적한 단량체(monomer) 상태인 아밀로이드 베타 단백질이 뭉치면 독성이 있는 작은 올리고머(oligomer, 9~75kDa) 응집체(aggregates)가 만들어진다. 이 올리고머가 합쳐지면서 프로토피브릴이 된다. 이 단계까지는 혈액에 녹는 용해성(soluble)이 있는 상태다.

여기서 더 뭉치게 되면 불용해성(insoluble)을 띠는 피브릴(fibril)을 거쳐 아밀로이드 베타 플라크가 된다. 아두카두맙은 단량체는 인식하지 않지만, 독성을 띄는 올리고머 단계부터 플라크 형태까지 선택성을 가진다. 즉 독성 아밀로이드 베타 단백질이 서로 뭉쳐 플라크를 형성하는 것을 막는다. 그런데 여러 가지 형태에 모두 결합하기보다, 알츠하이머병과 연관된 특정 아밀로이드를 더 잘 인식한다면 효과적인 치료가 가능하지 않을까?

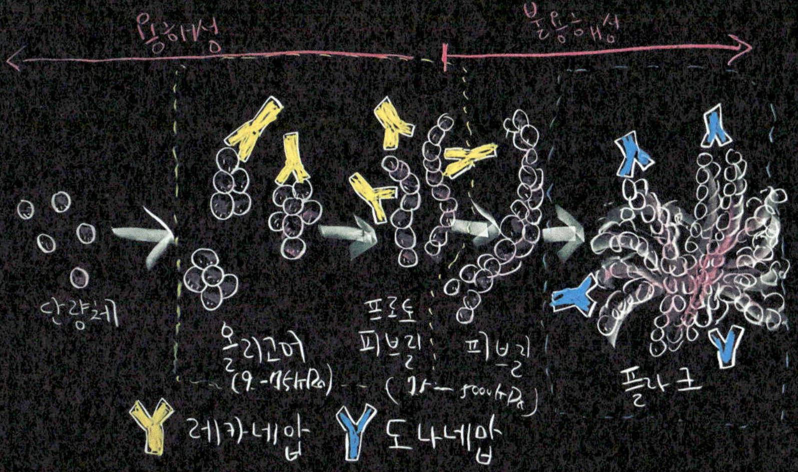

〔그림 14_03〕 레카네맙과 도나네맙

아밀로이드 베타 단백질은 서서히 응집되기 시작해서 결국 플라크 상태에 이른다. 레카네맙은 용해성이 있으면서 독성을 띠는 아밀로이드 베타 항체의 임상시험 결과 비교 프로토 피브릴 상태일 때 타깃한다. 일라이릴리의 도나네맙은 용해되기 힘든 플라크 상태일 때 타깃한다.

선택성에 대한 힌트를 얻어 연구에 들어간 곳은 에자이였다. 일본 제약기업 에자이는 스웨덴 바이오테크 바이오아틱(BioArctic)과 함께 2005년부터 프로토피브릴의 생성을 억제하는 항체 연구를 진행했다. 2007년 2년 만의 공동연구 끝에 프로토피브릴 생성을 억제하는 항체인 레카네맙을 개발했고, 에자이는 바이오아틱으로부터 레카네맙의 권리를 완전히 사들였다.

레카네맙은 아밀로이드 베타 단량체에 대해서는 낮은 결합력, 응집체에 대해서는 높은 결합력(단량체 대비 1,000배 이상)을 가진다. 또한 피브릴보다 프로토피브릴에 10배 이상 높은 선택성을 가진다. 이는 결합하는 에피토프(epitope)의 차이 때문이다. 레카네맙은 단량체 형태에서 Aβ1-16 아미노산 서열을 인지하지만, 프로토피브릴이나 응집체 형태에서는 에피토프 인식 부위가 Aβ21-29까지 확장된다. 이는 레카네맙이 프로토피브릴을 더 잘 인지할 수 있게 만든다. 그리고 스웨덴의 어떤 가족에게 4대 걸쳐 알츠하이머병을 일으켰던 가족성 변이(APP E693G)가 Aβ22 사이트를 포함한다.

2014년 에자이와 바이오젠은 아두카누맙과 레카네맙이라는, 다른 특성을 가진 아밀로이드 항체를 함께 개발하기로 한다. 큰 규모의 제약기업이나 바이오테크가 파트너십을 맺는 경우는, 서로 갖고 있는 'A 약물'과 'B 약물'이 합쳐져 더 좋은 효과를 발휘할 수 있다는 기대가 있을 때다. 또는 각자의 전문 영역(질환)이나 마케팅 역량(국가)에 달라 상업화를 같이 진행하는 것이 유리할 때다. 그러나 어렵게 찾아낸 신약 후보물질의 임상개발을, 알츠하이머병 치료제 개발에서 경쟁 관계에 있다고도 할 수 있는 두 기업이 함께 하겠다는 결정은 선뜻 이해하기 어려웠다. 두 기업은 아밀로이드 베타 항체의 미묘한(?) 작동 방식 차이가, 다른 결과로 이어질 수 있다는 것에 어느 정도 동의한 것으로 보인다. 여기에 한 걸음 나아가, 어떤 약물로 성공을 거둘지 알 수 없으니 둘 다 개발하기로 결정한 것으로 보였다.

두 기업은 아두카누맙과 레카네맙 개발, 상업화, 제조에 들어가는 비용을 분담하고 수익을 함께 나누는 구조를 짰다. 바이오젠이 에자이의 레카네맙 개발에 돈을 대고, 에자이가 바이오젠의 아두카누맙 개발에 돈을 대는 기묘한 파트너십이 맺어졌다. 바이오젠과 에자이가 파트너십을 맺을 당시 에자이에서는 레카네맙과 BACE 저해제가 임상2상 단계였고, 바이오젠에서는 아두카누맙의 임상1b상을 진행하고 있었다.

두 기업의 판단은 옳았다. 아두카누맙은 상업화에서 쓴맛을 맛보지만, 레카네맙은 2022년 9월 알츠하이머병 환자의 인지저하를 늦추면서 판을 뒤집기 시작했다. 구체적으로 확증 임상3상에서 레카네맙은 경도인지장애(MCI) 내지 경증(mild) 단계에 있는 초기 알츠하이머병 환자의 인지저하를 27% 늦췄으며, 1차 종결점뿐만 아니라 모든 2차 종결점에서도 통계적으로 유의미한 차이를 만들어 냈다. 레카네맙은 레켐비(LEQEMBI®)라는 이름으로 2023년 1월 뇌 아밀로이드 플라크를 낮춘 결과를 근거로 FDA 가속승인을 받았다. 에자이는 가속승인을 받은 바로 당일에 정식승인 허가신청서를 제출했다. 그리고 같은 해 7월, 레카네맙은 알츠하이머병에서 아밀로이드 베타 타깃 항체로 첫 정식승인을 받은 약물이 되었다. 중등도 내지 중증 알츠하이머병 환자를 대상으로 메만틴(Memantine)이 나온 이후 20년 만에 신약이 나온 것이다. 증상 개선이라는 임상 결과는 보험 적용으로도 이어졌다. 레켐비가 정식승인을 받자 미국 보건복지부(HHA) 산하 메디케어 및 메디케이드서비스센터(CMS)는 보험급여 적용을 결정했다.

바이오젠의 아두카누맙이 어려움을 겪고 있음에도, 2023년 현재 기준 '아밀로이드 베타 치료제 개발 동맹'은 강고하다. 레카네맙 개발과 관련해서는 기존 조건이 그대로 유지되고 있기 때문이다. 여전히 바이오젠과 에자이는 레카네맙의 개발, 상업화, 생산까지 공동으로 진행한다. 바이오젠은 스위스 졸로투론에 있는 생산 시설에서 레카네맙 제조를 위한 원료의약품(drug substance)을 생산하고, 바이오젠과 에자이는 레카네맙이 손해가 나든 수익을 내든 50%씩 나눌 예정이다.[12]

〔표 14_01〕 **아밀로이드 항체별 선택성 비교**[13]

항체	약물 타깃	오프타깃 결합
아두카누맙	플라크	피브릴, 올리고머에는 결합하지 않음
도나네맙	플라크	없음
간테네루맙	플라크	피브릴>프로토피브릴, 단량체
레카네맙	프로토피브릴	프로토피브릴, 올리고머>피브릴, 단량체

〔표 14_02〕 **국내 퇴행성 뇌질환 치료제 개발 기업**

기업	프로그램	타깃, 모달리티	적응증	단계	비고
에이비엘바이오	ABL301 (SAR446159)	SNCAxIGF1R 이중항체	파킨슨병	미국 임상1상	사노피에 전 세계 권리 L/O IGF1R을 이용해 BBB 투과
퍼스트바이오	FB-101	c-Abl 저해제 (저분자 화합물)	파킨슨병	미국 임상1상 SAD 완료	
	FB418	c-Abl/LRRK2 이중저해제 (저분자 화합물)	파킨슨병	미국 임상1상 IND 승인	
오토텍바이오	ATB2005	tau 분해제(TPD)	알츠하이머병	국내 임상1상 IND 승인	오토파지 메커니즘 AUTOTAC 기반
오스코텍	ADEL-Y01	tau 항체	알츠하이머병	미국 임상1상 IND 승인	국내 아델에서 L/I, 아델과 공동개발 타우의 280번째 라이신 아세틸화 부위 (AcK280)에 결합

[표 14_03] 아밀로이드 베타 항체의 임상시험 결과 비교

약물	아두헬름 (ADUHELM®)	레켐비 (LEQEMBI®)	도나네맙 (Donanemab)	간테네루맙 (Gantenerumab)
가속승인 지표	투약 78주차 플라크 제거	투약 79주차 플라크 제거	투약 76주차 플라크 제거	투약 116주차 플라크 제거
	60.8*CL 감소	72.5CL 감소	84.1CL 감소	57.6CL 감소
허가임상 1차 종결점	78주차 CDR-SB	78주차 CDR-SB	78주차 iADRS	116주차 CDR-SB
	위약군 대비 22% 감소 (p=0.0120)	위약군 대비 27% 감소 (p<0.0001)	위약군 대비 22% 감소 (p<0.001)	위약군 간 차이 입증 실패
ARIA 부작용 발생	ARIA-E 35% ARIA-H 28%	ARIA-E 12.6% ARIA-H 17.3%	ARIA-E 24.0% ARIA-H 31.4%	ARIA-E 24.9% ARIA-H 22.9%
심각한 수준 ARIA	0.3%	0.8%	1.6%	1.1%
규제 현황 (FDA 기준)	가속승인 (2021.06) 확증 임상4상 진행 중	정식허가	가속승인 거절, 정식허가 검토 중	3상 실패, 개발 중단

*CL: 센틸로이드

천국과 지옥

시장(market)이 모든 것을 보여주는 것은 아니지만, 꽤 많은 것을 말해주는 것도 사실이다. 레카네맙의 임상3상 성공 발표 다음 날 나스닥에서 바이오젠 주가는 전날보다 39.85%가 올라 276.61달러가 되었다. 시가총액이 405억 달러가 되었는데, 하룻밤 사이에 16조 원이 늘어난 것이었다. 에자이는 도쿄거래소(TYO)에서 17.29% 오르며 상한가를 기록했고, 시가총액은 20조 원을 넘어섰다. 에자이는 미국 장외주식시장(OTCMKTS)에서 59.95% 오르기도 했다. 레카네맙의 원개발사 바이오아틱의 주가도 172.53% 올랐다. 알츠하이머병 치료제를 개발하고 있는 바이오테크들의 주가도 함께 올랐다. 프로테나(Prothena) 87.52%, AC 이뮨(AC Immune) 23.81%, 디날리 테라퓨틱스(Denali Therapeutics) 17.70%, 알렉토(Alector) 11.78% 등, 알츠하이머병 치료제 개발에 도전하는 바이오테크들에 대한 평가가 긍정적으로 바뀌었다.[14]

간테네루맙

때로는 실패가 성공의 단서를 던져주기도 한다. 로슈가 임상3상에서 여러 번 실패했던 아밀로이드 베타 항체 간테네루맙(Gantenerumab)이 그 예다. 로슈는 2000년대 중반부터 2023년 완전한 실패를 발표하기 전까지 간테네루맙에 많은 것을 걸었다. 이미 임상3상에서 실패했음에도 불구하고 고용량 투여군에서 희망을 보고 새로운 임상3상을 진행했고, 아밀로이드 베타와 밀접한 관련이 있는 것으로 추측되는 유전성 알츠하이머병 환자를 대상으로 예방 임상(발병 자체를 미리 예방)을 진행하기도 했다. 이 같은 노력은 다른 신약개발 제약기업이 올바른 방향으로 가는 데 도움이 되었다. 단지 간테네루맙의 실패였을 뿐이었다.

간테네루맙의 실패 소식은, 2022년 레카네맙의 임상3상 성공 이후 전해졌다. 로슈는 2022년 12월 미국 알츠하이머병 임상학회(CTAD 2022)에서 간테네루맙의 GRADUATE 임상3상 전체 결과를 공개했다. 로슈는 간테네루맙이 뇌 아밀로이드 플라크를 잘 제거하지 못했는데, 예상했던 수준의 절반에 못 미친다고 발표했다. 로슈의 설명은 그동안의 성공이 왜 성공했고, 실패는 왜 실패했는지에 대한 단서가 되었다.

지금까지 아밀로이드 약물 임상 실패의 이슈는 '왜 실패했는지'를 설명하지 못했다. 연구 성과에 진척이 없었던 것도 이 때문이었다. 간테네루맙을 2년 동안 투여했을 때 아밀로이드 플라크가 제거된 환자(아밀로이드 음성)는 25~28% 수준이었는데, 레카네맙을 18개월 동안 투여했을 때 그 비율은 68%였다. 레카네맙이 간테네루맙보다 뇌 아밀로이드 플라크를 제거하는 효능이 우수했다.

간테네루맙의 임상 데이터는 아밀로이드 베타 치료제 분야에서 화두가 '플라크 제거와 인지저하 사이의 연관성이 있는가'에서 '어떤 약물이 효과적으로 플라크를 제거하는가'로 옮겨가게 했다. 로슈는 이 결과를 발표하며 간테네루맙과 관련된 모든 임상을 중단하기로 결정했다. 단, 간테네루맙의 뇌 투과성을 높인 토론티네맙(Trontinemab) 임상개발은 그대로 진행된다.

도나네맙

일라이릴리도 일찍부터 아밀로이드 항체 치료제 개발에 뛰어들었다. 일라이릴리는 2000년대 중반부터 솔라네주맙(Solanezumab) 임상개발을 시작했다. 솔라네주맙은 아직 플라크로 응집을 시작하기 전 아밀로이드 베타 단량체(monomer)에 결합하는 항체인데, 마치 스폰지처럼 올리고머나 피브릴 형태의 독성 아밀로이드 베타를 만드는 '재료(단량체)'를 빨아들이는 작용을 한다. 그러나 솔라네주맙의 전략은 실패했다. 솔라네주맙은 알츠하이머병 환자의 인지저하를 늦추지 못했으며, 2023년 현재 기준 증상이 나타나지 않은 경우의 알츠하이머병 발병도 예방하지 못했다.[15] 일라이릴리는

'아밀로이드 베타 단량체를 타깃하는 메커니즘'이 뇌 플라크를 제거하지 못하며, 인지를 늦추지 못한다고 결론지었다. 일라이릴리는 20년 가까이 이어온 솔라네주맙의 임상개발을 완전히 중단하기로 결정했다.

돌파구는 다른 곳에 있었다. 2010년대 초 일라이릴리 연구원들은 골똘히 고민하고 있었다.[16] 솔라네주맙은 아밀로이드 베타 중간 부분에 결합하는 항체인데, 다른 항체들은 아밀로이드 베타의 한쪽 끝부분인 N-말단(N-terminal)에 결합하는 경우가 많았다. N-말단은 아밀로이드 베타가 올리고머, 피브릴로 바뀌어 가는 데 중요한 부위로 여겨졌다. 따라서 N-말단에 항체를 붙여 플라크를 제거하는 방식에 초점이 맞춰져 있었다.

그러나 일라이릴리가 내부적으로 실험을 해 본 결과 N-말단 항체가 플라크를 효과적으로 제거하지는 못했다. 항체가 여러 형태의 아밀로이드 베타에 결합하면서, 정작 목표로 하는 플라크는 효과적으로 제거하지 못했다. 즉 선택성(selectivity)이 떨어지는 문제로 봤다. 일라이릴리는 가족성 알츠하이머병에서 유전자 변이로 아밀로이드 베타가 너무 많이 만들어지는 것이 문제였지만, 가족성 환자를 제외한 대부분 알츠하이머병(~95%)이 플라크를 제대로 제거하지 못해서 생기는 문제로 여겼다. 그리고 일라이릴리는 뇌에 쌓여 있는 플라크가 독성 아밀로이드 베타 '저장소(reservoir)'로 작용한다는 가설을 세웠고, 플라크만 선택적으로 제거할 수 있는 항체가 필요하다고 판단했다.

일라이릴리가 고른 타깃은 N3pG였다. 플라크 속에는 여러 아밀로이드 베타가 섞여 있다. 이 속에 아밀로이드 베타 펩타이드(Aβ 1-42)의 끝 부분이 잘린 Aβp3-42 형태가 발견되는데, 끝부분에서 2개의 아미노산이 잘리고 난 이후 고리를 이룬(pyroglutamate) 형태다. 이러한 고리화는 자발적으로 만들어지기도 하며 효소(glutaminyl cyclase)가 작용해 만들어지기도 한다.

Aβp3-42는 알츠하이머병 초기부터 뇌에서 쌓이며, 응집을 더 촉진하는 특징을 가진다. 일라이릴리 연구팀은 실제 환자의 뇌 척수액(CSF)이나 혈장에서도 Aβp3-42가 발현되지 않아 플라크 특이적으로 관찰되는 타깃이라고 생각했다. 또한 알츠하이머병 쥐 모델에 Aβ1-42 결합 항체를 주입하자 아밀로이드 계열 약물에서 나타나는 미세출혈(microhemorrhage)이 나타나지 않았다. 일라이릴리는 결과적으로 Aβ1-42(N3pG)에 결합하는 도나네맙(Donanemab)을 제작해 2013년 임상1상에 들어갔다. 2021년 초기 알츠하이머병 임상2상에서 도나네맙이 인지저하를 32% 늦춘 결과를 발표했으나 결과가 뒤섞여 있어 판단이 어려웠다.

2023년 5월 도나네맙이 초기 알츠하이머병 환자 1,730여 명에게서 위약 대비 환자의 인지저하를 35% 늦춘 임상3상 결과가 발표됐다. 레카네맙과 같이 도나네맙은 알츠하이머병 환자에게서 인지와 일상생활 등을 평가하는 1차, 2차 종결점을 모두 개선시켰다.

일라이릴리의 도나네맙 임상3상에서 주목해볼 점은 타우다. 일라이릴리는 아밀로이드 플라크가 축적된 일츠하이머병 환자를 모집하면서, 뇌에 타우 단백질이 쌓인 정도까지 평가해 환자 그룹을 나눴다. 아밀로이드 베타 트레이서 아미비드(AMYVID®, 성분명: Florbetapir F 18)와, 타우 트레이서 타우비드(TAUVID™, 성분명: Flortaucipir F 18)는 각각 환자 뇌 속 아밀로이드 베타 단백질과 타우 응집체에 결합하는 방사성 물질로 구성되어 있다.

도나네맙 임상3상에 참여했던 환자 가운데 타우가 중간 수준(intermediate)으로 쌓인 환자는 1,182명, 높은(high) 수준으로 쌓인 환자는 552명이었다. 도나네맙 임상3상의 1차 종결점은 iADRS(integrated Alzheimer's Disease Rating Scale)에 따랐다. iADRS도 일라이릴리가 새롭게 만든 측정 지표다. 기존에 사용하던 2개의 인지(cognition)와 재정관리, 운전, 취미, 일상에 대한 대화 등을 지표화한 것을 합친 것이다.

도나네맙을 18개월 동안 투여한 시점에서 타우가 중간 정도 쌓인 환자에게서 iADRS를 일차적으로 분석했는데, 1차 종결점인 iADRS 지표에서 위약을 투여한 환자 대비 인지저하를 35% 늦췄으며($p < 0.0001$), 2차 종결점 주요 지표인 CDR-SB에서는 인지저하를 36% 늦췄다($p < 0.0001$). 일라이릴리는 2023년 2분기 FDA에 도나네맙의 정식허가 신청서를 제출했다.

일라이릴리는 『*JAMA*(*Journal of the American Medical Association*)』 저널을 통해 임상3상 세부 결과를 공개했다.[17]

첫째, 타우 축적 정도에 따라 도나네맙 효능이 달랐다. 타우 축적이 중간 수준인 환자에게 도나네맙을 18개월 동안 투여하자 다음 단계로 병기가 진행될 위험을 39% 낮췄으며, 이는 효능지표에 따라 병기진행을 4.4~7.5개월 늦춘 결과였다. 또한 도나네맙 투여 1년 시점에서 환자의 절반에게서 병기진행이 관찰되지 않았는데, 위약은 1/3 수준이었다. 반면 타우가 높게 쌓인 환자에게서 도나네맙은 iADRS 지표에서 위약 대비 인지저하를 6% 늦추어 통계적으로 유의미한 차이를 내지 못했다. 즉 타우 축적이 높은 환자에게 도나네맙을 투여해야 하는지 의문이 제기될 수 있다.

둘째, 도나네맙은 더 초기일수록, 또 더 젊은 환자일수록 효능이 좋았다. 알츠하이머병 특성에 따르면 예상할 수 있는 내용이지만, 일라이릴리는 직접 임상시험으로 증명했다. 일라이릴리는 중간 단계의 타우 축적 대상에 대한 세부 분석 결과에서 경도인지장애(MCI) 단계 환자로 좁혔을 때 iADRS 지표에서 도나네맙은 인지저하를 60%, CDR-SB 기준 46%로 늦춰 이점이 가장 컸다. 다만 임상시험에 참여한 환자 가운데 MCI 환자는 214명으로, 전체 환자에게서 1/5 수준이었다. 즉 조기진단으로 환자를 일찍 찾아내는 것이 중요하다. 75세 이하 환자(542명)에게서 도나네맙이 iADRS 지표에서 인지저하를 48%, CDR-SB 지표에서는 인지저하를 45% 늦췄다고 발표했다. 반면 75세 이상에서 도나네맙이 인지저하를 늦춘 수치는 각각 25%, 29%로 상대적으로 낮았다.

셋째, 플라크 제거 이후 약물 투여를 중단해도 효능이 유지됐다. 임상3상에서 도나네맙을 18개월 동안 투여하자 전체 환자에게서 아밀로이드 플라크는 평균 84% 줄었는데, 위약은 1% 감소했다.

일라이릴리는 임상시험 설계를 일정 수준 이상 플라크가 제거되면 도나네맙 투여를 멈추고 위약을 투여받도록 디자인했다. 이에 따라 도나네맙 투여 12개월 시점에서 절반의 환자가 이 기준에 도달했으며, 18개월 시점에서는 10명 가운데 7명이 부합했다. 일라이릴리가 새롭게 공개한 데이터에서 도나네맙 투여를 중단한 환자에게서도 인지저하를 늦추는 효능은 계속 증가해, 18개월 시점에서 위약 투여군과 비교해 가장 큰 차이가 났다. 이에 따라 환자가 6개월 또는 12개월처럼 제한된 기간에만 치료제를 투여받고 더 이상 투여하지 않아도 되는 치료 시나리오를 생각해볼 수 있다. 일라이릴리는 20여 년 동안 아밀로이드 베타가 쌓였기 때문에, 약물을 다시 투여해야 하는 시점도 4~5년 이후로 내다봤다.

넷째, 그럼에도 여전히 ARIA 부작용이라는 위험 요소가 남아 있다. 임상3상에서 일라이릴리는 도나네맙을 투여받고 ARIA 부작용으로 환자 3명이 사망했다. 세부 ARIA 부작용으로는, 도나네맙 투여로 뇌부종을 수반하는 ARIA-E는 24%(심각한 수준 1.5%)에게서 발생했으며, 미세뇌출혈을 수반하는 ARIA-H 부작용은 전체 31.4%(심각한 수준 0.5%)에게서 발생했다.

도전 1. 타우

알로이스 알츠하이머 박사가 환자의 뇌 조직에서 아밀로이드 플라크와 신경섬유 엉킴을 처음 발견한 때로 돌아와보자. 알츠하이머병 환자의 뇌에서 두드러지는 2가지 병리 현상 가운데 플라크에 대한 이해는 어느 정도 진전이 이루어졌다. 남아 있는 영역은 신경섬유 엉킴이고, 이는 타우가 비정상적으로 뭉치면서 생긴다는 사실을 알게 됐다.

타우가 비정상적으로 응집하는 현상은 아밀로이드 플라크가 뉴런 바깥에 쌓이는 것과 더불어 알츠하이머병과 관계가 있는 것으로 알려져 있다. 타우 단백질은 뉴런의 구조적인 형태를 유지하는 데 도움을 준다. 많은 세포들이 동그란 공 모양을 하고 있는 것이 비해 뉴런은 기다란 모양을 하고 있어, 전화선이나 랜(lan)선이 연결되어 있는 모습을 떠올리게 한다. 뉴런은 신호를 전달하는 역할을 하므로 전선이 연결된 것과 같은 구조가 유리하다. 뇌에서 정보는 뉴런이 수많은 가지를 뻗고 있는 머리 부분(dendrite)에서 통합되어 전선을 타고 다음 뉴런으로 전달된다. 타우는 뉴런의 긴 전선 모양이 유지될 수 있도록 하는 역할을 한다. 그런데 타우에 비정상적인 변형이 일어나 문제가 생기면 뉴런의 기다란 형태가 유지되지 못하고 망가진다. 이 과정에서 비정상적인 타우가 뉴런의 전선에 해당하는 축삭(axon)에서 분리되고, 분리된 타우가 다른 타우에 달라붙으면서 뉴런 안에서 타우끼리 엉겨붙는 현상이 생긴다. 비정상적인 타우가 덩어리져 뉴런이 망가지는 현상은, 알츠하이머병을 앓고 있는 환자의 뇌에서 일어나는 일 가운데 한 가지다. 타우는 뇌 아밀로이드 베타가 특정 수준 이상으로 퍼지기 시작하면, 다른 뇌

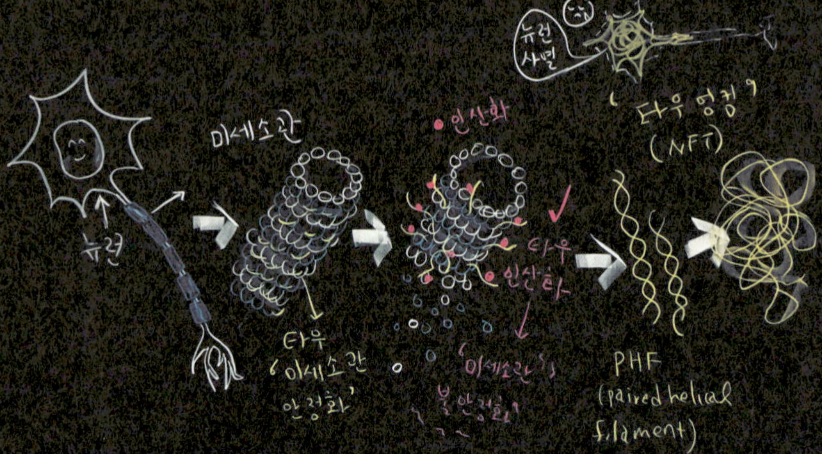

〔그림 14_04〕 타우 엉킴

뉴런의 기다란 형태는 신경물질 전달에 유리하다. 기다란 전선 형태를 유지하게 만드는 것, 즉 뉴런 안의 미세소관을 지탱하는 것이 타우 단백질이다. 그런데 어떤 이유로 타우 단백질에 문제가 생기면 미세소관을 지탱하지 못하고, 기다란 형태가 무너지며 뉴런이 죽는다.

부위로 빠르게 퍼져 나간다.

알츠하이머병에서 아밀로이드 플라크에 대한 이해는, 타우를 없애는 치료제 개발을 다시 시작하게 하고 있다. 아밀로이드 플라크가 많이 쌓인 환자한테 타우가 함께 다량 축적된 경우, 아밀로이드 약물이 효과를 발휘하지 못했다. 이에 따라 약물 반응을 기준으로 치료제를 구분해 투여하는 아이디어도 구체화되고 있다. 마치 항암제가 그랬던 것처럼 약물을 투여받고 완전히 반응한 환자는 아밀로이드 약물로 치료하고, 부분적인 반응을 보인 환자는 아밀로이드와 타우를 타깃하는 약물을 병용투여하며, 반응하지 않는 환자는 타우를 타깃하는 치료제나 다른 메커니즘의 치료제로 바꿔 치료하는 식이다.

2023년 현재 타우를 타깃하는 치료제 개발은 초기 단계다. 타우는 아밀로이드 베타보다 크기가 크고 종류가 여러 가지다. 게다가 인산화와 같이 많은 변형이 가해져 매우 복잡하다. 타우를 타깃하는 치료제 개발이 어려운 이유다. 어떻게 타우를 잡아야 할지에 대한 여러 아이디어가 나오고 있는 정도다. 긍정적인 평가를 받고 있는 후보물질로 바이오젠이 아이오니스 파마슈티컬스(Ionis Pharmaceuticals)와 공동개발하고 있는 안티센스 올리고뉴클레오타이드(ASO) BIIB080이 있다. 타우 mRNA에 결합해 단백질 발현을 저해하는 개념으로, 초기 알츠하이머병 대상 임상1b상에서 실제 뇌에서 타우에 대한 부담을 줄였다. 그럼에도 인지에 영향을 미칠 수 있는가는 여전히 불확실하다. 로슈가 AC이뮨(AC Immune)

과 공동개발하는 타우 항체 세모리네맙(Semorinemab)의 임상2상 결과를 발표했는데, 알츠하이머병 환자에게서 인지저하를 늦췄다. 다만 특정 지표(ADAS-Cog11)를 제외한 모든 다른 효능 지표에서 차이는 없었으며, PET 이미지 결과에서 뇌 타우도 줄이지 못했다.

도전 2. BBB

뇌 질환을 타깃하는 항체는 일단 뇌를 투과해야 병을 치료할 수 있다. 혈뇌장벽(blood-brain barrier, BBB)은 신경세포를 보호하기 위해 500Da보다 작은 크기의 산소와 영양분 정도만 간신히 통과할 수 있을 정도로 촘촘하다. 그런데 아두카누맙과 레카네맙 모두 항체 치료제다. 항체는 BBB를 통과하기에는 덩치가 너무 큰 150kDa 정도다. BBB를 통과할 수 있는 크기에 300배 이상 덩치가 큰 항체가 BBB를 통과하는 비율은 0.1~0.3% 정도인데, 이 정도로는 충분한 치료 효과를 기대하기 어렵다. 치료 효과를 높이겠다고 많은 양의 약물을 투여하면 부작용이 심해지는 문제가 있다.

이를 극복할 수 있는 해결책은 항체에, BBB를 투과할 수 있는 '셔틀 분자'(BBB shuttle)를 달아주는 방법이다. 아두카누맙이나 레카네맙의 어딘가에 BBB 투과 수용체와 결합할 수 있는 부분을 달아줄 수 있다면, 투여량을 줄여도 아두카누맙과 레카네맙은 BBB

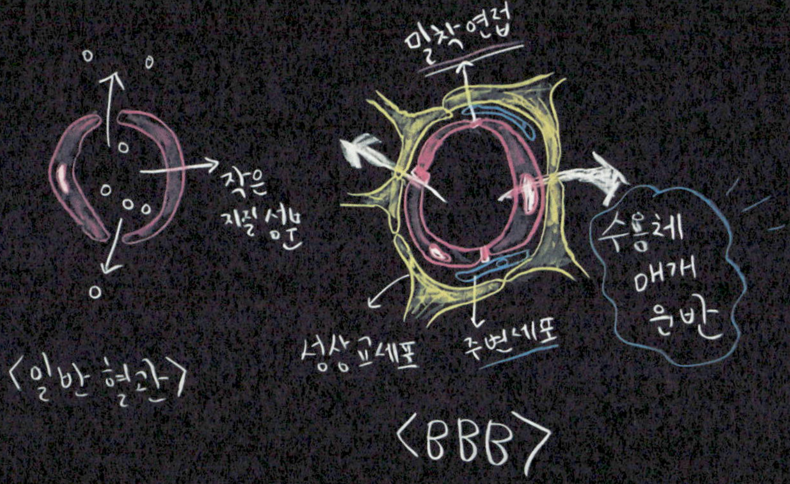

[그림 14_05] BBB 구성

일반적으로 혈관 벽은 얇고 물질이 이동할 수 있을 정도의 틈을 가진다. 그런데 뇌는 다르다. 뇌 뉴런은 재생되지 않기 때문에 물질 통과가 엄격히 통제되며, 면역 작용도 상대적으로 덜 활발하다. 이 때문에 뇌혈관은 벽과 같이 단단한 구조를 이루며, 이를 혈뇌장벽(blood-brain barrier, BBB)이라고 부른다.

BBB의 구조는 견고하다. 혈관 벽이 서로 단단하게 부착돼 있고(밀착 연접), 이를 주변세포가 둘러싸고 있다. 뇌세포인 성상세포(astrocyte)의 끝부분이 이를 장벽과 같이 둘러싸고 있다. 일부 물질을 제외하면, BBB를 통과하기는 어렵다.

를 통과해서 신경세포까지 충분한 양이 전달될 것이다.

BBB 투과 플랫폼 개념은 고분자물질이 뇌로 들어갈 수 있는 전용 통로를 빌리는 것이다. 대표적으로 트랜스페린 수용체(transferrin receptor, TfR) 매개 전달 시스템을 이용하는 방법이 있다. 트랜스페린(Tf)은 철(Fe)을 세포 안으로 운반한다. Tf가 철과 결합하면, 세포막에 있는 TfR과 결합한다. 이후 세포 내 이입(endocytosis) 현상이 일어나면서, TfR이 세포 안으로 빨려 들어간다. Tf와 철은 pH에 변화에 따라 결합과 분리가 일어나며, 세포 안 pH에서는 Tf와 철이 분리된다. 만약 아밀로이드 베타 단백질을 타깃하는 항체에 TfR과 결합하는 부위를 달면 어떻게 될까? TfR이 항체를 달고 BBB를 이루는 세포 안으로 빨려 들어가서 항체를 분리하면 좀더 많은 치료용 항체를 뇌로 보낼 수 있지 않을까? 로슈와 디날리 테라퓨틱스 등이 TfR 기반의 BBB 셔틀 플랫폼을 개발하고 있다.

그러나 TfR을 BBB 셔틀 플랫폼으로 이용할 경우 해결해야 할 문제가 있다. TfR은 철을 운반하는데, 철은 산소를 운반하는 역할을 하는 적혈구에 꼭 필요한 물질이다. 때문에 TfR 메커니즘을 이용하는 약물을 주입할 경우 망상적혈구 고갈(reticulocyte depletion)을 포함한 혈액 독성이 나타날 수 있다.

독성 문제 이외에도 타깃하는 질환이나 타깃에 따라 전략도 세분화되고 있다. 디날리 테라퓨틱스는 TfR을 이용한 BBB 셔틀 플랫폼에, 추가로 CD98hc라는 신규 BBB 셔틀분자를 찾아 발표했다.[18] BBB 셔틀 플랫폼 TfR이 타깃을 빠르게 뇌 속으로 통과시키

〔그림 14_06〕 BBB 셔틀의 개념

BBB 셔틀은 특정 물질이 뇌로 들어가는 메커니즘 가운데 하나다. 대표적인 것이 수용체 매개 세포이동(receptor-mediated transcytosis, RMT)이며, 이 과정에서 선택된 물질은 뇌 안으로 건너갈 수 있다.

항체에 BBB 셔틀 분자를 붙이면, RMT 메커니즘을 통해 BBB를 통과해서 뇌 안으로 들어갈 수 있다. 이렇게 뇌로 들어간 항체가 병리 단백질을 효과적으로 억제한다면, 덩치가 큰 단백질 의약품이 BBB를 통과해 뇌질환을 치료할 수 있다는 공식이 성립된다.

는 장점이 있다면, CD98hc는 상대적으로 천천히 뇌를 통과시키지 만 더 오랫동안 머물면서 효과를 늘리는 장점이 있다.

한국에서는 에이비엘바이오(ABL Bio)가 이중항체를 가지고 BBB를 투과할 수 있는 플랫폼을 개발하기 위해 도전하고 있다. 에이비엘바이오가 바라보는 해결책은 이중항체다. 에이비엘바이오는 BBB 셔틀 플랫폼으로 IGF1R(insulin-like growth factor 1 receptor)을 찾았다. IGF1R은 중추신경계 조직에서 TfR과 비슷한 수준으로 발현되는데, BBB 셔틀이 통과해야 하는 혈관내피세포(endothelial cell)에 높게 발현한다. 따라서 망상 적혈구 고갈과 같은 부작용을 피할 수 있다. 또한 IGF1R이 뉴런에도 발현하고 있어, 세포 내로 들어가는 메커니즘도 기대해볼 수 있다. 에이비엘바이오는 파킨슨병 치료제를 개발하기 위해 알파시누클레인(alpha-synuclein) 도메인이 병리 형태 응집체(aggregates, pre-formed fibrils)를 타깃하는 항체에 IGF1R BBB 셔틀을 매단 ABL301로 임상1상을 진행하고 있다. 영장류를 대상으로 한 전임상시험에서 ABL301은 BBB 셔틀을 매달지 않은 경우보다 13배 정도 뇌를 더 잘 투과했다. 에이비엘바이오가 임상1상을 완료한 시점 이후부터는 파트너사인 사노피가 임상개발을 진행하게 된다. 에이비엘바이오는 2022년 1월 사노피에 ABL301을 라이선스아웃했다.

도전 3. ARIA

완전히 다른 방식으로 독성 단백질을 없애는 시도 또한 이루어지고 있다. 한국의 바이오테크 일리미스 테라퓨틱스(Illimis Therapeutics)의 도전이다. 일리미스 테라퓨틱스는 죽어가는 세포를 대식작용으로 없애는 이페로사이토시스(efferocytosis)에 주목했다. 죽어가는 세포는 세포막에 특정 신호(PtdSer)를 노출한다. 이는 '나를 잡아먹어라(eat-me)'는 신호이며, 뇌 속의 면역세포들의 대식작용을 유도한다. TAM(TYRO3, AXL, MERTK) 수용체는 뇌 면역세포의 대식작용을 유도하는 수용체 가운데 하나다. 그리고 TAM 수용체 활성화는 항체 Fc 매개 활성화와 달리, 염증반응을 일으키지 않는 신호를 활성화한다. 뇌 안에서는 이 메커니즘으로 아밀로이드 베타 단백질이 뇌 면역세포에 잡아먹혀 사라지는 일이 벌어진다.

한편 죽어가는 세포막의 신호(PtdSer)는 Gas6 단백질을 매개로 TAM 수용체와 작용한다. 만약 Gas6가 PtdSer이 아닌 아밀로이드 베타 단백질을 인지할 수 있게 한다면 어떤 일이 벌어질까? 뇌 면역세포는 염증반응을 일으키지 않으면서 아밀로이드 베타 단백질만 잡아먹지 않을까?

일리미스 테라퓨틱스는 Gas6 도메인에 아밀로이드 베타 scFv를 결합시킨 αAβ - Gas6을 만들었다. αAβ - Gas6은 아밀로이드 베타 단백질을 인식하는데, 설계대로라면 αAβ - Gas6은 TAM 수용체와 아밀로이드 베타 단백질을 사이를 매개해, 뇌 면역세포가 아밀로이드 베타 단백질을 염증반응 없이 잡아먹을 수 있게 할 것이다. 일리미스 테라퓨틱스의 αAβ – Gas6 연구는 2022년 8월 『네이처 메디슨(*Nature Medicine*)』에 실렸다.

바이오젠과 에자이

알츠하이머병 신약개발은 성공 직전에 모두 실패했고, 큰 시장을 보고 뛰어들었던 제약기업들은 실패를 맛보고 뒤로 물러섰다. '실패율 100%'라는 타이틀이 어색하지 않았던 2020년대 초까지, 알츠하이머병 치료제 개발에 뛰어들었던 전 세계적 규모의 제약기업과 바이오테크 가운데 절반가량이 알츠하이머병 신약개발을 포기했다. 그러나 지난 20년 동안 알츠하이머병을 치료하려는 방식에 진전이 있었다. 병이 진행되기 전인 초기 단계에 치료하거나, 더 많은 양의 약물을 투여할 수 있는 방법을 찾거나, 바이오마커를 세분화하는 시도들이다. 바깥에서 보기에 멈춰 있었지만, 그 안에서는 알츠하이머병 치료제를 개발하려고 했던 기업들이 고민하면서 조금씩 앞으로 나아가고 있었다. 그리고 이러한 노력과 의지가 모여, 2022년과 2023년에 걸쳐 긍정적인 임상3상 결과를 내면서 마침내 첫 돌파구를 만들었다. 실패의 그림자 속에 가려져 있던 아밀로이드 가설이 다시 밖으로 나온 것이다. 더 중요한 것은 알츠하이머병이 '치료 불가능'의 영역에서 '치료해볼 수 있는' 영역으로 옮겨진 것이다.

바이오젠과 에자이는 비슷한 면이 많다. 바이오젠은 뉴리뮨에서 아두카누맙을, 에자이는 바이오아틱에서 레카네맙을 사와서 임상개발에 들어갔다. 그리고 두 기업 모두 알츠하이머병 치료제 개발에 몰두한다. 에자이는 이미 1997년에 알츠하이머병 치료제로 승인을 받은 아리셉트(ARICEPT®, 성분명: Donepezil)를 미국에서 출시했다. 도네페질은 아세틸콜린이 분해되는 것을 억제해 알츠하이머병 환자 뇌에서 아세틸콜린이 줄어드는 것을 방해한다. 아세틸콜린은 신경세포와 신경세포 사이에 신호를 전달하는 물질이며, 알츠하이머병 환자 뇌 속에는 아세틸콜린 수치가 떨어지는 것으로 알려져 있다. 그러나 도네페질이 어떤 메커니즘으로 알츠하이머병 환자의 증상이 악화되는 것을 막는지에 대해서는 정확하게 밝혀지지 않았다. 그럼에도 2010년 아리셉트의 미국 특허가 만료되기 전까지 거의 20억 달러어치가 처방된 것으로 알려졌다.[19]

바이오젠과 에자이의 협업은 그 자체로는 이상하지만, 막상 뜯어보면 전혀 이상하지 않을 수도 있다. 알츠하이머병 치료제 개발은 매우 초기 단계다. 질병이 원인과 진행되는 메커니즘을 정확하게 모른다. 엄밀히 말해 아밀로이드 베타 단백질이 알츠하이머병의 원인인지 결과인지에 대해서도 정확하게 모른다.

심지어 어떤 상태가 질병이고 어떤 상태가 치료된 상태인지에 대한 것도 뚜렷하게 나누기 어렵다. 알츠하이머병 치료제로 정식승인을 받기 위한 중요한 과제로 인지기능 지표를 개선하는 것이 있다. 임상시험에 참여한 환자의 CDR-SB(clinical dementia rating-sum of boxes)가 나아져야 하는데, CDR-SB는 기억력, 지남력(시간과 장소, 상황이나 환경을 올바로 인식하는 능력), 판단력과 문제해결 능력, 사회활동, 집안 생활과 취미, 위생 및 몸치장 등 6개 영역에 걸쳐 환자의 인지기능을 평가하는 지표다. 검사 결과 0~18점으로 점수를 매기는데, 후기 MCI 내지 경증 알츠하이머병 환자는 1년에 CDR-SB 점수가 0.5~1.4 수준으로 증가한다.[20]

임상3상에서 초기 알츠하이머병 환자에게 투여된 레카네맙은 위약 대비 병기진행을 27% 늦추었다. 그런데 CDR-SB 지표에서는 0.45점 정도의 차이로 나타났다. 물론 0.45점도 작은 차이는 아니다. CDR-SB 지표가 1점에서 1.5점으로 올라가면 환자는 운전을 할 수 없게 된다. 어쨌건 오랫동안 임상 현장에서 데이터를 모으고 분석을 이어간 의료진의 노력이 반영된 지표지만, 질병의 원인이 해소된 결과에 대한 것이라기보다는 증상이 어떻게 변했는지를 측정하는 정도의 도구만을 가지고 있을 뿐이다.

종합해서 보면 바이오젠의 아두카누맙과 에자이의 레카네맙 모두 '매우 초기 단계의 연구 결과를 바탕으로 한 제한적인 치료제'다. 즉 바이오젠과 에자이는 신약개발이 임박한 상황에서 서로 먼저 개발에 성공하려는 경쟁자라기보다는, 이제 신약개발의 실마리를 잡아가는 단계에서 서로에게 꼭 필요한 정보를 공유하는 동료 연구자의 관계일지 모른다.

전 세계적 규모의 제약기업이나 바이오테크들도, 한국의 도전적인 신약개발자들도 모두 알츠하이머병 치료제 개발에 다시 뛰어들고 있지만 여전히 중심에는 바이오젠과 에자이가 있다. 이 둘의 협업은 공동의 적에 맞서기 위해 손을 잡는 경쟁자의 모습이다. 이 둘은 타깃하는 단백질(아밀로이드 베타), 치료제의 아이디어(둘 다 항체인 아두카누맙과 레카네맙)를 공유하는 정도를 넘어선다. 이들은 서로 돈을 공유하고, 리스크도 공유하며, 이익까지 똑같이 나눈다.

어쩌면 이들은 사명을 공유하고 있는지도 모른다. 중요한 것은 알츠하이머병을 치료하는 신약을 만드는 것이지, 그것이 누가 되는지는 중요한 문제가 아니라는 생각의 공유 말이다. 풍부한 경험과 자원을 가진 큰 규모의 제약기업이나 바이오테크가 다들 포기했을 때, 마지막까지 포기하지 않았던 둘은 경쟁자 사이에서 동료 사이로 바뀌었을지도 모른다. 유일하게 남은 경쟁자마저 포기한다면, 결국 나 또한 포기하게 될 수도 있다는 위기감은 이렇게 독특한 협업 구조를 만들었을 것이다. 장담할 수 없지만, 만약 알츠하이머병 신약개발에 성공한다면, 성공의 주체는 바이오젠이나 에자이일 가능성이 높다. 이렇게 본다면 이 둘이 손을 잡는 것, 함께 연구하고, 함께 비용을 분담하는 일은 결코 이상한 일이 아닐 것이다.

주

1 서울대학교병원 홈페이지 N의학정보 - 알츠하이머병[alzheimer's disease]. http://www.snuh.org/health/nMedInfo/nView.do?category=DIS&medid=AA000115 (검색일: 2023.08.29.)

2 Skaria A.P. (2022) The economic and societal burden of Alzheimer disease: managed care considerations. *Am J Manag Care.* 28, S188-S196.

3 Hardy J.A. and Higgins G.A. (1992) Alzheimer's disease: the amyloid cascade hypothesis. *Science.* 256, 184-185.

4 AlzForum - databases – AN-1792. https://www.alzforum.org/therapeutics/an-1792 (검색일: 2023.06.22.); Thatte U. (2001) AN-1792 (Elan). *Curr Opin Investig Drugs.* 2, 663-667.

5 Schenk D. (2002) Amyloid-β immunotherapy for Alzheimer's disease: the end of the beginning. *Nat Rev Neurosci.* 3, 824-828.

6 Holmes C. et al. (2008) Long-term effects of Aβ42 immunisation in Alzheimer's disease: follow-up of a randomised, placebo-controlled phase I trial. *Lancet.* 372, 216-223.

7 Judy George (2019) Alzheimer's Diagnoses Change With Amyloid PET Scans — Results lead to new clinical management for nearly two-thirds of patients. *MedPage Today.* https://www.medpagetoday.com/neurology/alzheimersdisease/78974 (검색일: 2023.06.22.)

8 미국 임상정보사이트(ClinicalTrials.gov). (Last Update: March 23, 2015) Single Ascending Dose Study of BIIB037 in Participants With Alzheimer's Disease. https://classic.clinicaltrials.gov/ct2/show/NCT01397539?term=BIIB037&phase=04&draw=2&rank=3 (검색일: 2023.08.30.)

9 Salloway S. et al. (2022) Amyloid-Related Imaging Abnormalities in 2 Phase 3 Studies Evaluating Aducanumab in Patients With Early Alzheimer Disease. *JAMA Neurol.* 79, 13 – 21.

10 AlzForum - news (2023) Is ARIA an Inflammatory Reaction to Vascular Amyloid? https://www.alzforum.org/news/conference-coverage/aria-inflammatory-reaction-vascular-amyloid (검색일: 2023.08.30.)

11 Nilsberth C. et al. (2001) The 'Arctic' APP mutation (E693G) causes Alzheimer's disease by enhanced Aβ protofibril formation. *Nat Neurosci.* 4, 887-893.

12 김성민 (2022) '오랜 파트너' 에자이까지 '아두헬름' "권리 축소". *BioSpectator.* http://m.biospectator.com/view/news_view.php?varAtcId=15790 (작성일: 2022.03.17.)

13 Babak Tousi (2022) Dementia Insights: Antiamyloid Antibody Therapy in Alzheimer Disease. https://practicalneurology.com/articles/2022-july-aug/dementia-insights-antiamyloid-antibody-therapy-in-alzheimer-disease (검색일: 2023.09.27.)

14 김성민 (2022) 바이오젠 40% 급등, 에자이 상한가..원개발사 172%↑. *BioSpectator.* http://www.biospectator.com/view/news_view.php?varAtcId=17316 (작성일: 2022.09.29.)

15 김성민 (2023) 릴리, "예견된 최후?" '솔라네주맙' 예방 AD서도 '실패'. *BioSpectator.* http://www.biospectator.com/view/news_view.php?varAtcId=18477 (작성일: 2023.03.14.)

16 DeMattos R.B. et al. (2012) A Plaque-Specific Antibody Clears Existing β-amyloid Plaques in Alzheimer's Disease Mice. *Neuron.* 76, 908-920.

17 Sims J.R. et al. (2023) Donanemab in Early Symptomatic Alzheimer Disease - The TRAILBLAZER-ALZ 2 Randomized Clinical Trial. *JAMA.* 330, 512 - 527.

18 Chew K.S. et al. (2023) CD98hc is a target for brain delivery of biotherapeutics. *Nat Commun.* 14, 5053.

19 Reuters (2010) UPDATE 1-Eisai says Aricept's U.S. sales to more than halve. https://www.reuters.com/article/eisai-idUSTOE62306Z20100304 (검색일: 2023.06.22.)

20 Samtani M.N. et al. (2014) Disease progression model for Clinical

Dementia Rating – Sum of Boxes in mild cognitive impairment and Alzheimer's subjects from the Alzheimer's Disease Neuroimaging Initiative. *Neuropsychiatr Dis Treat.* 10, 929 – 952.

7부

—

그리고 탐색

15

표적 단백질 분해

Targeted Protein Degradation

저분자 화합물

표적 단백질 분해(Targeted Protein Degradation, TPD) 치료제는 저분자 화합물 의약품에서 이야기를 시작한다. 의약품으로 쓰이는 물질 가운데 보통 분자량이 900~1,000Da 이하의 화합물에 '저분자'라는 이름으로 붙인다.[1] 이 정도의 화합물은 화학적 방식으로 합성할 수 있는 경우가 많다. 따라서 화학적인 방식으로 합성한, 저분자 크기의 화합물로 된 의약품을 '케미컬(chemical) 의약품' 또는 '합성 의약품'이라고 부른다. 저분자 화합물 의약품(이하 케미컬 의약품)은 전체 의약품 가운데 가장 많은 비중을 차지하며, 지난 200여 년 동안 주류 의약품이었다. 즉 제약 분야의 연구자, 개발자, 생산자는 물론 의료진과 환자들에게 친숙한 의약품이다.

케미컬 의약품은 질병과 관계가 있는 단백질의 활성을 저해(inhibit)하는 방식으로 질병을 치료한다. 몸속의 특정 단백질 작동에 문제가 생기면 다양한 질병으로 이어질 수 있다. 어떤 폐암은 세포의 성장을 촉진시키는 EGFR(epidermal growth factor receptor) 단백질에 문제가 생겨 발생한다. EGFR에 돌연변이가 일어나 활성이 비정상적으로 높아지면 세포 성장이 통제되지 않는데, 세포가 통제되지 않고 무한히 분열하기만 하는 현상이 암(cancer)이다. EGFR 신호전달이 활성화되면, 이어서 Ras/Raf/MAPK와 PI3K/Akt/mTOR 하위 신호전달이 활성화된다. 이에 따라 암세포 이동, 증식, 생존을 매개한다. 즉 어떤 폐암은 비정상적인 EGFR 단백질

이 원인이다.[2]

따라서 질병 상황에서 벗어나려면 문제가 되는 단백질이, 문제가 되는 작용을 하지 못하도록 저해하면 된다. 케미컬 의약품은 문제가 되는 단백질의, 문제가 되는 작용을 저해하기 위해, 해당 단백질에 특정 부위에 결합하는 구조를 가진다. 케미컬 의약품이 특정 단백질의 특정 부위에 결합하면, 문제가 되는 단백질의 문제가 되는 작용이 멈추면서 질병이 치료된다.

로슈(Roche)의 타쎄바(TARCEVA®, 성분명: Erlotinib), 아스트라제네카(AstraZeneca)의 타그리소(TAGRISSO®, 성분명: Osimertinib)는 폐암을 치료하는 케미컬 의약품이다. 둘 다 EGFR 단백질에 결합해 활성을 저해하는 방식으로 폐암 세포가 분열해 증식하는 것을 막는다.[3] 타쎄바와 타그리소가 결합하는 부위는 EGFR에서 ATP(adenosine triphosphate)가 결합하는 타이로신 인산화효소(tyrosine kinase) 부위다. ATP는 세포 안에서 여러 작용이 일어날 수 있게 하는 에너지 공급원이다. 이 EGFR 타이로신 인산화효소 부위에 특정 유전자 변이(exon 19 deletion, exon 21 L858R 등)가 생기면 EGFR이 구조적으로 계속해서 활성화되는 '켜진(on)' 상태가 된다. 이에 약물로 EGFR 타이로신 인산화효소를 억제하는 것이며, 이 때문에 EGFR TKI(tyrosine kinase inhibitor)로 불린다.

로슈의 엘로티닙과 아스트라제네카의 오시머티닙은 각각 크기가 394Da, 500Da인 저분자 화합물이다. 폐암 환자가 엘로티닙과 오시머티닙을 먹으면, 각각의 저분화 화합물은 혈액으로 흡수되어 폐암 조직으로 이동하고, 다시 폐암 세포 안으로 들어간다. 그리고 EGFR을 활성화시키는 타이로신 인산화효소 부위에 결합한다. 이렇게 되면 EGFR 과활성화를 멈추게 하고, 암세포는 한동안 증식할 동력을 잃는다. 즉 폐암 세포가 분열을 멈추고 폐암도 진행을 멈춘다. 타쎄바와 타그리소는 둘 다 EGFR의 타이로신 인산화효소 부위에 결합해 EGFR을 저해한다는 점에서는 같지만 다른 점도 있다. 타쎄바는 EGFR의 변이 부위에 붙었다가 떨어질 수 있는 비공유결합(non-covalent bond) 방식이며, 타그리소는 EGFR의 변이 부위에 영구적으로 붙는 공유결합(covalent bond) 방식이다. 이런 이유로 붙었다가 떨어지는 비공유결합 방식의 타쎄바는 가역적(reversible) 저해제, 영구적으로 붙는 공유결합 방식의 타그리소는 비가역적(irreversible) 저해제다.

케미컬 의약품

케미컬 의약품은 장점이 많다. 무엇보다 분자량이 작아서 타쎄바나 타그리소처럼 먹는 약으로 만들 수 있다. 케미컬 의약품은 덩치가 작기 때문에 먹었을 때 물과 함께 환자 몸속으로 흡수되기 좋다. 이후 혈관을 타고 몸속을 돌아다니다 치료 효과를 일으켜야 하는 곳에 도착해 약효를 발휘한다.[4] 그런데 케미컬 의약품보다 덩치가 큰 바이오 의약품은 대부분 정맥주사나 피하주사로 환자에게 투여해야 한다. 바이오 의약품을 먹는 약으로 만들면 환자 몸에 흡수되기 전에 위에서 소화되기 때문이다. 그러나 정맥주사 투여는 전문적인 의료진만이 할 수 있는 의료행위이며, 반드시 병원에서 치료제를 투여받아야 한다. 피하주사는 환자 스스로 투여할 수 있지만 자기 몸에 주사바늘을 꽂는 일이 수월한 것은 아니다. 피하주사 방식의 바이오 의약품으로 제1형 당뇨병 환자에게 쓰이는 인슐린처럼 오랫동안 투여해야 하는 만성질환 치료제인 경우가 있는데,[5] 환자는 자기 자신에게 평생 동안 주사를 놓아야 한다.

덩치가 작다는 케미컬 의약품의 특징은, 세포 안으로 들어가기 쉽다는 장점이기도 하다. 치료 효과를 내야 하는 단백질이 세포 표면에 있는 경우도 있지만, 세포 안에 있는 경우도 있다. 타쎄바, 타그리소 모두 세포막을 통과해 폐암 세포 안에서 작동한다. 이렇게 세포 안으로 들어간 케미컬 의약품은 세포 안에 있는 단백질과 결합하면서 작용할 수 있다. 그러나 대표적인 바이오 의약품인 항체 의약품은 세포막을 통과하기 어렵다. 항체는 극성(polarity)을 띠어 무극성인 세포막을 통과하지 못하며, 큰 덩치도 세포막을 통과하는 데 장애가 된다.

알츠하이머병(Alzheimer's disease)을 비롯한 퇴행성 뇌질환 치료제 개발에서 해결해야 하는 주요 과제로 약물 전달이 있다. 뇌를 포함하고 있는 중추신경계(central nervous system, CNS)는 외부 환경으로부터 중요하게 보호되어야 한다. 특히 뇌를 보호하는 방벽 가운데는 혈뇌장벽(blood-brain barrier, BBB)이 있다. BBB는 뇌 부위 혈관에 특이적으로 만들어져 있는 보호막이다. 뇌를 구성하는 뉴런은 한번 생기면 보통 다시 재생될 수 없다. 한편 뇌도 생체 조직이므로 산소와 영양분을 공급받기 위한 혈관이 필요하다. 문제는 꼭 필요한 산소와 영양분 이외의 물질까지 혈관을 타고 전달될 경우, 뇌에서 문제를 일으킬 수 있다는 점이다. 따라서 이물질이 뇌로 이동하는 것을 막기 위해 뇌 부위의 혈관을 둘러싸고 있는 특별한 장벽이 있는데 이것이 BBB다.

BBB는 중추신경계를 보호하지만, 중추신경계에 의약품이 도달하는 것을 막기도 한다. 500Da보다 크기가 작아야 BBB를 통과해서 뇌로 들어갈 수 있는데, 보통 150kDa 정도에 이르는 항체 치료제는 BBB를 통과하기 어렵다. 케미컬 의약품의 98% 정도도 BBB를 통과하지 못하는 것으로 알려져 있다. 그러나 반대로 생각하면 실제 치료 효과를 낼 수 있는 2% 정도의, 가장 작은 축에 드는 케미컬 의약품은 다를 수 있다. 즉 알츠하이머병 치료제를 비롯한 퇴행성 뇌질환 치료제 개발에서 케미컬 의약품은 가능성을 갖고 있는 셈이다.

상업적으로도 케미컬 의약품은 장점이 있다. 케미컬 의약품의 분자 구조는 복잡한 편이 아니다. 따라서 케미컬 의약품 정도 크기의 물질을 화학적으로 합성하고 대량생산하는 것은 현대 화학공학에서 크게 어려운 일이 아니다. 바이오 의약품이 생산, 보관, 유통, 투여라는 모든 과정에서 어려움이 있는 것과 비교해 케미컬 의약품은 이런 과정에 상대적으로 쉽다.

이외에도 케미컬 의약품이 가지는 장점은 많다. 바이오 의약품과 비교해 약물이 조직으로 침투하기 쉽고, 핵 안의 DNA와 RNA 등에도 타깃해서 작용할 수 있다. 바이오 의약품과 달리 환자의 면역 시스템에서 문제를 일으킬 걱정도 덜하며, 상대적으로 물질을 변형하기도 쉽다. 이런 이유로 케미컬 의약품은 임상 현장에서 일반적인 치료제로 활용된다. 그리고 여전히 많은 제약기업이 케미컬 의약품을 개발하려고 도전한다.

그러나 케미컬 의약품의 한계도 뚜렷하다. 가장 문제가 되는 것은 질병을 일으키는 단백질의 어느 부위에, 어떤 구조를 가진 물질을 결합시켜야 치료 효과가 있는지 찾기 어렵다는 점이다. 케미컬 의약품을 개발하려면 치료 효과를 일으킬 수 있는 물질을 찾는 스크리닝(screening) 과정을 거쳐야 한다. 신약개발자들은 치료 효과가 있을 것으로 보여지는 1개의 임상개발 후보물질을 찾는 스크리닝 과정에서 많게는 수백만 개의 화합물을 검토한다.[6] 결국 수백만 개의 물질은 수십~수백 개로 추려지지만 이 과정이 결코 만만하지 않다. 현대적 의미의 신약개발의 역사를 약 200년으로 보는데, 그동안 개발된 의약품이 2만여 개 정도이며, 대부분 케미컬 의약품이다.[7] 엄청나게 많은 물질 가운데 케미컬 의약품으로 개발할 수 있는 물질을 찾아내는 일이 결코 쉬운 일이 아니다.

케미컬 의약품에 대한 내성 문제도 작지 않다. 질병을 일으키는 단백질에 케미컬 의약품이 결합해 저해하면서 치료 효과를 나타낸다. 그런데 약물 결합이 계속되면, 약물이 결합하는 부위에 변이가 일어나면서 치료 효능이 무력화될 수 있다. 변이로 인한 내성은 여기서 그치지 않는다. 약물이 결합하는 단백질의 하위 신호전달이 오히려 과활성화되면서 다시 증식이 활성화되기도 한다. 암세포는 끊임없이 변이를 일으키며 저해제의 기능을 무력화할 대체 경로를 찾는다. 타쎄바도 마찬가지로 폐암 환자에게 투여했을 때 내성 문제가 있다.

EGFR 저해제인 타쎄바는 EGFR 변이 폐암 환자 가운데 60~70%에게서 암세포 성장을 억제하고, 종양을 효과적으로 줄어들게 만든다. 그런데 EGFR 저해제를 사용하고 10~19개월 정도가 지나면 상황이 다시 원점으로 돌아가기 시작한다. 암세포의 유전자는 끊임없이 변이를 일으키는데, EGFR 단백질에 변이를 일으켰던 유전자도 계속 변이를 일으킨다. 이 과정에서 통제되지 않고 계속 세포 분열 신호를 내보내면서 더이상 타쎄바와 결합하지 않는 EGFR 변이가 나타난다. 암이 재발하는 것이다. 그리고 의료진은 환자에게 타쎄바에 내성이 생겼다는 이야기를 하게 된다. 타쎄바가 잘 억제할 수 있는 EGFR 변이 종류가 정해져 있기 때문이다. 연구자들은 케미컬 의약품의 내성을 극복하기 위해 끊임없이 다음 세대 의약품을 개발한다. 타그리소는 타쎄바에 내성이 생긴, 즉 다시 변이를 일으킨 EGFR에 결합해서 활성을 저해하려고 개발된 케미컬 의약품이다.[8] 그러나 연구자들이 아무리 열심히 노력해서 내성을 극복하는 차세대 케미컬 의약품을 개발한다고 해도, 암세포가 매 순간 벌이는 유전자 변이의 속도를 따라갈 수는 없다.

이상적인 신약

TPD는 저분자 화합물을 다루었던 경험에 생명과학적 메커니즘을 결합해, 케미컬 의약품과 바이오 의약품의 한계를 넘어서는 치료제를 개발할 수 있다는 희망을 제시한다. TPD는 표적 단백질 분해(Targeted Protein Degradation)의 줄임말이다. 질병을 일으키는 단백질에 저분자 화합물을 결합시켜 질병을 일으키는 작용을 저해하는 것이 아니라, 질병을 일으키는 단백질을 아예 없애버리는 방식이다.

TPD는 세포 안에서 단백질이 분해되는 시스템인 유비퀴틴-프로테아좀 시스템(ubiquitin-proteasome system, UPS)을 주로 이용한다. UPS는 오토파지(Autophagy)와 함께 우리 몸속에서 세포 내 단백질을 분해하는 메커니즘 가운데 하나다.

UPS는 프로테아좀(proteasome)으로 작동이 이상하거나 잘못 접힌(misfolded) 단백질을 제거해, 세포 내 단백질을 '고품질'로 유지시킨다. UPS는 타깃 단백질을 분해할 수 있는 프로테아좀, 프로테아좀이 타깃 단백질을 인식하게 만드는 유비퀴틴, 유비퀴틴을 타깃 단백질에 붙여주는 효소로 이루어진다. 유비퀴틴화는 E1(시작), E2(결합), E3 효소(전달)가 작동해 일어난다. 타깃 단백질에

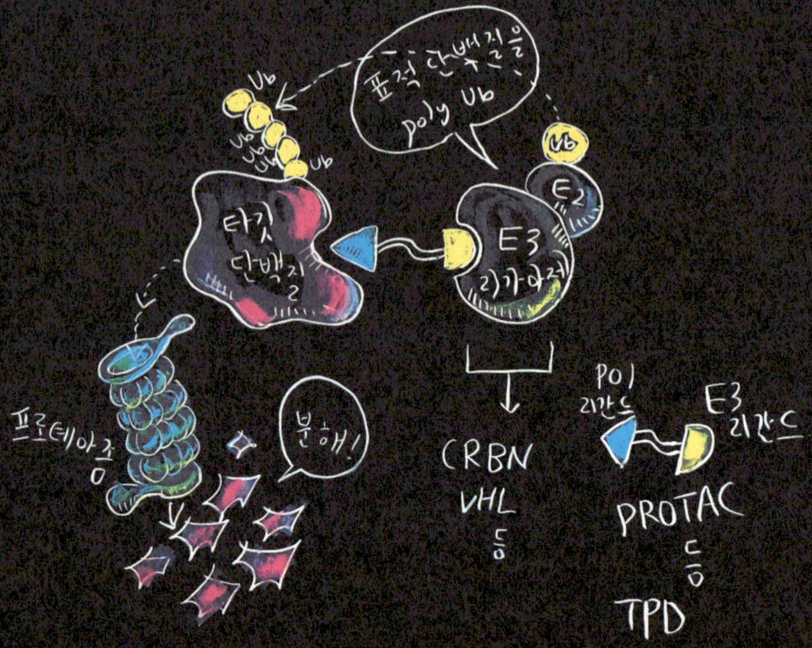

[그림 15_01] 유비퀴틴 프로테아좀(UPS) 시스템과 TPD

타깃 단백질의 어느 부위든 결합하는 물질과, E3 리가아제 등에 유비퀴틴화를 시작하는 물질을 링커로 연결하면 TPD의 기본 구성이 마무리된다. TPD는 타깃 단백질에 결합하는 동시에 유비퀴틴화가 시작되면, 이 결합체가 프로테아좀에 의해 분해된다. TPD 개념에 따르면 타깃 단백질이 무엇이든, 즉 어떤 병리 단백질이든 분해시킬 수 있으며 케미컬 의약품이 가지는 장점 또한 유지할 수 있다.

유비퀴틴이 붙는 데까지 E1부터 E3 리가아제(ligase)가 순차적으로 참여한다. 가장 먼저 E1에 유비퀴틴이 결합하고, E1에서 E2로 유비퀴틴이 전달된다. 이후 E3가 타깃 단백질(substrate)과 E2에 함께 결합하며 E2에서 타깃 단백질로 유비퀴틴이 이동하도록 기능한다. 이처럼 특정한 타깃에 선택적으로 유비퀴틴화를 일으키는 데 필요한 단백질이 E3 리가아제다. 체내에는 E3 리가아제가 600~700개가 있으며, 단백질 종류에 따라 다른 E3 리가아제가 작동한다. 이러한 다양성 덕분에 E3 리가아제는 인간의 전체 유전체의 약 5% 정도를 차지하고 있다.

E3 리가아제가 타깃 단백질에 여러 개의 유비퀴틴을 이어 붙이는 것을 폴리유비퀴틴화(polyubiquitination)라고 한다. 폴리유비퀴틴화가 일어난 타깃 단백질은 프로테아좀으로 이동한다. 그리고 프로테아좀은 폴리유비퀴틴 신호를 인지해 타깃 단백질을 분해한다.[9]

UPS를 이용한 치료제 개념은 직관적이다. 만약 케미컬 의약품 신약개발 연구실이었다면, 질병을 일으키는 단백질에서 활성을 효과적으로 저해할 곳을 찾고, 약 수십 개에서 수백 만개의 물질 가운데 해당 단백질에서 활성을 저해하는 부위에 강력하고 선택적으로 결합하는 물질을 찾으려 노력할 것이다. 그런데 E3 리가아제를 이용하는 TPD 약물이라면 다르다. 일단 질병의 원인이 되는 단백질의 어느 부위든 상관없이 안정적으로 결합하는 물질을 찾는다. 그리고 링커(linker)로 타깃하는 단백질에 결합하는 물질의 다른 한쪽에 E3 리가아제와 결합하는 물질을 붙인다.

이는 마치 이중항체 개념과도 비슷하다. 이중항체는 하나의 항체에 암을 인지하는 부분과 T세포와 결합하는 부분이 함께 있다. 이중항체를 환자에게 투여하면 T세포와 결합해 암을 찾아가고, T세포는 암세포를 효과적으로 없앨 것이다. E3 리가아제를 이용하는 TPD도 방식이 비슷하다. 한쪽은 없애고 싶은 단백질과 결합하고, 다른 한쪽은 E3 리가아제와 결합한다. 원하는 단백질에 E3 리가아제가 가까워지게 만들면 유비퀴틴화가 일어나고, 이를 인지한 프로테아좀이 단백질을 분해할 것이다.

이런 과정이 순조롭게 이루어진다면 E3 리가아제를 이용하는 TPD는 이상적인 치료제가 될 수 있다. 질병을 일으키는 거의 모든 단백질을 말 그대로 모두 분해해서 없애버릴 수 있기 때문이다. 무엇보다 TPD 개념의 신약이 가질 수 있는 가장 큰 장점은 효능이다. 타깃하는 병리 단백질을 저해하는 케미컬 의약품은 타깃 단백질에 결합된 상태에서만 억제 효과를 발휘한다. 그런데 TPD는 타깃 단백질을 없애고 나서 다시 옆에 있는 병리 단백질과 결합해 분해하는 것이 가능하다. 적은 양의 TPD 치료제만으로도 병리 단백질을 분해할 수 있을 것이다. 약효도 더 오랫동안 유지될 수 있다. 치료제의 투여량이 줄면 독성 문제에서 상대적으로 자유로워질 수 있다. 또한 한 번 투여하면 오랫동안 환자 몸에 머물면서 계속 병리 단백질을 분해할 것이다. 만성질환 치료제로도 적합하며, 재발과 전이가 문제인 암 치료제로서도 적합하다.

레날리도마이드와 분자접착제

단백질 그 자체를 분해하는 약물이 없었던 것은 아니다. 대표적으로 탈리도마이드(Thalidomide)와 그 계열 치료제가 있다. 1957년부터 진정제, 수면제로 처방되던 탈리도마이드는 임신한 여성의 입덧 방지용으로도 처방되었다. 그러나 탈리도마이드를 복용한 임산부들이 기형아를 출산한다는 사실이 밝혀지면서 퇴출되었다.

그런데 2005년 탈리도마이드는 레날리도마이드(Lenalidomide)로 다시 등장했다. 셀진(Celgene)은 탈리도마이드가 신혈관 생성을 억제(anti-angiogenic)하는 효과와 면역 조절(immunomodulatory) 효과를 갖는다는 것에 주목했다. 그리고 이를 바탕으로 탈리도마이드 유사체(analog)인 레블리미드(REVLIMID®, 성분명: Lenalidomide)를 다발성골수종(multiple myeloma, MM) 치료제로 개발했다.

다발성골수종은 환자의 골수에서 백혈구의 일종인 형질세포(plasma cell)가 비정상적인 형태로 발생하는 혈액암이다. 다발성골수종 환자의 골수에는 새로운 혈관이 만들어진다. 그리고 이 새로운 혈관으로 혈액암세포에 필요한 산소와 영양분이 공급되는 한편, 혈액암세포가 온몸으로 퍼질 수 있는 통로가 된다. 이렇게 퍼져나간 혈액암세포는 환자의 뼈에 쌓이면서 이상을 일으키고, 면역 시스템에도 문제를 일으킨다. 그런데 레날리도마이드에는 신혈관 생성을 억제하는 효과와 면역 시스템을 조절하는 효과가 있었고, 이는 다발성골수종 치료로 도움을 주었다. 다발성골수종 치료제 레블리미드는 2016년에 전 세계에서 7번째로 많은 돈을 벌어들인 의약품이 되기도 했다.[10]

한편 레날리도마이드가 다발성골수종 치료제로 승인을 받을 때 알고 있었던 항 신혈관 생성과 면역 조절 메커니즘 이외에도 UPS 메커니즘이 있다는 것을 알게 되었다. 2010년, 레날리도마이드가 세레블론(cereblon, CRBN)이라는 E3 리가아제의 서브유닛(subunit) 단백질과 특정 타깃 단백질에 동시에 결합하고, 타깃 단백질에 폴리유비퀴틴화를 일으켜 프로테아좀으로 분해시키는 메커니즘이 있다는 것을 알게 되었다. 해당 타깃 단백질은 IKZF(Ikaros family zinc finger protein)1/3, CK1α(casein kinase I isoform-α) 등이다. IKZF1/3, CK1α는 다발성골수종 암세포가 살아가는 데 필요한 단백질이었다. 따라서 이들 단백질이 분해되자 항암 효과가 나타났던 것이었다. 탈리도마이드 계열 약물은 현재 TPD 개념의 기반이 됐으며, 현재 임상 단계에서 개발되고 있는 대부분의 TPD는 세레블론을 타깃한다.

사실 레날리도마이드는 TPD 작동 방식이라기보다는 분자접착제(molecular glue) 방식으로 작동한다. 분자접착제라는 말은 1996년에 처음으로 쓰이기 시작했다. 원래는 두 단백질 사이의 상호작용을 유도하는 면역억제제의 메커니즘을 설명하기 위함이었다.[11] 이후 레날리도마이드, 포말리도마이드(Pomalidomide) 등 면역조절약물(IMiDs)의 메커니즘을 설명하는 용어로 쓰였다.[12] 분자접착제는 순간적으로 두 단백질의 거리를 가깝게 만들어 상호작용을 유도해 특정 작용이 일어나도록 한다. 특정 작용은 특정 단백질의 분해일 수도 있고, 안정화되면서 특정 신호전달이 켜지는 것일 수도 있다. 레날리도마이드의 경우 E3 리가아제 CRBN, 암과 관련된 여러 전사인자(IKZF1, IKZF3, CK1α)를 결합시키면서 면역을 활성화시켜, 다발성골수종 세포를 사멸시킨다.[13]

분자접착제의 장점은 작은 크기다. 분자접착제는 두 단백질 사이에 끼어드는 단일결합기(monovalent)다. 이는 TPD가 이중결합(bivalent)으로 분류되는 것과 구별되는 지점이다. 덕분에 분자접착제는 500Da 수준으로 작아 케미컬 의약품의 장점을 살릴 수 있다. TPD 개발을 어렵게 만드는 요소로, TPD의 복잡한 구조와 이로 인한 700~1,000Da이라는 애매하게 큰 덩치가 있다. 보통 케미컬 의약품의 크기는 500Da 안팎인데 TPD는 이보다 크다. 또한 약물이 바깥으로 노출된 극성 부분을 갖는다. 평균적인 케미컬 의약품보다 크고, 극성을 띠는 특징은 약이 세포 안으로 침투하기 어렵게 만든다. TPD 신약개발과 관련된 소식이 들리면 '먹는 약으로 개발 가능한가?'와 '충분한 약물성(druglikeness)을 갖고 있는가?'라는 질문이 따라붙는데, 이는 모두 해당 TPD 약물이 크기와 막 투과성, 용해성, 안정성 등 측면에서 임상개발 가능한 수준까지 도달했는지 묻고 있는 것이다. 이런 차원에서 기존 케미컬 의약품과 유사한 분자접착제는 주목을 끈다.

분자접착제는 임상 현장에서 의약품을 처방하면서 확인한

치료 효과에서 발견한 것, 즉 '우연히' 찾은 개념에 가깝다. 그러나 E3 리가아제에 대한 이해가 깊어지고, 단백질체 분석과 스크리닝 기술이 발달하면서 분자접착제를 찾으려는 시도는 점점 더 적극적으로 바뀌어가고 있다. 2023년 현재 기준 미국 머크(Merck & Co.), BMS, 암젠(Amgen), 독일 머크(Merck KGaA), 애브비(AbbVie), 로슈(Roche)와 같은 전 세계적 규모의 제약기업과 바이오테크들은 분자접착제를 개발하는 기업들과 파트너십을 맺고 있다.

〔표 15_01〕 분자접착제와 TPD 비교

	분자접착제	TPD (PROTAC 등)
메커니즘	E3와 타깃 단백질의 단백질-단백질 상호작용 (PPI) 유도	E3와 타깃 단백질에 각각 결합
특성	단일결합기(monovalent)	이중결합기(bivalent)
링커	X	O
크기	작다(<500Da)	크다(700~1000Da)
약물 발굴 전략	우연히 발굴됨	디자인할 수 있음
타깃 단백질 결합 자리	필요 X	필요 O
타깃 단백질	밝혀내야 함	예측해 디자인할 수 있음
E3 결합력	약하다	강하다
리핀스키의 5규칙	범위 내	범위 밖

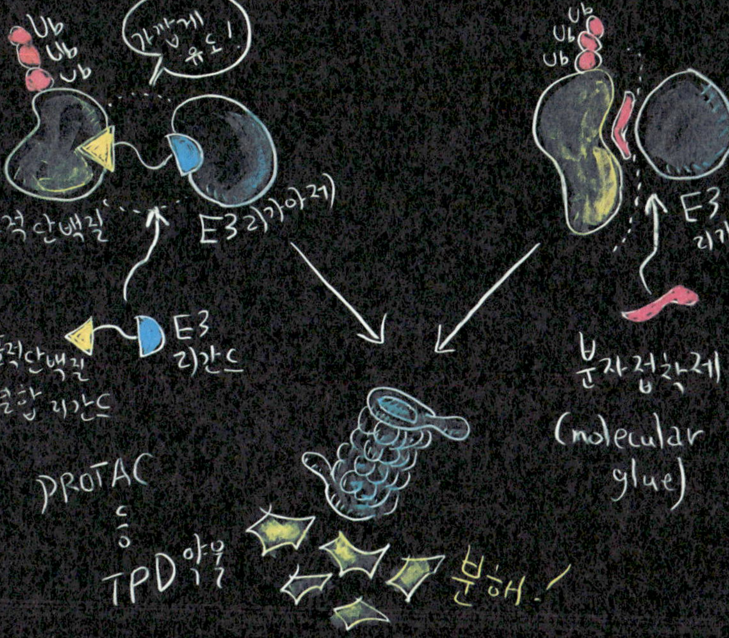

〔그림 15_02〕 분자접착제와 TPD의 개념적 차이

TPD는 표적 단백질의 어딘가에 결합하는 물질과 E3 리가아제 등 유비퀴틴화를 시작시키는 물질을 링커로 결합했다면(왼쪽), 분자접착제는 표적 단백질과 E3 리가아제의 표면에서 일시적으로 작동해 상호작용을 유도하는(오른쪽)이라는 차이가 있다. 그러나 둘 다 프로테아좀의 단백질 분해 작용을 이용한다.

실제 TPD 약물 개발이 구체화되면서, 저해제보다 높은 선택성(selectivity)을 가지는 장점이 있다는 것도 알게 됐다. TPD는 타깃 단백질과 약물, E3 리가아제가 삼중복합체(ternary complex)를 이뤄야 작동 가능한 개념이다. 예를 들어 저해제를 이용해 TPD 약물을 디자인하게 되면, 기존 저해제보다 더 높은 선택성을 가지게 된다고 알려져 있다.

아비나스

아비나스(Arvinas)는 TPD 개념을 신약개발에 적용한 첫 바이오테크다. 2013년 설립한 아비나스는 프로탁(proteolysis-targeting chimeras, PROTAC)이라는 TPD 기술로 신약을 개발하고 있으며, 2019년에는 TPD 약물로는 최초의 임상시험도 진행하고 있다. 2023년 현재 TPD 기술과 PROTAC 기술은 동의어처럼 쓰일 정도로 TPD의 대명사가 되었다. 아비나스는 2015년 미국 머크(Merck & Co.)와 로슈(Roche), 2018년 화이자(Pfizer)와 PROTAC 약물 공동개발 계약을 체결했다. 2021년 화이자는 아비나스와 계약금 10억 달러를 포함해 총 24억 달러 규모의 추가 라이선싱 계약을 맺고, 아비나스가 유방암 치료제로 임상1상을 진행하던 에스트로겐 수용체(ER) PROTAC 약물을 공동개발하기로 했다.[14]

PROTAC도 링커를 이용해 한쪽은 표적 단백질과 결합하고, 다른 한쪽은 E3 리가아제가 결합하는 구조의 물질이다. 일단 표적 단백질로 없애고 싶은 병리 단백질을 골라 여기에 결합할 수 있는 리간드를 설계한다. 기존 케미컬 의약품은 병리 단백질에 특정 부위에 결합해 활성을 저해해야 하지만, PROTAC은 병리 단백질 어느 곳이든 결합하기만 하면되는 개념이다. 활성 부위에 결합하지 않아도 되며 구석(nook)이나 틈새(cranny) 등 어디든 붙기만 하면 된다.

한쪽에 표적 단백질을 붙인 PROTAC의 반대쪽에는 E3 리가아제가 붙는다. 표적 단백질과 E3 리가아제가 가까워지면서, 표적 단백질에 잇달아 유비퀴틴화가 일어나고, 프로테아좀이 표적 단백질을 아미노산 및 펩타이드 절편으로 분해한다. 단백질이 분해되면 PROTAC은 다시 남아 있는 다른 표적 단백질을 분해하러 간다.

PROTAC의 비전은 그동안 타깃할 수 없었던 병리 단백질을 타깃할 수 있다는 가능성이다. 세포에서 신호전달과 관계가 있는 것으로 알려진 여러 스캐폴드 단백질(scaffold protein), 각종 조절인자, 질병과 관계가 있다고 여겨지는 단백질 응집체, 핵 안의 전사인자 등이 여기에 속한다. 구체적으로는 암 유발인자로 알려진 c-Myc와 RAS, 알츠하이머병 환자 뇌 안에 응집하는 타우(Tau) 단백질 등이다.

암 유발에 핵심적으로 작용하는 전사인자인 c-Myc에는 저분자 화합물로 저해할 적당한 부위가 없다. 마찬가지로 암과 관계 있는 것으로 알려진 RAS의 경우, 표면이 매끈하며 효소가 활성화될 수 있는 부위에 신호 분자 GTP(guanosine triphosphate)와 단단히 결합하기 때문에 케미컬 의약품으로 저해하기가 어렵다.[15] 타우는 단백질이 뭉쳐 있는 응집체 형태라 마땅히 끼어들 틈이 없다. 케미컬 의약품으로는 타깃이 어렵고, 항체 의약품은 타우 응집체를 제거하기 이전에 BBB를 통과하기 어렵다.

이렇게 PROTAC은 기존 개념으로 해결할 수 없었던 문제를 풀어줄 수 있다. 연구실 수준이기는 하지만 타깃할 수 없을 것이라고 여겨졌던 20여 개의 단백질을 PROTAC으로 분해하는 데 성공했다. 이처럼 질병과 관계가 있다고 알려졌지만, 케미컬 의약품이나 항체 치료제로는 타깃할 방법이 없었던 단백질이 85%에 이른다.

PROTAC이 해결해줄 것으로 기대하는 또 다른 부분은 케미컬 의약품의 부작용 문제다. 환자에게 투여된 약물은 혈관을 타고 온몸(systemic)을 돌면서 타깃하는 단백질과 결합해 치료 효과를 낸다. 따라서 치료 효과를 올리려면 투여하는 약물의 양을 늘려야 한다. 문제는 모든 약물은 독성을 띠고 있다는 점이다. 더 높은 치료 효과를 기대하려고 더 많은 약물을 투여하면, 독성이 늘어나 환자의 간이나 신장 등에 안 좋은 영향을 줄 수 있다. 그런데 PROTAC은 다시 재활용될 수 있다. 한 번 쓰이고 체내에서 바로 약물이 사라지는 것이 아니라, 몇 번 더 반복해서 쓰일 수 있다. 즉 저해제는 '결합한 상태'에서 치료 효과를 내고 끝나지만, PRTOAC은 단백질 분해 이후 '재활용'되면서 타깃 단백질을 분해하는 과정을 다시 이어나간다. 따라서 적은 양을 투여할 수 있으며, 케미컬 의약품의 부작용 문제를 해결할 수 있을 것이다.[16]

PROTAC 개발 과정은 E3 리가아제 바인더(E3 ligase binder)를 개발하는 과정과 그 흐름을 같이 한다. TPD 개념이 처음 제시된 것은 아비나스 설립자인 크레이그 크루즈(Craig Crews)의 2001년 PROTAC 논문 발표이며, 이후 임상시험에 들어가까지 약 20년이라는 시간이 걸렸다. 처음엔 E3 리가아제 바인더가 10개의 아미노산으로 이뤄져 있어 약물성(druggability)이 떨어진다는 한계가 있었다. 이후 아미노산 개수를 점점 줄여나갔으며, 12년 만에 저분자 화합물 바인더가 구현되면서 약물성이 크게 개선됐다. 또 다른 한 축으로 CRBN E3 리가아제 바인더 개발 역사가 있다. 2010년 탈리도마이드가 CRBN에 결합함으로써 항암 효과를 나타낸다는 것이 밝혀졌으며, 이후 결합구조가 알려지면서 TPD 분야에 적용되기 시작했다.

아비나스는 PROTAC 메커니즘으로 항암제, 퇴행성 뇌질환 신약개발에 집중하고 있다(2023년 9월 파이프라인 기준). 아비나스는 전립선암을 타깃하는 안드로겐 수용체(androgen receptor, AR) PROTAC 임상1상을 진행하고 있다. 초기 단계에 있는 항암제로는 변이형 AR(AR-V7), BCL6, KRAS G12D/V, Myc, HPK1 등 PROTAC도 개발하고 있다. 퇴행성 뇌질환에서는 LRRK2, 타우, 알파시누클레인(alpha-synuclein), mHTT 등 타깃에 대한 PROTAC을 연구하고 있다. 아비나스는 화이자(Pfizer)와 에스트로겐 수용체(estrogen receptor, ER) PROTAC을 공동개발하고 있다. 아비나스와 화이자는 ER 양성(+), HER2 음성(-) 유방암을 적응증으로 하는 임상3상을 진행하고 있다.

PROTAC이라는 개념이 직관적이고 이상적인 신약개발에 가깝지만, 임상시험 결과는 아직 긍정적이지 않다. 즉 현재까지 임상결과를 보면 'PROTAC이 실제 케미컬 의약품이 못했던 일을 해낼 수 있는가?'라는 물음에 대한 답을 제시하지 못하고 있다. 아직까지 PROTAC이 타깃하기 어려웠던 단백질을 분해해서 환자를 치료한 예는 없다.

한편으로는 PROTAC이 모든 변이에 작동하기보다는 특정 변이에만 한정돼 작동하고 있을 수 있다. 예를 들어 임상2상에서 ER+/HER2- 유방암 환자 71명에게 ER PROTAC ARV-471(vepdegestrant)을 투여했지만 부분반응(PR)은 2명뿐이었다. 임상3상 권장용량(RP3D)에 해당하는 35명의 환자에게서 PR은 1명이었다. 대략 3%에 불과한 반응률이다. 아비나스는 앞서가는 다른 프로젝트인 AR PROTAC ARV-766의 임상1/2상에서 기존 전립선암 호르몬 제제에 불응하는 LBD 변이 환자에게서 효능을 나타낼 가능성을 엿보고, 초기 치료제 세팅으로 이동하고 있다.[17]

카이메라 테라퓨틱스

2016년에 설립된 카이메라 테라퓨틱스(Kymera Therapeutics)도 TPD 의약품을 개발하고 있다. 카이메라 테라퓨티스는 2023년 현재 아비나스와 더불어 대표적인 TPD 회사다. 카이메라 테라퓨틱스는 TPD로 접근했을 때 차별성을 가지는 타깃으로 시작해, 질환별 특성에 맞추어 약물의 특성을 최적화하는 것이 목표다. 예를 들어 IRAK4는 인산화효소와 스캐폴드 활성을 모두 갖고 있는 타깃으로, 기존의 저해제 개발 방식으로는 IRAK4 관련 신호전달을 완전히 억제하기 어렵다. 카이메라는 염증 질환을 타깃해 IRAK4 분해약물(degrader)을 개발하는 동시에, 암 질환을 타깃해 IRAK4 분해활성과 면역조절활성(IMiD)을 갖는 약물을 개발한다. 또한 전사인자로 저해제 개발이 어렵다고 알려진 STAT과 JAK 시그널링을 타깃해서도 염증 질환 치료제와 암 질환 치료제를 개발하고 있다.

카이메라 테라퓨틱스가 TPD 신약개발에 접근하는 방식의 특징은 병리 단백질에 따라 적절한 E3 리가아제를 고른다는 점이며, 아예 병리 단백질과 선별된 E3 리가아제의 조합 자체를 특허화하고 있다. E3 리가아제는 600~700개 정도로 많은데, 조직에 따라 발현하는 패턴이 다르다. 때문에 질환이나 타깃 단백질에 따라서도 적절한 E3 리가아제가 있을 것이다. 카이메라 테라퓨틱스는 특정 질환의 특정 병리 단백질에 더 적합한 E3 리가아제가 있다고 본다. 즉 최적의 E3 리가아제를 찾아내는 것이 TPD 신약에서 중요하다는 것. 그리고 카이메라 테라퓨틱스의 이런 아이디어에 많은 투자가 이루어지고 있다. 2018년 카이메라 테라퓨틱스는 GSK와 TPD 약물 공동개발 및 E3 리가아제 발굴 계약을 체결했다. 2019년에는 버텍스 파마슈티컬스(Vertex Pharmaceuticals)와 계약금 7,000만 달러를 포함한 총 10억 7,000만 달러 규모,[18] 2020년에는 사노피(Sanofi)는 계약금 1억 5,000만 달러를 포함한 총 21억 5,000만 달러의 규모의 계약을 맺었다.[19]

이 가운데 사노피가 카이메라 테라퓨틱스로부터 라이선스인했던 물질인 IRAK4 분해약물의 KT-474 임상1상 결과를 살펴보자. KT-474 임상은 화농성 한선염(hidradenitis suppurativa, HS) 및 아토피 피부염(AD) 환자를 대상으로 했다. 화농성 한선염은 땀샘에 침투한 세균이 감염을 일으켜 생기는 것으로 알려진 피부질환이다. 다만 정확한 원인이 밝혀진 것은 아니다. 화농성 한선염 환자는 통증과 악취로 고통받는데, 수술과 항생제 처방을 하지만 완치는 어렵다.

IRAK4는 단백질 인산화효소(protein kinase)로 면역 반응이 일어나게끔 하는 신호전달 조절인자다. 그런데 IRAK4가 지나치게 활성화되어 신호전달을 잘못 조절하면 IL-18, IL-33 등의 사이토카인과 IL-6, TNF-α, IFN-γ 등 염증인자가 지나치게 분비되고, 이로 인해 면역 염증성 질환을 일으킨다. 화농성 한선염이나 아토피 피부염 환자에게서도 IRAK4가 비정상적으로 활성화되는 것으로 알려져 있다. KT-474는 IRAK4를 분해하는 약물이다.

KT-474를 투여받은 화농성 한선염 환자의 피부병변 개선 지표(HiSCR50), 가려움증 지표(peak pruritus NRS), 통증 지표(NRS30), 염증성 결절 수(abscess and inflammatory nodule number, AN) 등으로 치료 효과를 평가한 결과, 모든 지표에서 기준선 대비 개선되었다. 이는 아토피 피부염에서도 마찬가지였다. 아토피 피부염 환자의 피부병변 개선지표 EASI(eczema area and severity index), 가려움증 지표 등에서 환자의 상태를 개선시켰다.[20] 사노피는 2023년 말까지 KT-474의 임상2상을 시작할 예정이다.

오토파지

세포 안에는 쓸모없어진 단백질, 독성 단백질을 없애는 시스템이 있다. 오토파지(Autophagy)는 세포 안에서 기능을 다한 단백질을 자가포식체가 잡아먹어 분해하는 방식이다. 오토파지는 세포 안에서 독성 단백질이나 불필요한 세포 소기관을 없애거나, 세포 안의 자원(아미노산 등)을 잘라서 분해해 이를 다시 재활용하기 위해서 일어나는 현상이다. 일단 세포 안에 있는 소포체(endoplasmic reticulum, ER) 등으로부터 분리되어 나온 지질막이 분해하려는 단백질을 둘러싼다. 분해할 타깃 단백질이 지질막으로 완전히 코팅되면 소포(vesicle) 형태의 오토파고좀(autophagosome)이 된다. 오토파고좀은 다시 단백질 분해 효소가 들어있는 리소좀(lysosome)과 합쳐지고 이후 단백질이 분해된다. 오토파지는 크기가 큰 응집체 단백질을 없애는 데 유리하다. 이런 이유로 타우, 알파시누클레

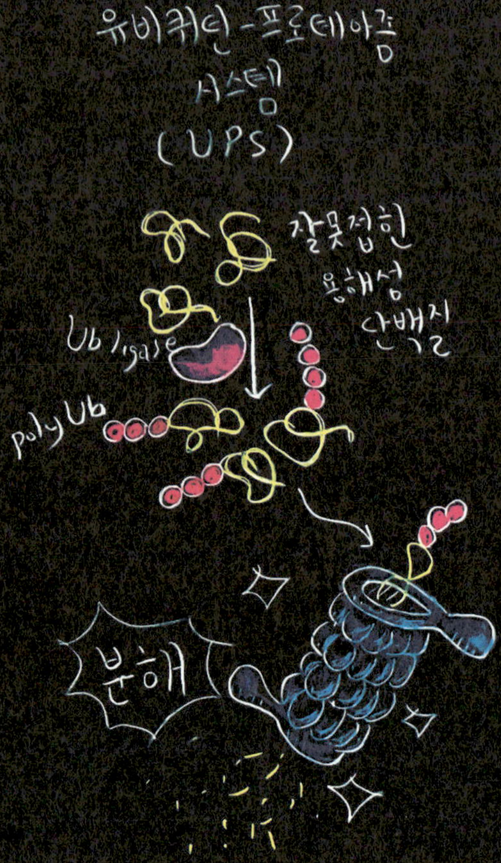

(그림 15_03) 유비퀴틴-프로테아좀 시스템(왼쪽)과 오토파지-리소좀 시스템(오른쪽)

사람 몸은 60조 개 세포로 이루어져 있고, 끊임없이 외부 조건에 대응하고 환경에 적응한다. 세포는 외부 환경에서 오는 스트레스에 대응하면서 동시에 손상을 입은 부분을 스스로 수리한다. 이때 세포가 지나치게 손상을 입으면 전체를 보호하기 위해 세포사멸이 일어난다. 특히 세포 내 단백질은 정상적인 기능을 하기 위해 모양이 제대로 잡혀있어야 하는데, 단백질이 잘못 접히거나(misfolded) 아예 접히지 않을(unfolded) 때가 있다. 이때 단백질의 소수성 부분(hydrophobic

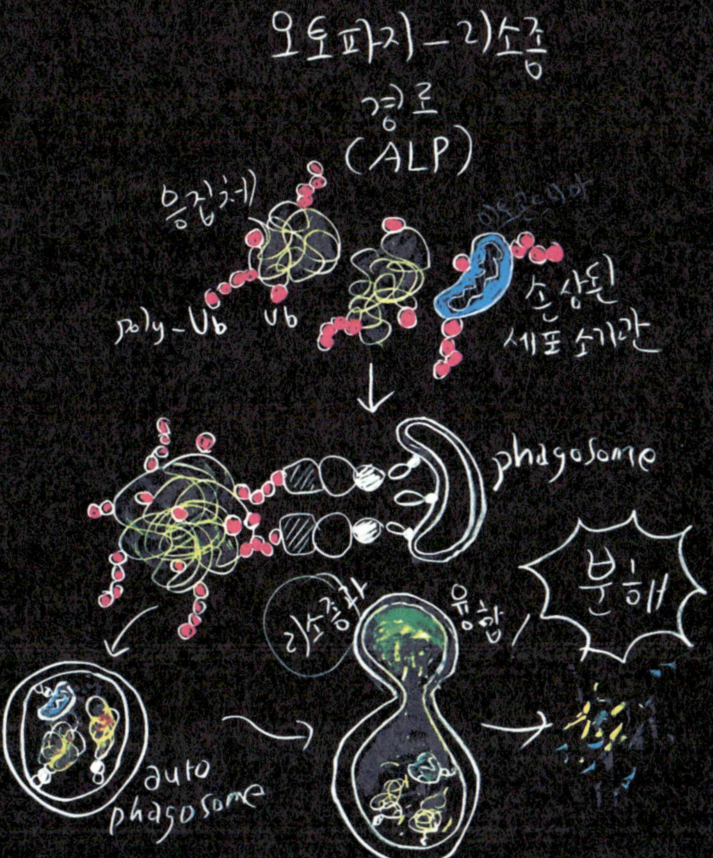

region)이 바깥으로 노출되면서 응집이 일어나게 되면 세포가 손상될 수 있다. 따라서 잘못된 단백질을 없애는 과정이 꼭 필요하다.

손상을 입거나, 비정상적이거나, 노화된 모든 것들을 청소(분해)하는 메인 시스템인 유비퀴틴-프로테아좀 시스템(UPS)과, 오토파지-리소좀 경로(ALP)이다. 그래서 두 분해 시스템의 기능 이상은 질병과도 밀접한 연관이 있다.

인(alpha-synuclein) 등 퇴행성 뇌질환에서 두드러지게 나타나는 응집 단백질을 없애는 데 활용하는 방법이 고민되고 있다.[21]

오토파지를 활용하면 세포 안의 병리 단백질을, 세포가 원래 가지고 있는 메커니즘으로 없애버릴 수 있다. 병리 단백질에 결합하면서 병리적인 작용도 저해하는 저분자 화합물을 찾아내는 수고를 들일 필요 없이, 병리 단백질에 결합하기만 하는 물질을 찾은 다음은 오토파지가 일어날 수 있게만 만들어주면 될 것이다.

한국 바이오테크 오토텍바이오(AUTOTAC Bio)는 오토탁(autophagy-targeting chimera, AUTOTAC)이라고 이름을 붙인 기술로 세포 내 병리 단백질 분해에 도전한다. 오토탁은 없애고 싶은 타깃 단백질에 결합하는 리간드(target-binding ligand, TBL), 오토파고좀을 만들게 하는 p62 단백질을 활성화시키는 리간드(autophagy-targeting ligand, ATL), TBL과 ATL을 결합하는 링커(linker)로 이루어진다. 병리 단백질을 붙잡는 TBL과 p62 단백질을 활성화시키면서 오토파고좀을 만드는 ATL, 이 둘을 결합하는 링커를 환자에게 투여하면 병리 단백질이 세포 안에서 자가포식되어 사라질 것이라는 개념이다.[22] 오토텍바이오는 2022년 『네이처 커뮤니케이션(*Nature Communications*)』에 오토탁의 메커니즘을 암과 뇌질환 치료제에 적용할 수 있는 가능성을 발표했다.[23]

과학으로 이제 시작하는 TPD

TPD는 개념이 제안된 지 20여 년이 된, 이제 막 시작하는 분야다. 그럼에도 직관적이고 이상적인 개념을 바탕으로 타깃할 수 없었던 병리 단백질을 분해하는 효능을 보여주고 있다. PROTAC을 포함한 TPD 신약개발자들은 인산화효소, 후성유전인자 등 80여 개의 타깃을 분해하는 약물을 만들어냈다. 아직 구체적인 환자를 치료할 수 있는 의약품이 되지는 못했지만 적지 않은 성과다. 200년의 개발 역사를 자랑하는 케미컬 의약품과 바이오 의약품은 질병과 관계된 것으로 밝혀진 단백질 가운데 16% 정도만 타깃한다. 그런데 개념이 제안된 지 20여 년 된 TPD는 질병과 관계된 것으로 밝혀진 단백질 가운데 2% 정도를 타깃하는 방법을 찾아냈고,[24] 임상에 들어간 표적은 7개다(2022년 기준). 전립선암 치료 타깃 단백질은 AR, 유방암 치료 타깃 단백질인 ER, 림프종 치료 표적인 BCL-xl 등 7개의 TPD가 임상시험에 들어가 있다.

그러나 막 시작하는 분야이기에 아직 모르는 것이 많고, 해결해야 할 문제들이 있다. 우선 세레블론(CRBN), VHL(von Hippel-Lindau) 등의 E3 리가아제 외에 새로운 E3 리가아제를 찾는 것이다. E3 리가아제는 600개 이상으로 추정되지만, 조직과 질병, 분해하려는 표적 단백질에 따라 적합한 E3 효소가 달라진다. 아비나스도 새 E3 리가아제를 PROTAC에 적용하는 연구를 하고 있다. 아비나스는 CNS, 근육, 종양 조직에 따라 분포가 다른 E3 리가아제가 있으며, 해당 E3 리가아제를 이용할 때 좀더 정밀한 TPD가 가능하다고 본다. 예를 들어 E3 리가아제인 KLHDC2를 PROTAC에 적용하는 연구를 하고 있다. 2022년 아비나스가 다나-파버 암연구소(Dana-Farber Cancer Institute) 세미나에서 발표한 내용에 따르면 KLHDC2는 타깃 단백질을 유비퀴틴화로 분해할 수 있다. 아비나스는 KLHDC2를 리간드(ligand)로 삼을 수 있는 저분자 화합물을 발굴하고, 이를 이용해 BRD4 분해 PROTAC을 합성했다. 그리고 BRD4가 효과적으로 분해되는 것을 확인했다.[25]

TPD가 진정한 의미의 표적하기 어려웠던 타깃(undruggable target)으로 확장하는 것도 중요해 보인다. 지금까지 TPD 임상개발이 시도된 ER, AR, BTK, BRD9 등은 저분자 화합물로도 시도됐던 타깃이다. '굳이 만들기 복잡한 PROTAC이 아닌 저해제로 약을 개발하면 안되는가?'에 대한 질문에 답하기 위해서는 특정 타깃에서 분해 약물이 저해제보다 우수하다는 것을 임상적으로 입증해야 한다. 지금까지 TPD 개발은 기존에 있던 저분자 화합물 바인더를 이용하다보니, 도전했던 영역을 확장하는 개념에 가까웠다. 진정한 타깃 확대를 위해서는 새로운 저분자 화합물 리간드 발굴이 중요하다.

TPD 신약개발에서 또 하나의 과제는 치료할 수 있는 질병의 종류를 늘리는 것이다. 2023년 현재 암 치료제를 목표로 TPD 개발이 진행되고 있다면, 자가면역/염증성 질환이나 알츠하이머병과 같은 신경질환 치료제로서 TPD의 가능성에 주목할 필요가 있다.

현재까지 90% 이상의 TPD 약물은 암 질환에 초점이 맞춰져 있다. BBB를 통과할 수 있다는 가능성, 그동안 어떻게 할 방법을 알 수 없었던 타우 응집체나 알파시누클레인과 같은 단백질을 분해할 수 있다는 가능성 등은 신경질환 치료제 개발에 기회를 열어줄 수 있을지 모른다.[26] 2023년 5월 현재 기준, 파킨슨병, 헌팅턴병, 알츠하이머병 등을 치료하는 TPD가 전임상시험 단계까지 진행되었다.[27]

마지막으로 TPD가 해결해야 하는 문제로 내성(resistance)도 있다. 현재까지 연구 결과로는 E3 리가아제 타깃 저분자 화합물 약물에 대한 내성이 일어날 수 있으며, E3 리가아제 결합 부위에 변이가 일어나거나 발현이 저하되는 연구 결과들이 발표되고 있다.

TPD는 이 모든 문제를 풀고 장벽을 넘어 신약이 될 수 있을까? TPD 분야를 이끌고 있는 아비나스와 카이메라 테라퓨틱스의 연구 인력은 각각 330여 명, 134명이다. 두 바이오테크 전체 직원 가운데 80% 정도가 연구 인력인 셈이다. TPD는 단순히 아이디어만으로만 개발되고 있지 않다. 초기 단계일수록 기초과학과 개념을 입증하는 연구에 집중하고 있다는 점. TPD에 대한 낙관도 비관도 이르지만, 어쨌건 TPD는 과학이고 연구여야 한다는 점만큼은 확실해 보인다.

주

1 Hadacek F. and Bachmann G. (2015) Low-molecular-weight metabolite systems chemistry. *Front Environ* Sci. 3, 12.

2 American Lung Association (2022) EGFR and Lung Cancer. https://www.lung.org/lung-health-diseases/lung-disease-lookup/lung-cancer/symptoms-diagnosis/biomarker-testing/egfr (검색일: 2023.05.19.)

3 Westover D. et al. (2018) Mechanisms of acquired resistance to first- and second-generation EGFR tyrosine kinase inhibitors. *Ann Oncol.* 29, i10-i19.

4 Vinarov Z. et al. (2021) Impact of gastrointestinal tract variability on oral drug absorption and pharmacokinetics: An UNGAP review. *Eur J Pharm Sci.* 162, 105812.

5 미국 국립의학도서관(NLM) MedlinePlus (2022 updated) Type 1 diabetes. https://medlineplus.gov/ency/article/000305.htm (검색일: 2023.08.31.)

6 Downey W. et al. (2010) Compound Profiling: Size impact on primary screening libraries. *Drug Discovery World (DDW)*. https://www.ddw-online.com/compound-profiling-size-impact-on-primary-screening-libraries-1360-201004/ (검색일: 2023.05.23.); Hoever M. and Zbinden P. (2004) The evolution of microarrayed compound screening. *Drug Discov Today*. 9, 358-365.

7 미국 식품의약국(FDA). FDA at a Glance - FDA REGULATED PRODUCTS AND FACILITIES. https://www.fda.gov/about-fda/fda-basics/fact-sheet-fda-glance (검색일: 2023.05.19.)

8 Leonetti A. et al. (2019) Resistance mechanisms to osimertinib in EGFR-mutated non-small cell lung cancer. *Br J Cancer*. 121, 725-737.

9 Tai H.C. and Schuman E.M. (2008) Ubiquitin, the proteasome and

protein degradation in neuronal function and dysfunction. *Nat Rev Neurosci.* 9, 826 – 838.; Pohl C. and Dikic I. (2019) Cellular quality control by the ubiquitin-proteasome system and autophagy. *Science.* 366, 818-822.

10 김성민 (2018) '탈리도마이드' 부작용 기전 '60년 만에' 밝혀져. *BioSpectator.* http://www.biospectator.com/view/news_view.php?varAtcId=5951 (작성일: 2018.08.06.)

11 Ho S. et al. (1996) The mechanism of action of cyclosporin A and FK506. *Clin Immunol Immunopathol.* 80, S40-S45.

12 Sasso J.M. et al. (2023) Molecular Glues: The Adhesive Connecting Targeted Protein Degradation to the Clinic. *Biochemistry.* 62, 601-623.

13 Cippitelli M. et al. (2021) Role of Aiolos and Ikaros in the Antitumor and Immunomodulatory Activity of IMiDs in Multiple Myeloma: Better to Lose Than to Find Them. *Int J Mol Sci.* 22, 1103.

14 김성민 (2021) 화이자, "유방암 SoC 가능성" 'PROTAC'에 10억弗 베팅. *BioSpectator.* http://www.biospectator.com/view/news_view.php?varAtcId=13741 (작성일: 2021.07.26.)

15 Simanshu D.K. et al. (2017) RAS Proteins and Their Regulators in Human Disease. *Cell.* 170, 17 – 33.

16 김성민 (2017) 빅파마, 'PROTAC' 플랫폼 기술에 눈독들이는 이유. *BioSpectator.* http://www.biospectator.com/view/news_view.php?varAtcId=4118 (작성일: 2017.10.11.)

17 Nick Paul Taylor (2023) Arvinas moves resistance-busting cancer drug into earlier settings after seeing signs of efficacy. *Fierce Biotech.* https://www.fiercebiotech.com/biotech/arvinas-moves-resistance-busting-cancer-drug-earlier-settings-after-seeing-signs-efficacy (검색일: 2023.09.04.)

18 Vertex Pharmaceuticals (2019) Vertex and Kymera Therapeutics Establish Strategic Collaboration to Discover and Develop Targeted Protein Degradation Medicines for Serious Diseases. https://investors.vrtx.

com/news-releases/news-release-details/vertex-and-kymera-therapeutics-establish-strategic-collaboration (검색일: 2023.05.19.)
19 김성민 (2020) 사노피, 카이메라와 21억弗 딜.."IRAK4 분해약물 확보". *BioSpectator*. http://www.biospectator.com/view/news_view.php?varAtcId=10810 (작성일: 2020.07.10.)
20 서윤석 (2022) 카이메라, 'IRAK4 분해약물' "사노피, 2상 진행 결정". *BioSpectator*. http://www.biospectator.com/view/news_view.php?varAtcId=17889 (작성일: 2022.12.16.)
21 Dikic I. and Elazar Z. (2018) Mechanism and medical implications of mammalian autophagy. *Nat Rev Mol Cell Biol*. 19, 349 – 364.
22 김성민 (2022) 오토텍바이오, "15년 축적" p62 AUTOTAC '다른 접근법'. *BioSpectator*. http://www.biospectator.com/view/news_view.php?varAtcId=15701 (작성일: 2022.03.16.)
23 Ji C.H. et al. (2022) The AUTOTAC chemical biology platform for targeted protein degradation via the autophagy-lysosome system. *Nat Commun*. 13, 904.
24 Sasso J.M. et al. (2023) Molecular Glues: The Adhesive Connecting Targeted Protein Degradation to the Clinic. *Biochemistry*. 62, 601-623.
25 Békés M. (December 15, 2022) The Arvinas PROTAC® Discovery Engine: Insights from Discovering & Developing Molecules That Induce Targeted Protein Degradation. *Dana-Farber Targeted Protein Degradation Webinar Series*, December 15, 2022. https://www.arvinas.com/wp-content/uploads/2023/03/arvn-pubs-2022-bekes-dana-farber-cancer-institute.pdf (검색일: 2023.05.22.)
26 Békés M. et al. (2022) PROTAC targeted protein degraders: the past is prologue. *Nat Rev Drug Discov*. 21, 181 – 200.
27 Cacace A. (March 29, 2023) Oral PROTAC® Degrader Molecules to Selectively Clear Proteins in Neurodegenerative Diseases. Keystone Symposia - Autophagy and Neurodegeneration: Mechanisms to Therapies, March 26—29, 2023, *Snowbird*, UT. https://www.arvinas.com/wp-

content/uploads/2023/04/arvn-pubs-2023-cacace-keystone-autophagy-neurodegeneration.pdf (검색일: 2023.05.22.)

16

마이크로바이옴

Microbiome

미생물과 함께 살기

마이크로바이옴(microbiome)은 미생물들이 만든 생태계를 뜻한다. 사람에게도 마이크로바이옴이 있는데, 대표적으로 장(腸, gut) 안에서 살고 있는 미생물들이 이루고 있는 세계다. 사람에게 있는 미생물의 개수는 대략 4×10^{13}개 정도인 것으로 알려져 있다. 이 가운데 95% 정도가 대장을 포함한 소화기관에 있는데, 장에서 살아가는 미생물의 무게를 모두 더하면 0.5~1.5kg 정도 되며 그 종류는 500~1,000종 정도로 보고 있다.[1]

2023년 현재 생명과학이 사람의 장내 마이크로바이옴에 대해 밝혀낸 것은 많지 않다. 장내 마이크로바이옴이 매우 복잡하고, 이들이 만들어 내는 물질이 사람의 생체활동과 꽤 깊은 관계를 맺고 있는 것으로 보이며, 이런 이유로 장내 마이크로바이옴의 균형이 깨지는 것이 질병이 생기는 원인 가운데 하나일 것으로 추정할 뿐이다.

장내 미생물과 사람이 함께 살아가는 방식은 대략 이렇다. 사람이 음식물을 먹으면 장으로 이동한다. 장에서 살고 있는 미생물들은 사람이 소화시키고 있는 음식물에서 영양분을 얻는다. 장내 미생물도 생물이기에 영양분을 흡수해 대사 활동을 하는데, 대사 과정에서 나오는 물질 가운데 사람의 세포와 영향을 주고받으며 특정한 반응을 일으키는 것들이 있다.

장에 사는 미생물은 종류에 따라 저마다 다른 물질을 만들어

내는데, 이 물질은 각각 다른 종류의 반응을 일으킨다. 이 가운데는 해로운 것도 있고 이로운 것도 있다. 예를 들어 장내 미생물 가운데 혐기성 세균인 클로스트리듐 퍼프린젠스(*Clostridium perfringens*)는 CPE(Clostridium perfringens enterotoxin)라는 장독소를 만드는데, 이는 설사, 복부 경련 등의 위장관질환을 일으키는 원인이 된다.[2] 반대로 장내 미생물 가운데 대표적인 유산균에 속하는 락토바실러스(*Lactobacillus*)는 설사, 질염, 폐 감염 등을 치료하는 효과가 있다.[3]

장내 마이크로바이옴은 면역 시스템과도 관계가 있는데, 장내 미생물이 만들어 낸 특정 물질이 조절T세포(Treg)를 활성화시켜 염증 반응을 억제하는 것을 확인하기도 했다. 이런 예는 더 있다. 세레스 테라퓨틱스(Seres Therapeutics)는 염증성 장질환(inflammatory bowel disease, IBD) 가운데 하나인 궤양성 대장염(ulcerative colitis, UC) 치료제로 마이크로바이옴 약물을 개발하고 있다. 세레스의 SER-301은 장에서 염증을 억제하고 손상된 장 상피 조직을 회복하도록 설계된 복합 균주다. 2021년 세레스 테라퓨틱스는 SER-301 전임상 결과를 공개했다. SER-301은 염증을 유발하는 T세포의 양을 줄이고, 염증을 억제하는 T세포를 늘렸다. 궤양성 대장염 마우스 모델의 장에서 염증을 낮추고 손상을 막았다.[4] 2023년 현재 세레스 테라퓨틱스는 경증에서 중등도의 염증성장질환 환자를 대상으로 SER-301의 임상1b상을 진행하고 있다. 세레스 테라퓨틱스는 2016년부터 세계 최대 식품회사인 네슬레(Nestlé)와

IBD 마이크로바이옴 신약에 대해 파트너십을 맺고 개발하고 있다.

장내 마이크로바이옴으로 PD-(L)1 면역관문억제제(immune checkpoint inhibitor, ICI)의 불응성 문제를 해결할 수 있다는 비임상 결과도 나왔다. 하버드 의대 연구팀이 진행했으며, 2023년 5월 『네이처(*Nature*)』에 발표한 연구 결과다.[5] 연구팀은 PD-(L)1 면역관문억제제에 잘 반응하는 환자와 그렇지 않은 환자로부터 각각 장내 미생물을 얻어 서로 다른 마우스에 이식했다. 면역관문억제제에 잘 반응했던 환자의 장내 미생물을 이식한 마우스는 면역관문억제제에 잘 반응했다. 반대로 면역관문억제제에 잘 반응하지 않는 환자의 장내 미생물을 이식한 마우스에서는 면역관문억제제도 잘 반응하지 않았다. 장내 마이크롬바이옴이 면역관문억제제의 치료 효과와 상관관계가 있다는 연구 결과는 이전에도 있었지만, 연구팀은 이런 일을 벌이는 것으로 예상되는 미생물과 작동 메커니즘을 찾아냈다. 이미 면역관문억제제 불응성과 관련된 마이크로바이옴 신약이 임상에 들어간 사례가 있지만, 마땅한 성과를 거두지 못했다. 그런데 자세한 메커니즘 연구가 나오기 시작하고 있는 것이다.

장에 살고 있는 코프로바실러스 카테니포르미스(*Coprobacillus cateniformis*)라는 미생물이 면역세포에서 PD-L2의 발현을 줄이고, PD-L2와 반응하며 T세포 표면에 발현하는 면역관문 단백질인 RGMb를 줄인다. 하버드 의대 연구팀은 코프로바실러스 카테니포르미스가 만들어낸 특정한 물질이 PD-L2와 RGMb를 억제할 것으로 추측했다. PD-L2는 T세포의 PD-1과 결합해 T세포의 활

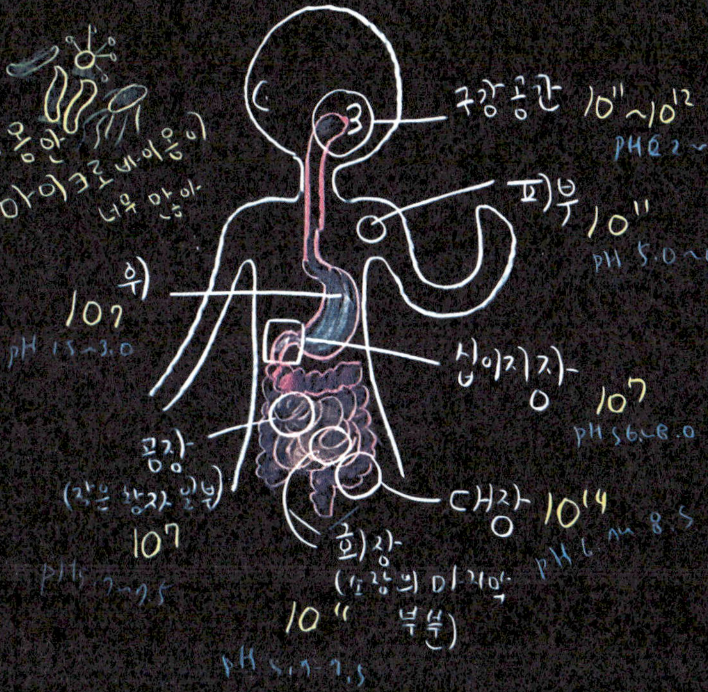

〔그림 16_01〕 신체 부위에 따른 마이크로바이옴의 차이

사람은 미생물과 함께 살아간다. 마이크로바이옴은 미생물이 만든 생태계를 뜻하고, 사람 몸에서 살아가는 미생물의 숫자만 $4X10^{13}$개에 이른다. 미생물은 구강 공간을 시작해 소화기관의 끝인 대장까지 이어지며, 대부분은 대장에 살고 있다.

성을 억제하며, T세포의 RGMb와도 결합해 면역을 억제한다고 알려져 있다. 따라서 PD-L2나 RGMb를 억제했을 때 PD-1 면역관문 억제제의 치료 효과를 올릴 수 있을 것이라 추측해볼 수 있다. 그 일을 장내 미생물인 코프로바실러스 카테니포르미스가 발현하는 특정 물질을 합성해서 환자에게 투여할 수 있다면 말이다.

장내 미생물이 만들어낸 물질은 GLP-1(glucagon-like peptide1) 등의 호르몬 분비를 촉진시키기도 한다. 따라서 장내 미생물 구성이 바뀌면 GLP-1 호르몬 분비가 줄어들 수도 있으며, 이런 현상이 당뇨나 비만 등 대사질환과 관계 있을 수 있다.[6] 또한 장내 마이크로바이옴과 암의 발생 사이의 관계를 살피기도 하며, 장과 물리적으로 거리가 떨어져 있는 근육이나 뇌와도 관계를 맺고 있다는 연구들도 발표되고 있다.

자폐증과 마이크로바이옴[7]

장내 마이크로바이옴과 질병과의 관계를 극적으로 보여주는 사례는 자폐증이다. 2017년 『네이처(*Nature*)』에 한국인 과학자 부부인 글로리아 최와 허준렬의 논문이 실렸다. 특정 장내 미생물에서 시작된 면역 반응이 자폐증의 원인이 된다는 내용이었다. 논문이 발표되기 전에도 면역 시스템과 뇌 질환의 상관성은 이미 알려져 있었다. 산모가 임신 기간 바이러스에 감염될 경우 태아가 신경 발달성 질환에 걸릴 확률이 높아진다. 1980~2005년까지 덴마크에서 진행된 연구에 따르면 임부가 임신 3개월 이내에 특정 바이러스에 감염될 경우 자폐아 출산 위험이 3배가량 높아진다.

글로리아 최, 허준렬 연구팀은 자폐증과 관련해 모체 면역활성화(maternal immune activation, MIA)라고도 불리는 현상에 주목했다. 임부에게 MIA가 이루어지면 T세포 가운데 보조 T세포 17(T helper 17 cells, Th17)이 활성화되면서 비정상적인 피질(cortical)을 형성한다. 이는 태아의 대뇌피질도 비정상적이 된다는 뜻이며, 자폐아가 보이는 이상 행동의 원인을 찾을 수 있다는 뜻이기도 하다. 연구팀의 질문은 두 가지였다. MIA로 인해 생기는 어떤 물질이 Th17를 활성화시키는가? 그리고 Th17 활성화는 뇌에 어떤 영향을 주어 자폐아의 이상 행동을 일으키는가?

연구팀은 쥐를 이용한 연구에서, 새끼를 임신한 쥐의 장에 사는 미생물인 절편섬유상세균(segmented filamentous bacteria)이 Th17 분화를 촉진하며, 이상 행동을 보이는 새끼를 낳는다는 점을 알게 되었다. 항생제로 절편섬유상세균을 없애자 쥐는 이상 행동을 보이는 새끼를 낳지 않았다. 이는 사람의 경우도 임부가 특정 미생물에 감염되고, 이로 인해 염증 반응이 나타날 경우 태아가 신경 발달성 질환에 걸릴 가능성이 높아진다는 추측을 가능하게 해준다.

연구팀은 MIA로 영향을 받는 뇌 부위도 찾았다. 대뇌피질에 있는 1차 체성감각영역(somatosensory cortex dysgranular zone, S1DZ)이었는데, 이곳은 운동 기능을 담당한다. 연구팀은

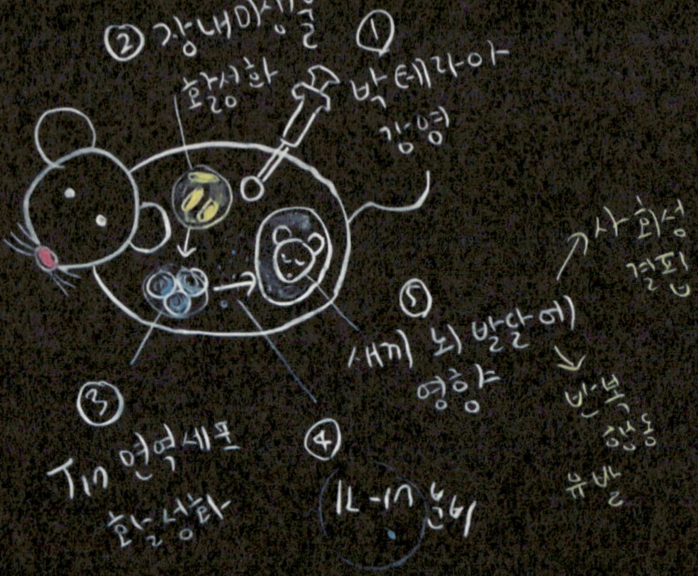

〔그림 16_02〕 장내 미생물과 자폐 동물 모델

동물모델로 장내 미생물과 자폐 사이의 관계를 살펴볼 수 있다. 아직 정확한 메커니즘을 알 수는 없지만, 특정 장내 미생물로 인한 면역 반응은 특정한 자폐 행동과 관계가 있는 것으로 보인다. 글로리아 최, 허준렬 연구팀은 모체 면역활성이 어떤 메커니즘으로 Th17을 활성화시키고, 행동에 영향을 미치는지 밝혔다.

S1DZ와 자폐 행동 사이의 직접적인 연관성을 밝히기 위해 정상 쥐의 S1DZ에 있는 피라미드 뉴런(pyramidal neuron)을 자극했다. 쥐의 대뇌피질에 있는 피라미드처럼 생긴 뉴런을 자극하자 자폐 행동이 나타났다. 반대로 자폐 행동을 보이는 쥐의 피라미드 뉴런을 억제했더니 이상 행동이 사라졌다. 연구팀은 S1DZ를 좀더 들여다보았다. S1DZ와 기저핵(striatum) 신경 시냅스가 있는 부위는 자폐아에게서 흔히 보여지는 반복 행동과 관계가 있었다. S1DZ와 분리된 대뇌피질 영역은 사회성 결핍 행동과 관계가 있었다.

연구결과를 종합해보면 임부가 특정 장내 미생물에 감염되면서 일어나는 면역 반응이 태아에게 자폐 증상을 나타낼 수 있으며, 특정 장내 미생물 감염이 뇌의 어떤 영역에 영향을 주는지에 따라 자폐아에게 나타나는 이상 행동들도 특정된다.

CDI와 분변이식법

장내 마이크로바이옴과 질병 사이에 관계가 있다면, 장내 마이크로바이옴에 생긴 문제를 해결해 질병을 치료할 수도 있을 것이다. 그러나 장내 마이크로바이옴의 방대한 세계를 한 번에 이해하고 조절할 수는 없다. 현실적인 방법으로 해당 질병이 없는 정상인의 장내 마이크로바이옴과 환자의 장내 마이크로바이옴의 차이를 살펴보고, 정상인의 '균형이 잡힌' 장내 마이크로바이옴 환경과 최대한 비슷하게 만들어주는 것을 생각해볼 수 있다.

클로스트리듐 디피실 감염증(Clostridium difficile infection, CDI)은 장에서 클로스트리듐 디피실 균이 일으키는 질병이다. 클로스트리듐 디피실 균은 정상적인 장 환경에서는 문제가 되지 않는다. 그런데 장 환경, 즉 장내 마이크로바이옴의 균형이 깨지면서 클로스트리듐 디피실 균이 장에서 염증을 일으킬 수 있다. 장내 마이크로바이옴에 문제를 일으키는 대표적인 요인으로 항생제가 있다. 항생제를 투여하면 장에 있는 유익한 미생물들도 파괴되는데, 이때 클로스트리듐 디피실 균이 파괴되지 않고 CDI를 일으킬 수 있다.

그러나 CDI를 치료하기 위한 항생제 처방이 가진 근본적인 문제점이 있다. CDI가 발생하고 재발하는 주요 원인은 항생제를 투여해, 건강한 마이크로바이옴 균형이 깨졌기 때문이다. 그런데 CDI를 치료하기 위해 환자에게 클로스트리듐 디피실 균을 죽이는 새 항생제를 투여하면 결과적으로 더 감염에 취약한 상태가 되며 재발 위험이 올라가는 것이다.

또한 항생제를 투여함에 따른 대사물질 변화도 클로스트리듐 디피실 균 감염을 악화시킨다. 항생제를 투여하면 2차 담즙산(bile acid) 대비 1차 담즙산의 비율이 늘어난다. 이때 클로스트리듐 디피실 균의 포자가 정착(germination)하는데 1차 담즙산으로 장내 증식을 촉진할 수 있다. 실제 CDI를 치료하기 위해 항생제를 투여하는 횟수가 높아질수록 재발할 위험도 증가한다고 알려져 있다. 예를 들어 이미 항생제 치료에 두 번 재발한 환자가 다시 재발할 위험은 60~65%로 높다. 감염에 더 취약한 상태가 되면서, 어느 기점을 지나면 항생제를 투여해도 다시 병을 얻을 확률이 더 커지는 것이다.

CDI는 장염의 일종이지만 패혈증으로 이어질 수 있어 위험하다. 그러나 마땅한 치료제가 없었다. 항생제를 투여해 CDI가 시작되었으니, 어느 시점부터는 항생제를 더 처방할 수 없다. 그런데 마이크로바이옴이라는 개념으로 접근하면 이야기가 달라진다. 클로스트리듐 디피실 균은 원래부터 사람의 장에 있던 균이며, CDI의 원인은 장내 마이크로바이옴 생태계가 파괴되면서 클로스트리듐 디피실 균의 독성이 영향력(?)을 발휘하기 시작했기 때문이다. 따라서 장내 마이크로바이옴을 원래 상태로 되돌리면 질병은 치료되고 정상 상태로 돌아올 것이다.

다만 장내 마이크로바이옴은 너무 거대한 생태계라 어떤 부분이 어떻게 무너졌는지 정확하게 알기 어렵다. 그래서 정상적인 사람의 장내 마이크로바이옴을 환자에게 통째로 이식해버리는 방법을 생각해냈다. 분변이식법(fecal microbiota transplantation, FMT)이다. 우선 건강한 사람의 대변을 채취한다. 대변을 제공하는 사람은 바이러스, 기생충, 박테리아 등의 감염이 없어야 하며, 채취 6개월 이내에 항생제 등을 사용한 적이 없어야 한다. 대변 샘플을 채취해 바이러스 등의 감염이 없는지 확인하고, 샘플을 소금물과 섞어 용액 상태로 만든다. 그리고 이 용액을 환자의 대장에 넣어주는데, 이때는 보통 대장내시경을 이용한다.[8]

마이크로바이옴이라는 개념을 바탕으로 한 분변이식법은 CDI 치료에 효과를 보여주지만 한계도 뚜렷하다. 먼저 치료제 생산과 투약 편의성이다. 분변이식을 하려면 공여자가 인간 면역결핍 바이러스(HIV), 간염바이러스, 매독, 기생충 등에 감염되지 않아 있어야는 등 까다로운 조건을 맞춰야 한다.[9] 어렵게 구한 대변 샘플로 만든 치료제를 환자에게 투여하는 것도 쉽지 않다. 관장과 대장내시경 등은 여전히 어려운 시술이다. 더 결정적인 문제는 위험성이다. 2019년 연구자 임상 과정에서 분변이식을 받은 환자 2명이 여러 항생제에 내성을 갖는 대장균에 감염돼 심각한 부작용이 나타났고, 그 가운데 1명이 사망하는 일이 있었다. 미국 FDA는 이 사건과 관련해 분변이식의 부작용 위험성을 경고했다.[10]

2023년 현재 시판허가를 받은 마이크로바이옴 치료제 제품은 모두 기존에 시술로 행해지던 분변이식법을 제품의 형태로 만들겠다는 아이디어였다. 스위스 페링 파마슈티컬스(Ferring Pharmaceuticals)는 '미생물 기반 약물(microbiota-based live biotherapeutic)'이라는 명칭을 쓰며, 최초의 마이크로바이옴 치료제이자 CDI 치료제인 리바이오타(REBYOTA®, 성분명: Fecal microbiota, Live-jslm)를 내놨다. 리바이오타는 건강한 공여자에게서 얻은 대변에 시약(polyethylene glycol, sodium chloride)을 처리한 미생물 부유액(microbiota suspension)을 −80℃ 동결보관이 가능한 제품으로 표준화한 형태다. 투여하기 전에 해동해서 환자의 직장에 1회 투여한다. 리바이오타는 2022년 미국 FDA의 승인을 받았다.[11]

리바이오타는 표준화된 절차를 세웠고, 덕분에 기존 분변이식법에서 문제가 됐던 안전성과 효능을 모니터링하는 것이 수월해질 수 있게 되었다.

리바이오타의 미국 FDA 승인은 마이크로바이옴 분야에서 진전이었지만, 여전히 투약 편의성 측면에는 한계까지 넘어선 것은 아니었다. 그리고 투약 편의성 부분을 보완할 수 있는, 먹는 마이크로바이옴 신약이 개발됐다. 2023년 4월 세레스 테라퓨틱스는 경구용 마이크로바이옴 치료제를 미국 FDA로부터 승인받았다. 보우스트(VOWST™, 성분명: Fecal microbiota spores, Live-brpk)는 캡슐 형태로 환자가 먹는 약이다. 건강한 공여자에게 얻은 대변의 장내 미생물을 혐기성 배양 방법으로 키운다. 이때 살모넬라균(*Salmonella enterica*), 황색 포도상구균(*Staphylococcus aureus*), 장구균(*Enterococcus faecalis*) 등 감염 위험이 있는 균은 걸러낸다. 보우스트는 클로스트리디움과(*Clostridiaceae*), 에리시펠로트릭스과(*Erysipelotrichaceae*), 유박테리아과(*Eubacteriaceae*) 등의 후벽균(*Firmicutes*) 50종류로 이루어져 있으며,[12] 캡슐 4개를 기준으로 장내 미생물 3,000만 마리가 들어 있다. 이들이 환자의 장에 도착하면 영양분을 놓고 CDI와 경쟁을 펼치며, 이로 인해 CDI는 줄어든다.[13]

분변이식법의 한계 가운데는 까다로운 조건을 충족한 건강한 공여자에게만 치료제의 원료를 얻을 수 있다는 것도 있다. 이를 극복하려는 도전도 이어지고 있다. 2023년 4월 베단타 바이오사이언스(Vedanta Biosciences)는 시리즈E로 약 1억 달러의 투자를 받았다.[14] 임상3상 단계에 있는 CDI 마이크로바이옴 치료제 후보물질 VE303에 대한 투자였다. VE303은 인간 공생박테리아 8종의 혼합균주(live bacteria consortium)를 이용해 장내 미생물의 다양성을 높여 병원균(gut pathogen)이 자라지 못하게 하는 메커니즘으로 분변이식 치료제 기본 메커니즘은 같다. 다만 세포 은행(cell bank)을 이용해 특정 균주들을 선택적으로 모으기 때문에 건강한 공여자에게 대변을 채취하지 않아도 된다. 이는 일관된 품질의 치료제를 안정적으로 생산할 수 있다는 뜻이다.

아직은 기초연구

마이크로바이옴은 갈 길이 여전히 바쁘다. 마이크로바이옴 개념을 바탕으로 CDI 치료제가 개발되기는 했지만, 이는 마이크로바이옴 신약개발이 CDI 치료제에 머물러 있다는 뜻이기도 하다. 마이크로바이옴 신약이 장 이외 다른 곳에 발생한 질병에서 효능을 가진다는 개념입증에 성공한 사례는 아직 없다. 오히려 마이크로바이옴이 면역 시스템과 연동된다는 것에서 출발해 개발이 집중됐던 자가면역질환에서는 실패가 잇따랐다. 2023년 이벨로 바이오사이언스(Evelo Biosciences)는 마이크로바이옴 신약 후보물질 EDP1815의 아토피피부염 임상2상에서 위약군 대비 환자의 습진을 개선하지 못했다며 임상 실패를 알렸다. 2021년 세레스 테라퓨틱스도 SER-287의 궤양성 대장염 임상2상에서 위약 대비 나은 성과를 거두지 못해 실패했다.

잇따른 마이크로바이옴 실패 속에 다른 접근법도 나오고 있다. 2022년 노봄 바이오테크놀로지(Novome Biotechnologies)는 유전적으로 변형을 가한 마이크로바이옴이라는 개념을 제시하면서 투자를 유치했다. 박테리아가 특정 질환에서 치료효능을 나타내는 유전자나 단백질을 발현하고, 이러한 특성을 가진 박테리아가 장에 잘 정착해 콜로니(colony)를 형성하게 하는 기술이다. 콜로니는 같은 유전형질을 가진 박테리아 집단을 뜻하며, 치료제가 장내 마이크로바이옴이라는 환경에 잘 적응하는 것이 중요하다는 생각의 결과이다. 노봄 바이오테크놀로지의 가장 앞서가는 후보물질은 임상 2상 단계로 장성 옥살산과잉뇨증(enteric hyperoxaluria)을 타깃하며, 제넨텍(Genentech)과 공동개발하는 염증성장질환(IBD) 후보물질은 발굴 단계이다.[15]

마이크로바이옴 연구가 기초적인 단계이고, 아이디어를 가지고 시작했던 치료제 개발 시도도 대부분 기대에 미치지 못하는 성과를 내는 데 그치면서, 신약개발의 범주에서 진행되는 마이크로바이옴보다는 프로바이오틱(probiotic) 식품 쪽으로 무게가 옮겨져 있는 것도 사실이다. 먹는 유산균으로 대표되는 프로바이오틱은 구체적인 질병을 치료하는 것이 아닌, 마이크로바이옴이 균형을 잡을 수 있도록 돕는 것이 목표다. 프로바이오틱 산업은 덩치가 점점 커져, 2022년 기준 한국의 프로바이오틱스 시장은 9,000억 원 규모가 되었다. 한국의 크고 작은 제약기업은 물론 바이오테크들도 프로바이오틱 분야에 뛰어들고 있지만, 본격적인 마이크로바이옴 신약개발은 주춤한 편이다.

신약개발 아이디어 또는 개발이라는 범주에서 마이크로바이옴은 유효하다. 리바이오타, 보우스트 모두 마이크로바이옴 메커니즘을 이용한 신약이다. 다만 기초연구가 더 필요한 신약개발 분야인 것도 사실이다. 기초연구가 필요하다는 것은, 개념에 대한 유연성이 필요하다는 뜻이기도 하다. 마이크로바이옴은 그 자체로 생명활동에 중요한 메커니즘일 수 있다. 그러나 생명활동에 중요한 모든 메커니즘이 질병 치료나 신약과 연결되는 것은 아니다. 지나친 기대를 걷어 내고 나면 마이크로바이옴이 일반적인 신약개발에 참여할 수 있는 역할을 담당할 수도 있다. 특정 균주가 장에서 어떤 일을 하는지 하나하나 밝히다 보면 전에는 몰랐던 신약개발 물질을 찾아낼 수도 있을 것이다. 마이크로바이옴이 방대하다면, 새로운 신약개발 라이브러리에 더할 수도 있을 것이다. 마이크로바이옴을 둘러싸고 있는 여러 이야기들이 어느 정도는 마법처럼 들린다면, 아직은 과학이 더 필요하다는 뜻으로 받아들여야 한다.

퇴행성 뇌질환과 마이크로바이옴

파킨슨병은 운동기능 이상이 수반되는 퇴행성 뇌질환이다. 그런데 파킨슨병은 병기가 진행되면서 장내 마이크로바이옴에 불균형(gut dysbiosis)이 나타나는 것으로 알려져 있다.[16] 장 투과성(intestinal permeability)이 증가하면서 염증 작용 심화, 알파시누클레인(alpha-synuclein) 피브릴 누적, 산화스트레스 증가, 신경전달물질 생산 감소하는 등 장내 마이크로바이옴이 파킨슨병의 진행과 함께 악화되는 것이다.

이런 이유로 파킨슨병 환자에게는 기본적으로 프로바이오틱 복용이 이점이 될 수 있다. 이렇게 환자에게 정신적 이점을 줄 수 있는 프로바이오틱스를 사이코바이오틱스(psychobiotics)라는 카테고리로 분류하기도 한다. 실제 환자에게 프로바이오틱스를 투여한 연구를 보자. 파킨슨병 환자가 2종의 프로바이오틱스(*L. acidophilus*, *B. infantis*)를 복용했더니 복부팽만감과 통증 증상이 줄어들었다.[17] 파킨슨병 환자 60명을 대상으로 한 연구에서는 4종의 균주를 섞은 프로바이오틱스(*B. bifidum*, *L. reuteri*, *L. acidophilus*, *L. fermentum*)를 12주 동안 섭취하게 했더니 위약 대비 환자의 운동장애 점수가 개선되기도 했다.[18] 이러한 연구는 파킨슨병 쥐 모델에서도 이뤄졌다. 파킨슨병 쥐 모델에 특정 프로바이오틱스를 투여했더니 산화 손상, 염증, 장내 미생물 불균형이 조절되어 알파시누클레인 응집이 줄어든 사례가 있었다.[19]

〔표 16_01〕 국내 마이크로바이옴 기업 주요 임상 프로그램

기업	주요 임상 프로그램	균주	임상	메커니즘	비고
CJ바이오 사이언스	CJRB-101	단일 균주 김치 유래 유산균	고형암 환자 대상 PD-1 키트루다 병용투여 미국 임상1/2상 IND 승인 (2023년 시작 예정)	M2→M1 대식세포 전환, 선천면역 활성화	CJ제일제당이 2021년 천랩(Chunlab) 인수해 설립 2023년 영국 4D파마(4D Pharma) 신약후보물질 9개, 진단·신약발굴 플랫폼 기술 2건 인수
고바이오랩	*KBL697	단일 균주 (*Lactobacillus gasseri*)	건선 환자 대상 미국, 호주 임상2상 진행중 (2016년 시작)	장내 면역세포에 작용 염증성 사이토카인(IL-4, IL-5 등) 분비 저해, 항염증성 사이토카인(IL-10) 분비 유도	2021년 중국 신이(SPH Sine Pharmaceutical Laboratories)에 KBL697, KBL693 중국 지역 독점권 1억 725만 달러 규모 L/0 2022년 셀트리온(Celltrion)과 과민성대장증후군 및 아토피피부염 치료제 발굴 공동연구 및 제휴계약 체결
	KBL693	단일 균주 (*Lactobacillus crispatus*)	천식, 아토피 환자 대상 호주 임상1상 완료 (2021년)	비만세포 및 호염구의 히스타민 분비 억제	

*2023년 7월 궤양성대장염 임상2a상 중단

기업	주요 임상 프로그램	균주	임상	메커니즘	비고
지놈앤 컴퍼니	GEN-001	단일 균주 (*Lactococcus lactis*)	위암 환자 대상 단독 혹은 PD-L1 바벤시오 병용투여 국내 임상2상 진행중(2022년 시작)	면역세포의 사이토카인 (IFN-γ, IL-7, IL-15) 생성 촉진, 선천·후천 면역 활성화	
			담도암 환자 대상 키트루다 병용투여 국내 임상2상 시작(2023년)		
	SB-121	단일 균주 (*Lactobacillus reuteri*)	자폐 스펙트럼 장애 환자 대상 임상1b상 완료(2022년)	미주 신경을 자극 체내 옥시토신 분비 유도	
이뮤노 바이옴	IMB002	단일 균주 (*Bifidobacterium bifidum*)	건강한 성인 대상 국내 임상1상 IND 승인 (2023년)	CSGG 다당류로 장의 수지상세포 활성화, 조절T세포 분화 유도. 염증성 사이토카인(IFN-γ) 생성 저해, 항염증 사이토카인(IL-10) 분비 촉진	
에이치이엠 파마	HEMP-001(H20-01)	단일 균주 (*Bifidobacterium animalis subsp. Lactis*)	우울증 환자 대상 미국 임상 2a상 IND 승인 (2023년)	콜티코스테론, 엔도톡신, 염증성 사이토카인을 낮춰 우울증 예방 혹은 개선	
	HEMP-002(HEM1036)	단일 균주 (*Lactobacillus fermentum*)	저위전방절제증후군 환자 대상 호주 임상 2a상 승인(2023년)	아이소뷰티르산 등 단쇄지방산 생성 억제, 뷰티르산 등 유익한 단쇄지방산 생성 촉진, 장내 환경 개선	

주

1 김병용 (2019) 마이크로바이옴 연구 시작하기: 연구 현황 및 방법. 대한간학회 간행물 – 임상연구방법론. https://www.kasl.org/upload/lecture/1575876122pdf_3.pdf (검색일: 2023.05.12.)

2 Freedman J.C. et al. (2016) Clostridium perfringens Enterotoxin: Action, Genetics, and Translational Applications. *Toxins* (*Basel*). 8, 73.

3 Mayo Clinic (2023) Acidophilus. https://www.mayoclinic.org/drugs-supplements-acidophilus/art-20361967 (검색일: 2023.08.28.)

4 Nelson T. et al. (May 21, 2021) In Vivo Characterization of SER-301, A Rationally-Designed Investigational Microbiome Therapeutic for Patients with Active Mild-To-Moderate Ulcerative Colitis. *Digestive Disease Week®* (DDW) *Virtual™*. https://www.serestherapeutics.com/wp-content/uploads/2021/06/Nelson-T.-2021-DDW-In-vivo-Characterization-of-SER-301-A-Rationally-Designed-Investigational-Microbiome-Therapeutic-For-Patient.pdf (검색일: 2023.05.15.)

5 Park J.S. et al. (2023) Targeting PD-L2 – RGMb overcomes microbiome-related immunotherapy resistance. *Nature*. 617, 377-385.

6 de Vos W.M. et al. (2022) Gut microbiome and health: mechanistic insights. *Gut*. 71, 1020-1032.

7 김성민 (2017) '장내미생물→면역세포→자폐증' 연결고리 규명. *BioSpectator*. http://www.biospectator.com/view/news_view.php?varAtcId=4014 (작성일: 2017.09.14.)

8 Johns Hopkins Medicine. Fecal Transplant. https://www.hopkinsmedicine.org/health/treatment-tests-and-therapies/fecal-transplant (검색일: 2023.05.12.)

9 AGA GI Patient Center. Fecal microbiota transplantation (FMT). https://patient.gastro.org/fecal-microbiota-transplantation-fmt/ (검색일:

2023.05.12.)

10 Ashley Turner (2019) FDA issues warning after patient dies following fecal transplant. *CNBC.* https://www.cnbc.com/2019/06/13/fda-issues-warning-after-patient-dies-following-fecal-transplant.html (검색일: 2023.09.27.)

11 미국 식품의약국 (FDA) (2022) FDA Approves First Fecal Microbiota Product - Rebyota Approved for the Prevention of Recurrence of Clostridioides difficile Infection in Adults. https://www.fda.gov/news-events/press-announcements/fda-approves-first-fecal-microbiota-product (검색일: 2023.05.12.); 김성민 (2022) FDA자문위, '미생물 치료제' CDI 승인권고..세레스 "촉각". *BioSpectator.* http://www.biospectator.com/view/news_view.php?varAtcId=17284 (작성일: 2023.09.28.)

12 Almomani S.A. et al. (June 20, 2016) Inactivation of Vegetative Bacteria During Production of SER-109, a Microbiome-Based Therapeutic for Recurrent Clostridium difficile Infection. *American Society for Microbiology annual meeting (ASM) Microbe 2016*, Boston, MA, June 16-20. https://www.serestherapeutics.com/wp-content/uploads/2020/06/mckenzie_final_poster_asm_2016.pdf (검색일: 2023.08.28.)

13 서윤석 (2023) 세레스, '첫 경구' 마이크로바이옴 CDI "FDA 승인". *BioSpectator.* http://www.biospectator.com/view/news_view.php?varAtcId=18872 (작성일: 2023.04.27.); 김성민 (2020) '반전의 성공' 세레스, 마이크로바이옴 신약 '3가지 시사점'. *BioSpectator.* http://www.biospectator.com/view/news_view.php?varAtcId=11496 (작성일: 2020.10.08.)

14 Vedanta Biosciences (2023) Vedanta Biosciences Announces $106.5 Million Financing to Advance Pipeline of Defined Bacterial Consortia Therapies. https://www.vedantabio.com/news-media/press-releases/detail/2959/vedanta-biosciences-announces-106-5-million-financing-to (검색일: 2023.09.27.)

15 Novome Biotechnologies (2022) Novome Biotechnologies Raises $43.5 Million Series B Financing to Advance its Pipeline of Therapeutically Engineered Microbes. http://novomebio.com/wp-content/uploads/2022/09/Novome-Raises-43.5M-Series-B-1.pdf (검색일: 2023.05.12.)

16 Zhu M. et al. (2022) Gut Microbiota: A Novel Therapeutic Target for Parkinson's Disease. *Front Immunol.* 13: 937555.

17 Georgescu D. et al. (2016) Nonmotor gastrointestinal disorders in older patients with Parkinson's disease: is there hope?. *Clin Interv Aging.* 11, 1601-1608.

18 Tamtaji O.R. et al. (2019) Clinical and metabolic response to probiotic administration in people with Parkinson's disease: A randomized, double-blind, placebo-controlled trial. *Clin Nutr.* 38, 1031-1035.

19 Wang L. et al. (2022) Lactobacillus plantarum DP189 Reduces α-SYN Aggravation in MPTP-Induced Parkinson's Disease Mice via Regulating Oxidative Damage, Inflammation, and Gut Microbiota Disorder. *J Agric Food Chem.* 70, 1163-1173.

17

디지털 치료제

Digital Therapeutics, DTx

정신질환 치료제
효과 vs. 부작용

삼환계 항우울제(Tricyclic antidepressant, TCA)는 대표적인 정신질환 치료제다. 단순한 3개의 고리를 포함한 구조의 분자들로 구성된 케미컬 의약품인 TCA는 우울증, 공황장애, 외상 후 스트레스 장애(post-traumatic stress disorder, PTSD), 주의력결핍 과잉행동장애(attention deficit hyperactivity disorder, ADHD), 만성 통증 등 여러 종류의 정신질환 치료제로 처방되어 왔다. TCA는 세로토닌 수송체(serotonin transporter, SERT)와 노르에피네프린 수송체(norepinephrine transporter, NET)에 작용한다.

세로토닌(serotonin)은 행복감을 향상시키고, 우울감과 불안감을 줄이는 효과를 가진 호르몬이다. 우울증에 걸리는 이유에 대한 주요 가설 가운데 세로토닌 수치가 낮아진 것이 문제라고 보는 시각이 있다. 세로토닌은 뇌 뉴런에서 뉴런으로 전달되면서 작동한다. 이때 SERT는 세로토닌을 방출하는 역할을 하는 뉴런의 끝에 위치한다. 뉴런과 뉴런의 틈(시냅스)에 세로토닌이 방출됐을 때, SERT는 세로토닌을 재흡수하면서 이를 '제거'하는 동시에 세로토닌이 '재사용'될 수 있도록 한다. 우울증 환자의 경우 세로토닌이 뉴런 사이에서 충분히 머물면서 작용할 수 있도록, 세로토닌의 농도를 올려주면 환자의 우울감이 나아질 수 있다. TCA는 SERT의 작용을 막아 뉴런 사이 세로토닌 농도를 올리는 방식으로 환자를 치료한다. 노르에피네프린은 교감 신경을 자극한다. TCA는 NET에도 유사하게 작동한다. TCA도 뉴런 사이 노르에피네프린 재흡수를 억제하는데 결과적으로 노르에피네프린이 더 오래 머물게 한다.[1]

TCA는 우울증 치료에 효과가 있지만 부작용도 있다. 대표적인 부작용은 졸음이다. TCA를 처방받은 환자들이 치료제 복용에 따른 졸음을 피하려, 임의로 투약을 멈추는 일이 있다. 이와 비슷한 이유로 정신질환을 앓고 있는 환자들이 임의로 투약을 멈추는 경우가 흔하다. 투약을 멈추면 당연히 치료 효과가 떨어지는데, 이 경우 심각한 문제가 발행할 수 있다. 예를 들어 우울증 환자가 투약을 멈춰 우울증이 심해지면, 극단적인 경우 자살할 수도 있다. 이뿐만 아니다. TCA를 지나치게 많이 사용하게 되면 미각을 잃고, 비만, 부정맥 등이 발생할 수 있다. 약물 복용으로 인한 사망 사례도 있다.

TCA와 함께 1세대 우울증 약물로 모노아민 산화효소 억제제(monoamine oxidase inhibitor, MAOI)가 있으며, 기존 약물의 부작용을 극복하기 위해 모노아민 흡수를 억제하는 SSRI(selective serotonin reuptake inhibitor), SNRI(serotonin and norepinephrine reuptake inhibitor) 등 모노아민(monoamine)을 조절하는 약물이 개발되었다. 모노아민은 세로토닌과 노르에피네프린 등을 포함하는 감정, 인지 등과 관계된 신경전달물질을 일컫는다. 모노아민 조절 약물도 뉴런과 뉴런 사이에서 감정, 인지 등과 관계된 신경전달물질을 조절한다. 덕분에 우울증, PTSD, ADHD 치료제로 처방된다. 그러나 모노아민 조절 약물도 부작용이 있다. 우울증과 PTSD 치

료제로 처방하는 SSRI는 불면증, 걱정, 메스꺼움, 설사 등의 부작용이 발생할 수 있다.[2]

정신질환 치료제가 가진 부작용과 이에 대한 환자들의 두려움은 치료 효과를 떨어뜨린다. 투약을 멈춘 환자의 상태는 치료 이전으로 돌아갈 수 있으며, 환자와 보호자와 의료진 모두 좌절감에 빠진다. 그러나 이는 환자, 보호자, 의료진이 좌절할 일이 아니라 치료제가 가진 부작용을 어떻게 해결할 것인가에 대한 문제다. 그런데 만약 스마트폰 애플리케이션을 사용하는 것만으로, 기존 치료제가 가진 부작용에 대한 두려움 없이 치료를 받을 수 있다면 어떨까? 디지털 치료제(Digital Therapeutics, DTx)로 정신질환을 타깃해보려는 움직임이다.

팔로 알토 헬스 사이언스(Palo Alto Health Sciences)가 개발한 프리스피라(FREESPIRA®)는 공황장애, PTSD 증상을 치료하는 스마트폰 애플리케이션이다. 2018년 미국 FDA 승인을 받은 프리스피라는 환자의 호흡 방식을 훈련시킨다.[3] 공황장애와 PTSD 환자는 이산화탄소(CO_2) 노출에 민감해지면서 발작을 일으킬 수 있다. 발작이 일어나면 호흡이 가빠지고, 숨을 내쉴 때의 CO_2 양이 줄어드는 과호흡 상태가 된다. 프리스피라는 환자의 호흡 속도와 숨을 내쉴 때의 CO_2 양을 실시간으로 측정하며 환자에게 적절한 호흡 방식을 안내한다. 환자가 천천히 깊게 심호흡하는 것을 의식적으로 수행하면 과호흡으로 문제가 일어나는 것을 어느 정도 막을 수 있다. 공황장애나 PTSD 자체를 치료하지는 못하지만, 환자가 처한 위험을 줄여줄 수 있는 것이다.

CBT와 DTx[4]

2017년 미국 FDA는 페어 테라퓨틱스(Pear Therapeutics)가 개발한 애플리케이션 리셋(reSET®)을 물질사용장애(substance use disorder, SUD) 치료제로 승인했다. SUD는 흔히 '중독'이라고 부르는 정신질환이다. 리셋은 18세 이상 성인을 대상으로 코카인, 마리화나, 알코올 중독 치료에 사용된다. 다만 미국에서 사회문제로 지적되고 있는 펜타닐(Fentanyl)과 같은 오피오이드(Opioid) 계열의 마약성 진통제에 중독된 환자에게는 처방되지 않는다.

리셋을 처방받은 환자는 스마트폰, 태블릿 등 모바일 기기에 리셋 애플리케이션을 설치한다. 리셋은 정신 치료 방법 가운데 하나인 인지행동치료(cognitive behavioral therapy, CBT)를 바탕으로 한다. 인지행동치료는 환자가 생각하는 방식, 행동 패턴을 바꿔 효과를 보는 치료법이다. 특정 물질에 중독되었다면, 해당 물질을 투여했을 때 느꼈던 쾌감을 뇌가 기억하고 있기 때문일 것이다. 따라서 뇌의 기억을 바꿀 수 있도록 중독 상황에 대한 정보를 환자에게 정확하게 이해시키는 대화와 상담을 진행한다. CBT에서는 행동 치료 또한 중요하다. 중독이 문제가 되는 것은 결국 행동을 하기 때문이다. 따라서 중독 상황에서 어떻게 행동할지 안내하고 유도한다. 충동을 느끼는 순간 환자가 특정한 패턴의 행동을 취하면, 중독을 일으키는 물질을 투여하는 등의 행동을 회피할 수 있다. CBT는 정신질환 치료에서 검증된 방식이며 임상 현장에서 약물 치료와 함께 활용되고 있다.

리셋은 텍스트, 비디오, 애니메이션, 그래픽 등 여러 종류의 콘텐츠로 구성된다. 환자는 리셋 애플리케이션으로 환자 자신이 언제 알코올, 마약 등을 사용하는지 알람을 받고, 중독 상황이 벌어지는 이유에 대한 해설을 접한다. 그리고 중독을 일으키는 주요 요인인 충동에 대한 대처법, 사고방식 변화 방법 등을 훈련받는다. 리셋은 디지털 기술의 특징인 양방향성에서 이점을 가진다. 환자가 리셋을 사용하면서 만들어지는 데이터를 의료진이 확인할 수 있고, 이 데이터를 근거로 좀더 정확한 방향을 골라 이후 치료를 해나갈 수 있다.

12주(90일) 동안 치료를 받는 리셋은 의사 처방이 있어야만 이용할 수 있다. 페어 테라퓨틱스는 중독 환자 399명을 대상으로 리셋의 임상시험을 진행했다. 표준 치료인 대면 상담(face-to-face counseling)과 리셋을 병행했을 때 중독을 참아낸 환자 비율이 40.3%였는데, 상담만 받은 환자 그룹에서는 17.6%만 중독을 참아냈다.

2020년 미국 FDA는 아킬리 인터랙티브(Akili Interactive)의 인데버알엑스(EndeavorRx®)를 ADHD를 가진 8~12세 아동의 집중력 개선 치료제로 승인했다. 인데버알엑스는 게임 방식 DTx이다. 당시 미국 FDA는 인데버알엑스가 비약물(non-drug) 치료 옵션을 제공해준다고 설명했다.

ADHD는 주의산만(inattention), 과잉행동(hyperactivity) 등의 증상을 보이는 질병이다. 또한 인지 기능과 집중력에 문제가 생긴다. 신경학 관점에서 보면 ADHD는 대뇌 전두엽 등의 활성이 떨어지는 것과도 관계가 있다. 대뇌 전두엽은 집중, 인지 등의 기능과 관계가 있다고 알려져 있다. 인데버알엑스는 인지손상(cognitive dysfunction)과 관계된 질병을 치료하기 위해 특정 신경 시스템을 활성화시키도록 설계된 SSME(selective stimulus management engine) 기술을 활용했다. SSME 기술은 주의력, 업무기억력(working memory), 실행 능력 등에 대한 핵심적인 기능을 한다고 알려진 전두엽 피질(prefrontal cortex)에 특정 자극을 전달해 활성화시키는 것이 목표다.

인데버알엑스는 스마트폰 등의 모바일 기기에서 애플리케이션을 설치하고 환자가 자신의 계정으로 접속하는 것으로 시작한다. 인데버알엑스는 게임 속 캐릭터를 조종해 장애물을 피하고 목표물을 수집해가며 도착점까지 도달하는 방식으로 플레이한다. 화면을 손가락으로 두드리거나 모바일 기기를 좌우로 휘젓는 등의 방식으로 캐릭터를 조종하는 것은 다른 스마트폰 게임과 비슷하다. 치료를 위한 플레이는 하루 25분, 1주일에 5회, 연속으로 4주 동안 진행된다. 아킬리 인터랙티브는 ADHD를 앓고 있는 어린이 348명을 대상으로 인데버알엑스의 임상시험을 진행했다. 인데버알엑스와 교육용 비디오게임을 비교 평가한 결과 ADHD 평가지표 개선 정도에서 두 그룹 사이에 97%까지 차이를 보였다. 치료 후 어린이의 집중력이 올라갔다고 응답한 부모의 비율은 인데버알엑스 그룹에서 56%, 대조군에서 44%로 두 그룹 사이에서 유의미한 차이를 확인했다.[5]

개념을 정하는 것부터 시작

프리스피라, 리셋, 인데버알엑스 모두 DTx다. 미국 디지털 치료제 산업협회(Digital Therapeutics Alliance, DTA)는 DTx를 질병이나 장애를 예방, 관리, 치료하는 고도화된 소프트웨어 의료기기로 정의한다. '질병', '예방', '관리', '치료', '의료기기'라는 개념은 DTx가 임상시험으로 효과를 입증하고, 규제기관의 검증 또한 거쳐야 한다는 뜻을 담고 있다. 보통의 의약품처럼 의사 처방전으로만 사용이 가능하고, 처방에 따른 공보험 또는 사보험 급여도 적용되어야 한다.

미국 FDA의 정의는 여기서 좀더 나아간다. 미국 FDA는 DTx를 의료기기로 분류하는데, 소프트웨어가 치료제(software as a medical device, SaMD)라는 뜻이다. 이는 특정 목적을 수행하기 위해 특정 하드웨어에 탑재된 소프트웨어(software in a medical device, SiMD)와는 다른 개념이다. 즉 DTx는 그 자체로 치료제다. 예를 들어 미국 FDA는 리셋을 승인하면서 '디지털 기술이 치료 수

단을 제공해줄 수 있다는 것을 보여준 사례'라고 설명했다. 즉 리셋으로 '임상 근거를 바탕으로 의사가 처방하는 디지털 치료제(prescription digital therapeutic, PDT)'라는 개념이 제시된 셈이다.

여러 DTx가 정신질환 치료제로 개발되고 있다. 그러나 DTx 신약개발이 반드시 정신질환 치료에만 한정되는 것은 아니다. DTx 치료제 메커니즘 가운데 CBT, 즉 환자의 사고방식과 행동양식을 바꿔 치료 효과를 보려는 것이 많다는 것은, 환자의 사고방식과 행동양식이 치료에 영향을 주는 질병 치료에 적용할 수 있다는 뜻이기도 하다. 예를 들어 당뇨병을 보자. 대표적인 대사질환인 당뇨병은 치료제를 투여받는 것 못지않게 먹는 것을 조절하고, 꾸준히 운동을 하는 것 또한 치료에 영향을 준다. 그런데 먹는 것과 운동 모두 환자의 사고방식, 행동양식에 대한 문제다. 즉 CBT가 유의미하고, 이를 돕는 DTx도 가능하다.

2023년 7월 미국 FDA는 베터 테라퓨틱스(Better Therapeutics)의 아스파이어알엑스(AspyreRx™)를 18세 이상 제2형 당뇨병 환자의 혈당 조절을 도와주는 용도의 치료제로 승인했다.[6] 아스파이어알엑스는 환자가 식이요법, 운동 처방을 잘 수행할 수 있게 돕는 모바일 애플리케이션 방식의 DTx다. 당뇨병 치료제와 같이 사용하는 방식이다. 아스파이어알엑스의 미국 FDA 승인 근거가 된 임상시험은 18세 이상의 제2형 당뇨병 환자 651명을 대상으로, 아스파이어알엑스+표준치료요법(SoC) 처방군과 대조군 애플리케이션+SoC 처방군으로 1:1 무작위배정한 임상3상이었다. 1차 종결점은 투여 90일 차의 당화혈색소(HbA1c) 수치, 2차 종결점은 180일 차 HbA1c 수치였다. HbA1c는 혈액 안의 포도당이 혈액 안에 있는 헤모글로빈을 당화시킨 수치로, 혈당이 높아질수록 HbA1c 수치도 증가한다.[7] 아스파이어알엑스 처방군에서는 HbA1c가 90일 차에 기준선 대비 평균 0.3% 줄었고(p〈0.0001) 180일 차에는 평균 0.4% 줄었다(p=0.01). 이는 1, 2차 종결점을 모두 충족하는 수치였다. 베터 테라퓨틱스의 발표에 따르면 HbA1c 수치가 1% 감소하면 혈당 22.0 mg/dL 감소, 당뇨병 관련 사망률 21% 감소, 미세혈관에 의한 합병증(microvascular complication)은 40% 감소한다. 아스파이어알엑스는 드 노보 분류(De Novo classification) 절차를 통해 미국 FDA로부터 시판허가를 받았다. 아스파이어알엑스와 동등성을 평가할 기존 의료기기가 없기 때문이었다.[8]

전 세계적으로 DTx에 대한 관심은 높다. 베링거인겔하임(Boehringer Ingelheim)과 바이오젠(Biogen)도 DTx 치료제를 개발한다. 2020년 베링거인겔하임은 비공개 계약금을 포함해 총 5억 달러 규모에 클릭 테라퓨틱스(Click Therapeutics)로부터 조현병(schizophrenia) DTx인 CT-155를 라이선스인했고, 2023년 임상3상을 시작했다.[9] 2022년에는 바이오젠이 메드리듬(Med-Rhythms)과 다발성경화증(multiple sclerosis, MS)과 관련된 보행장애(gait deficits) DTx인 MR-004 라이선스인 계약을 맺었다. 계약금 300만 달러를 포함해 총 1억 2,050만 달러 규모의 계약이었다. MR-004는 음악적 자극에 기반해 운동장애를 치료하는 방식의

DTx다.

한국에서도 DTx 개발에 뛰어드는 바이오테크가 늘고 있다. 한국 식품의약품안전처는 2023년 2월 에임메드(Aimmed)가 개발한 불면증 개선 소프트웨어 솜즈(Somzz)를 첫 DTx로 품목허가 했다. DTx 개발의 주요 경향인 CBT 방식의 솜즈는 모바일 앱으로 불면증 환자들에게 수면 습관 교육, 실시간 피드백, 행동 중재, 푸시 알람 메시지 등 6단계 프로그램을 6~9주간 제공한다. 품목허가를 받을 수 있었던 근거는 솜즈 사용 전/후 불면증 심각도 평가척도가 통계적으로 유의미하게 개선된 결과였다. 솜즈는 의료진과 상담 후 인증을 거쳐 사용할 수 있다.[10]

2023년 4월에는 웰트(Welt)가 한국 식품의약품안전처에서 불면증 치료를 위한 DTx인 WELT-I을 승인받았다. 불면증 환자 120명을 대상으로 진행한 임상시험에서 WELT-I은 수면 효율을 유의미하게 개선했다. 수면 효율은 환자의 수면 데이터를 기반으로 하는 객관적, 정량적 지표다. 의사로부터 WELT-I을 처방받은 불면증 환자는 수면패턴에 따라 수면제한요법, 수면위생교육, 자극조절치료, 인지재구성, 이완요법 등을 8주 동안 정밀하게 전달해 불면증 증상을 개선한다. WELT-I 소프트웨어는 스마트폰에 설치해 사용한다.

그러나 치료제의 개념을 정의하는 단계라는 말은 아직 겪어야 할 일들이 무수히 기다리고 있다는 뜻이기도 하다. 미국 FDA로부터 리셋을 최초의 DTx 치료제로 승인받는 페어 테라퓨틱스는

2023년 파산했다. 설립한 지 10년 만의 일이었다. 결정적인 이유는 보험급여(insurance reimbursement)와 수익화였다. 임상 현장에서 처방을 받으려면 공보험이나 사보험에서 보험급여를 받아야 하지만 협상은 잘 진행되지 않았다. 매출과 투자 모두 부진한 가운데 재정적인 어려움을 이겨내지 못한 페어 테라퓨틱스는 파산을 신청했다.[11]

인데버알엑스를 개발한 아킬리 인터랙티브도 어려움을 겪고 있다. 인력의 30%를 줄이고, ADHD를 타깃하는 인데버알엑스에 집중하기로 한 것이다. 아킬리 인터랙티브는 자폐스펙트럼장애(ASD), 다발성경화증(MS), 주요우울장애(MDD) 등에 대한 DTx도 개발하고 있었지만 선택과 집중으로 방향을 잡은 듯하다. 이유는 인데버알엑스의 낮은 실적 때문으로 보인다. 인데버알엑스는 2020년에 미국 FDA의 승인을 받았지만, 2022년 한 해 동안 32만 3,000달러 정도의 매출을 보이는 데 그쳤다.[12]

2023년 당뇨병 환자를 대상으로 한 DTx를 개발하는 바이오테크 베터 테라퓨틱스는 구조조정에 들어갔다. 2021년 말 기준 44명이었던 임직원 가운데 15명이 회사를 떠났다. 규모가 크지 않은 바이오테크에서 이 정도 인력감축이 주는 타격은 적지 않다. 베터 테라퓨틱스의 구조조정 소식이 알려지고 일주일만에 주가는 32% 하락했다.[13]

그러나 DTx가 맞이하게 될 우여곡절은 이제 시작이다. 현대적 신약개발의 역사가 200여 년 정도라고 했을 때, DTx는 치료제의 개념이 막 제안된 셈이다. 이런 이유에서 '누가 가장 먼저 개발하느냐'가 중요하지만 1등 못지않게 분명한 치료 효과, 확실한 편의성, 의미 있는 비용 절감 등에 집중할 필요가 있다. DTx도 환자의 병을 고치는 치료제여야 한다. 개념적으로 얼마나 세련되고 첨단인지는 두 번째 문제다. 2023년 현재 기준 신약으로 태어나고 있는 물질들의 개념도 짧게는 30여 년, 길게는 100년 전에 제안된 것들이었다. 제안될 당시, 한순간에 질병을 없앨 것처럼 주목을 받던 물질들도 길고 긴 검증 과정을 거치고 나서야 신약이 되었다. 검증 기간은 규제기관, 의료진, 보험제도, 마지막으로 환자까지 구체적인 근거를 가지고 설득하는 시간이었다. DTx에도 시간의 힘을 건너뛰는 왕도가 주어지지는 않을 것이다.

이는 DTx에 대한 막연한 기대가 위험하다는 뜻이지만, 반대로 DTx가 쓸 수 없는 개념도 아니라는 뜻이다. 미국 FDA를 비롯한 규제기관들은 여러 DTx의 시판을 허가했다. 규제기관을 설득하는 것이 불가능하지 않다면, 다른 행위자를 설득하는 것도 불가능하지는 않을 것이다. 1등 경쟁보다 유의미한 임상결과에 집중하고, 유의미한 임상결과를 내놓을 수 있는 임상개발 디자인을 궁리하고, 이를 바탕으로 보험과 환자에게 증거를 제시한다면 DTx가 불가능한 영역도 아니다. DTx는 좀더 차분히 그러나 집중할 필요가 있는 개념이다. DTx 신약개발에 맨 앞에 있었지만 파산한 페어 테라퓨틱스의 CEO의 말은, 그래서 이야기하는 바가 크다.

"페어 테라퓨틱스는 시장에 처음으로 의료진으로부터 처방을 받아서 치료받는 DTx를 임상현장에 내놓는 성과를 거뒀다. 그리고 임상의가 이를 처방하고, 환자가 제품에 관심을 가지는 것도 보았다. 우리는 임상결과를 개선하고, 보험회사가 비용을 절감할 수 있다는 것을 보였다. 그러나 가장 중요한 것은 우리 치료제가 환자와 임상의를 도왔다는 것이다."

주

1 Chockalingam R. et al. (2019) Tricyclic Antidepressants and Monoamine Oxidase Inhibitors: Are They Too Old for a New Look?. *Handb Exp Pharmacol.* 250, 37-48.

2 NYU Langone Health. Medication for Post-traumatic Stress Disorder. https://nyulangone.org/conditions/post-traumatic-stress-disorder/treatments/medication-for-post-traumatic-stress-disorder (검색일: 2023.09.27.)

3 Palo Alto Health Sciences (2018) Palo Alto Health Sciences Obtains FDA-Clearance for Freespira in Treating Post-Traumatic Stress Disorder. https://freespira.com/press/palo-alto-health-sciences-obtains-fda-clearance-for-freespira-in-treating-post-traumatic-stress-disorder/ (검색일: 2023.09.27.)

4 미국 식품의약국(FDA) (2017) FDA permits marketing of mobile medical application for substance use disorder. https://www.fda.gov/news-events/press-announcements/fda-permits-marketing-mobile-medical-application-substance-use-disorder (검색일: 2023.09.27.); Pear Therapeutics (2017) Pear Therapeutics Obtains FDA Clearance of the First Prescription Digital Therapeutic to Treat Disease. https://www.prnewswire.com/news-releases/pear-therapeutics-obtains-fda-clearance-of-the-first-prescription-digital-therapeutic-to-treat-disease-300520068.html (검색일: 2023.05.16.) ; 미국 식품의약국(FDA) (2018) Software as a Medical Device (SaMD). https://www.fda.gov/medical-devices/digital-health-center-excellence/software-medical-device-samd (검색일: 2023.05.16.)

5 Kollins S.H. et al. (2020) A novel digital intervention for actively reducing severity of paediatric ADHD (STARS-ADHD): a randomised con-

trolled trial. *Lancet Digit Health*. 2, e168-e178.

6 Better Therapeutics (2023) Better Therapeutics Receives FDA Authorization for AspyreRx™ to Treat Adults with Type 2 Diabetes. https://investors.bettertx.com/news-releases/news-release-details/better-therapeutics-receives-fda-authorization-aspyrerxtm-treat/ (검색일: 2023.09.27.)

7 미국 국립의학도서관(NLM) MedlinePlus. Hemoglobin A1C (HbA1c) Test. https://medlineplus.gov/lab-tests/hemoglobin-a1c-hba1c-test/ (검색일: 2023.09.27.)

8 Better Therapeutics (2022) Better Therapeutics Completes Pivotal Trial of BT-001 for Type 2 Diabetes and Announces Positive Secondary Endpoint Results Following the Earlier Announcement of Positive Primary Endpoint Results. https://investors.bettertx.com/news-releases/news-release-details/better-therapeutics-completes-pivotal-trial-bt-001-type-2 (검색일: 2023.10.16.)

9 Click Therapeutics (2023) Click Therapeutics and Boehringer Ingelheim Initiate Pivotal Clinical Trial of Prescription Digital Therapeutics for the Treatment of Negative Symptoms in Schizophrenia. https://www.clicktherapeutics.com/press/click-therapeutics-and-boehringer-ingelheim-initiate-pivotal-clinical-trial (검색일: 2023.05.15.); 서일 (2020) 베링거, 클릭과 조현병 디지털치료제 '5억弗 파트너십'. *BioSpectator*. http://www.biospectator.com/view/news_view.php?varAtcId=11306 (작성일: 2020.09.15.)

10 서윤석 (2023) 에임메드, 불면증 DTx '솜즈' "식약처, 국내 첫 승인". *BioSpectator*. http://www.biospectator.com/view/news_view.php?varAtcId=18285 (작성일: 2023.02.15.)

11 김성민 (2023) 'DTx 선두' 페어, 10년만에 '끝내' 파산.."CEO 인사말". *BioSpectator*. http://www.biospectator.com/view/news_view.php?varAtcId=18710 (작성일: 2023.04.12.)

12 Akili (2023) Akili Reports Fourth Quarter and Full Year 2022 Financial

Results and Provides Business Update. https://investors.akiliinteractive.com/news/news-details/2023/Akili-Reports-Fourth-Quarter-and-Full-Year-2022-Financial-Results-and-Provides-Business-Update/default.aspx (검색일: 2023.09.27.)

13 서일 (2023) '당뇨 DTx' 베터, "35% 인력감축". *BioSpectator.* http://www.biospectator.com/view/news_view.php?varAtcId=18594 (작성일: 2023.03.30.)

찾아보기

CRISPR 412, 413, 416, 427, 431
CSL베링(CSL Behring) 389, 394
CTLA-4 193, 195, 197, 220

D
Dicer 325
DLL4(delta-like-ligand 4) 108
DNA 292, 329, 374
DSB(double-strand break) 428
DXd 140

E
E3 리가아제(ligase) 583, 595, 601
EGFR(epidermal growth factor receptor) 110, 574, 580
EGFR TKI(tyrosine kinase inhibitor) 575

F
FEP+ 소프트웨어 70
FVC(forced vital capacity) 507
FXR(farnesoid X receptor) 498

G
GalNAc(N-acetylgalactosamine) 337, 351
Gas6 563
GC셀 283
GIP(glucose-dependent insulinotropic polypeptide) 470, 501
GLP-1(glucagon like peptide-1) 461, 463, 467, 497, 501, 614
GPR75 476

H
HER2 35, 42, 144, 265
HER2 low 40, 144
HSD17B13 494

I
IGF1R(insulin-like growth factor 1 receptor) 562
IRAK-4(interleukin-1 receptor-associated kinase 4) 595, 596

J
J2H바이오텍 516
JAK(janus kinase) 71

L
LAG-3 203, 220
LG화학 167, 462, 476, 515
LPA(lysophosphatidic acid) 508, 509
LPA1(lysophosphatidic acid receptor 1) 509

M
MC4R(melanocortin 4 receptor) 475
MC4R 작용제 475

THR-β 495
TPD(Targeted Protein Degradation) 574, 581, 588, 589
TPS(tumor proportion score) 45
TREM2 537
TRK(tropomyosin receptor kinase) 74
T_{scm}(T memory stem cell) 272
TYK2(tyrosine kinase 2) 71, 72
T세포 림프종(T cell lymphoma) 275

U

UPS(ubiquitin-proteasome system) 581, 582, 599

V

VEGF(vascular endothelial growth factor) 106, 332
VHL(von Hippel-Lindau) 601

ㄱ

가던트헬스(Guardant Health) 46
가시적 분자 결합화(in situ hybridization, ISH) 38
간경변 487, 492
간테네루맙(Gantenerumab) 545, 546, 548
갈라파고스(Galapagos) 508
거대 박테리오파지(huge bacteriophage) 436
거대세포바이러스(cytomegalovirus, CMV) 351
겸상 적혈구병(sickle cell disease, SCD) 419
계산화학(computational chemistry) 67
고바이오랩(KoBioLabs) 627
고세균(archaea) 412
고형암 265
골수종 254
골수형성이상증후군(myelodysplastic syndrome, MDS) 388
교체처방(interchangeable) 169
글로리아 최 615
글루카곤(glucagon, GCG) 501
글리베라(GLYBERA®, 성분명: Alipogenetiparvovec) 377
급성골수성 백혈병(acute myeloid leukemia, AML) 127
급성림프구성 백혈병(acute lymphoblastic leukemia, ALL) 94, 238
길리어드 사이언스(Gilead Sciences) 102, 250, 259, 274, 350
김진수 418

ㄴ

낭포성 섬유증(cystic fibrosis, CF) 425
네슬레(Nestlé) 611
네오이뮨텍(NeoImmune Tech) 227

네오젠TC(NeogenTC) 283
노르에피네프린 633
노바백스(Novavax) 305
노바티스(Novartis) 259, 272, 280, 333, 346, 361, 372, 470
노벨티노빌리티(Novelty Nobility) 152
노보노디스크(Novo Nordisk) 466, 468, 474, 497
뉴리뮨(Neurimmune) 534
능동적 면역방법(active immunization) 528
님버스 테라퓨틱스(Nimbus Therapeutics) 71

ㄷ

다발성골수종(multiple myeloma, MM) 253, 358, 375, 585
다이이찌산쿄(Daiichi Sankyo) 139
단일클론항체 96, 99
담즙산(bile acid) 499
대뇌 부신백질이영양증(cerebral adrenoleukodystrophy, CALD) 385
대뇌해면상기형(cerebral cavernous malformation, CCM) 78
대식세포 301, 403
대웅제약 510
더 메디슨 컴퍼니(The Medicines Company) 339
데룩스테칸(Deruxtecan) 140
데이비드 리우(David Liu) 417
도나네맙(Donanemab) 541, 545, 546, 551
도네페질(Donepezil) 565
도파민(dopamine) 395
동반진단(companion diagnosis) 34
동아에스티 167, 230
동아에스티 뉴로보 515
동종 조혈모세포이식(allogeneic hematopoietic stem cell transplant allo-HSCT) 386
디날리 테라퓨틱스(Denali Therapeutics) 547, 560
디니트로페놀(2,4-dinitrophenol, DNP) 456
디스트로핀(dystrophin) 358, 375
디지털 치료제(Digital Therapeutics, DTx) 634
디펩티딜펩티다제-4(dipeptidyl peptidase-4, DPP4) 462, 467

ㄹ

라이신(lysine, Lys) 128
램시마(REMSIMA®) 55, 166, 174
랩스커버리(LAPSCOVERY™) 500
레고켐 바이오사이언스(LegoChem Biosciences) 134, 151, 153
레부시란(Revusiran) 340
레블리미드(REVLIMID®, 성분명:Lenalidomide) 585

레스메티롬(Resmetirom) 495, 496
레이저티닙(Lazertinib) 110
레인보우필(rainbow pill) 457
레카네맙(Lecanemab) 514, 529, 540, 541, 543, 545
레켐비(LEQEMBI®) 543, 546
레트로 바이러스(retrovirus) 376
렉비오(LEQVIO®) 343
렌티바이러스(lentivirus) 387, 438
렌티바이러스 벡터(lentivaral vector, LVV) 263, 387, 392
렙틴(leptin) 452, 473, 475
로렌조 오일(Lorenzo's oil) 385
로버트 랭어(Robert S. Langer) 295
로슈(Roche) 176, 333, 560
론자(Lonza) 135, 152
루게릭병(ALS) 356
루닛(Lunit) 23
루닛 스코프(Lunit SCOPE) 37
루닛 스코프 IO(Lunit SCOPE IO) 43
루닛 인사이트(Lunit INSIGHT) 24
리듬 파마슈티컬스(Rhythm Pharmaceuticals) 475
리라글루타이드(Liraglutide) 462, 464
리모나반트(Rimonabant) 457
리바이오타(REBYOTA®, 성분명: Fecal microbiota, Live-jslm) 620
리벨서스(RYBELSUS®, 성분명: Semaglutide) 472
리보솜(ribosome) 292
리제네론 파마슈티컬스(Regeneron Pharmaceuticals) 220, 339, 493
리커전 파마슈티컬스(Recursion Pharmaceuticals) 77
리피토(LIPITOR®, 성분명: Atorvastatin calcium) 192
림프구고갈요법(lymphodepleting conditioning regimens) 246
림프종 254
링커 131, 133

ㅁ

마드리갈 파마슈티컬스(Madrigal Pharmaceuticals) 495
마법의 총알(magic bullet) 123
마이오스타틴(myostatin) 471
마이크로바이옴(microbiome) 610, 613, 627
마일로탁(MYLOTARG®, 성분명: Gemtuzumab ozogamicin) 127
만성림프구성 백혈병(chronic lymphocytic leukemia, CLL) 240
말초T세포림프종(Peripheral T-cell lymphoma, PTCL) 132
말초혈액단핵구(peripheral blood mononuclear cell, PBMC) 261
맘모스 바이오사이언스(Mammoth Biosciences) 434
머크(Merck & Co.) 215, 331, 503
메릭스 바이오사이언스(Merix Biosci-

ence) 297
메만틴(Memantine) 544
메이탄신(Maytansine) 137
면역 결핍(immune desert) 51
면역관문(immune checkpoint) 194
면역관문억제제(immune checkpoint inhibitor, ICI) 48, 50, 193, 208, 221, 223, 612
면역 제외(immune excluded) 51
면역조절약물(IMiDs) 586
면역조절활성(IMiD) 595
면역조직화학법(immunohistochemistry, IHC) 38
면역 활성(immune inflamed) 51
모노아민(monoamine) 633
모노아민 산화효소 억제제(monoamine oxidase inhibitor, MAOI) 633
모더나(Moderna) 215, 295, 296, 300, 304, 311
무재발생존기간(RFS) 311
미국 FDA 440
미세아교세포(microglia) 537
미접촉 T세포(naïve T cell) 272
미토콘드리아(mitochondria) 495
민감도 57

ㅂ

바이두레온(BYDUREON®, 성분명: Exenatide) 462, 477
바이러스 413
바이오마린 파마슈티컬(BioMarin Pharmaceutical) 394
바이오마커 199, 532
바이오시밀러(biosimilar) 160, 161, 164
바이오아틱(BioArctic) 542
바이오엔텍(BioNTech) 220, 295, 300, 304, 312
바이오젠(Biogen) 353, 356, 363, 513, 534, 542, 557, 564
브릿지바이오 테라퓨틱스(Bridge Biotherapeutics) 508
바이젠셀(VIGENCELL) 283
박테리아(bacteria) 292, 412,
밥 랭어(Bob Langer) 335
백혈구 성분채집술(leukapheresis) 261
백혈병(leukemia) 254
버사니스 바이오(Versanis Bio) 471
버텍스 파마슈티컬스(Vertex Pharmaceuticals) 420, 425, 427, 438, 439
베네볼런트AI(BenevolentAI) 73
베르시포로신(Bersiporocin, DWN12088) 510
베링거인겔하임(Boehringer Ingelheim) 170, 503
베타글로빈(β-globin) 389, 418, 429
베타 지중해성 빈혈(transfusionde-

pendent beta thalassemia, TDT) 389, 419
베터 테라퓨틱스(Better Therapeutics) 639
보우스트(VOWST™, 성분명: Fecal microbiota spores, Live-brpk) 621
부스트이뮨(Boostimmune) 233
부신백질이영양증(ALD) 385
분변이식법(fecal microbiota transplantation, FMT) 619
분자모델링 68
분자접착제 586, 588, 589
브레얀지(BREYANZI®, 성분명: Lisocabtagene maraleucel) 272
블루버드 바이오(bluebird bio) 385, 388, 393, 400, 437
블리나투모맙(Blinatumomab) 95
블린사이토(BLINCYTO®, 성분명: Blinatumomab) 94
비알코올성 지방간(non-alcoholic fatty liver disease, NAFLD) 485, 489
비알코올성 지방간염(non-alcoholic steatohepatitis, NASH) 485, 487, 488, 489, 500, 515
비마그루맙(Bimagrumab) 470
비만 450, 454
비만대사 수술(bariatric surgery) 460
비상동말단접합(non-homologous end joining, NHEJ) 428, 441
비호지킨림프종(non-hodgkin lymphoma, NHL) 250
빌 앤드 멀린다 게이츠 재단(Bill & Melinda Gates Foundation) 314

ㅅ

사렙타 테라퓨틱스(Sarepta Therapeutics) 349, 358, 363, 375, 391, 394
사이코바이오틱스(psychobiotics) 625
사이토카인 방출증후군(cytokine release syndrome, CRS) 256
삭센다(SAXENDA®, 성분명: Liraglutide) 466
삼성바이오에피스 165, 166
삼환계 항우울제(Tricyclic antidepressant, TCA) 632
상동직접수선(homology directed repair, HDR) 428, 441
생체이용률(bioavailability, BA) 172
서나 테라퓨틱스(Sirna Therapeutics) 331, 342
섬유아세포 성장인자 21(fibroblast growth factor 21, FGF21) 504
성인형 헤모글로빈(adult hemoglobin, HbA) 420
세계보건기구(World Health Organization, WHO) 450
세레블론(cereblon, CRBN) 586, 601

세레스 테라퓨틱스(Seres Therapeutics) 611
세로토닌(serotonin) 632
세마글루타이드(Semaglutide) 464, 467, 498
세모리네맙(Semorinemab) 558
세포 매개 면역(cell-mediated immunity) 240
세포주(cell line) 162
센트럴 도그마 329
셀랩메드(CellabMED) 283
셀진(Celgene) 585
셀트리온(Celltrion) 152, 165, 166
소틱투(SOTYKTU®, 성분명: Deucravacitinib) 71
솔라네주맙(Solanezumab) 549
수동적 면역방법(passive immunization) 529
수술전요법(neoadjuvant) 210
수술후요법(adjuvant) 207, 311
수지상세포(dendritic cell) 213, 297, 301, 402
슈뢰딩거(Schrödinger) 67
스카이소나(SKYSONA®, 성분명: Elivaldogene autotemcel) 385, 400
스타틴(statin) 192
스파크바이오파마(SparkBioPharma) 233
스파크 테라퓨틱스(Spark Therapeutics) 393
스플라이싱(splicing) 352
스핀라자(SPINRAZA®, 성분명:Nusinersen) 352, 357
시나픽스(Synaffix) 135, 151
시선테라퓨틱스(SEASUN THERAPEUTICS) 364
시스테인(cystein, Cys) 132
신경독성(immune effector cell-associated neurotoxicity syndrome, ICANS) 256
신경섬유(neurofibrillary tangle) 526
신경섬유 엉킴 555
신항원(neoantigen) 211, 311
실테조(CYLTEZO®, 성분명: Adalimumab) 170
씨젠(Seegene) 129

ㅇ

아데노바이러스(adenovirus) 299, 304, 383
아데노연관바이러스(adeno-associated virus, AAV) 376, 382, 384, 391, 434
아두카누맙(Aducanumab) 513, 536, 537, 543, 545
아두헬름(ADUHELM®, 성분명: Aducanumab) 534, 546
아디포넥틴(adiponectin) 497
아리셉트(ARICEPT®, 성분명: Done-

pezil) 565
아미반타맙(Amivantamab) 111
아미비드(AMYVID®, 성분명: Florbetapir F 18) 552
아밀로이드 가설 526
아밀로이드 관련 영상 이상(amyloid-related imaging abnormalities, ARIA) 537, 554
아밀로이드 베타(Aβ) 526, 546
아밀로이드 베타 전구체(APP) 339, 526
아밀로이드 플라크 526
아밀린(amylin) 455
아밀린 파마슈티컬스(Amylin Pharmaceuticals) 453, 461
아바스틴(AVASTIN®, 성분명: Bevacizumab) 107
아벡마(ABECMA®, 성분명: Ide-cel) 255
아뷰투스 바이오파마(Arbutus Biopharma) 335
아비나스(Arvinas) 590, 602, 603
아세트알데히드(CH_3CHO) 484
아스트라제네카(AstraZeneca) 110, 299, 304, 453, 575
아이엠바이오로직스(IMBiologics) 118
아이오니스 파마슈티컬스(IONIS Pharmaceuticals) 337, 350, 363, 557
아케로 테라퓨틱스(Akero Therapeutics) 497
안드로겐 수용체(androgen receptor, AR) 593
안티바이럴(Antivirals) 350
알로이스 알츠하이머(Alois Alzheimer) 524, 527, 531, 554
알지노믹스(Rznomics) 432
알츠하이머병(Alzheimer's disease) 339, 512, 524
알코올(C_2H_5OH) 484
알코올성 지방간 485
알테오젠(Alteogen) 151, 154, 176, 185
알파시누클레인(alpha-synuclein) 114, 562, 597, 625
암-면역 사이클(cancer-immunity cycle) 211, 212
암 백신(cancer vaccine) 214, 217, 309
암부트라(AMVUTRA®, 성분명: Vutrisiran) 338, 345
암젠(Amgen) 94, 163, 453
양전자 방출 단층촬영(positron emission tomography, PET) 532
애드세트리스(ADCETRIS®, 성분명: Brentuximab vedotin) 129
액티빈(activin) 470
앨라일람 파마슈티컬스(Alnylam Pharmaceuticals) 330, 342, 344, 361, 494

앨러간(Allergan) 332
앰브릭스 바이오파마(Ambrx Biopharma) 134
앱클론(AbClon) 275, 276, 281
앱티스(AbTis) 152
약물 재창출(drug repositioning) 76
양자역학(quantum mechanics, QM) 69
억제 면역관문 분자(inhibitory checkpoint molecules) 195
에스브리에트(ESBRIET®, 성분명: Pirfenidone) 505
에스씨엠생명과학 297
에이비엘바이오(ABL Bio) 106, 114, 117, 151, 154, 225, 545, 562
에이치이엠파마(HEM Pharma) 627
에이피트바이오(APITBIO) 233
에임드바이오(AimedBio) 152, 181
에임메드(Aimmed) 641
에자이(Eisai) 539, 542, 564
에포시페그트루타이드(Efocipegtrutide) 503, 515
에프룩시퍼민(Efruxifermin, EFX) 497
에피노페그듀타이드(Efinopegdutide) 502, 515
엑사셀(Exa-cel) 420, 423, 424
엑사테칸(Exatecan) 141
엑세나타이드(Exenatide) 461, 464
엑손디스51(EXONDYS51®, 성분명: Eteplirsen) 359
엑손 스키핑(exon skipping) 359
엑스비보(ex vivo) 379, 381
엔도카나비노이드(endocannabinoid) 473
엔비디아(NVIDIA) 80
엔허투(ENHERTU®, 성분명: Trastuzumab deruxtecan) 35, 140, 143
엘란(Elan) 528
엘레비디스(ELEVIDYS, 성분명: Delandistrogene moxeparvovec) 375
여보이(YERVOY®, 성분명: Ipilimumab) 195
연결효소(ligation enzyme) 374
염기 편집(base editing) 428, 431
예쁜꼬마선충(*C. elegans*) 324, 327
예스카타(YESCARTA®, 성분명: Axicabtagene ciloleucel) 102, 261, 272
오가논(Organon) 177
오름테라퓨틱(Orum Therapeutics) 152, 154
오베티콜릭산(obeticholic acid, OCA) 499
오스코텍(Oscotec) 111, 229, 545
오젬픽(OZEMPIC®) 467
오차드 테라퓨틱스(Orchard Therapeutics) 395
오토택신(autotaxin, ATX) 508
오토텍바이오(AUTOTAC Bio) 545,

600
오토파지(Autophagy) 581, 597, 599
오페브(OFEV®, 성분명: Nintedanib) 505
오프타깃(off-target) 343, 441
옥스퍼드 바이오메디카(Oxford Biomedica) 392
옥신토모듈린(Oxyntomodulin, OXM) 502
온파트로(ONPATTRO®, 성분명: Patisiran) 300, 337
올리고젠(Oligogen) 350
올리고뉴클레오타이드(Antisense oligonucleotides, ASO) 337, 348, 354, 355, 361, 380
올리패스(OliPass) 364
올릭스(OliX) 364
옵듀얼래그(OPDUALAG™) 203
옵디보(OPDIVO®, 성분명: Nivolumab) 199
와이바이오로직스(Y BIOLOGICS) 229
와이어스(Wyeth) 127
워터맵(WaterMap) 69
원발성 담즙성 담관염(primary biliary cholangitis, PBC) 499
웰트(Welt) 641
위고비(WEGOVY®, 성분명: Semaglutide) 468
위치 특이적인 접합기술(site-specific conjugation) 133
유니큐어(uniQure) 377, 393
유전자 374
유전자 치료제 376, 378
유전자 편집(gene editing) 379, 418
유한양행 503, 515
이리노테칸(Irinotecan) 141
이뮤노바이옴(ImmunoBiome) 627
이뮤노젠(ImmunoGen) 146
이뮤도(IMJUDO®, 성분명: Tremelimumab) 197
이뮨온시아(ImmuneOncia) 230
이상헤모글로빈증(hemoglobinopathy) 418
이온화지질(ionizable lipid) 335
이중판독(double reading) 28
이중항체(bispecific antibody) 94, 96, 99, 100, 116, 117
이질성(heterogeneity) 268
이페로사이토시스(efferocytosis) 563
이필리무맙(Ipilimumab) 196
익수다 테라퓨틱스(Iksuda Therapeutics) 181
인간백혈구항원(human leukocyte antigen, HLA) 241
인간 유전체 프로젝트(Human Genome Project, HGP) 374
인공 아미노산(non-natural AA) 134
인공지능(artificial intelligence, AI) 65

인버사고 파마(Inversago Pharma) 473
인비보(in vivo) 379, 381, 426, 434, 441
인비트로(in vitro) 441
인지행동치료(cognitive behavioral therapy, CBT) 635
인체면역결핍바이러스(human immunodeficiency virus, HIV) 351
인크레틴(incretin) 469, 500
인클리시란(Inclisiran) 341
인터루킨-6(IL-6) 247
인터셉트 파마슈티컬스(Intercept Pharmaceuticals) 498
인테그린(integrin) 507
인투셀(IntoCell) 136, 152
인플루엔자(influenza) 305
일동제약 516
일라이릴리(Eli Lilly) 462, 471, 472, 549
일리미스 테라퓨틱스(Illimis Therapeutics) 563

ㅈ
자가면역질환 279
자극 면역관문 분자(stimulatory checkpoint molecules) 195
자누비아(JANUVIA®, 성분명: Sitagliptin) 462
자폐증 614
장내 미생물 610, 616
전기천공법(electroporation) 421
전신홍반루푸스(systemic lupus erythematosus, SLE) 279
점 돌연변이(point mutation) 429
제넥신(Genexine) 297
제노스코(GENOSCO) 111
제니퍼 다우드나(Jennifer Doudna) 417, 434
제미글로(ZEMIGLO®, 성분명: Gemigliptin) 462
제이디바이오사이언스(JD Bioscience) 516
제한효소(restriction enzyme) 374
존슨앤드존슨(J&J) 110, 260, 299, 502
졸겐스마(ZOLGENSMA®, 성분명: Onasemnogene abeparvovecxioi) 372, 383
종근당 118, 166
종양미세환경(immunosuppressive tumor microenvironment) 48, 265, 266
종양침투림프구(tumor infiltrating lymphocytes, TIL) 47, 244
주변효과(bystander effect) 144
주요 심혈관계 질환(major adverse cardiovascular event, MACE) 469
주의력결핍 과잉행동장애(attention deficit hyperactivity disorder,

ADHD) 632, 637
주 조직 적합 복합체(major histocompatibility complex, MHC) 241
준시 바이오사이언스(Junshi Biosciences) 179
지놈앤컴퍼니(Genome & Company) 230, 627
지방이영양증(lipodystrophy) 456
지방 조직(adipose tissue) 452
지아이셀(GI CELL) 284
지아이이노베이션(GI innovation) 229
지질나노입자(lipid nanoparticle, LNP) 300, 303, 334, 434
지질분해효소 결핍증(lipoprotein lipase deficiency, LPLD) 377
지투지바이오(G2GBIO) 477
진단 57
진코어(GenKOre) 437
진테글로(ZYNTEGLO®, 성분명: Betibeglogene autotemcel) 388, 400, 437

ㅊ

척수성 근위축증(spinal muscular atrophy, SMA) 353, 372, 382
체질량지수(body mass index, BMI) 450
초소형 유전자 가위 433
치료지수(therapeutic index, TI) 124, 126, 335

ㅋ

카나비노이드1 수용체(CB1 receptor) 457, 473
카나프테라퓨틱스(KANAPH Therapeutics) 233
카발레타 바이오(Cabaletta Bio) 280
카빅티(CARVYKTI™, 성분명: Ciltacel) 255
카이메라 테라퓨틱스(Kymera Therapeutics) 594, 603
카이트파마(Kite Pharma) 274
칼리데코(KALYDECO®, 성분명: Ivacaftor) 425
칼소디(QALSODY™ 성분명: Tofersen) 356
칼 준(Carl June) 239
캄토테신(Camptothecin) 141
캐싸일라(KADCYLA®, 성분명: Trastuzumab emtansine) 136, 143
캡시드(capsid) 391
컴패스 테라퓨틱스(Compass Therapeutics) 109
코로나19 299
코미나티(COMIRNATY®, 성분명: Tozinameran) 193
코히러스 바이오사이언스(Coherus BioSciences) 168, 178, 397
콜라겐(collagen) 510

큐로셀(Curocell) 275, 281
큐리언트(Qurient) 227
큐어백(CureVac) 298
크리스탈 바이오텍(Krystal Biotech) 394
클로스트리듐 디피실 감염증(Clostridium difficile infection, CDI) 618
클릭 테라퓨틱스(Click Therapeutics) 640
키트루다(KEYTRUDA®, 성분명: Pembrolizumab) 193, 199, 207, 311
킴리아(KYMRIAH®, 성분명: Tisagenlecleucel) 102, 249, 271

ㅌ
타그리소(TAGRISSO®, 성분명: Osimertinib) 110, 575
타쎄바(TARCEVA®, 성분명: Erlotinib) 575
타우(tau) 532, 552, 554, 597
타우비드(TAUVID™, 성분명: Flortaucipir F 18) 552
탈리도마이드(Thalidomide) 76, 585
탈아미노효소(deaminase) 429
태아형 헤모글로빈(fetal hemoglobin, HbF) 420
테카터스(TECARTUS®, 성분명: Brexucabtagene autoleucel) 250
토론티네맙(Trontinemab) 549
토실리주맙(Tocilizumab) 247
토포아이소머라아제(topoisomerase) 140
토포테칸(Topotecan) 141
툴젠(ToolGen) 418
트랜스페린 수용체(transferrin receptor, TfR) 560
트랜슬레이트 바이오(Translate Bio) 298
트레멜리무맙(Tremelimumab) 197
특발성 폐섬유증(idiopathic pulmonary fibrosis, IPF) 504, 506
특이도 57
티벡(talimogene laherparepvec[TVEC], 제품명: IMLYGIC®) 402
티씨노바이오사이언스(Txinno Bioscience) 230
티움바이오(Tium Bio) 229
티제파타이드(Tirzepatide) 469
티카로스(TiCARos) 283

ㅍ
파드셉(PADCEV®, 성분명: Enfortumab vedotin) 219
파울 에를리히(Paul Ehrlich) 122
파킨슨병(Parkinson's disease) 392, 562, 625
파티시란(Patisiran) 341, 343, 345
팔로 알토 헬스 사이언스(Palo Alto Health Sciences) 634

퍼스트바이오(1ST Bio) 233, 545
퍼스트웨이브 바이오파마(First Wave BioPharma) 77
펑 장(Feng Zhang) 417
페링 파마슈티컬스(Ferring Pharmaceuticals) 394, 620
페어 테라퓨틱스(Pear Therapeutics) 635
페이로드(payload) 144, 146, 150
페프로민바이오(PeproMene Bio) 277
펩트론(Peptron) 152, 477
포말리도마이드(Pomalidomide) 586
포미버센(Fomivirsen) 351
포스포로티오에이트(phosphorothioate, PS) 353
프로테나(Prothena) 547
프로테아좀(proteasome) 581
프로토피브릴(protofibril) 540
플라이언트 테라퓨틱스(Pliant Therapeutics) 507
플래그십 파이오니어링(Flagship Pioneering) 296
피노바이오(Pinotbio) 152, 181
피하주사, 피하투여(SC) 172, 185
픽시스 온콜로지(Pyxis Oncology) 145

ㅎ

한독(HANDOK) 109
한미약품 225, 500, 515
할로자임(Halozyme) 174
항생제 618
항암 바이러스 402
항원제시세포(antigen presenting cell, APC) 213, 242, 243, 301
항체 92
항체 매개 면역(또는 체액성 면역, humoral immunity) 240
항체 쇄관(inter-chain) 132
항체-약물 비율(drug-antibody ratio, DAR) 133, 149
항체-약물 접합체(Antibody-Drug Conjugate, ADC) 122, 124, 149, 150, 181, 219
허셉틴(HERCEPTIN®, 성분명: Trastuzumab) 36, 92
허준렬 615
헤모글로빈 389, 419
헨리우스 바이오텍(Henlius Biotech) 177
헴제닉스(HEMGENIX®, 성분명: Etranacogene dezaparvovec) 389
혈관막힘위기(vaso-occlusive crisis, VOC) 421
혈뇌장벽(blood-brain barrier, BBB) 114, 558, 559, 561, 578
화농성 한선염(hidradenitis suppurativa, HS) 596
화이자(Pfizer) 129, 304, 472
휴미라(HUMIRA®, 성분명: Adalim-